DAS
ROHRNETZ STÄDTISCHER
WASSERWERKE

BERECHNUNG · BAU · BETRIEB

VON

H. P. BRINKHAUS
BERAT. INGENIEUR U. HYDROLOGE

MIT 196 TEXTABBILDUNGEN

47 ZAHLEN- UND 13 BILDTAFELN

UND ZAHLREICHEN BERECHNUNGSBEISPIELEN

DRITTE, NEUBEARBEITETE AUFLAGE

MÜNCHEN UND BERLIN 1930

VERLAG VON R. OLDENBOURG

Druck von R. Oldenbourg, München und Berlin

Vorwort zur dritten Auflage.

Auch bei der dritten Auflage dieses Werkes ist daran festgehalten worden, ein Handbuch für den praktischen Gebrauch für Wasserrohrnetzbetriebe herauszubringen. Aus diesem Grund ist auch bei dieser Auflage der Charakter des Buches in keiner Weise geändert. Nach wie vor soll es als Nachschlagebuch für den in der Praxis stehenden Ingenieur zur Berechnung von Wasserrohrnetzen dienen, dem in diesen Beruf eintretenden Techniker soll es ein Ratgeber sein für alle Fragen, die ein Wasserrohrnetzbetrieb mit sich bringt. Letzterer wird aus dem Buche Anregungen schöpfen, die ihm erst nach langjähriger Tätigkeit in diesen Betrieben geläufig werden. Die Folge des Stoffes und den wissenschaftlichen Aufbau hat der Verfasser so gehalten, daß sich jeder Leser, ganz besonders auch der Mittelschüler, in diese Materie leicht einarbeiten kann. Der Verfasser hat besonderen Wert darauf gelegt, Anforderungen an gute mathematische Kenntnisse nicht zu stellen, nur in wenigen Fällen war die Anwendung höherer Mathematik nicht zu umgehen.

Der verhältnismäßig gute Absatz der zweiten Auflage hat wiederum bewiesen, daß ein Bedürfnis für ein Buch, das die vielseitigen Fragen eines Wasserrohrnetzes behandelt, vorlag. In der dritten Auflage sind einzelne Artikel verkürzt, dafür andere neu aufgenommen worden. Ich hoffe, daß auch die dritte Auflage sich eines ebenso großen Leserkreises erfreuen wird als die voraufgegangenen Auflagen.

Essen im Mai 1930.

H. P. Brinkhaus.

Inhalts-Verzeichnis.

[1] Siehe Anhang.

Die Berechnung von Wasserrohrleitungen.

a) Einleitung.

Die richtige Bemessung von Wasserrohrnetzen ist für einen wirtschaftlichen Wasserwerksbetrieb von großer Wichtigkeit. Jeder Techniker, der einem solchen Betriebe vorzustehen hat, sollte in der Lage sein, alle vorkommenden Aufgaben auch in wirtschaftlicher Beziehung lösen zu können.

Bis heute fehlt es noch an einem Verfahren, das auf den Wasserwerken allgemeine Verwendung gefunden hat. Dies mag darauf zurückzuführen sein, daß die Angaben hierüber zu kurz gefaßt und sich vielfach nur auf ein besonderes Beispiel beziehen, oder daß für die Durchrechnung sehr gute mathematische Kenntnisse unbedingt erforderlich sind.

Vielfach wählt man in Rohrnetzbetrieben die Rohrdurchmesser nach dem Gefühl, ohne daß irgendwelche Erhebungen angestellt werden, welcher Rohrdurchmesser sich am günstigsten stellen würde. Das findet man besonders viel auf kleinen Werken, wo es meistens an den entsprechend ausgebildeten technischen Kräften fehlt, die sich mit der Frage eingehend beschäftigen könnten. Wie oft hat man bei diesem Verfahren die Erfahrung gemacht, daß sich nach Jahren das gewählte Rohr als zu klein erweist, so daß eine weitere Ausdehnung dieses Stranges nicht mehr möglich ist, ohne Gefahr zu laufen, daß der Druck über die zulässige Grenze sinkt.

Bei der Wahl des Rohres hat man vielleicht nicht mit einer so starken Bebauung gerechnet, oder man hat gar etwa höhere Kosten gescheut, die unter Umständen garnicht im Verhältnis zur Leistungsfähigkeit des größeren Rohres gestanden haben. Den begangenen Fehler sucht man sehr oft dadurch zu beseitigen, daß man in einer geplanten Straße ein größeres Rohr vorsieht. Nicht immer ist diese Aufgabe ein-

wandfrei zu lösen, ohne dem Rohrnetz den von Anfang an
hineingelegten Aufbau zu nehmen.

Darum unterlasse man nicht, zu prüfen, wie sich die
Preise der Rohre zur Leistungsfähigkeit verhalten.

So leistet z. B. bei gleichem Druckverlust von 0,02 m
auf 1,0 m ein 80 mm-Rohr 3,6 Sekl. und ein 100 mm 6,4 Sekl.
Es leistet demnach ein 100 mm-Rohr 78 v. H. mehr als ein
80 mm-Rohr, also bald das Doppelte.

Der Preis eines lfdm fertig verlegten 80 mm-Rohres wird
sich im Mittel auf M. 7 stellen und der eines 100 mm-Rohres
auf M. 8,55. Der Preisunterschied beträgt daher nur 22 v. H.
Hieraus ist ersichtlich, daß die Preise fertig verlegter Rohrleitungen nicht im Verhältnis der Leistungsfähigkeit wachsen.
Besonders bei kleinen Rohren soll man deshalb nicht viel
Wert auf geringe Mehrkosten legen und nicht außer acht
lassen, daß die Leistungsfähigkeit durch die eintretenden Bekrustungen ganz erheblich herabgemindert wird.

Viele Werke haben sich daher schon mit Recht zum
Grundsatz gemacht, Rohre unter 100 mm nicht zu verlegen,
was vom betriebstechnischen Standpunkte aus betrachtet nicht
zu verkennende Vorteile bietet; so z. B. bei einem Rohrbruch,
bei dem eine Hauptverteilungsleitung außer Betrieb gesetzt
werden muß, wo in diesem Falle die 100 mm-Verteilungslei-
tungen imstande sind, fast das Doppelte zu leisten als 80 mm-
Leitungen.

b) Die Druckverhältnisse in Wasserrohrleitungen.

Denken wir uns eine Leitung von der Länge L (Abb. 1),
die von einem Behälter mit gleichbleibender Wasserspiegel-
höhe ausgeht und bei x ein oben offenes Standrohr hat. Nach
dem Gesetz der kommunizierenden Röhren müßte sich der
Wasserspiegel in dem Standrohr in gleicher Höhe des Wasserspiegels des Hochbehälters einstellen, wenn das Wasser in der
Leitung sich in Ruhe befinden würde. Die bei x auftretende
Pressung (ruhende Druckhöhe) würde dann sein:

$$p_x = z_x \cdot \gamma,$$

wenn γ das Eigengewicht der Flüssigkeit bedeutet. Da nun
bei Wasser $\gamma = 1$ ist, so ist:

$$p_x = z_x.$$

Befindet sich das Wasser in der Leitung in Bewegung, so wird auch hier, wie bei jedem anderen Körper, der sich in Bewegung befindet, Reibung erzeugt, die sich durch Druckabnahme in der Leitung bemerkbar macht. Der auf einer

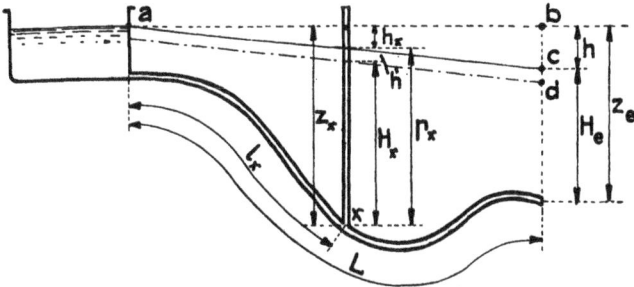

Abb. 1.

beliebigen Länge l_x entfallende Druckverlust sei h_x. Der Druck von p_x vermindert sich daher an jeder Stelle um den Reibungsverlust h_x, somit ist:

$$p_x{}' = z_x - h_x.$$

Werden an verschiedenen Stellen der Leitung die jeweiligen Werte h_x bei der wagerechten Linie a—b beginnend aufgetragen und diese Punkte durch eine Linie verbunden, so hat man die **Druckgefällslinie** oder die **Linie des Druckverlustes** entworfen.

Weiter ist nach dem allgemeinen Gesetz von der Bewegung des Wassers eine Fallhöhe von

$$h' = \frac{v^2}{2g} \quad \ldots \ldots \ldots \ldots \quad (1)$$

erforderlich, um dem Wasser die Geschwindigkeit v zu erteilen. Um diesen Wert, den man die Geschwindigkeitshöhe nennt, verringert sich noch der Druck $p_x{}'$. Trägt man obigen Wert an einigen Stellen, bei der Druckgefällslinie beginnend, nach abwärts auf und verbindet diese Punkte durch eine Linie, so hat man die **Linie der Druckhöhen** oder die **Drucklinie** gefunden. Hat an jeder Stelle der Leitung das Wasser die gleiche Geschwindigkeit, so läuft die Drucklinie im Abstande h' der Druckgefällslinie parallel.

1*

Der an einer beliebigen Stelle der Leitung auftretende
tatsächliche Druck ist somit:

$$H_x = z_x - \left(h_x + \frac{v^2}{2g}\right).$$

Da man nun im Wasserleitungsbau nicht notgedrungen
über Geschwindigkeiten von 1,50 m in der Sek. hinausgeht, so
vernachlässigt man für gewöhnlich den Wert $\frac{v^2}{2g}$, da dieser
dem Reibungsverlust gegenüber verschwindend klein ist (bei
1,50 m = 0,115 m) und setzt daher:

$$H_x = z_x - h_x \ \ldots \ldots \ldots \ldots (2)$$

Demnach ist der Druck am Ende einer Leitung

$$H_e = z_e - h \ \ldots \ldots \ldots \ldots (3)$$

wenn z_e der Höhenunterschied am Ende der Leitung und h
der Druckverlust auf die Länge l bedeutet. Der Druckverlust
auf die Längeneinheit ist:

$$\varepsilon = \frac{h}{l} \ \ldots \ldots \ldots \ldots (4)$$

Im Wasserfach entwirft man die Drucklinie in der einfachen Weise, indem man den Wert h am Ende der Leitung
(bei b) abwärts aufträgt und die Linie a—c zieht. Bei wechsel-
reichem Gelände stellt diese Linie nicht genau die Druckhöhen
dar, da die Länge der Druckleitung nicht an jedem Punkte
im gleichen Längenverhältnis mit der Rohrleitung steht. Aus

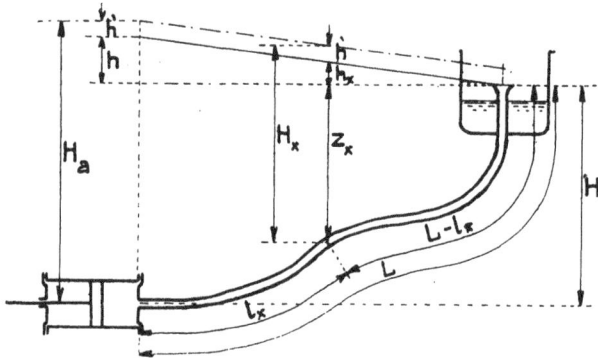

Abb. 2.

obengenannten Gründen bezeichnet man daher die D r u c k -
l i n i e gleichzeitig als D r u c k g e f ä l l s l i n i e.

Die bisher besprochenen Leitsätze beziehen sich nur auf
Gefällsleitungen, und es soll daher aus diesem Grunde noch
untersucht werden, wie sich die Verhältnisse bei Druckleitungen gestalten.

Zur Betrachtung dieser Verhältnisse benutzen wir die
Abb. 2. Nach dieser Abb. hat die Pumpe die Druckhöhe H_a
zu überwinden, die sich zusammensetzt aus der Behälter-
höhe H, dem Reibungsverlust h und der Geschwindigkeitshöhe h'. Die Druckhöhe H_x an einer beliebigen Stelle der
Leitung ist:

$$H_x = z_x + h_x + \frac{v^2}{2g}.$$

Auch hier vernachlässigt man den letzten Wert $\frac{v^2}{2g}$ seiner
Geringfügigkeit wegen in den meisten Fällen und setzt daher:

$$H_a = H + h \quad . \quad . \quad . \quad . \quad . \quad . \quad . \quad . \quad (5)$$

c) Gleichungen zur Berechnung von Wasserrohrleitungen.

1. Allgemeines.

Die an ein Wasserrohrnetz zu stellenden Anforderungen
laufen dahin aus, daß es noch nach langjährigem Gebrauche
imstande sein muß, die für die Versorgung am ungünstigsten
gelegenen Punkte mit den notwendigen Wassermengen, unter
regelrechten Druckverhältnissen, zu versorgen.

Eine einwandfreie Versorgung ist nur dann gewährleistet,
wenn der Druck im Rohrnetz während des Höchstverbrauches,
wenn also die Druckverluste am größten werden, nicht unter
die zulässige niedrigste Druckhöhe sinkt. Als für die Versorgung am ungünstigsten gelegenen Punkte kann man sowohl die höchsten als auch die vom Hochbehälter aus am
entferntesten gelegenen Teile des Versorgungsgebietes in Betracht ziehen.

Als niedrigste Druckhöhe ist im allgemeinen 20 bis 25 m
über Straßenkrone anzunehmen, doch wird sie sich dem jeweiligen Gepräge des Versorgungsgebietes anpassen müssen.
Darum muß im Innern einer Stadt mit hohen Häusern ein

höherer Druck vorhanden sein als in den Vororten mit niederen Gebäuden.

Damit die genannten Bedingungen erfüllt werden, muß für die Berechnung von Rohrleitungen der höchste Verbrauch zugrunde gelegt werden. Weiter muß für die Durchrechnung eine Gleichung in Anwendung gebracht werden, welche die Gewähr leistet, daß die hiernach errechneten Rohrleitungen noch nach langjährigem Gebrauche den an sie gestellten Anforderungen genügen, denn es ist allgemein bekannt, daß der Rohrquerschnitt nach Jahren durch Rostbildung verkleinert wird bzw. die Reibungsverluste vergrößert werden. Je nach der Wasserbeschaffenheit geschieht dies langsamer oder schneller. Dieser Tatsache muß bei Bestimmung der Rohrdurchmesser unbedingt Rechnung getragen werden.

In folgendem bezeichnen:

L die Gesamtlänge der Rohrleitung in m,
Q_{cbm} die Wassermenge in Sekcbm,
F der Querschnitt der Leitung in qm,
D_m der lichte Rohrdurchmesser in m,
v die Wassergeschwindigkeit in m je Sek.

Die Leistungsfähigkeit einer Rohrleitung hängt von der darin herrschenden Geschwindigkeit des Wassers und von dem Querschnitt des Rohres ab. Die allgemeine Gleichung lautet:

$$Q_{cbm} = F \cdot v \text{ oder } Q_{cbm} = \frac{D_m{}^2 \pi}{4} \cdot v \quad \ldots \ldots (6)$$

Die eintretende Geschwindigkeit hängt von der Fallhöhe des Wassers ab und ist gemäß Gleichung 1

$$v = \sqrt{2\,g\,h'}.$$

Die Geschwindigkeit des Wassers in Rohrleitungen ist an jedem Punkt des Rohrquerschnitts nicht die gleiche, sondern man hat durch Versuche festgestellt, daß die Geschwindigkeit an den Rohrwandungen am geringsten ist und nach der Mitte zu am größten wird. An und für sich ist dies leicht erklärlich, da durch die Bewegung des Wassers an den Rohrwandungen Reibung erzeugt wird, welche versucht, das Wasser zurückzuhalten. Die Folge davon ist, daß auch eine Reibung der Wasserteilchen untereinander entsteht.

Für die Bestimmung des Reibungsverlustes in Wasserrohrleitungen gibt es eine große Anzahl von Gleichungen, so daß
es angebracht erscheint, diese auf ihre Verwendbarkeit hin zu
untersuchen. Bevor ich auf den Stoff dieses Artikels eingehe,
möchte ich eine kurze theoretische Erwägung vorausschicken.

Wie bei jedem anderen Körper, so auch bei Wasser, ist
zur Fortleitung desselben eine ganz bestimmte Energiemenge
notwendig. Die aufzuwendende Energie ist:

$$E = h Q_m \gamma, \quad \dots \dots \dots \quad (7)$$

wenn h das Druckgefälle in m,

    Q die Wassermenge in cbm/Sek. und

    γ das spez. Gewicht des Wassers

bedeutet. Nach der allgemeinen Energiegleichung ist nun

$$E = \frac{m v^2}{2}, \quad \dots \dots \dots \quad (8)$$

wenn m die Masse des in der Rohrleitung strömenden Was-
    sers und

    v die Geschwindigkeit des Wassers in m/Sek.

bezeichnet. Die zur Fortbewegung des Wassers erforderliche
Energie wird verbraucht durch den Widerstand, den das Wasser
an der Rohrwandung erfährt, und durch die Reibung der einzelnen Wasserteilchen untereinander. Demnach kann gesetzt
werden:

$$E = k \frac{m v^2}{2} \quad \dots \dots \dots \quad (9)$$

Setzt man für die Masse m die diesbezüglichen Werte von

$$m = \frac{Q_m \gamma}{g}$$

ein, so erhält man durch das Einsetzen der obigen Werte in
die Gleichung 7 den Ausdruck

$$h Q_m \gamma = \frac{Q_m \gamma v^2}{2 g} k.$$

Hieraus folgt

$$h = k \cdot \frac{v^2}{2 g} \quad \dots \dots \dots \quad (10)$$

Vorstehenden Ausdruck auf die Längeneinheit bezogen, gibt

$$\frac{h}{l} = k\,\frac{v^2}{2g}$$

Da nun bekanntlich die Reibung an der Rohrwandung und der Wasserteilchen untereinander im geraden Verhältnis zum Rohrquerschnitt steht, so ist

$$\frac{h}{l} = \frac{u}{F}\,k\,\frac{v^2}{2g}, \quad \dots \dots \quad (11)$$

wenn u den Rohrumfang in m und
  F den Rohrquerschnitt in m²

bezeichnet. Bei Einsetzung der diesbezüglichen Werte für u und F erhält man den Wert

$$\frac{h}{l} = \frac{D_m\,\pi\,4}{D_m^2\,\pi}\,k\,\frac{v^2}{2g} = \frac{2\,k\,v^2}{D_m\,g},$$

wenn D der Rohrdurchmesser in m bedeutet. Ersetzt man den Ausdruck $2\,\dfrac{k}{g}$ durch den Wert c, so geht die Gleichung in die Form über

$$\frac{h}{l} = c\,\frac{v^2}{D_m} \quad \dots \dots \quad (12)$$

Diese Formel kann die Grundgleichung zur Bestimmung des Reibungsverlustes in Wasserrohrleitungen genannt werden. Wir werden an späterer Stelle sehen, daß alle Gleichungen von Wert sich auf die obige Gleichung zurückführen lassen. Zu dieser Tatsache wird an späterer Stelle nochmals Stellung genommen.

2. Abhängigkeit des c-Wertes.

Durch Versuche ist nachgewiesen, daß der Wert von c in der Hauptsache von der Rauhigkeit der Rohrwandung und dem Rohrdurchmesser abhängig ist. Von geringerem Einfluß ist die in der Rohrleitung herrschende Wassergeschwindigkeit, wenigstens innerhalb der Grenzen, wie sie im Wasserleitungsbau üblich sind und die Temperatur des Wassers. Ohne Zweifel steht es fest, daß mit zunehmender Rauhigkeit der Rohrwandung die Reibungsverluste wachsen, und zwar wächst hierdurch allein nicht die Wandungsreibung, sondern auch die innere

Reibung der Wasserteilchen. Bedingt ist dieses durch die
hierdurch hervorgerufene stärker wirbelnde Bewegung des Wassers und durch die fortwährenden Stöße, denen das Wasser
an den Knollenbildungen der Rohrwandung ausgesetzt ist.
Der Rohrdurchmesser ist von so großem Einfluß, weil der
Rohrquerschnitt bei zunehmendem Durchmesser in größerem
Verhältnis als der Rohrumfang wächst. Auch ist zu verstehen,
daß die durch die Wandungsreibung hervorgerufene innere
Reibung des Wassers bei großem Durchmesser im Verhältnis
nicht so stark in Erscheinung tritt als bei kleinerem Rohrdurchmesser. In ersterem Falle kann die Rohrwandungsreibung eine
nicht so starke innere Reibung der Wasserteilchen hervorrufen.

Weiter wurde gesagt, daß die Wassertemperatur von Einfluß ist, und zwar hängt dieses mit der Zähigkeit des Wassers
bei den verschiedenen Wassertemperaturen zusammen.

Aus vorgenannten Darlegungen ist erklärlich, daß die
c-Werte oder die Gleichungen hierfür, die unter Berücksichtigung der obigen Faktoren ermittelt wurden, am brauchbar-
sten sind. Sie müssen aber auf eine sichere Grundlage hin
festgestellt worden sein.

Infolge des dauernden Fortschreitens der Inkrustation bei
Eisenrohren an der inneren Rohrwandung wächst naturgemäß
c mit der Zunahme der Bekrustung bzw. mit dem Alter der
Rohrleitung. Schwierig ist es, für jeden Fall der Bekrustung
den richtigen c-Wert zu erfassen. Aus diesem Grunde ist es
ratsam, sich mit c-Werten zu begnügen, die sich auf neue
und langjährig in Gebrauch befindliche Rohre beziehen. Je
nach Wasserbeschaffenheit tritt der c-Wert für gebrauchte
Rohre früher oder später ein. Bei kleinen Leitungen wächst er
zuweilen bis in das ∞ an, was zeigt, daß die Leitung zugerostet
ist, also kein Wasser mehr durchläßt.

3. Gleichungen mit konstanten c-Werten.

Wie wir im vorhergehenden Abschnitt bereits erfahren
haben, ist c von den verschiedensten Faktoren abhängig, weshalb Gleichungen mit konstanten c-Werten als vollkommen
unbrauchbar zu bezeichnen sind. Nur der Vollständigkeit
halber sollen einige Gleichungen dieser Art angeführt werden.

Übersicht 1.

Autor	Formel	c-Wert
d'Aubuisson . . .	$\dfrac{h}{l} = 0{,}001435\,\dfrac{v^2}{D}$	$c = 0{,}001435$
Dupuit	$\dfrac{h}{l} = 0{,}001578\,\dfrac{v^2}{D}$	$c = 0{,}001578$
Chezy	$\dfrac{h}{l} = 0{,}00154\,\dfrac{v^2}{D}$	$c = 0{,}00154$
Fanning 1[1]	$\dfrac{h}{l} = 0{,}001312\,\dfrac{v^2}{D}$	$c = 0{,}001312$
Fanning 2[2]	$\dfrac{h}{l} = 0{,}002443\,\dfrac{v^2}{D}$	$c = 0{,}002443$

[1] Bezieht sich auf neue Leitungen.
[2] Bezieht sich auf gebrauchte Leitungen.

4. Gleichungen mit c-Werten in Abhängigkeit von der Wassergeschwindigkeit.

Formeln dieser Art sind nur 2 bekannt, und zwar die Gleichungen von Weißbach und Zeuner. Weißbach ging von der Grundgleichung 12 — nur in anderer Form — aus. Seine Gleichung lautet:

$$\frac{h}{l} = \left(0{,}01439 + \frac{0{,}009471}{\sqrt{v}}\right) \frac{v^2}{2g\,D}.$$

In dieser Gleichung ist

$$c = \left(0{,}01439 + \frac{0{,}009471}{\sqrt{v}}\right) \frac{1}{2g}.$$

Von der gleichen Voraussetzung ging Zeuner aus und änderte die Weißbachsche Gleichung nur gering, und zwar auf

$$\frac{h}{l} = \left(0{,}01432 + \frac{0{,}010327}{\sqrt{v}}\right) \frac{v^2}{2g\,D}.$$

Hieraus ergibt sich:

$$c = \left(0{,}01432 + \frac{0{,}010327}{\sqrt{v}}\right) \frac{1}{2g}.$$

Aus den obigen Gleichungen ist ersichtlich, daß die c-Werte nur unbedeutend voneinander abweichen. Brauchbar sind diese Gleichungen nicht, da der Rohrdurchmesser keine Berücksichtigung gefunden hat, der, wie bekannt, am meisten von Einfluß ist. Trotzdem diese Gleichungen sehr viel in Anwendung waren, können sie heute nur als wertlos bezeichnet werden.

5. Gleichungen mit c-Werten in Abhängigkeit vom Rohrdurchmesser.

Dieser Art Gleichungen gibt es eine große Anzahl. Als erste wäre die Gleichung von Dercy zu nennen:

$$\frac{h}{l} = \left(0{,}001014 + \frac{0{,}00002588}{D}\right)\frac{v^2}{D}.$$

Demnach wäre

$$c_n = \left(0{,}001014 + \frac{0{,}00002588}{D}\right).$$

Diese Gleichung gilt für neue Leitungen. Da nach Darcy der Druckverlust in gebrauchten Röhren doppelt so hoch ist, so gilt nach ihm für gebrauchte Leitungen

$$c_a = 2\left(0{,}001014 + \frac{0{,}00002588}{D}\right).$$

Infolge des kleinen Wertes $\frac{0{,}00002588}{D}$ ergibt diese Formel so geringe Abweichungen, daß kaum von einem Einfluß des Rohrdurchmessers gesprochen werden kann. So zum Beispiel ist für $D = 100$ mm $c = 0{,}002032$ und für $D = 1000$ mm $c = 0{,}002038$. Man kann also hier förmlich von konstanten c-Werten sprechen. Wenn diese Gleichung auch früher viel in Benutzung war, so geht die Erkenntnis doch heute so weit, daß sie als unbrauchbar bezeichnet werden muß.

Andere Gleichungen dieser Art sind diejenigen von Frank.

Für neue Rohre:

$$\frac{h}{l} = \left(0{,}01512 + \frac{0{,}0003847}{\sqrt{D}}\right)\frac{v^2}{D}.$$

Für gebrauchte Rohre:

$$\frac{h}{l} = \left(0{,}00495 + \frac{0{,}000652}{\sqrt{D}}\right)\frac{v^2}{D}.$$

Hiernach ergeben sich die c-Werte zu:

Für neue Leitungen:

$$c_n = \left(0{,}00512 + \frac{0{,}0003847}{\sqrt{D}} \right).$$

Für gebrauchte Leitungen:

$$c_a = \left(0{,}00495 + \frac{0{,}000652}{\sqrt{D}} \right).$$

Eine weitere Gleichung dieser Art ist die vereinfachte Gleichung von Kutter:

$$\frac{h}{l} = 4 \left(\frac{m + 0{,}5\sqrt{D}}{50\sqrt{D}} \right)^2 \frac{v^2}{D}.$$

In dieser Gleichung ist m der Rauhigkeitsbeiwert. Für neue Leitungen gilt der Rauhigkeitsbeiwert $m = 0{,}15$ und für gebrauchte Leitungen $m = 0{,}35$. Diese Gleichung gibt bei neuen Leitungen unter 100 mm und bei gebrauchten Leitungen unter 200 mm Rohrdurchmesser der Wirklichkeit gegenüber zu große Druckverluste. Früher ist diese Gleichung ganz besonders viel benutzt worden, da sie immerhin einigermaßen befriedigende Ergebnisse zeitigte. Die Abweichungen waren so gering, daß direkte Fehlschläge nicht eintraten.

Ganz ähnlich der Kutterschen Gleichung sind die Formeln von Sonne. Letzterer gibt an:

Für neue Leitungen:

$$\frac{h}{l} = 0{,}01 \left(0{,}087 + \frac{0{,}012\sqrt{D} + 0{,}003}{D} \right) \frac{v^2}{D}.$$

Für gebrauchte Leitungen:

$$\frac{h}{l} = 0{,}01 \left(\frac{20}{29 + 30\sqrt{D}} \right)^2 \frac{v^2}{D}.$$

Es ist demnach

$$c_n = 0{,}01 \left(0{,}087 + \frac{0{,}012\sqrt{D} + 0{,}003}{D} \right)$$

und

$$c_a = 0{,}01 \left(\frac{20}{29 + 30\sqrt{d}} \right)^2.$$

6. Gleichungen mit *c*-Werten in Abhängigkeit von Wassergeschwindigkeit und Rohrdurchmesser.

Als erste Gleichung dieser Art sei die Formel von Flamant genannt. Diese lautet:

$$\frac{h}{l} = \frac{4\,a}{\sqrt[4]{v\,D}} \frac{v^2}{D}.$$

Der Wert *a* ist von dem Rohrmaterial und von der Beschaffenheit der Rohrwandung abhängig. Nach Flamant ist:

$a = 0{,}000155$ für schmiedeeiserne Rohre,
$a = 0{,}000105$ für neue gußeiserne Rohre und
$a = 0{,}00023$ für gebrauchte gußeiserne Rohre.

Aus der obigen Gleichung ist der *c*-Wert sofort erkennbar und ist

$$c = \frac{4\,a}{\sqrt[4]{v\,D}}.$$

Von dieser Gleichung ist zu sagen, daß die hiernach berechneten Druckverluste gegenüber der Wirklichkeit zu klein ausfallen. Bei neuen Leitungen genügen die entsprechenden *c*-Werte einigermaßen.

Ferner wäre als Gleichung dieser Art diejenige von Lang zu nennen. Die Formeln lauten:

Für neue Rohre:

$$\frac{h}{l} = \left(0{,}001 + \frac{0{,}0001}{\sqrt{v\,D}}\right) \frac{v^2}{D}.$$

Für gebrauchte Leitungen:

$$\frac{h}{l} = \left(0{,}00102 + \frac{0{,}000092}{\sqrt{v\,D}}\right) \left(\frac{D}{D_1}\right)^5 \frac{v^2}{D}.$$

In der letzten Gleichung bezeichnet

D den Rohrdurchmesser im Neuzustand und
D_1 den mittleren Rohrdurchmesser unter Berücksichtigung der Ablagerungen.

Lang geht an und für sich ganz richtig vor, indem er den Druckverlust in gebrauchten Rohren im Verhältnis $\left(\frac{D}{D_1}\right)^5$ bringt. Dieser Weg ist ganz folgerichtig, denn im großen und ganzen

hängt die mit der Zeit eintretende Zunahme des Druckverlustes
von der Stärke der Bekrustung der Rohrwandung ab. Immerhin kommt es noch darauf an, ob die Bekrustung in weniger
wechselnder Stärke vor sich geht oder ob die Inkrustationen
sich knollenförmig ansetzen, da hiermit der Rauhigkeitsgrad
zusammenhängt, der wiederum ausschlaggebend ist für die
Höhe des Druckverlustes. Lang hätte versuchen sollen, die
Gleichungen für neue Rohre als Grundgleichung für gebrauchte
Rohre bestehen zu lassen und eine Gleichung aufzustellen, die
einen Faktor ergibt, womit der Druckverlust im Neuzustand
zu berichtigen ist je nach Größe und Art der Bekrustung, um
den Druckverlust für gebrauchte Leitungen zu erhalten.

Nach vorstehenden Gleichungen sind die c-Werte:

Für neue Rohre:

$$c_n = \left(0{,}001 + \frac{0{,}0001}{\sqrt{v\,D}}\right).$$

Für gebrauchte Rohre:

$$c_a = \left(0{,}00102 + \frac{0{,}000092}{\sqrt{v\,D}}\right)\left(\frac{D}{D_1}\right)^5.$$

Die Gleichung für neue Rohre gibt mit der Praxis annähernd übereinstimmende Ergebnisse, während die Gleichung
für gebrauchte Rohre bis zu 150 mm Durchmesser reichlich
hohe Druckverluste ergibt.

7. Gleichungen mit c-Werten in Abhängigkeit von Wasser-geschwindigkeit, Rohrdurchmesser, Zähigkeit und spezifischem Gewicht des Wassers.

Nach dieser Richtung hin ist zunächst die Gleichung von
Poiseuille zu nennen, die als erste die Zähigkeit des Wassers
berücksichtigt. Diese Formel lautet:

$$\frac{h}{l} = \frac{32\,v}{9{,}81\,D^2}\left(\frac{\eta}{\gamma}\right).$$

Hierin bezeichnet:

η den Zähigkeitsbeiwert des Wassers und
γ das Gewicht eines m³ Wassers in g.

Der Wert η bestimmt sich nach der Gleichung

$$\eta = \frac{0{,}01775}{1 + 0{,}0331\,t + 0{,}000244\,t^2},$$

wenn t die Temperatur des Wassers in C^0 bedeutet. Bei 10^0 ist $\eta = 0,0131$. Diese Gleichung kann auch geschrieben werden:

$$\frac{h}{l} = \frac{32}{9,81\,v\,D}\left(\frac{\eta}{\gamma}\right)\frac{v^2}{D}.$$

Demnach ist:

$$c = \frac{32}{9,81\,v\cdot D}\left(\frac{\eta}{\gamma}\right).$$

Alle Werte auf m bezogen gibt:

$$\frac{h}{l} = \frac{0,0326}{v\,D}\left(\frac{\eta}{\gamma}\right)\frac{v^2}{D}.$$

Diese Gleichung gibt selbst für neue Rohre zu kleine Werte und ist daher nicht brauchbar.

Ferner kommt als weitere Gleichung dieser Art die Formel von Biel in Frage, welche lautet:

$$\frac{h}{l} = 0,001\left(\alpha + \frac{f}{\sqrt{R}} + \frac{b}{v\sqrt{R}}\left[\frac{\eta}{\gamma}\right]\right)\frac{v^2}{R}.$$

Hierin bezeichnet:

α den Grundfaktor $= 0,12$,

b den Zähigkeitsbeiwert,

f den Rauhigkeitsbeiwert.

Setzt man an Stelle von $R = \frac{D}{4}$ ein, so geht die obige Gleichung in die Form über:

$$\frac{h}{l} = 0,004\left(0,12 + \frac{2\,f}{\sqrt{D}} + \frac{2\,b}{v\,\sqrt{D}}\left[\frac{\eta}{\gamma}\right]\right)\frac{v^2}{D}.$$

Biel hat im ganzen 6 Rauhigkeitsbeiwerte eingeführt. In der folgenden Übersicht 2 sind, nach den Rauhigkeitsgraden geordnet, die Rauhigkeitsbeiwerte zusammengestellt.

Übersicht 2.

Rauhigkeitsgrad	1	2	3	4	5	6
Rauhigkeitsbeiwert $= f$	0,0064	0,018	0,036	0,054	0,072	0,092
Zähigkeitsbeiwert $= b$	0,95	0,71	0,46	0,27	0,27	0,27
$b\,\frac{\eta}{\gamma}$ für 12^0 Wassertemperatur . .	0,0118	0,0088	0,0057	0,0032	0,0032	0,0032

Der Rauhigkeitsbeiwert 3 ist für neue und 6 für gebrauchte Rohrleitungen. Unter Einsetzung der Werte der obigen Übersicht ergibt sich:

Für neue Leitungen:

$$c_n = 0,004 \left(0,12 + \frac{0,072}{\sqrt{D}} + \frac{0,0064}{v\sqrt{D}} \right).$$

Für gebrauchte Leitungen:

$$c_a = 0,004 \left(0,12 + \frac{0,184}{\sqrt{D}} + \frac{0,0064}{v\sqrt{D}} \right).$$

Die nach den Bielschen Gleichungen berechneten Druckverluste fallen gegenüber der Wirklichkeit kleiner aus, jedoch nicht bedeutend.

8. Gleichungen ohne erkennbare Abhängigkeit der c-Werte.

Wir kommen nun zu einer Art Gleichungen, die an und für sich nicht die Form der Grundgleichung zeigen, aber ohne weiteres auf diese Form zurückgeführt werden können.

Die Gleichung von Lampe lautet:

$$\frac{h}{l} = 0,0008298 \, \frac{v^{1,802}}{D^{1,25}}.$$

Nun ist

$$v^{1,802} = \frac{v^2}{v^{0,192}} \quad \text{und} \quad D^{1,25} = D \cdot D^{0,25}.$$

Setzt man diese Werte in die obige Gleichung ein, so erhält man:

$$\frac{h}{l} = \frac{0,008298 \, v^2}{v^{0,192} \, D^{0,25} \, D}.$$

Durch diese Umwandlung hat auch diese Gleichung die Grundform angenommen, woraus hervorgeht, daß

$$c = \frac{0,008298}{v^{0,192} \, D^{0,25}}.$$

Eine weitere Gleichung dieser Art ist die von Unwien:

$$\frac{h}{l} = 0,00065 \, \frac{v^{1,85}}{D^{1,125}}.$$

Umgewandelt lautet diese Gleichung bzw. auf die Grundform gebracht:

$$\frac{h}{l} = \frac{0,00065}{v^{0,15} \, D^{0,125}} \, \frac{v^2}{D}.$$

Demnach ist

$$c = \frac{0,00065}{v^{0,15} \cdot D^{0,125}}.$$

Zum Schluß soll noch die Gleichung von Biegeleisen erwähnt werden. Diese lautet:

Für neue Rohre:

$$\frac{h}{l} = 0,0012 \, \frac{v^{1,9}}{D^{1,9}}.$$

Für gebrauchte Rohre:

$$\frac{h}{l} = 0,00259 \, \frac{v^{1,9}}{D^{1,1}}.$$

Diese Gleichungen können auch geschrieben werden:

Für neue Rohre:

$$\frac{h}{l} = \frac{0,0012}{v^{0,1} D^{0,1}} \, \frac{v^2}{D}.$$

Für gebrauchte Rohre:

$$\frac{h}{l} = \frac{0,00259}{v^{0,1} D^{0,1}} \, \frac{v^2}{D}.$$

Hieraus ergeben sich die c-Werte:

Für neue Rohre:

$$c_n = \frac{0,0012}{v^{0,1} D^{0,1}}.$$

Für gebrauchte Rohre:

$$c_a = \frac{0,00259}{v^{0,1} D^{0,1}}.$$

9. c-Werte des Verfassers.

Der Verfasser ist zu nachstehenden c-Werten gekommen.

Übersicht 3.
Für neue Rohrleitungen.

D	c	D	c	D	c	D	c
80	0,00159	225	0,00141	450	0,00128	750	0,00118
100	156	250	139	500	126	800	117
125	151	275	137	550	124	900	115
150	148	300	135	600	122	1000	112
175	146	350	133	650	121	1100	111
200	143	400	130	700	119	1200	109

Übersicht 4.
Für gebrauchte Leitungen.

D	c	D	c	D	c	D	c
80	0,00310	225	0,00254	450	0,00205	750	0,00163
100	301	250	246	500	195	800	158
125	287	275	240	550	187	900	148
150	277	300	235	600	181	1000	139
175	269	350	224	650	175	1100	132
200	260	400	212	700	168	1200	124

Durch logarithmographische Auswertung ist für neue Rohre die Gleichung gefunden:

$$c_n = \frac{0,0031}{D^{0,145}} \quad \cdots \cdots \cdots (13)$$

Hierin ist D in mm in Rechnung zu setzen. Für gebrauchte Rohrleitungen ist auf dem gleichen Wege die Formel

$$c_a = 0,0048 - (0,000494\,D^{0,28}) \quad \cdots \cdots (14)$$

ermittelt worden.

Zusammenfassend kann gesagt werden, daß die Gleichungen mit konstanten Werten unbrauchbar sind. Dasselbe gilt auch von den Gleichungen, worin c nur von der Geschwindigkeit abhängig ist. In der Hauptsache ist der c-Wert von dem Rohrdurchmesser beeinflußt, weniger von der Wassergeschwindigkeit. Dies zeigen besonders die Bielschen und Langschen Gleichungen, die zweifelsohne mit großer Sorgfalt ermittelt worden sind. Es genügen daher für die im Wasserleitungsbau angewandten Gleichungen vollkommen, wobei c nur vom Rohrdurchmesser abhängt.

Unter Anwendung der vom Verfasser angegebenen Werte von c erhält man mit der Wirklichkeit gut übereinstimmende Ergebnisse. Man glaube nicht etwa, daß die Ergebnisse auf cm genau mit etwa angestellten Versuchen übereinstimmen müssen, nein, dazu sind die Verhältnisse jeweils doch zu verschieden und die Kenntnisse über die Wasserbewegung in Rohrleitungen nicht genügend geklärt. Zuweilen ist es notwendig, die Beiwerte c entsprechend der Verlegungsdauer zu verkleinern gegenüber den Werten für gebrauchte Leitungen, um der Wirklichkeit nahekommende Werte zu erhalten. Die richtige Wahl zu treffen, erfordert schon einige betriebstech-

nische Erfahrung und Kenntnis über die krustenbildende Wirkung des Wassers.

Nach der Gleichung 6 ist:

$$v = \frac{4 Q}{D^2 \pi} .$$

Infolgedessen ist nach der Gleichung 8

$$\frac{h}{l} = \frac{c \, 4^2 \, Q^2_{\text{cbm}}}{D_m{}^4 \, \pi^2 \, D}$$

hieraus folgt

$$\frac{h}{l} \, 1{,}621 \, c \, \frac{Q^2_{\text{cbm}}}{D_m{}^5} \quad \ldots \ldots \quad (15\,\text{a})$$

Da nun nach der Gleichung 4 $\varepsilon = \frac{h}{l}$, so ist gemäß der Gleichung 8

$$\varepsilon = c \, \frac{v^2}{D_m} \quad \ldots \ldots \ldots \quad (16\,\text{a})$$

oder nach der Gleichung 15 ist

$$\varepsilon = 1{,}621 \, c \, \frac{Q^2_{\text{cbm}}}{D^5{}_m} \quad \ldots \ldots \quad (17\,\text{a})$$

Da es nun allgemein üblich ist, den Rohrdurchmesser in
mm, die Geschwindigkeit und Länge in m und die Wassermenge
in Sekl. zum Ausdruck zu bringen, so sollen folgend die drei
letzten Gleichungen für diese Einheiten umgewandelt werden.
In diesem Falle nehmen die vorstehenden Gleichungen die
Form an:

Gleichung 15a

$$\frac{h}{l} = 1{,}62 \cdot 10^9 \, c \, \frac{Q^2}{D^5} \quad \ldots \ldots \quad (15)$$

Gleichung 16a

$$\varepsilon = 10^3 \, c \, \frac{v^2}{D} \quad \ldots \ldots \ldots \quad (16)$$

Gleichung 17a

$$\varepsilon = 1{,}62 \cdot 10^9 \, c \, \frac{Q^2}{D^5} \quad \ldots \ldots \quad (17)$$

Für die Folge soll nur noch mit diesen Gleichungen gearbeitet werden. In sämtlichen folgenden Gleichungen ist Q
die Wassermenge in Sekl. und D der Durchmesser in mm,
worauf besonders aufmerksam gemacht wird.

d) Bestimmung des Druckverlustes bei verschiedenen Belastungsfällen.

1. Leitungen mit gleichbleibender Belastung.

Im vorangegangenen Teile ist schon gesagt worden, daß das Wasser, wenn es sich in Bewegung befindet, Reibung erzeugt, was sich durch Druckabnahme bei Fallrohrleitungen und Druckzunahme bei Druckrohrleitungen bemerkbar macht.

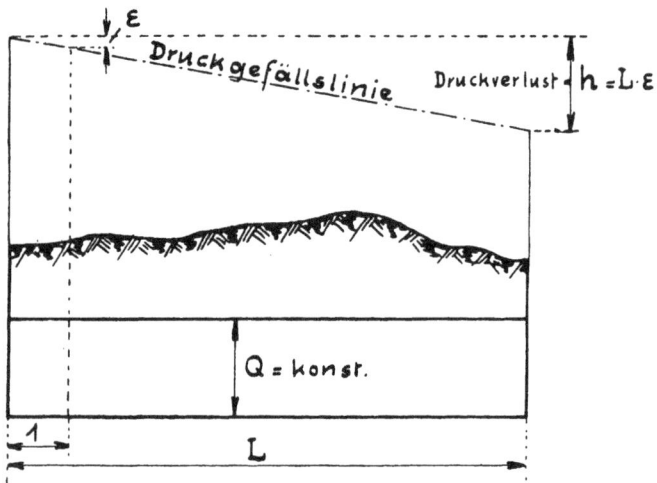

Abb. 3.

Ohne weiteres wird man erkennen, daß bei gleichbleibender Belastung und gleichem Rohrdurchmesser der Druckabfall stetig zunimmt, also die Druckgefällslinie eine gerade Linie ist (siehe Abb. 3). Der Druckverlust bestimmt sich nach Gleichung 12 bzw. 13 zu

$$h = 10^3 c \frac{v^2}{D} l \quad \text{oder} \quad h = 1{,}62 \cdot 10^9 \, c \, \frac{Q^2}{D^5} \quad . \quad . \quad (18)$$

2. Leitungen mit gleichbleibenden Belastungsstrecken bei verschiedenen Belastungsgrößen.

Ein Blick auf Abb. 4 wird genügen, um erkennen zu können, daß man es hier nur mit einer Aneinanderreihung des im vorigen Abschnitte behandelten Falles zu tun hat. Die Gleichung 18 bleibt für jede einzelne Teilstrecke bestehen, und es reiht sich diese je nach Anzahl der Belastungsstrecken aneinander. Der Druckverlust bei solchen Rohrsträngen bestimmt sich daher nach der abzuändernden Gleichung 18 zu:

$$h = 1{,}62 \cdot 19^9 \left(c_1 \frac{Q_1^2}{D_1^5} \cdot l_1 + c_2 \frac{Q_2^2}{D_2^5} \cdot l_2 + \cdots c_n \frac{Q_n^2}{D_n^5} \cdot l_n \right) (19)$$

Hierbei ist darauf zu achten, ob der Rohrdurchmesser nicht zwischen den einzelnen Belastungsstrecken wechselt. Ist dies

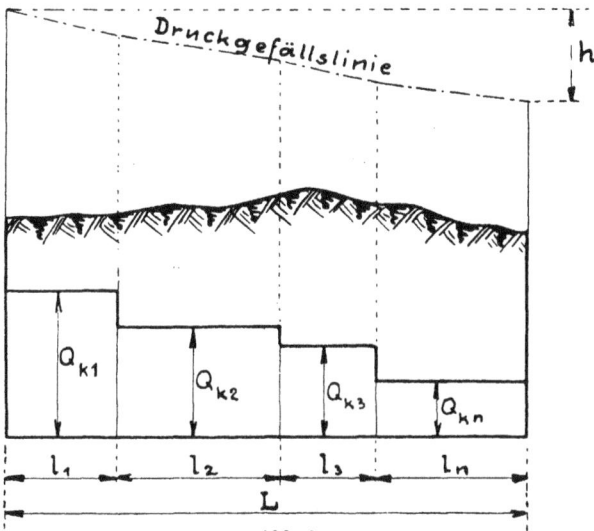

Abb. 4.

der Fall, so ist das zu berücksichtigen. Es muß dann der Druckverlust für den einen und den anderen Rohrdurchmesser bestimmt werden. Beide Werte zusammengezählt, gibt den gesamten Reibungsverlust auf der betreffenden Belastungsstrecke.

Dieser Belastungsfall ist dort zu finden, wo sich an einem Rohrstrang Abzweige befinden, welche eine gleichbleibende Wassermenge entnehmen.

3. Leitungen mit gleichmäßiger Wasserabgabe.

Dieser Fall kommt in den Wasserrohrnetzen in großen Mengen vor, wenn die Hausanschlüsse als gleichmäßige Wasserentnahmestellen angesehen werden. Es wird sofort einleuchten, daß der Druckverlust je Längeneinheit bei gleichbleibendem Rohrdurchmesser entsprechend der Belastungsabnahme auch abnehmen wird. Die Druckgefällslinie muß daher eine Parabel sein, wie dies in Abb. 5 dargestellt ist.

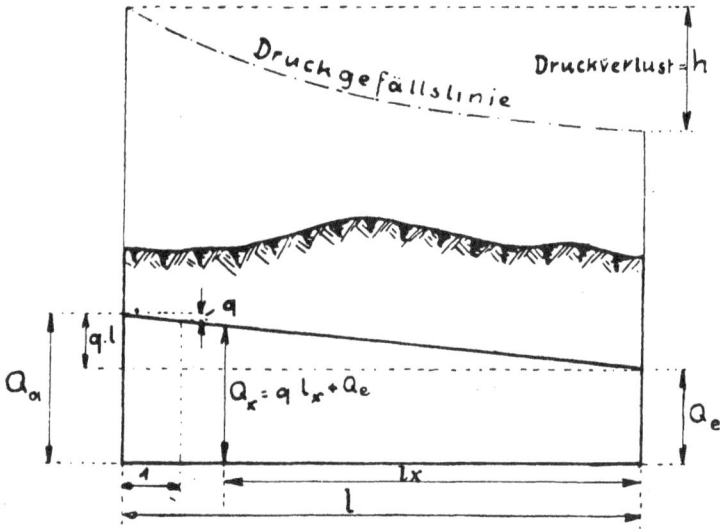

Abb. 5.

Der Druckabfall für diesen Fall bestimmt sich wie folgt. Gemäß Gleichung 18 ist

$$h = 1{,}62 \cdot 10^9 \, c \, \frac{Q^2}{D^5} \, dl \cdot$$

Nach der Abb. 5 ist $Q_x = Q_e + q l_x$. Setzt man diesen Wert in obige Gleichung ein, so ist

$$h = \frac{1{,}62 \cdot 10^9 \, c}{D^5} \left[Q_e^2 + 2 Q_e q l_x + (q l_x)^2 \right] dl$$

$$h = \frac{1{,}62 \cdot 10^9 \, c}{D^5} \int_0^2 [Q_e^2 + 2 Q_e q l_x + (q l_x)^2] \, dl$$

$$h = \frac{1{,}62 \cdot 10^9 \, c}{D^5} \left(Q_e^2 l + 2 Q_e q \frac{l^2}{2} + \frac{q^2 l^3}{3} \right)$$

$$h = \frac{1{,}62 \cdot 10^9 \, c l}{D^5} \left(Q_e^2 + Q_e q l + \frac{(q l)^2}{3} \right) \quad \ldots \quad (20)$$

Es kommen auch Fälle vor, wo Q_e gleich Null wird, wie dies Abb. 6 veranschaulicht. Bei Wasserrohrnetzen sind diese Fälle nicht selten, so bei allen totlaufenden Rohrsträngen. Die Formel 16 mit $Q_e = 0$ ändert sich daher zu:

$$h = \frac{1{,}62 \cdot 10^9 \, c l}{D^5} \frac{(q \cdot l)^2}{3} \quad \ldots \ldots \quad (21)$$

In den beiden letzten Gleichungen bedeutet q die Wasserentnahme je Längeneinheit (m).

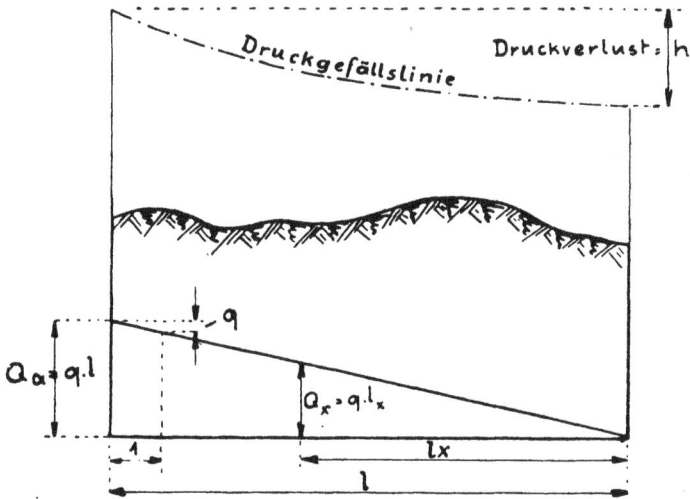

Abb. 6.

In Wirklichkeit gibt es im Wasserleitungsbau keine Rohrleitung, in der eine gleichmäßige Wasserentnahme stattfindet, denn bei Wasserrohrnetzen reiht sich nicht direkt ein Hausanschluß an den anderen, sondern die Entfernung richtet sich ganz allein nach der Länge der Hausfronten und ändert sich auch von Haus zu Haus. Hieraus kann man schließen, daß die Druckverluste, nach Gleichung 20 und 21 gerechnet, zu günstig ausfallen. Aus diesem Grunde rechnet man noch sicherer und bedeutend einfacher mit der folgenden Gleichung:

$$h = \frac{1{,}62 \cdot 10^9 \, c}{D^5} \left(\frac{Q_a + Q_e}{2} \right)^2 l \quad \ldots \ldots \quad (22)$$

und wenn $Q_e = 0$

$$h = \frac{1{,}62\, c\, Q_a{}^2\, l \cdot 10^9}{4\, D^5} \quad \ldots \ldots \ldots \text{(23)}$$

Um zu zeigen, daß dies in der Tat der Fall ist, soll ein Beispiel durchgerechnet werden.

Beispiel.

An einer 100 m langen Leitung von 200 mm Durchmesser befindet sich alle 10 m ein Abzweig, an dem je 1 Sekl. entnommen wird. Am Ende sollen noch 14 Sekl. abgegeben werden.

Lösung.

Es ist $\qquad q \cdot l = 10 \cdot 1 = 10$ Sekl.

$Q_e = 14$ Sekl., $Q_a = 14 + 10 = 24$ Sekl. und

$$q = \frac{10}{100} = 0{,}1 \text{ Sekl.}$$

Nach Gleichung 20 ist der Druckverlust

$$h = \frac{1{,}62 \cdot 10^9 \cdot 0{,}0026 \cdot 100}{200^5} \left(14^2 + 14 \cdot 0{,}1 + \frac{(0{,}1 \cdot 100)^2}{3}\right) = 0{,}334\,\text{m.}$$

Nun sei nach Gleichung 18 jede einzelne Teilstrecke berechnet.

$Q_1 = 24$ Sekl.		$h_1 = 0{,}076$ m.	
$Q_2 = 23$	»	$h_2 = 0{,}070$	»
$Q_3 = 22$	»	$h_3 = 0{,}064$	»
$Q_4 = 21$	»	$h_4 = 0{,}058$	»
$Q_5 = 20$	»	$h_5 = 0{,}053$	»
$Q_6 = 19$	»	$h_6 = 0{,}048$	»
$Q_7 = 18$	»	$h_7 = 0{,}043$	»
$Q_8 = 17$	»	$h_8 = 0{,}038$	»
$Q_9 = 16$	»	$h_9 = 0{,}034$	»
$Q_{10} = 15$	»	$h_{10} = 0{,}030$	»
		$\Sigma\, h_n = 0{,}514$ m.	

Nach der Gleichung 22 berechnet, ergibt sich für

$$h = \frac{1{,}62 \cdot 10^9 \cdot 0{,}0026 \cdot 19^2 \cdot 100}{200^5} = 0{,}476 \text{ m.}$$

Hieraus kann der Schluß gezogen werden, daß, nach der Gleichung 22 und 23 gerechnet, der Wirklichkeit entsprechend

genauere Werte erhalten werden als nach Gleichung 20 und 21.
Weiter hat man noch den Vorteil der einfacheren Rechnung.

4. Leitungen mit Aneinanderreihung von gleichbleibender Belastung und gleichmäßiger Wasserentnahme.

Durch eine wechselweise Aufeinanderfolge von Rohrstrecken mit gleichbleibender Belastung und gleichmäßiger

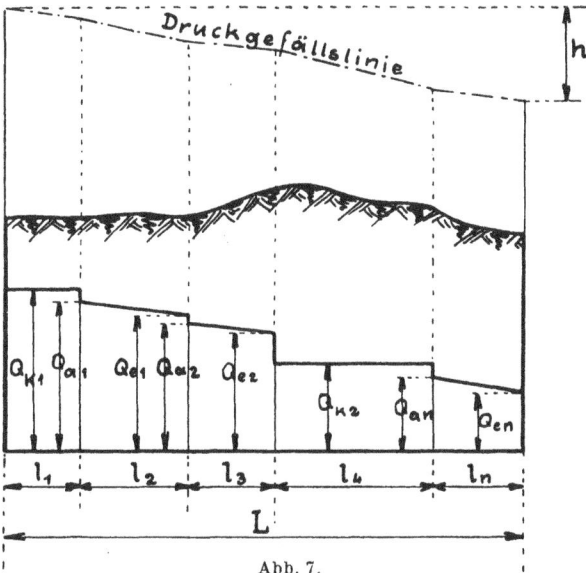

Abb. 7.

Wasserentnahme entsteht nachstehendes Vorbild der Abb. 7.
Zur Berechnung des Druckverlustes sind die Gleichungen 18
bis 23 anzuwenden. Allgemein ist

$$h = \Sigma h_n$$

oder

$$h = \Sigma \frac{1,62 \cdot 10^9 \cdot c Q^2_{km} \cdot l_n}{D_n{}^5} + \Sigma \frac{1,62 \cdot 10^9 c}{D_n{}^5} \left(\frac{Q_{an} + Q_{en}}{2} \right)^2 l_n.$$

5. Besondere Bemerkungen.

Sämtliche in den einzelnen Abschnitten aufgestellten
Leitsätze beziehen sich im Grunde genommen nur auf Fall-
leitungen. Die behandelten Fälle kommen jedoch auch bei

Druckleitungen in Frage. An und für sich ändern sich die aufgestellten Gleichungen in keiner Weise. Der Unterschied liegt nur darin, daß bei Druckleitungen keine Druckabnahme, sondern eine Druckzunahme durch den Reibungsverlust stattfindet. Bei Druckleitungen wird der Anfangsdruck H_a er-

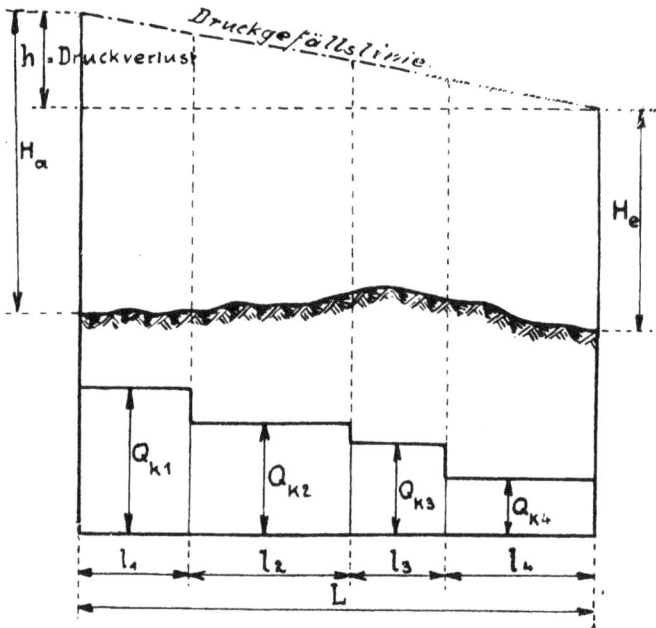

Abb. 8.

halten, indem man den Reibungsverlust zu dem Enddruck H_e hinzuzählt. (Siehe Abb. 8.) Damit dürfte es sich erübrigen, auf alle einzelnen Fälle näher einzugehen.

e) Verhältnis der Leistungsfähigkeit von mehreren untereinander verbundenen Rohrsträngen.

Im Wasserleitungsbau kommt es vielfach vor, daß zwei oder mehrere Rohrstränge von ungleichem Rohrdurchmesser zu demselben Versorgungsgebiet oder demselben Hochbehälter führen. In solchen Fällen ist es von Wichtigkeit, zu wissen, wie groß die in den einzelnen Rohrsträngen fließenden Wassermengen sind bzw. in welchem Verhältnis sie zur gesamten Wassermenge stehen.

Nach der früheren Gleichung 15 ist

$$Q^2 = \frac{h\,D^5}{1{,}62 \cdot 10^9\,c\,l}.$$

Es läßt sich daher die Gleichung aufstellen:

$$\frac{Q_1{}^2}{Q_2{}^2} = \frac{\dfrac{h_1\,D_1{}^5}{1{,}62 \cdot 10^9\,c_1\,l_1}}{\dfrac{h_2\,D_2{}^5}{1{,}62 \cdot 10^9\,c_2\,l_2}} = \frac{h_1\,D_1{}^5\,c_2\,l_2}{h_2\,D_2{}^5\,c_1\,l_1}.$$

Da nun die Druckverluste für alle Rohrstränge gleich groß sind, so ist:

$$\frac{Q_1}{Q_2} = \frac{\sqrt{D_1{}^5 \cdot c_2\,l_2}}{\sqrt{D_2{}^5\,c_1\,l_1}} \quad \ldots \ldots \ldots (25)$$

Ist nun, wie es zuweilen der Fall ist, $L_1 = L_2$, so ist:

$$\frac{Q_1}{Q_2} = \frac{\sqrt{D_1{}^5 \cdot c_2}}{\sqrt{D_2{}^5\,c_1}} \quad \ldots \ldots \ldots (26)$$

Hat man es mit drei Leitungen zu tun, so stellt man eine weitere Gleichung auf und ermittelt das Verhältnis $\dfrac{Q_1}{Q_3}$. Es ist daher:

$$\frac{Q_1}{Q_3} = \frac{\sqrt{D_1{}^5 \cdot c_3\,l_3}}{\sqrt{D_3{}^5\,c_1\,l_1}} \quad \ldots \ldots \ldots (27)$$

Auf diese Art verfährt man bei jeder weiteren Leitung. Man setzt den Wert von Q_1 immer gleich 1.

Sind auf diese Weise die in den einzelnen Rohrsträngen fließenden Wassermengen ermittelt, so ist es leicht, den Druckverlust zu bestimmen. Dieser ist, wie schon erwähnt, in allen Leitungen gleich groß und bestimmt sich nach der Gleichung 18.

Beispiel.

Eine 150 mm- und eine 200 mm-Leitung führen von dem Pumpwerk nach dem Hochbehälter. Durch beide Leitungen werden zusammen 32 Sekl. gefördert. Die Länge der 150 mm-Leitung beträgt 1850 m und die 200 mm-Leitung ist 2030 m lang.

Wieviel Wasser fördert die 150 mm-Leitung und wieviel die 200 mm-Leitung?

Lösung.

Nach der gegebenen Aufgabe ist:

$$D_1 = 150 \text{ mm} \qquad l_1 = 1850 \text{ m} \qquad c_1 = 0,00277$$
$$D_2 = 200 \quad \text{»} \qquad l_2 = 2030 \quad \text{»} \qquad c_2 = 0,00260$$

Nach Gleichung 25 ist

$$\frac{Q_1}{Q_2} = \frac{\sqrt{150^5 \cdot 0,00260 \cdot 2030}}{\sqrt{200^5 \cdot 0,00277 \cdot 1850}} = \frac{633\,000}{1\,280\,000} = \frac{1}{2,02}.$$

Demnach geht durch D_1 1 Teil und durch D_2 2,02 Teile. Dies sind zusammen $1 + 2,02 = 3,02$ Teile. Mithin ist:

$$Q_1 = \frac{32}{3,02} \cdot 1 = 10,6 \text{ Sekl.}$$

$$Q_2 = \frac{32}{3,02} \cdot 2,02 = 21,4 \text{ Sekl.}$$

Beispiel.

Von einer hochliegenden Quellenstube führen nach einem tieferliegenden Behälter 3 Leitungen, und zwar von 100, 125 und 150 mm Durchmesser von den Längen 860, 860 und 1020 m. Diese 3 Leitungen fördern zusammen 42 Sekl.

Wieviel fördert die 100, die 125 und die 150 mm-Leitung, wenn gebrauchte Leitungen zugrunde gelegt werden?

Lösung.

Nach der gegebenen Aufgabe ist:

$$D_1 = 100 \text{ mm} \qquad l_1 = 860 \text{ m} \qquad c_1 = 0,00301$$
$$D_2 = 125 \quad \text{»} \qquad l_2 = 860 \quad \text{»} \qquad c_2 = 0,00287$$
$$D_3 = 150 \quad \text{»} \qquad l_3 = 1020 \quad \text{»} \qquad c_3 = 0,00277$$

Nach der Gleichung 25 ist:

$$\frac{Q_1{}^2}{Q_2{}^2} = \frac{\sqrt{100^5 \cdot 0,00287 \cdot 860}}{\sqrt{125^5 \cdot 0,00301 \cdot 860}} = \frac{146\,000}{259\,000} = \frac{1}{1,73}.$$

Weiter ist nach der Gleichung 23:

$$\frac{Q_1}{Q_3} = \frac{\sqrt{100^5 \cdot 0,00277 \cdot 1020}}{\sqrt{150^5 \cdot 0,00287 \cdot 860}} = \frac{168\,000}{433\,000} = \frac{1}{2,58}.$$

Die gesamte Wassermenge zerlegt sich also in die Teile
$1 + 1{,}73 + 2{,}58 = 5{,}31$ Teile. Daher ist:

$$Q_1 = \frac{42}{5{,}31} \cdot 1 = 7{,}9 \text{ Sekl.}$$

$$Q_2 = \frac{42}{5{,}31} \cdot 1{,}73 = 13{,}7 \text{ Sekl.}$$

$$Q_3 = \frac{42}{5{,}31} \cdot 2{,}58 = 20{,}4 \text{ Sekl.}$$

Beispiel.

Von einem Pumpwerk nach dem Hochbehälter führt eine
150 mm-Druckrohrleitung, welche im Mittel mit 38 Sekl.
beansprucht ist. Es soll nun ein neuer Rohrstrang von 200 mm
neben der bestehenden Leitung verlegt werden. Die Länge
der beiden Rohrstränge beträgt je 2160 m.

Wie hoch ist der Druckverlust, wenn der neue Rohrstrang mit in Betrieb genommen ist?

Lösung.

Zunächst wären nach der Gleichung 25 die in den einzelnen Rohrsträngen fließenden Wassermengen zu ermitteln.
Es ist:

$$\frac{Q_1}{Q_2} = \frac{\sqrt{150^5 \cdot 0{,}00143}}{\sqrt{200^5 \cdot 0{,}00277}} = \frac{104\,000}{298\,000} = \frac{1}{2{,}87}.$$

Mithin ist:

$$Q_1 = \frac{38}{3{,}87} \cdot 1 = 9{,}8 \text{ Sekl.}$$

$$Q_2 = \frac{38}{3{,}87} \cdot 2{,}87 = 28{,}2 \text{ Sekl.}$$

Nunmehr ermittelt sich der Druckverlust zu:

$$h = 1{,}62 \cdot 10^9 \cdot 0{,}00277 \frac{9{,}8^2}{150^5} \cdot 2160 = 14{,}1 \text{ m.}$$

f) Bestimmung des ideellen Rohrdurchmessers einer Rohrleitung.

Bei Rohrnetzberechnungen kommt es vielfach vor, zu
wissen, was zwei oder mehrere nebeneinander verlegte Wasserrohrleitungen bei einem bestimmten Druckverlust leisten. Be-

steht die eine oder beide der Leitungen aus verschiedenen Rohrgrößen, so ist diese Aufgabe nicht so ohne weiteres durchzuführen. Die Berechnung läßt sich nur dann lösen, wenn man die ideellen Rohrdurchmesser bestimmt. Der ideelle Rohrdurchmesser ist jene Rohrgröße, die bei gleicher Beanspruchung die gleichen Druckverluste ergibt als die verschiedenen Rohrgrößen.

Der Druckverlust in einer Leitung mit verschieden großen Durchmessern ist:

$$h = 1{,}62 \cdot 10^9 \cdot Q^2 \left(\frac{c_1 \cdot l_1}{D_1^5} + \frac{c_2 l_2}{D_2^5} \cdots \frac{c_n l_n}{D_n^5} \right).$$

Nun ist der Druckverlust in einer Leitung von nur einem Rohrdurchmesser gemäß der Gleichung 18

$$h = 1{,}62 \cdot 10^9 \, c_i \, \frac{Q^2}{D_i^5} \, l.$$

Setzt man diese beiden Formeln gleich, so ist:

$$\frac{c_1 l_1}{D_1^5} + \frac{c_2 l_2}{D_2^5} + \cdots \frac{c_n l_n}{D_n^5} = \frac{c_i l}{D_i^5}.$$

Hieraus bestimmt sich der ideelle Rohrdurchmesser zu:

$$D_i = \sqrt[5]{\frac{c_i l}{\frac{c_1 l_1}{D_1^5} + \frac{c_2 l_2}{D_2^5} + \cdots \frac{c_n l_n}{D_n^5}}} \quad \ldots \quad (28)$$

Die Bezeichnungen sind aus der Abb. 9 ersichtlich.

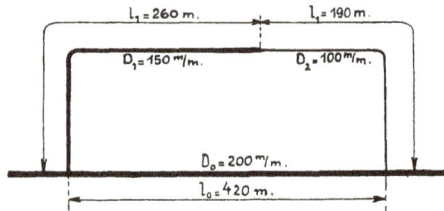

Abb. 9.

Beispiel.

Parallel zu einer 200 mm-Rohrleitung von 420 m Länge liegt eine Leitung von 150 und 100 mm Durchmesser von einer Länge von 260 bzw. 190 m. Welche Wassermenge leistet jede der beiden Leitungen bei einem Druckgefälle von 1,60 m.

Lösung.

Zunächst wäre nach der Gleichung 28 der ideelle Rohrdurchmesser für die 150 und 100 mm-Leitung zu bestimmen. Nimmt man vorerst für $c_i = 0,00285$ an, so ist:

$$D_i = \sqrt[5]{\frac{0,00285 \cdot 450}{\dfrac{0,00277 \cdot 260}{150^5} + \dfrac{0,00301 \cdot 190}{100^5}}}.$$

$$D_i = 136 \text{ mm}.$$

Hierfür müßte $c_i = 0,00282$ sein, mithin erübrigt sich eine zweite Durchrechnung, da c_i genügend genau angenommen worden ist.

Nach der Gleichung 15 leisten die beiden Leitungen:

1. Die 200 mm-Leitung:

$$Q = \sqrt[2]{\frac{200^5 \cdot 1,60}{1,62 \cdot 10^9 \cdot 0,0026 \cdot 420}} = 16,1 \text{ Sekl.}$$

2. Die 150 und 100 mm-Leitungen (136 mm ideellen Durchm.)

$$Q = \sqrt[2]{\frac{136^5 \cdot 1,60}{1,62 \cdot 10^9 \cdot 0,00282 \cdot 450}} = 6,0 \text{ Sekl.}$$

Zusammen leisten die beiden Leitungen

$$16,1 + 6,0 = 22,1 \text{ Sekl.}$$

f) Ermittelung der Rohrdurchmesser, des Druckverlustes und der Wassergeschwindigkeiten an Hand von Übersichtstafeln.

1. Zweck und Inhalt der Übersichtstafeln.

Den bisherigen Ausführungen ist zu entnehmen, welche umständliche und zeitraubende Rechnungen nötig sind, um den Rohrdurchmesser oder den Druckverlust usw. einer Leitung zu bestimmen. Besonders würde dies bei größeren Arbeiten in Erscheinung treten. Auch ist es nicht ausgeschlossen, daß sich durch ein geringes Versehen ein Fehler mit in die Rechnung einschleicht, der sich erst bei der Nachprüfung findet und somit die erste Rechnung zwecklos macht. Um nun auf einfachem Wege und bedeutend schneller zum Ziele zu kommen, sind in den folgenden Übersichten 3 bis 4 alle

Werte für die Rohrdurchmesser von 60 bis 1200 mm nach den bisher aufgestellten Gleichungen berechnet. Hierdurch sind zeitraubende Rechnungen ganz ausgeschlossen. Die Übersichten sind für neue und gebrauchte Leitungen getrennt aufgeführt.

Aus den Übersichten sind die Leistungsfähigkeiten der Rohre, die Druckverluste und die Wassergeschwindigkeit zu entnehmen. Daher können mit den Tafeln sämtliche Rechnungsarten ausgeführt werden, die im Wasserleitungsfach vorkommen. So kann bei gegebener Wassermenge und gegebenem Druckverlust der Rohrdurchmesser, bei gegebenem Rohrdurchmesser und Druckverlust die Wassermenge, bei gegebenem Rohrdurchmesser und gegebener Wassermenge der Druckverlust ermittelt und zu jeder dieser Rechnungsmöglichkeiten kann die Wassergeschwindigkeit bestimmt werden.

Alle in den Übersichten 5 und 6 nicht angegebenen Werte können durch Ausmittelung gefunden werden. So bestimmen sich die Zwischenwerte von Q, in diesem Falle mit Q_x bezeichnet, nach der Gleichung

$$Q_x = Q' - \frac{Q_d}{\varepsilon_d} (\varepsilon' - \varepsilon_x) \quad \ldots \ldots \quad (29)$$

Hierin bedeutet:

Q' der nächsthöhere Wert von Q in der Übersicht 5 oder 6 bei dem gegebenen Werte von ε_x,

Q_d die Differenz der in den Übersichten angegebenen nächsthöchsten und nächstniedrigsten Wertes von Q,

ε_d die Differenz des in den Übersichten angegebenen nächsthöchsten und nächstniedrigsten Wertes von ε,

ε' der nächsthöhere Wert von ε in den Übersichten, gegenüber dem gegebenen Wert von ε_x und

ε_x der gegebene Wert von ε.

Ist ε_x der gesuchte Wert, so bestimmt sich dieser zu:

$$\varepsilon_x = \varepsilon' - \frac{\varepsilon_d}{Q_d} (Q' - Q_x) \quad \ldots \ldots \quad (30)$$

Wird die zu Q_x gehörige Wassergeschwindigkeit v_x gesucht, so ist:

$$v_x = v' - \frac{v_d}{Q_d} (Q' - Q_x) \quad \ldots \ldots \quad (31)$$

Hierin bezeichnet:

v_d die Differenz der in den Übersichten angegebenen nächsthöheren und nächstniedrigsten Werte von v_x,

v' der in den Übersichten angegebene nächsthöhere Wert von v gegenüber von Q_x.

Um sich nun mit der Anwendungsmöglichkeit der Übersichten 5 und 6 vertraut zu machen, wollen wir einige Beispiele durchrechnen.

2. Rechnungsbeispiele unter Zuhilfenahme der Übersichten 5 und 6.

1. Beispiel.

Wie groß muß der Rohrdurchmesser bei einer Belastung von 12,4 Sekl. und einem Druckverlust von 0,0090 m auf einem m Rohrleitung sein, wenn gebrauchte Leitungen zugrunde gelegt werden?

Lösung. In der Übersicht 6 sucht man den Wert von $\varepsilon = 0,0090$ und findet in der Spalte von $Q = 12,4$ Sekl., daß hierfür ein 150 mm-Rohrdurchmesser erforderlich ist.

2. Beispiel.

Welcher Rohrdurchmesser ist zu wählen bei einer Belastung von 30,0 Sekl. und einem Druckverlust je Längeneinheit von 0,00375 m, wenn gebrauchte Rohre zugrunde gelegt werden?

Lösung. Der Wert von ε_x liegt in der Übersicht 6 zwischen 0,00400 und 0,00350. Zwischen diesen Werten geht man soweit nach rechts, bis man unter Q mindestens den Wert von 30,0 erreicht hat. Wir finden, daß dieser Wert zwischen den Werten der Rohrdurchmesser 225 und 250 mm liegt, zu wählen ist daher ein 250 mm-Rohrdurchmesser.

Nun läßt sich für diesen Rohrdurchmesser und bei obiger Belastung der genaue Druckverlust nach Gleichung 25 berechnen. Es ist:

$$\varepsilon' = 0,00400, \quad \varepsilon_d = 0,00400 - 0,00350 = 0,00050 \text{ m.}$$
$$Q_d = 31,3 - 29,3 = 2,0 \text{ Sekl.}$$

Mithin ist der Druckverlust je Längeneinheit ε_x

$$\varepsilon_x = 0,00400 - \frac{0,0005}{2,0}\,(31,3-30) = 0,00368\ \text{m}.$$

3. Beispiel.

Wie groß ist die Wassergeschwindigkeit für das 2. Beispiel?

Lösung. Nach der Übersicht 6 ist:

$$v' = 0,64\ \text{m und}\ v_d = 0,64 - 0,60 = 0,04\ \text{m}.$$

Wie bereits ermittelt, ist $Q_d = 2,0$ Sekl. Somit bestimmt sich die Wassergeschwindigkeit v nach der Gleichung 31 für die gegebene Belastung von $Q = 30$ Sekl. zu:

$$v_x = 0,64 - \frac{0,04}{2,0}\cdot(31,3-30) = 0,614\ \text{m je Sek.}$$

4. Beispiel.

Wie groß ist der Rohrdurchmesser zu wählen für eine Wasserrohrleitung von 360 m Länge und bei einer Belastung von 52 Sekl., wenn der Druckverlust 1,60 m betragen darf, und wie groß ist die Wassergeschwindigkeit?

Lösung. Nach den gegebenen Verhältnissen ist:

$$\varepsilon = \frac{1,60}{360} = 0,0045\ \text{m}.$$

Für diesen Wert ist bei 300 mm Rohrdurchmesser $Q = 53,6$ Sekl., also ein etwas höherer Wert als in der Aufgabe, somit ist dieser Rohrdurchmesser zu wählen. Es ist:

$$\varepsilon_d = 0,00450 - 0,00400 = 0,00050\ \text{m},$$
$$Q_d = 53,6 - 50,6 = 3,0\ \text{Sekl.}$$

Mithin ist:

$$\varepsilon_x = 0,00450 - \frac{0,0005}{3,0}\,53,6-52,0) = 0,00423\ \text{m}.$$

Der gesamte Druckverlust ist daher:

$$h = 360\cdot 0,00423 = 1,53\ \text{m}.$$

Die Wassergeschwindigkeit v_x bestimmt sich nach der Gleichung 31 zu:

$$v_x = 0,76 - \frac{0,76-0,71}{3,0}\,(53,6-52,0) = 0,733\ \text{m je Sek.}$$

5. Beispiel.

Wie groß ist der Druckverlust in einer aus gebrauchten Rohren bestehenden Wasserrohrleitung von 300 mm lichter Weite bei einer Länge von 420 m, einer Belastung von 74 Sekl., und wie groß ist die Wassergeschwindigkeit?

Lösung. Nach der Übersicht 6 liegt bei 300 mm Durchmesser 74 Sekl. zwischen den Werten 75,9 und 71,5 Sekl., somit ist:

$$\varepsilon_d = 0,00900 - 0,00800 = 0,001 \text{ m.}$$
$$Q_d = 75,9 - 71,5 = 4,4 \text{ Sekl.}$$

Infolgedessen ist gemäß Gleichung 30:

$$\varepsilon_x = 0,00900 - \frac{0,001}{4,4}(75,9 - 74,0) = 0,00857 \text{ m.}$$

Demnach der gesamte Druckverlust:

$$h = 420 \cdot 0,00857 = 3,60 \text{ m.}$$

Die Wassergeschwindigkeit v bestimmt sich nach der Gleichung 31 zu:

$$v_x = 1,07 - \frac{1,07 - 1,01}{4,4}(75,9 - 74,0) = 1,044 \text{ m je Sek.}$$

6. Beispiel.

Welche Wassermenge liefert eine 250-mm-Rohrleitung aus gebrauchten Rohren bei einem Druckverlust von 1,80 m auf 380 m Länge?

Lösung. Es ist:

$$\varepsilon = \frac{1,80}{380} = 0,00472 \text{ m.}$$

Nach der Übersicht 6 ist $Q' = 35,0$ Sekl. und

$$Q_d = 35,0 - 33,2 = 1,8 \text{ Sekl.}$$
$$\varepsilon_d = 0,00500 - 0,00450 = 0,00050 \text{ m.}$$

Somit ist nach der Gleichung 29:

$$Q_x = 35,0 - \frac{1,8}{0,00050}(0,00500 - 0,00472) = 34,0 \text{ Sekl.}$$

Die Wassergeschwindigkeit ist:

$$v_x = 0,71 - \frac{0,71 - 0,68}{1,8}(35,0 - 34,0) = 0,69 \text{ m je Sek.}$$

Diese Beispiele dürften genügen, um sich mit der Benutzung der Übersichten vertraut gemacht zu haben. In den folgenden Abschnitten werden wir noch öfter auf die Anwendung dieser Tafeln zurückkommen.

g) Ermittelung der wirtschaftlichen Druckgefällslinie bzw. Rohrdurchmesser.

Es genügt nicht, die Rohrdurchmesser von Leitungssträngen so zu bemessen, daß eine einwandfreie Versorgung sämtlicher Punkte im Verbrauchsgebiet gewährleistet ist, vielmehr sollte auch die Wirtschaftlichkeitsfrage der Leitungen geprüft werden, welche durch den geringsten Kostenaufwand bedingt ist.

Hier kommt es nun darauf an, ob man es mit Leitungen für natürliches Gefälle zu tun hat, oder ob das Wasser künstlich gehoben werden muß. Im ersten Falle können nur die Leitungen einen geringsten Kostenaufwand annehmen. Bei Rohrleitungen mit künstlicher Hebung können das Anlagekapital der Leitung und die Hebungskosten des Wassers einen geringsten Kostenaufwand erfordern.

In beiden Fällen hängt der Aufwand an geringsten Kosten nur von der Wahl des Druckgefälles bzw. des Rohrdurchmessers ab.

Dr.-Ing. Mannes hat im »Gesundheits-Ingenieur« ein Verfahren entwickelt, das zur Bestimmung der wirtschaftlichen Druckgefällslinien führt. Dieses soll hier nur kurz gestreift und so ausgebildet werden, daß es im Wasserfach Verwendung finden kann. Mannes hat rechnerisch nachgewiesen, daß für alle Belastungsfälle, außer einem, die Druckgefällslinie eine nach unten schwach gekrümmte Linie ist.

Durch die Benutzung von Tafeln soll die Bestimmung der Druckgefällslinien bedeutend erleichtert und der Zeitaufwand abgekürzt werden. Dadurch dürfte das Verfahren mehr als früher zur Anwendung kommen und nicht mehr so an der Wahl der geraden Druckgefällslinie festgehalten werden. Schon früher hat man der Druckgefällslinie zur Erreichung geringster Kosten eine schwach nach unten gekrümmte Form gegeben, doch hat man diese nicht rechnerisch ermittelt, sondern willkürlich gewählt.

Hier soll jedoch nur das Verfahren für Fallrohrleitungen erwähnt, hingegen soll für Leitungen mit künstlicher Hebung des Wassers ein anderes Verfahren angeführt werden.

Da nun beide Fälle im Grunde genommen sehr verschieden sind, sollen diese auch getrennt behandelt werden.

I. Fallrohrleitungen.

1. Leitungen mit gleichbleibender Belastung.

Von jeher hat man bei derartigen Leitungen den Rohrdurchmesser und den Reibungsverlust je Längeneinheit gleichbleibend angenommen. Die Druckgefällslinie muß daher eine gerade Linie sein. Dr. Mannes hat in seiner Abhandlung auch den Beweis erbracht, daß dies dem Aufwand an geringsten Kosten entspricht. Die Leitungen sind den jeweiligen Verhältnissen entsprechend zu bemessen.

Bei der Bemessung des Rohrdurchmessers kommt in Frage, wieviel Wasser die Leitung zu liefern hat, wie hoch das Druckgefälle sein darf und welche Länge die Leitung hat. Durch Umwandlung der Gleichung 18 läßt sich der Rohrdurchmesser bestimmen zu

$$D = \sqrt[5]{\frac{Q_k{}^2 \, 1{,}62 \cdot 10^9 \, c}{\varepsilon}} \quad . \quad . \quad . \quad . \quad . \quad (32)$$

Da der Wert c von dem Rohrdurchmesser abhängig ist, so muß dieser Wert bei der erstmaligen Durchrechnung angenommen werden. Daher wird der Rohrdurchmesser unter Umständen erst nach mehrmaliger Berechnung gefunden.

Beispiel.

Eine an einem Bergabhange liegende Quelle, verbunden mit einem Behälter, versorgt eine in 1380 m Entfernung liegende Ortschaft. Höchstens werden 12 Sekl. verbraucht. Während dieser Zeit soll am Anfang des Ortes noch ein Druck von 20 m herrschen. Der Behälterspiegel liegt 108,3 und der Anfangspunkt des Ortes 81,1 m über N. N. Wie groß muß der Durchmesser der Leitung werden, damit vorstehende Bedingungen erfüllt werden?

Lösung.

Der Höhenunterschied vom Behälter und des Ortes beträgt

$$108,3 - 81,10 = 27,2 \text{ m.}$$

Mithin darf der Druckverlust betragen:

$$h = 27,2 - 20,0 = 7,2 \text{ m.}$$

Somit ist:

$$\varepsilon = \frac{7,2}{1380} = 0,0052.$$

Der Wert von c sei vorerst zu 0,00277, also für ein 150 mm-Rohr angenommen. Es ist somit:

$$D = \sqrt[5]{\frac{12^2 \cdot 1,62 \cdot 10^9 \cdot 0,00277}{0,0054}} = 164 \text{ mm.}$$

Gewählt werden muß ein 175 mm-Rohr. Hierbei ist der Druckverlust:

$$h = 1,62 \cdot 10^9 \cdot 0,00269 \frac{12^2}{175^5} \cdot 1380 = 5,10 \text{ m.}$$

Daher herrscht am Fuße der Ortschaft ein Druck von:

$$H_e = 27,2 - 5,1 = 22,1 \text{ m.}$$

Hätte man ein 150 mm-Rohr gewählt, so wäre mit einem Druckverlust von:

$$h = 1,62 \cdot 10^9 \cdot 0,00277 \frac{12^2}{150^5} \cdot 1380 + 11,8 \text{ m.}$$

zu rechnen gewesen. Am Anfange des Ortes wäre dann nur ein Druck von

$$H_e = 27,2 - 11,8 = 15,4 \text{ m}$$

vorhanden.

2. Leitungen mit gleichbleibenden Belastungsstrecken bei verschiedenen Belastungsgrößen.

Bei solchen Leitungen hat man früher bei der Wahl der Druckgefällslinie die mannigfachsten Wege eingeschlagen. Einmal hat man die Leitung so bemessen, daß in jeder Belastungsstrecke die gleiche Geschwindigkeit herrscht. Wiederum hat man die Druckgefällslinie dem Gelände entsprechend angepaßt.

Meistens hat man jedoch, wenn es angängig war, diese als eine gerade Linie angenommen.

Doch hat man bisher mit keinem der angewandten Verfahren den geringsten Kostenaufwand erreicht. Nach der von Dr. Mannes herausgegebenen Abhandlung muß die Druckgefällslinie zur Erreichung der geringsten Kosten eine nach unten gekrümmte, rechnerisch festzustellende Linie sein. Die Werte von h_1, h_2, h_3 usw. werden nach folgenden Gleichungen berechnet:

$$h_1 = C \sqrt[3]{Q_{k_1} \cdot l_1} \cdots \cdots \cdots (33)$$

$$h_2 = C \sqrt[3]{Q_{k_2} \cdot l_2} + h_1 \cdots \cdots (34)$$

oder allgemein

$$h_n = C \sqrt[3]{Q_{kn} \cdot l_n} + h_{n-1} \cdots \cdots (35)$$

Hierin bedeutet C einen Beiwert, welcher nach folgender Gleichung ermittelt wird:

$$C = \frac{h}{\Sigma \left(l_n \sqrt[3]{Q_{kn}} \right)} \cdots \cdots \cdots (36)$$

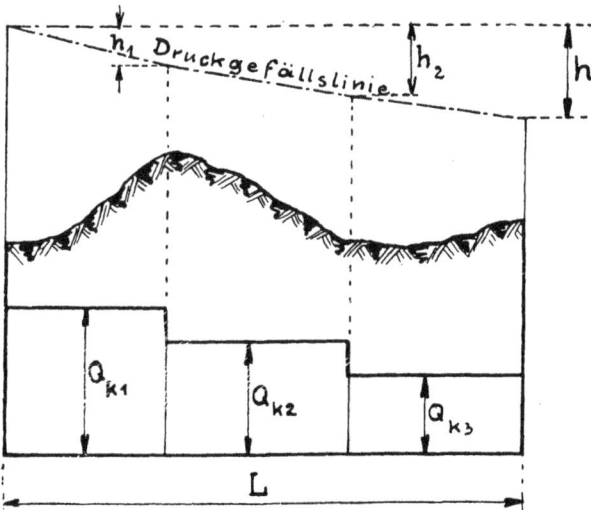

Abb. 10.

Beispiel.

Eine an einem Bergabhange liegende Quelle versorgt vier Ortschaften mit Wasser. Die Höhenunterschiede sind aus der

Abb. 11 zu ersehen. Wir wollen der Berechnung gebrauchte Rohre zugrunde legen. Die Orte benötigen an Wasser

$$A = 6 \text{ Sekl.} \qquad C = 7 \text{ Sekl.}$$
$$B = 5 \quad » \qquad D = 6 \quad »$$

Der Druck am letzten Ort soll 20 m nicht unterschreiten.

Es sollen die Druckgefällslinie für den geringsten Kostenaufwand und die Rohrdurchmesser bestimmt werden.

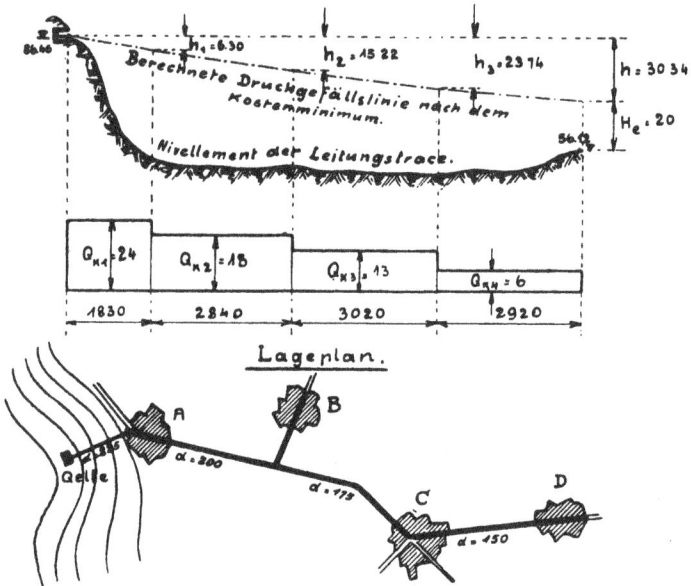

Abb. 11.

Lösung.

Es ist

$$Q_{k_1} = 6 + 5 + 7 + 6 = 24 \text{ Sekl.}$$
$$Q_{k_2} = 5 + 7 + 6 \quad\;\; = 18 \quad »$$
$$Q_{k_3} = 7 + 6 \qquad\;\; = 13 \quad »$$
$$Q_{k_4} = 6 \qquad\qquad = 6 \quad\; »$$

Der Gefällsverlust darf gemäß Abb. 11 betragen:

$$h = 86{,}46 - (36{,}12 + 20) = 30{,}34 \text{ m.}$$

Der Beiwert C ermittelt sich nach Gleichung 36 (alle Werte in dm und Sekl. eingesetzt).

$$C = \frac{303,4}{18300\sqrt[3]{24} + 28400\sqrt[3]{18} + 30200\sqrt[3]{13} + 29200\sqrt[3]{6}} = 0,0012.$$

Nunmehr lassen sich die Werte für die Druckgefällslinie nach der Gleichung 35 berechnen.

$$h_1 = 0,0012\sqrt[3]{24} \cdot 1830 = 6,30 \text{ m}$$
$$h_2 = 6,30 + 0,0012\sqrt[3]{18} \cdot 2840 = 15,22 \text{ m}$$
$$h_3 = 15,22 + 0,0012\sqrt[3]{13} \cdot 3020 = 23,74 \text{ m.}$$

Nunmehr können die Rohrdurchmesser bestimmt werden. Für die erste Strecke sei c für ein 225 mm-Rohr $= 0,00254$ gewählt. Es bestimmt sich nach Gleichung 27:

$$D_1 = \sqrt[5]{\frac{24^2 \cdot 1,62 \cdot 10^9 \cdot 0,00254 \cdot 1830}{6,30}} = 230 \text{ mm.}$$

Man sieht hieraus, daß der Wert c nicht richtig gewählt wurde, da ein 250 mm-Rohr angewandt werden muß. Bei diesem Rohrdurchmesser stellt sich der Druckverlust auf:

$$h_1 = 1,62 \cdot 10^9 \cdot 0,00249 \frac{24^2}{250^5} \cdot 1830 = 4,0 \text{ m.}$$

Mithin steht für die nächste Teilstrecke ein Druckgefälle zur Verfügung von:

$$h = 15,22 - 4,00 = 11,22 \text{ m.}$$

Für dieses Gefälle ist ein Rohrdurchmesser erforderlich von:

$$D_2 = \sqrt[5]{\frac{18^2 \cdot 1,62 \cdot 10^9 \cdot 0,00260 \cdot 284}{11,22}} = 200 \text{ mm,}$$

Es muß also ein 200 mm-Rohr gewählt werden. Der Druckverlust auf dieser Strecke ist:

$$h_2 = 4,00 + 1,62 \cdot 10^9 \cdot 0,0026 \frac{18^2}{200^5} \cdot 2840 = 16,1 \text{ m.}$$

An Druckverlust für die dritte Strecke steht daher zur Verfügung:

$$h = 23,74 - 16,1 = 7,64 \text{ m.}$$

Der erforderliche Rohrdurchmesser bestimmt sich daher bei $c = 0{,}00269$ für ein 175 mm-Rohr zu:

$$D_3 = \sqrt[5]{\frac{13^2 \cdot 1{,}62 \cdot 10^9 \cdot 0{,}00269 \cdot 3020}{7{,}64}} = 190 \text{ mm}.$$

Der handelsübliche Rohrdurchmesser ist daher 200 mm. Hierfür ist der Druckverlust:

$$h_3 = 16{,}1 + 1{,}62 \cdot 10^9 \cdot 0{,}00269 \, \frac{13^2}{200^5} \cdot 3020 = 22{,}9 \text{ m}.$$

Für die letzte Rohrstrecke ist der verfügbare Reibungsverlust:

$$h = 30{,}34 - 22{,}9 = 7{,}44 \text{ m}.$$

Bei diesem Gefällsverlust ist

$$D_4 = \sqrt[5]{\frac{6^2 \cdot 1{,}62 \cdot 10^9 \cdot 0{,}00269 \cdot 2920}{7{,}44}} = 140 \text{ mm}.$$

In diesem Falle ist daher ein 150 mm-Rohr anzuwenden. Der Druckverlust ist bei diesem Rohrdurchmesser:

$$h_4 = 22{,}9 + 1{,}62 \cdot 10^9 \cdot 0{,}00277 \, \frac{6^2}{150^5} \cdot 2920 = 29{,}1 \text{ m}.$$

Aus den Zahlen von h_1 bis h_1 ist zu ersehen, daß sich diese Werte unter- und oberhalb der berechneten Werte bewegen. Würden diese tatsächlich erreichten Zahlen aufgetragen, so würde man finden, daß die Druckgefällslinie fast eine gerade Linie ist. Es wird überhaupt sehr selten möglich sein, der Druckgefällslinie für den geringsten Kostenaufwand zu folgen. Oft werden die Fälle eintreten, daß sich die tatsächlich erreichte Druckgefällslinie oberhalb oder unterhalb der berechneten Gefällslinie bewegen wird.

3. Leitungen mit gleichbleibender Wasserentnahme.

Im allgemeinen wird es sehr selten vorkommen, für diesen Fall die Druckgefällslinie für den geringsten Kostenaufwand zu berechnen, da solche Leitungen für größere Abmessungen nicht vorkommen. Als solche Leitungen sind sämtliche Rohrstränge bei Rohrnetzen anzusehen, die nach den Wasserscheidepunkten hinlaufen. Solche Rohrleitungen haben wohl immer gleichen Rohrdurchmesser, so daß an und für sich die Druckgefällslinie eine nach unten gekrümmte Form annimmt. Da dieser Fall nur von geringer Bedeutung ist, so soll die Gleichung zur Bestimmung der Druckgefällslinie nur angeführt werden (Abb. 12).

$$h_x = h \left(1 - \frac{l_x}{l} \sqrt{\frac{l_x}{l}} \right) \quad \ldots \ldots \ldots \quad (37)$$

Von der Durchrechnung eines Beispieles soll daher auch abgesehen werden.

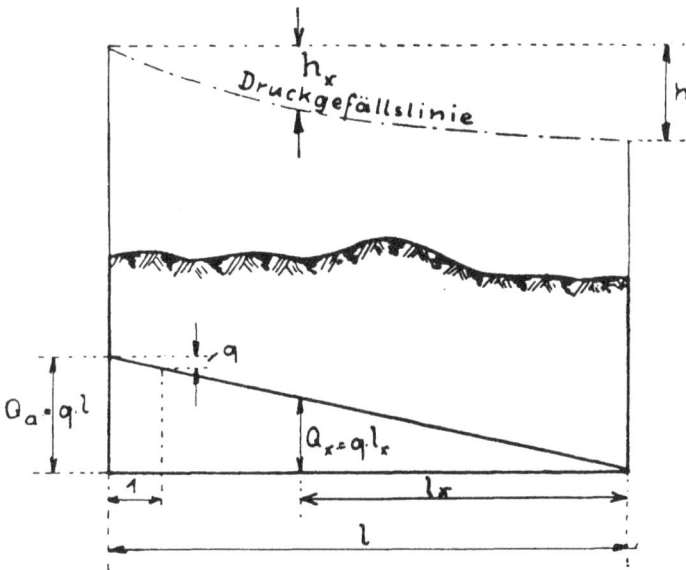

Abb. 12.

4. Leitungen mit gleichbleibender Wasserentnahme und Abgabe am Ende.

Derartige Leitungen kommen schon häufiger vor als der eben angeführte Fall. Alle Teilstrecken der Rohrnetze können als solche Leitungen gelten, wenn die Hausanschlüsse als gleichmäßige Entnahmestellen angesehen werden. Trotzdem diese Leitungen so vielfach vorkommen, wird man im Wasserleitungsfach niemals oder nur in einem sehr seltenen Fall die wirtschaftliche Druckgefällslinie bzw. die Rohrdurchmesser zu bestimmen haben.

Die Gleichung zur Bestimmung der Druckgefällslinie für den geringsten Kostenaufwand lautet (Abb. 13):

$$h_x = \frac{h\,[Q_a\sqrt[3]{Q_a} - Q_x\sqrt[3]{Q_x}]}{Q_a\sqrt[3]{Q_a} - Q_e\sqrt[3]{Q_e}} \quad \ldots \ldots \quad (38)$$

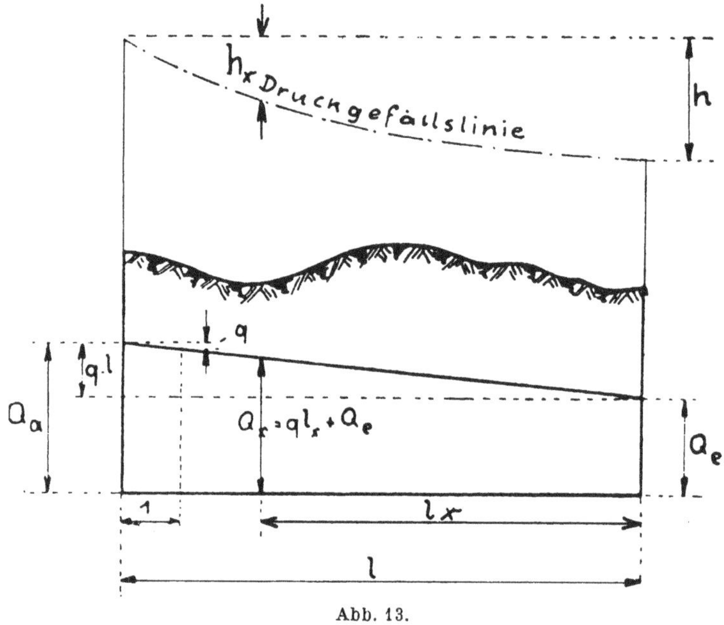

Abb. 13.

Die Werte von Q_x findet man, indem die Belastungsschaulinie maßstäblich aufgezeichnet wird und man die Werte hieraus abgreift. Will man sich diese Arbeit ersparen, so können die Werte von Q_x nach folgender Gleichung ermittelt werden:

$$Q_x = q \cdot l_x + Q_e \quad \ldots \ldots \ldots \quad (39)$$

Wohl in jedem Falle wird man einen gleichgroßen Rohrdurchmesser beibehalten können, da hier die Druckgefällslinie ohne weiteres eine nach unten gekrümmte Linie ist, die sich sehr der Druckgefällslinie für den geringsten Kostenaufwand nähert. An einem Beispiel soll gezeigt werden, wie gering die Abweichung ist.

Beispiel.

Wie groß ist der Druckverlust bzw. wie ist der Verlauf der Druckgefällslinie bei einem 150 mm-Rohr von 320 m Länge bei $Q_a = 16,4$ und $Q_e = 14,8$ Sekl., und wie verläuft die Druckgefällslinie für den geringsten Kostenaufwand, bei gleichem Druckverlust?

Lösung.

Hierzu soll die Leitung in vier gleiche Teile eingeteilt werden, so daß jede Strecke 80 m beträgt. Die Belastungen an diesen Teilpunkten betragen $Q_{e1} = 16,0$, $Q_{e2} = 15,6$ und $Q_{e3} = 15,2$ Sekl. Die Höhen der Druckgefällslinie lassen sich nach Gleichung 20 bestimmen. Es ist:

$$q = \frac{16,4 - 14,8}{320} = 0,005 \text{ Sekl.}$$

Mithin ist:

$$h_1 = \frac{1,62 \cdot 10^9 \cdot 0,00277 \cdot 80}{150^5} \left(16,4^2 + 16,4 \cdot 0,005 \cdot 80 + \right.$$
$$\left. + \frac{(0,005 \cdot 80)^2}{3} \right) = 1,31 \, \text{m}$$

$$h_2 = \frac{1,62 \cdot 10^9 \cdot 0,00277 \cdot 160}{150^5} \left(15,6^2 + 15,6 \cdot 0,005 \cdot 160 + \right.$$
$$\left. + \frac{(0,005 \cdot 160)^2}{3} \right) = 2,42 \, \text{m}$$

$$h_3 = \frac{1,62 \cdot 10^9 \cdot 0,00277 \cdot 240}{150^5} \left(15,2^2 + 15,2 \cdot 0,005 \cdot 240 + \right.$$
$$\left. + \frac{(0,005 \cdot 240)^2}{3} \right) = 3,52 \, \text{m}$$

$$h_4 = \frac{1,62 \cdot 10^9 \cdot 0,00277 \cdot 320}{150^5} \left(14,8^2 + 14,8 \cdot 0,005 \cdot 320 + \right.$$
$$\left. + \frac{(0,005 \cdot 320)^2}{3} \right) = 4,60 \, \text{m.}$$

Da nun der gesamte Druckverlust bekannt ist, so kann die Druckgefällslinie für den geringsten Kostenaufwand berechnet werden. Die Werte von h_x werden nach der Gleichung 38 bestimmt. Es ist:

$$h_1 = \frac{4,60 \, (41,7 - 40,3)}{41,7 - 36,3} = 1,19 \, \text{m,}$$

$$h_2 = \frac{4,60 \, (41,7 - 39,0)}{41,7 - 36,3} = 2,30 \, \text{m,}$$

$$h_3 = \frac{4,60\,(41,7 - 37,6)}{41,7 - 36,3} = 3,50\,\text{m},$$

$$h_4 = \frac{4,60\,(41,7 - 36,3)}{41,7 - 36,3} = 4,60\,\text{m}.$$

Hieraus ist ersichtlich, daß die Druckgefällslinie für den geringsten Kostenaufwand bei gleichbleibendem Rohrdurchmesser der geraden Drucklinie so nahe kommt, daß sich dieserhalb weitere Rechnungen überhaupt erübrigen.

5. Leitungen bei Aneinanderreihung von gleichbleibender Belastung und gleichbleibender Wasserentnahme.

Die Wahl der Druckgefällslinie ist früher für diese Fälle in der verschiedensten Weise vorgenommen worden. Hier sprechen auch sehr viel die jeweiligen Verhältnisse mit, ob es überhaupt möglich ist, die Druckgefällslinie für den geringsten

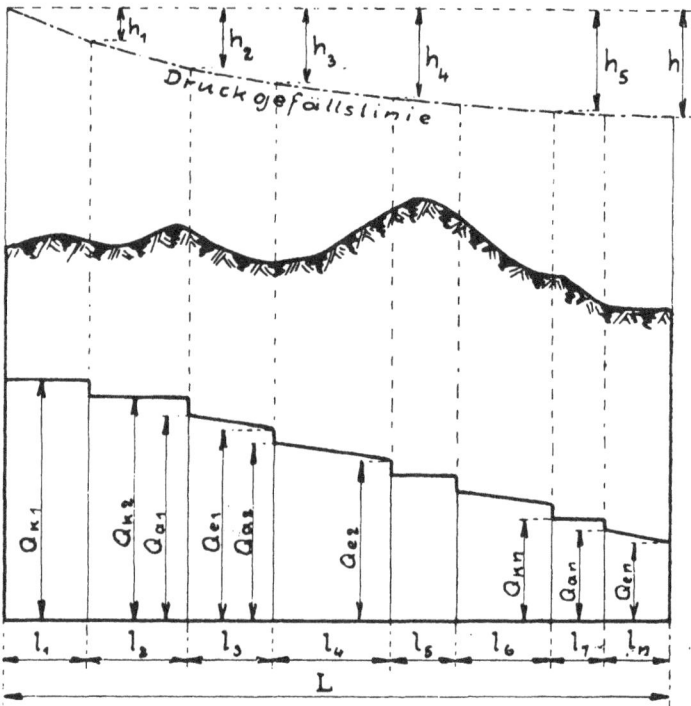

Abb. 14.

Kostenaufwand zu wählen. Man wird zwar nach Möglichkeit
bestrebt sein, diese so zu wählen, doch lassen dies sehr oft die
Geländeverhältnisse nicht zu. Oft wird man eine Teilung der
Druckgefällslinie vornehmen müssen, wie dies in Abb. 15 dargestellt ist. Auch hier ist man durch die handelsüblichen
Rohrdurchmesser nur in äußerst seltenen Fällen in der Lage,
der ermittelten Drucklinie zu folgen, sondern man wird dies
nur annähernd erreichen können.

Aus der Abb. 15 ist deutlich zu entnehmen, daß, wenn die
Drucklinie ohne Unterbrechung durchgeführt würde, an dem
Punkte A nicht mehr die erforderliche Druckhöhe H_e herrscht,
welche selbst noch am Ende der Leitung vorhanden sein soll.

In solchen Fällen ist man also nicht in der Lage, die
Leitung durchweg für den geringsten Kostenaufwand anzulegen, sondern es ist dies nur zwischen den Teilstrecken möglich. Die punktierte Druckgefällslinie wäre eigentlich die
wirtschaftlichste.

Für die Bestimmung der Druckgefällslinie für den geringsten Kostenaufwand für diesen Fall gelten die Gleichungen
33 bis 35

$$h_1 = C \sqrt[3]{Q_{k_1}} \cdot l_1$$
$$h_2 = C \sqrt[3]{Q_{k_2}} \cdot l_2 + h_1.$$

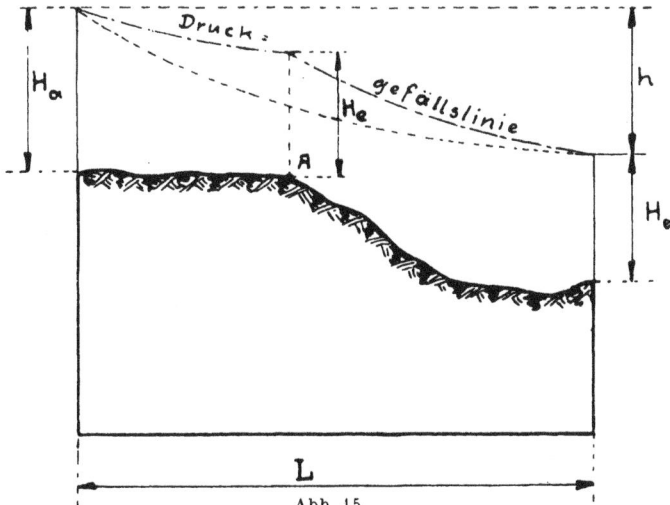

Abb. 15.

oder für die Belastungsstrecken mit gleichbleibender Belastung

$$h_n = C \sqrt[3]{\overline{Q_{kn}}} \cdot l_n + h_{n-1} \quad \ldots \ldots \quad (40)$$

Weiter für die Strecken mit gleichbleibender Wasserentnahme

$$h_3 = \left[\frac{3\,C}{4\,q} Q_{a_3} \sqrt[3]{\overline{Q_{a_3}}} - \sqrt[3]{\overline{Q_{e_3}}} \right] + h_1 + h_2,$$

mithin ergibt sich die für alle Belastungsstrecken mit gleichbleibender Wasserentnahme gültige Gleichung:

$$h_n = \frac{3\,C}{4\,q} \left[Q_{an} \sqrt[3]{\overline{Q_{an}}} - Q_{en} \sqrt[3]{\overline{Q_{en}}} \right] + h_{n-1} \quad \ldots \quad (41)$$

In diesen Gleichungen bedeuten:

Q_{kn} die gleichbleibende Belastung für die $n$te Teilstrecke in Sekl.,

Q_{an} die anfängliche Belastung für die $n$te Teilstrecke in Sekl.,

Q_{en} die Belastung am Ende der $n$ten Teilstrecke in Sekl.,

q die Wasserentnahme je lfdm in Sekl. und

l_n die Länge der $n$ten Teilstrecke in dm.

Der Beiwert C ermittelt sich nach der Gleichung:

$$C = \frac{h}{\Sigma \sqrt[3]{\overline{Q_{kn} \cdot l_n}} + \frac{3}{4\,q} \left[\Sigma (Q_{an} \sqrt[3]{\overline{Q_{an}}} - Q_{en} \sqrt[3]{\overline{Q_{en}}}) \right]} \quad (42)$$

Ohne daß ein Beispiel für diesen Fall durchgerechnet wird, läßt sich schon erkennen, daß für die Bestimmung der Druckgefällslinie umfangreiche und zeitraubende Rechnungen nötig sind. Es sei darauf hingewiesen, daß es nicht möglich ist, die Drucklinie zu bestimmen, indem nur einzelne Punkte herausgegriffen werden, sondern es muß eine Teilstrecke nach der anderen, von vorn beginnend, ausgerechnet werden.

Um sich nun viele Rechnungen zu sparen, sind die Werte von $\sqrt[3]{\overline{Q_k}}$ und $Q_a \sqrt[3]{\overline{Q_a}}$ bzw. $Q_e \sqrt[3]{\overline{Q_e}}$ von 0,1 bis 309 Sekl. rechnerisch ermittelt und in den folgenden Übersichten 5 und 6 zusammengestellt worden. Diese wesentliche Erleichterung dürfte dazu führen, daß die Bestimmung der wirtschaftlichen Druckgefällslinie eine weitere Verwendung findet als bisher. Die Benutzung dieser Tafeln kürzt den Zeitaufwand, wie wir noch später sehen werden, ganz erheblich ab und macht die Arbeit bedeutend übersichtlicher.

6. Zeichnerische Bestimmung der wirtschaftlichen Druckgefällslinie.

Nicht jeder ist ein Freund von rein rechnerischen Berechnungen. Daher soll auch ein zeichnerisches Verfahren zur Bestimmung der wirtschaftlichen Gefällslinie besprochen werden.

Um sich nun in jeder Weise mit dem Gang der Ausführung vertraut zu machen, soll der Hergang an einem Beispiel erläutert werden.

Beispiel.

Eine Leitung von 1120 m Länge hat untenstehende Belastungen. Die Wasserentnahme je m beträgt $q = 0,004$ Sekl. oder 0,0004 Sekl. je dm. Ebenfalls sind noch die Längen der Teilstrecken und die Höhenkoten angegeben. Die anfängliche Druckhöhe beträgt 35 m und soll am Ende noch 25,0 m betragen.

$Q_{k1} = 6,20$ Sekl. Länge $= 220$ m Höhen über N.N. 77,62

$Q_a = 5,14$	»	»	$\Big\} = 310$ »	»	»	» 80,08
$Q_e = 3,90$	»	»				78,02
$Q_k = 3,00$	»	»	$= 170$ »	»	»	» 73,16
$Q_a = 2,50$	»	»	$\Big\} = 160$ »	»	»	» 70,14
$Q_e = 1,86$	»	»				
$Q_a = 1,48$	»	»	$\Big\} = 120$ »	»	»	» 69,20
$Q_e = 1,00$	»	»				
$Q_a = 0,54$	»	»	$\Big\} = 140$ »	»	»	» 69,04
$Q_e = 0$	»	»				

Lösung.

Vorerst zeichnet man die Belastungsschaulinien und oberhalb derselben den Höhenplan der Leitungslinienführung (siehe Tafel 1).

Hierauf sucht man in der Übersicht 5 die Werte von $\sqrt[2]{Q_x}$ aus den obigen Belastungen. Diese sind:

$$\sqrt[3]{0,54} = 0,814 \qquad \sqrt[3]{2,50} = 1,36 \qquad \sqrt[3]{3,00} = 1,44$$

$$\sqrt[3]{1,00} = 1,00 \qquad \qquad \qquad \qquad \sqrt[3]{3,90} = 1,57$$

$$\sqrt[3]{1,48} = 1,13 \qquad \qquad \qquad \qquad \sqrt[3]{5,14} = 1,72$$

$$\sqrt[3]{1,86} = 1,23 \qquad \qquad \qquad \qquad \sqrt[3]{6,2} = 1,84$$

Die soeben gefundenen Werte werden bei Punkt 0 beginnend nach rechts hin aufgetragen, und man hat damit die Punkte $1''$, $2''$, $3''$ usw. gefunden. In diesen Punkten errichtet man Senkrechte, bis sich diese mit der Waagerechten der zugehörigen Höhen der Belastungsschaulinie schneiden. Auf diese Weise sind die Punkte 1, 2, 3 ... bis 9 gefunden worden. Diese Punkte verbindet man miteinander, und man erhält die Linie O—B.

Ist dies geschehen, so ist der Beiwert C nach der Gleichung 42 zu ermitteln. Der Gefällsverlust ist

$$h = (35 - 25) + (77{,}62 - 69{,}04) = 18{,}58 \text{ m.}$$

Nunmehr läßt sich C bestimmen. Die Werte von $\sqrt[3]{Q_k}$ und $Q\sqrt[3]{Q}$ werden den Übersichten 7 und 8[1]) entnommen (alle Werte sind in dm einzusetzen).

$$C = \frac{185{,}8}{(1{,}84 \cdot 2200 + 1{,}44 \cdot 1700) + \dfrac{3}{4 \cdot 0{,}0004}[(8{,}87 - 6{,}14 +) + (3{,}39 - 2{,}27) + (1{,}69 - 1{,}0) + (0{,}428 - 0{,}0)]} = 0{,}0117$$

Die Zwischenwerte, die in den Übersichten 5 und 6 nicht angegeben sind, werden durch Ausmittelung bestimmt.

Hierauf wird eine Waagerechte $A + A'$ beliebig tiefer gelegt als die Waagerechte x—x und verlegt den Punkt O nach O_1. Nun trägt man auf der Waagerechten A—A' von O_1 aus in der Entfernung von $\sqrt[3]{1{,}0} = 1 = z$, also hier gleich 5 cm, den Wert von $C = 0{,}0117$ nach unten hin auf, hier gleich 1,17 cm, und man hat sich somit den Punkt F bestimmt. Diesen Punkt verbindet man mit O_1 und erhält somit die Linie O_1—D.

Man verlängert nun sämtliche Punkte $1''$ bis $9''$ bis zu dieser Linie O_1—D und hat damit die Punkte I bis IX erhalten. Greift man die Höhen von der Waagerechten O_1—A' bis zur Linie O_1—D ab, so findet man die Werte

0,0088	⎰ 0,0144	0,0186
	⎱ 0,0159	0,0206
0,0118 ⎱		
0,0132 ⎰	0,0170	0,0216

---

[1]) Im Anhang.

Diese Zahlen sind die Werte des Druckgefälles je Längeneinheit. Da alle Werte in dm und Sekl. eingesetzt wurden,
so beziehen sich diese ebenfalls auf dm.

Nunmehr ist es sehr leicht, die Druckgefällsschaulinie für
die Längeneinheit aufzuzeichnen. Dies noch weiter zu er-
läutern, dürfte wohl nicht nötig sein, da es klar aus Tafel 1
hervorgeht.

Es ist nun leicht, die Druckgefällslinie für den geringsten
Kostenaufwand aufzuzeichnen. Nach Gleichung 4 ist

$$h = l \cdot \varepsilon \text{ oder } h_n = l_n \cdot \varepsilon_n,$$

also gleich dem Inhalte der Druckgefällsschaulinienfläche für
die Längeneinheit bis zu dem Punkte, für den das Druckgefälle gesucht ist. Infolgedessen ist:

$$h_1 = 0{,}0216 \cdot 2200 = 47{,}3 \text{ dm},$$
$$h_2 = h_1 + \frac{0{,}0206 + 0{,}0186}{2} \cdot 3100 = 107{,}4 \text{ dm}.$$

Dieses Beispiel dürfte vollauf genügen, um dieses Verfahren für jeden anderen Fall anwenden zu können. Es ist
aus diesem Beispiel weiter zu entnehmen, daß hierbei längst
nicht so viel Rechnungen nötig sind als bei dem rein rechnerischen Verfahren. Das Aufzeichnen ist jedoch mit einem
gewissen Zeitaufwand verknüpft.

7. Bestimmung der wirtschaftlichen Druckgefällslinie nach einem vereinfachten rechnerischen Verfahren.

Im folgenden soll ein Weg zur Bestimmung der wirtschaftlichen Druckgefällslinie beschrieben werden, der an Ein-
fachheit und Schnelligkeit jedes andere Verfahren übertrifft.
Hieraus wird man ganz besonders den Wert der Übersichten 7
und 8[1]) erkennen.

Auch in diesem Fall soll das Verfahren an einem Beispiele erklärt werden, wodurch man sich am besten mit dem
Gang desselben vertraut machen kann.

Beispiel.

Die im vorangegangenen Artikel gestellte Aufgabe soll
mit Hilfe des einfachen rechnerischen Verfahrens gelöst
werden:

[1]) Im Anhang.

4*

Lösung.

Zuerst sucht man in der Übersicht 7[1]) die Werte von $\sqrt[3]{Q_k}$, $\sqrt[3]{Q_a}$ und $\sqrt[3]{Q_e}$ auf. Diese sind:

$$\sqrt[3]{6,2} = 1,84 \qquad\qquad \sqrt[3]{1,86} = 1,23$$

$$\sqrt[3]{5,4} = 1,75 \qquad\qquad \sqrt[3]{1,48} = 1,14$$

$$\sqrt[3]{3,9} = 1,57 \quad \sqrt[3]{2,5} = 1,36 \quad \sqrt[3]{1,00} = 1,00$$

$$\sqrt[3]{3,0} = 1,44 \qquad\qquad \sqrt[3]{0,54} = 0,81.$$

Hierauf wird der Beiwert C nach Gleichung 42 berechnet, welcher nach vorigem Beispiel 0,0117 ist.

Die Bestimmung des spezifischen Druckgefälles (ε) geschieht in der einfachen Weise, indem die oben gefundenen Werte mit dem Beiwert C multipliziert werden.

Es ist also:

Für die erste Strecke $\varepsilon = 1,84 \cdot 0,0117 = 0,0215$

» » zweite » $\left\{ \begin{array}{l} \varepsilon_a = 1,75 \cdot 0,0117 = 0,0204 \\ \varepsilon_e = 1,57 \cdot 0,0117 = 0,0184 \end{array} \right\} \varepsilon = 0,0194$

» » dritte » $\varepsilon = 1,44 \cdot 0,0117 = 0,0168$

» » vierte » $\left\{ \begin{array}{l} \varepsilon_a = 1,36 \cdot 0,0117 = 0,0159 \\ \varepsilon_e = 1,23 \cdot 0,0117 = 0,0144 \end{array} \right\} \varepsilon = 0,0151$

» » fünfte » $\left\{ \begin{array}{l} \varepsilon_a = 1,14 \cdot 0,0117 = 0,0132 \\ \varepsilon_e = 1,00 \cdot 0,0117 = 0,0117 \end{array} \right\} \varepsilon = 0,0125$

usw.

Auf den Teilstrecken, in denen gleichbleibende Wasserentnahme stattfindet, werden die Werte von ε_a und ε_e zusammengezählt, dann durch 2 geteilt, und man erhält so ε auf dieser Strecke. Diese Werte sind oben hinter die Klammern gesetzt worden.

Nunmehr lassen sich ohne weiteres die Druckhöhen h_n bestimmen. Diese sind:

$$h_1 = 0,0215 \cdot 220 = \quad 4,73 \text{ m}$$
$$h_2 = 0,0194 \cdot 310 + \quad 4,73 = 10,74 \text{ m}$$
$$h_3 = 0,0168 \cdot 170 + 10,74 = 13,60 \text{ »}$$
$$h_4 = 0,0151 \cdot 160 + 13,60 = 16,02 \text{ »}$$
$$h_5 = 0,0125 \cdot 120 + 16,02 = 17,52 \text{ » usw.}$$

---

[1]) Im Anhang.

Damit wäre die Aufgabe schon gelöst. Hieraus ersieht man, daß dies zweifellos das einfachste und schnellste Verfahren ist, da große Rechnungen nicht damit verknüpft sind.

Am besten bedient man sich bei dieser Rechnungsweise der Übersichtlichkeit halber der nachstehenden Übersicht.

Strecke	Q_x	$\sqrt[3]{Q_x}$	C	$C\sqrt[3]{Q_x}$	ε	l_n	$\varepsilon \cdot l_n = h_n$	Σh_n
1—2	$Q_k=6,2$	1,84	0,0117	0,0215	0,0215	220	4,73	4,73
2—3	$Q_a=5,14$	1,74	0,0117	0,0204	0,0194	310	6,01	10,74
	$Q_e=3,90$	1,57	0,0117	0,0184				
3—4	$Q_k=3,00$	1,44	0,0117	0,0168	0,0168	170	2,86	13,60

Damit sind alle vorkommenden Fälle für Fallrohrleitungen besprochen, so daß nunmehr zu den Leitungen mit künstlicher Hebung des Wassers übergegangen werden kann.

II. Leitungen für künstliche Hebung des Wassers.

a) Zeichnerisches Verfahren.

1. Allgemeines.

Da in diesem Falle die Fortleitung des Wassers unter Anwendung geeigneter Maschinen zu erfolgen hat, so sind hiermit nicht unerhebliche Kosten verbunden. Aus Wirtschaftlichkeitsgründen muß das Bestreben dahin gehen, diese Kosten auf einen Niedrigstwert zu beschränken. Erforderlich ist es daher, sich zunächst Klarheit zu verschaffen, wodurch die Fortleitungskosten beeinflußt werden. Abhängig sind diese von dem Anlagewert der Rohrleitungen und Maschinen und den Betriebs- und Unterhaltungskosten. Der Anlagewert spielt eine große Rolle, weil im gleichen Verhältnis mit den Anlagekosten die Verzinsungs- und Abschreibungskosten wachsen. Ist man darauf bedacht, geringe Anlagekosten zu erzielen, so muß man sich darüber klar sein, daß sich dieses nur durch Anlegung einer kleinen Rohrleitung ermöglichen läßt. Bekannt ist aber, daß mit kleiner werdendem Rohrdurchmesser die Druckverluste erheblich ansteigen, womit die Leistungen der Antriebsmaschinen wachsen und hiermit die Betriebskosten. Man muß unbedingt darauf bedacht sein, die Anlage so zu bemessen, daß die Gesamtausgaben je Jahr einen Niedrigstwert annehmen.

Die jährlichen Gesamtkosten setzen sich zusammen aus den aufzuwendenden Kosten für die Rohrleitung, den Maschinen- und Betriebskosten.

2. Rohrleitungskosten.

Als Kosten für die Rohrleitung ist in Rechnung zu setzen:

1. die Verzinsung des Anlagekapitals,
2. die Abschreibungskosten und
3. die Unterhaltungskosten.

Die Kosten für die Verzinsung bestimmen sich danach, zu welchem Zinsfuß man in der Lage ist, das Anlagekapital flüssig zu machen, und zwar ist heute hier mit 6 bis 8% zu rechnen. Die Abschreibungskosten sind davon abhängig, nach wieviel Jahren man die Anlagekosten abschreiben will und zu welchem Zinssatz die Rücklagen verzinst werden können. Nach der Zinseszins- und Rentenrechnung betragen die jährlichen Abschreibungskosten in Mk.

$$K_a = K_r \frac{0{,}01\, K_{z\%}}{(1 + 0{,}01\, K_{z\%})^{n-1}} \quad \ldots \quad (43)$$

oder in % vom Anlagekapital

$$K_{a\%} = \frac{K_{z\%}}{(1 + 0{,}01\, K_{z\%})^{n-1}} \quad \ldots \ldots (44)$$

Hierin bezeichnet:

K_r das Anlagekapital der Rohrleitung in M. je lfdm,
$K_{z\%}$ die zu zahlenden Zinsen in % und
n die Zeitdauer der Abschreibung.

Die Abschreibungsdauer von Rohrleitungen nimmt man für gewöhnlich mit 20 bis 30 Jahren an. Die jährlichen Unterhaltungskosten sind anfänglich sehr gering; gute Ausführung vorausgesetzt kann man hierfür $\frac{1}{2}$ bis $\frac{3}{4}$% in Rechnung setzen. Die jährlich für eine Rohrleitung aufzuwendenden Kosten betragen demnach:

$$K_{jr} = \frac{K_r}{100} (K_{z\%} + K_{a\%} + K_{u\%})\, l \quad \ldots \ldots (45)$$

wenn $K_{u\%}$ die Unterhaltungskosten in % vom Anlagekapital bedeutet. Bezeichnet man $K_{z\%} + K_{a\%} + K_{u\%}$ mit $K_{\%}$, so ist gemäß obiger Gleichung

$$K_{jr} = \frac{K_r}{100} K_{\%} \cdot l \quad \ldots \ldots \ldots (46)$$

Nach mehr als n Jahren, also nach erfolgter Abschreibung, werden die jährlichen Rohrleitungskosten

$$K_{jr} = \frac{K_r}{100} K_{u\%} \cdot l \quad \ldots \ldots \ldots (47)$$

3. Maschinenkosten.

Die Jahreskosten K_{jm} der Maschinen berechnen sich in der gleichen Art wie die Rohrleitungskosten und betragen, wenn K_m die Anlagekosten der Maschinen bezeichnen,

$$K_{jm} = \frac{K_m}{100} (K_{z\%} + K_{a\%} + K_{u\%}) \quad \ldots \ldots (48)$$

Den Wert von $K_{a\%}$ berechnet man nach der Gleichung 43. Für die Verzinsung dürfte in den meisten Fällen 6 bis 8% und für die Unterhaltung 1½ bis 2% in Ansatz zu bringen sein, während man als Abschreibungsdauer 10 bis 15 Jahre annimmt. Nach erfolgter Abschreibung betragen die Jahreskosten der Maschinen

$$K_{jm} = K_m \frac{K_{u\%}}{100} \quad \ldots \ldots \ldots (49)$$

4. Betriebskosten.

Für eine Wasserdruckrohrleitung bestimmen sich die erforderlichen Pferdestärken der Antriebsmaschinen nach der Gleichung

$$A_{pf} = \frac{Q H_f}{75 \, \eta} \quad \ldots \ldots \ldots (50)$$

wenn Q die zu hebende Wassermenge in Sekl.,
    H_f die Gesamtförderhöhe in m und
    η den Gesamtwirkungsgrad der Pumpenanlage bedeutet.

Verbrauchszahlen bei Einzylinderdampfmaschinen.
Übersicht 9.

Art der Maschinen	Bei Schiebersteuerung und 8 Atm. Betriebsdruck						Bei Ventilsteuerung, 10 Atm. Betriebsdruck, 300° Überhitzung			
Normale Leistung in PS	10	15	20	30	40	50	60	70	80	100
Dampfverbrauch je PS und Stunde .	22	21	20	18,2	16,6	16,0	10,8	10,5	10,3	10,0
Kohlenverbrauch bei 24 stünd. Betrieb .	3,64	3,16	2,80	2,47	2,18	2,10	1,59	1,55	1,50	1,40

» 10 » » » etwa 8 v. H. Zuschlag
» 5 » » » » 18 bis 20 v. H. Zuschlag

Abschreibungswert 8 v. H. ÷ 10 v. H.   Unterhaltungskosten $1^1/_2$ v. H.

Verbrauchszahlen bei Kondensations-Dampfmaschinen.
Übersicht 10.

Art der Maschinen	Einzylindermaschinen mit Ventilsteuerung, 10 Atm. Betriebsdruck, 300° Überhitzung					Tandemmaschine mit Ventilsteuerung, 12 Atm. Betriebsdruck, 300° Überhitzung		
Normale Leistung in PS	50	60	70	80	100	150	200	300
Dampfverbrauch je PS und Stunde .	8,8	8,7	8,6	8,4	8,2	6,8	6,6	6,4
Kohlenverbrauch bei 24 stünd. Betrieb .	1,36	1,32	1,26	1,23	1,20	0,98	0,95	0,88

» 10 » » » etwa 8 v. H. Zuschlag
» 5 » » » » 18 bis 20 v. H. Zuschlag

Abschreibungswert 8 v. H. ÷ 10 v. H.   Unterhaltungskosten $1^1/_2$ v. H.

Verbrauchszahlen von stationären Lokomobilen.
Übersicht 11.

Art der Maschinen	Einzylindermaschinen, 8 Atm. Betriebsdruck			Einzylindermaschinen, 12 Atm. Betriebsdruck, 300° Überhitzung				Verbundmaschinen, 12 Atm. Betriebsdruck, 300° Überhitzung		
Normale Leistung in PS	6	10	20	25	30	40	50	60	80	100
Dampfverbrauch je PS und Stunde	20	16	14,5	9,9	9,7	9,6	9,5	8,4	8,2	8,0
Kohlenverbrauch bei 25 stünd. Betrieb	3,32	2,66	2,77	1,68	1,56	1,46	1,43	1,24	1,19	1,16

» 10 » » etwa 8 v. H. Zuschlag
» 5 » » » 18 bis 20 v. H. Zuschlag

Abschreibungswert 8 v. H. ÷ 10 v. H.   Unterhaltungskosten 2 v. H.

Verbrauchszahlen von stationären Heißdampf-Verbundlokomobilen.
Übersicht 12.

Art der Maschinen	12 Atm. Betriebsdruck, 300° Überhitzung							
Normale Leistung in PS	40	50	80	100	150	200	250	300
Dampfverbrauch je PS und Stunde	6,5	6,5	6,2	6,1	6,0	5,9	5,8	5,8
Kohlenverbrauch bei 24 stünd. Betrieb	1,08	1,01	0,93	0,89	0,86	0,83	0,81	0,79

» 10 » » etwa 8 v. H. Zuschlag
» 5 » » » 18 bis 20 v. H. Zuschlag

Abschreibungswert 8 v. H. ÷ 10 v. H.   Unterhaltungskosten 1½ v. H.

Verbrauchszahlen von Sauggasmotoren für Anthrazitbetrieb.
Übersicht 13.

Normale Leistung in PS	6	8	10	12	14	16	20	25	30	35
Anthrazitverbrauch je PS und Stunde	0,57	0,55	0,54	0,53	0,52	0,51	0,50	0,49	0,48	0,47

Normale Leistung in PS	40	50	60	70	80	100	120	150	200	250
Anthrazitverbrauch bei 24 stünd. Betrieb	0,56	0,45	0,45	0,44	0,43	0,43	0,42	0,42	0,41	0,41
» 10 » »	0,51	0,50	0,50	0,49	0,48	0,47	0,46	0,46	0,46	0,45
» 5 » »	0,59	0,58	0,57	0,57	0,56	0,55	0,54	0,54	0,53	0,52

Abschreibungswert 8 v. H. ÷ 10 v. H. | Unterhaltungskosten 2 v. H.

Verbrauchszahlen von Leuchtgasmotoren.
Übersicht 14.

Normale Leistung in PS	1	2	3	4	6	8	10	15	20	25
Verbrauch je PS und Stunde	0,77	0,70	0,68	0,65	0,60	0,57	0,56	0,54	0,53	0,52

Die Betriebskosten einer Kraftmaschine allgemein betragen im Jahr

$$K_{bj} = z_b \cdot A_{pf} \cdot k_b \cdot m_{pf} \quad \ldots \ldots \quad (51)$$

wenn z_b die Betriebsstunden je Jahr,
   A_{pf} die Anzahl der Pferdestärken,
   k_b die Kosten des Brennstoffes je kg oder cbm und
   m_{pf} der Brennstoffverbrauch je PS und Stunde.
bedeutet. Die Werte von m_{pf} können den beifolgenden Übersichten 9 bis 15 entnommen werden.

Gemäß den Gleichungen 50 und 51 sind die Betriebskosten
für Druckrohrleitungen je Jahr

$$K_{bj} = \frac{Q \cdot H_f \cdot z_b \cdot k_b \cdot m_{pf}}{75 \cdot \eta} \quad \ldots \ldots \quad (52)$$

Die gesamte Förderhöhe für eine Pumpenanlage ist

$$H_f = H_u + h \quad \ldots \ldots \ldots \quad (53)$$

wenn H_u der Höhenunterschied zwischen Brunnenspiegel und
      Behälterauslauf und
   h der Reibungsverlust in der Rohrleitung ist.

Verbrauchszahlen von Dieselmotoren.
Übersicht 15.

Normale Leistung in PS	10	20	35	50	80	100	150	200
Verbrauch je PS u. Std.	0,233	0,215	0,200	0,200	0,195	0,195	0,195	0,189

Für die Durchrechnung zieht man alle diejenigen Rohrdurchmesser heraus, durch die die zu fördernde Wassermenge
mit einer Geschwindigkeit von 0,50 bis 1,0 m/Sek. strömen
würde. Nun stellt man sich eine Übersicht (16) nach der folgenden Art auf.

Übersicht 16.

Rohrdurchmesser D . . .	200	225	250	275
Geschwindigkeit v . . .	0,72	0,55	0,45	0,37
Preis je lfdm Leitung . .	11,60	13,70	15,40	17,40
Gesamtpreis der Leitung	36 000	42 500	48 000	54 000
Jährliche Rohrkosten . .	3 100	3 600	4 100	4 600

Die Geschwindigkeiten v werden nach den Übersichten 5 oder 6 bestimmt. Der Rohrpreis ist den örtlichen und jeweiligen Verhältnissen anzupassen. Die jährlichen Rohrkosten werden nach der Gleichung 45 ermittelt.

Hiernach sind die Betriebskosten zu ermitteln und benutzt man zur Vereinfachung die folgende Übersicht 17.

Übersicht 17.

Rohrdurchmesser in mm	Belastung in Sekl	Reibungsverlust je lfd. m	Gesamter Reibungsverlust in m	Förderhöhe in m	Gesamte Förderhöhe in m	Erforderliche PS	Betriebsstunden im Jahr	Brennstoffverbrauch je PS und Std.	Kosten je PS und Std. in M.	Gesamtkosten im Jahr in M.
D	Q	ε	εL		H	N_e	b	u	e	K
200	22	0,00645	20,0	26	46,0	16	4380	0,220	0,024	1690
225	22	0,00347	10,8	26	36,8	13	4380	0,220	0,024	1370
250	22	0,00197	6,1	26	32,1	11	4380	0,230	0,025	1230
275	22	0,00120	3,7	26	29,7	10	4380	0,230	0,025	1120

Erst nach Fertigstellung dieser Kostenberechnung lassen sich die jährlichen Kosten der Maschinenanlage bestimmen, weil erst hierdurch die Größen der zu wählenden Maschinensätze bekannt werden. Die Pumpe selbst braucht nicht in Rücksicht gezogen zu werden, da die Förderleistung unveränderlich ist und sich infolgedessen auch die Anschaffungskosten nicht oder nur ganz unwesentlich ändern. Hinsichtlich der jährlichen Maschinenkosten sei erwähnt, daß diese nach der Gleichung 48 zu ermitteln sind. Die für die jeweilige Ausführung der Maschinen üblichen Abschreibungs- und Unterhaltungskosten sind in den Übersichten 9 bis 15 vermerkt.

Für die Kostenermittlung der Maschinen bedient man sich zweckmäßig der folgenden Übersicht 18.

Übersicht 18.

Rohrdurchmesser in mm	Erforderliche Maschinenstärke in PS	Kosten eines Maschinensatzes in M.	Anzahl der Maschinensätze	Gesamtkosten der Maschinen in M.	Jährliche Maschinenkosten in %	Jährliche Maschinenkosten in M.
200	20	14 000	2	28 000	16	4480
225	15	11 000	2	22 000	16	3520
250	15	11 000	2	22 000	16	3520
275	15	11 000	2	22 000	16	3520

Übersicht 19.

	Rohrdurchmesser in mm			
	200	225	250	275
Rohrkosten in M. . . .	3100	3600	4100	4600
Betriebskosten in M. . .	1690	1370	1230	1120
Maschinenkosten in M. .	4480	3520	3520	3520
Gesamtkosten	8270	8490	8850	9240

Zum Schluß stellt man sich zur Auswertung die in den Übersichten 16 bis 18 ermittelten Kosten in der Art der Übersicht 19 zusammen. Es ist derjenige Rohrdurchmesser am wirtschaftlichsten, der die geringsten Gesamtkosten erfordert. Zur besseren Veranschaulichung stellt man sich die Werte zeichnerisch zusammen, wie es die Abb. 16 veranschaulicht. Diese Aufzeichnung ist so einfach, daß sie einer Beschreibung nicht bedarf. Dort, wo die Schaulinie ihren tiefsten Punkt er-

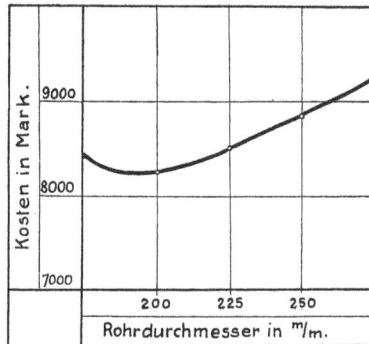

Abb. 16.

reicht, liegt der wirtschaftlichste Rohrdurchmesser für den berechneten Fall. Ganz natürlich wird man den nächstliegenden handelsüblichen Rohrdurchmesser wählen.

b) Rechnerisches Verfahren.

Die Durchführung des rechnerischen Verfahrens erfordert zunächst die Aufstellung einer Gleichung über die Kosten der Rohrleitung. Die aufzustellende Gleichung muß ganz selbstverständlich mit genügender Genauigkeit die Kosten der Leitung ergeben. Der Verfasser hat gefunden, daß die Kosten eines lfdm Rohrleitung mit überaus guter Genauigkeit durch die Gleichung

$$K_p = c_0 D^n \quad \ldots \ldots \ldots \ldots (54)$$

zum Ausdruck gebracht werden können. Wer sich für die Entstehung der obigen Gleichung näher interessiert, verweise ich

auf Heft 18 vom 25. Juni 1920 der Zeitschrift »Das Wasser«.
In dieser Gleichung bezeichnet c_0 eine Konstante, D den Rohrdurchmesser und n einen Exponenten. Der letztere ist von dem
Anwachsen der Rohrleitungskosten abhängig. Die Werte c_0
und n müssen von Fall zu Fall zunächst ermittelt werden, was
wie folgt zu geschehen hat.

Zuerst berechnet man an Hand der Rohrpreise, Erdarbeiten, Verlegungsarbeiten usw. die Kosten für 1 lfdm Rohrleitung verschiedener Rohr-
durchmesser. Die so ermittelten Kosten je lfdm Rohrleitung
werden in einem Diagramm
mit logarithmischer Einteilung
aufgetragen und die aufge-
tragenen Punkte verbindet
man vermittelnd durch eine
Gerade (siehe Abb. 17). Den
Wert n findet man, indem
man für eine beliebige Länge
den zugehörigen Höhenwert
abgreift und n berechnet, und
zwar ist

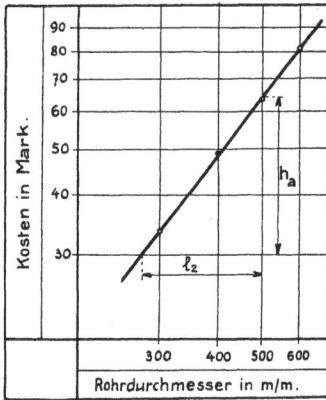

Abb. 17.

$$n = \frac{h_a}{l_2} \quad \ldots \quad (55)$$

wenn h_a die abgegriffene Höhe in mm und
l_2 die zugehörige Länge in mm

bezeichnet. Es ist also n der tg, den die Gerade mit der Horizontalen bildet. Den Wert von c_0 bestimmt man hiernach vermittels der Gleichung 56. Zu diesem Zweck greift man einen
K_r-Wert eines beliebigen Punktes, der genau von der Geraden
geschnitten wird, heraus und berechnet dann c_0 zu

$$c_0 = \frac{K_r}{D^n} \quad \ldots \ldots \ldots \ldots (56)$$

Auf Grund der Gleichung 51 bestimmen sich die jährlichen
Rohrleitungskosten zu

$$K_{jr} = c_0 D^n\, 0,01\, K_{0/0}\, l \quad \ldots \ldots (57)$$

Nach der Gleichung 15 ist nun der Druckverlust in einer
Wasserrohrleitung

$$h = 1{,}62 \cdot 10^9 \cdot c \, \frac{Q^2}{D^5} \, l.$$

Setzt man diesen Ausdruck in die Gleichung 51 ein, so ist

$$H_f = H_u + 1{,}62 \cdot 10^9 \, c \, \frac{Q^2}{D^5} \, l.$$

Wird dieser Wert in die Gleichung 52 eingeführt, so geht diese in die Form über:

$$K_{bj} = \frac{Q \left(1{,}62 \cdot 10^9 \, c \, \dfrac{Q^2}{D^5} \, l + H_u \right) z_b \cdot k_b \cdot m_{pf}}{75 \cdot \eta} \quad . \quad . \text{(58)}$$

Setzt man der Übersichtlichkeit halber für den Ausdruck

$$\frac{z_b \cdot k_b \cdot m_{pf}}{75 \cdot \eta} = C \quad . \quad . \quad . \quad . \quad . \quad . \text{(59)}$$

so geht die Gleichung 58 in die veränderte Form über:

$$K_{bj} = CQ \left(1{,}62 \cdot 10^9 \, c \, \frac{Q^2}{D^5} \, l + H_u \right) \quad . \quad . \quad . \text{(60)}$$

Da die Maschinenkosten den wirtschaftlichen Rohrdurchmesser nur wenig, sogar oft garnicht beeinflussen, so ist es kein Fehler, wenn diese Kosten unberücksichtigt bleiben. Zu berücksichtigen wären daher nur noch die Kosten für die Rohrleitung und die Betriebskosten. Nach den Gleichungen 57 und 60 sind diese Jahresausgaben:

$$K_{rj} + K_{bj} = c_0 \, D^n \, 0{,}01 \, K_{\%} \, l + CQ \left(1{,}62 \cdot 10^9 \, c \, \frac{Q^2}{D^5} \, l + H_u \right).$$

Differenziert man die obige Gleichung nach dd, so erhält man

$$\frac{d \, (K_{rj} + K_{bj})}{d \, d} = n \, c_0 \, D^{n-1} \, 0{,}01 \, K_{\%} \, l - 5 \cdot 1{,}62 \cdot 10^9 \, c \, \frac{Q^3}{D^5} \, l C.$$

Zur Erreichung eines Niedrigstwertes muß diese Gleichung 0 gesetzt werden und erhält damit

$$n \, c_0 \, D^{n-1} \, 0{,}01 \, K_{\%} \, l = 8{,}1 \cdot 10^9 \, c \, \frac{Q^3}{D^6} \, l C.$$

Diese Gleichung nach D hin entwickelt gibt die Gleichung für den wirtschaftlichen Rohrdurchmesser, und zwar ist:

$$D = \sqrt[5+n]{\frac{810 \cdot 10^9 \, c \, Q^3 \, C}{n \, c_0 \, K_{\%}}} \quad . \quad . \quad . \quad . \text{(61)}$$

Beispiel.

Eine durchschnittliche Wassermenge von 18000 cbm/Tag = 208 Sekl. sollen zu einem Hochbehälter gefördert werden; wie groß ist der wirtschaftliche Rohrdurchmesser für diese Druckrohrleitung?

Der Dampfverbrauch pro PS beträgt 7,2 kg, die durchschnittliche Verdampfung ist 7 fach, der Kohlenpreis frei Kesselhaus 0,02 M. pro kg. Die Betriebsstunden je Jahr sind $Z_b =$ 8500. Die Kosten fertig verlegter Leitungen sind:

> 300 mm Durchmesser M. 33,50 je lfdm.
> 400 » » » 49,00 » »
> 500 » » » 63,00 » »
> 600 » » » 81,00 » »

Lösung.

Die erste Aufgabe wäre, die Gleichung über die Rohrkosten zu ermitteln. Zu diesem Zweck müssen die Anlagekosten für die einzelnen Rohrdurchmesser je lfdm logarithmographisch aufgetragen werden, was in der Abb. 17 geschehen ist. Hiernach ist der tg, den die Kostenlinie mit der Horizontalen bildet

$$\operatorname{tg}\alpha = n = \frac{41{,}2}{32{,}3} = 1{,}27.$$

Da hiermit n bestimmt ist, so läßt sich die Konstante c_0 nach der Gleichung 56 berechnen. Die Kostenlinie schneidet genau den Punkt der 600 mm-Linie; somit ist

$$c_0 = \frac{81{,}0}{600^{1{,}27}} = 0{,}0246.$$

Die Rohrleitungskostengleichung ist demnach

$$K_r = 0{,}0246\, D^{1{,}27}.$$

Nach der Aufgabe ist:

$$z_b = 8500$$
$$k_b = 0{,}02$$
$$m_{pf} = \frac{7{,}2}{7{,}0} = 1{,}03 \text{ kg/PS und Stunde.}$$

Somit bestimmt sich nach der Gleichung 59 bei $\eta = 0{,}85$

$$C = \frac{8500 \cdot 0{,}02 \cdot 1{,}03}{75 \cdot 0{,}85} = 2{,}75.$$

Nehmen wir c für 500 mm Rohrdurchmesser $= 0,00195$ an, so ist der wirtschaftliche Rohrdurchmesser für diesen Fall, wenn $K_{\%}$ zu 15 angenommen wird:

$$D = \sqrt[5+1,27]{\frac{810 \cdot 0,00195 \cdot 10^9 \cdot 208 \cdot 2,75}{1,27 \cdot 0,0246 \cdot 15}} = 498 \text{ mm}.$$

Für diesen Fall wäre somit eine 500 mm Druckrohrleitung die wirtschaftlichste.

c) Der wirtschaftliche Durchmesser für die zweite Druckrohrleitung.

Steht man vor der Aufgabe, eine zweite Druckrohrleitung zu verlegen, so muß auch in diesem Falle das Bestreben dahin gehen, den Rohrdurchmesser derart zu wählen, daß alle Kosten, die durch die vorhandene und zu verlegende Leitung beeinflußt werden, einen Niedrigstwert annehmen. Die Betriebssicherheit darf natürlich dabei nicht vernachlässigt werden. Abhängig vom Rohrdurchmesser sind, wie wir bereits erfahren haben, die jährlichen Rohrleitungs- und Betriebskosten. Auch in diesem Falle wollen wir von dem Einfluß der Maschinenkosten absehen, da diese nicht nennenswert sind.

Die Jahreskosten für den vorhandenen Rohrstrang können mit Rücksicht auf die bereits vorliegenden Erfahrungen ausgedrückt werden zu:

$$K_{r j_1} = K_1 l_1 \quad \ldots \ldots \ldots \quad (62)$$

wenn K_1 die Jahreskosten je lfdm der vorhandenen Leitung in M. bedeutet.

Die Ausgaben für den neuen Druckrohrstrang sind gemäß der Gleichung 45

$$K_{j r} = K_r \frac{K_{\%}}{100} l \quad \ldots \ldots \quad (63)$$

Die jährlichen Betriebskosten sind gemäß der Gleichung 51

$$K_{b j} = \frac{Q \, H_f \cdot z_b \cdot k_b \cdot m_{p f}}{75 \cdot \eta} \quad \ldots \ldots \quad (64)$$

In diesem Falle ist Q die durch beide Leitungen strömende Wassermenge.

Die Förderhöhe der Pumpen bestimmt sich in diesem
Falle nach der Gleichung

$$H_f = 1{,}62 \cdot 10^9 \, c_1 \frac{Q_1^2}{D_1^5} \, l + H_u \quad \ldots \ldots \quad (65)$$

Es bezeichnet:

Q_1 die durch die vorhandene Druckrohrleitung strömende Wassermenge in cbm/Sek. und

D_1 der Durchmesser der vorhandenen Druckrohrleitung.

Setzt man obigen Wert in die Gleichung 58 ein, so erhält man
die Betriebskosten zu:

$$K_{bj} = \frac{Q \left(1{,}62 \cdot 10^9 \, c_1 \dfrac{Q_1^2}{D_1^5} \, l + H_u \right) z_b \cdot k_b \cdot m_{pf}}{75 \cdot \eta} \cdot$$

Führt man auch hier für

$$\frac{z_b \cdot k_b \cdot m_{pf}}{75 \, \eta} = C$$

ein, so geht die obige Formel in die Form über:

$$K_{bj} = C Q \left(1{,}62 \cdot 10^9 \, c_1 \frac{Q_1^2}{D_1^5} \, l + H_u \right) \quad \ldots \quad (66)$$

Aus den Gleichungen 62, 63 und 66 folgen die Gesamtausgaben
je Jahr zu:

$$K_{ges} = K_1 \, l + K_r \frac{K_{\%}}{100} \, l + Q \, C \left(1{,}62 \cdot 10^9 \, c_1 \frac{Q_1^2}{D_1^5} \, l + H_u \right) (67)$$

Zur Erreichung eines Kostenminimums ist es notwendig, diese
Gleichung zu differenzieren und hernach Null zu setzen. Da
diese Formel nicht den Wert D_2 enthält (Rohrdurchmesser der
neuen Leitung) und Größen wie K_r und Q_1 aufweist, die von
D_2 abhängig, so ist es nicht möglich, mit dieser Gleichung weiter
zu operieren. Aus diesem Grunde ist es unbedingt erforderlich, für Q_1 und K_r Ausdrücke zu finden.

Für den Wert K_r benutzen wir die Rohrkostengleichung 54

$$K_r = c_0 \, D_2^n \quad \ldots \ldots \ldots \quad (68)$$

Hat man auf irgendeine, für die vorliegenden Verhältnisse
geeignete Art diejenige Fördermenge ermittelt, für welche
die beiden Druckleitungen ausreichen sollen, so ist es vorerst

notwendig festzustellen, in welchem Verhältnis die in den beiden Leitungen strömenden Wassermengen stehen. Bei gleichen Rohrleitungslängen, wie dies meistens der Fall ist, verhalten sich die Fördermengen in den beiden Leitungen gemäß der Gleichung 26 wie:

$$\frac{Q_1}{Q_2} = \frac{\sqrt{D_1{}^5 \cdot c_2}}{\sqrt{D_2{}^5 \cdot c_1}}$$

oder

$$\frac{Q_1}{Q_2} = \frac{D_1{}^{2,5} \cdot c_2{}^{0,5}}{D_2{}^{2,5} \cdot c_1{}^{0,5}} = \frac{1}{\varphi} \quad \cdots \cdots \quad (69)$$

Nun bestimmt sich Q_1 zu

$$Q_1 = Q\,\frac{1}{\varphi + 1} \quad \cdots \cdots \cdots \quad (70)$$

Die Werte $\dfrac{1}{\varphi + 1}$ für die verschiedenen Rohrdurchmesser sind in der folgenden Übersicht 20 zusammengestellt. (Gebrauchte Leitungen.)

Übersicht 20.

		Rohrdurchmesser der vorhandenen Leitung = D_1									
		100	200	300	400	500	600	700	800	900	1000
Rohrdurchmesser der neuen Leitung = D_2	100	0,5									
	200	0,159	0,5								
	300	0,068	0,277	0,5							
	400	0,036	0,164	0,338	0,5						
	500	0,021	0,105	0,234	0,374	0,5					
	600		0,076	0,167	0,282	0,397	0,5				
	700			0,124	0,217	0,317	0,413	0,5			
	800				0,170	0,255	0,342	0,424	0,5		
	900					0,207	0,287	0,362	0,435	0,5	
	1000						0,207	0,312	0,379	0,443	0,5
	1200							0,232	0,291	0,348	0,401

Zwecks weiterer Klärung sind die Werte der Übersicht 20 als Schaulinien mit logarithmischer Teilung aufgetragen, und zwar auf der Waagerechten die Rohrdurchmesser und als Höhen die $\dfrac{1}{\varphi + 1}$-Werte. (Siehe Abb. 18.) Aus dieser Abb. 18 geht hervor, daß die Größen $\dfrac{1}{\varphi + 1}$ von dem Rohrdurchmesser D_1 + 100 mm an, die Schaulinienschar fast mathematisch genau gerade Linien bilden. Hieraus geht hervor, daß die $\frac{1}{\varphi+1}$-Werte von $D_1 + 100$ mm an in einer bestimmten Potenz vom Rohrdurchmesser wachsen. Mithin gilt für die Rohrdurchmesser von $D_1 + 100$ mm an, daß

$$\frac{1}{\varphi+1} = c_2 \, D_2{}^m \quad \ldots \ldots \quad (71)$$

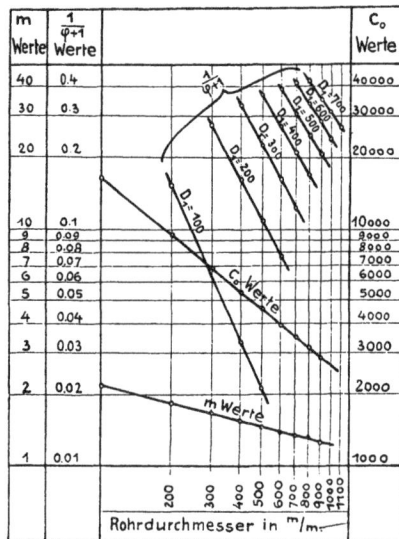

Abb. 18.

ist. Auch hier ist die Potenz m der tg, die die Werte der $\frac{1}{\varphi+1}$-Linie mit der Senkrechten bilden, und zwar ist in diesem Falle m negativ. Dies bedingt, daß

$$\frac{1}{\varphi+1} = \frac{c_2}{D_2{}^m} \quad \ldots \ldots \quad (72)$$

Wird dieser Wert in die Gleichung 70 eingesetzt, so. ist:

$$Q_1 = \frac{c_2}{D_2{}^m} Q \quad : \ldots \ldots \quad (73)$$

Hiermit ist ein Ausdruck gefunden, der in Abhängigkeit zu D_2 steht: zum gesuchten Rohrdurchmesser.

Setzt man die Werte der Gleichung 68 und 73 in die Gleichung 67 ein, so erhält man:

$$K_{ges} = K_1 l + c_0 D_2{}^n \frac{K_{\%}}{100} l + Q C \left(1{,}62 \cdot 10^9 c_1 \frac{c_2{}^2 Q^2}{D_1{}^5 D_2{}^{2m}} l + H\right).$$

Diese Gleichung nach $d D_2$ differenziert gibt:

$$\frac{K_{ges} d}{d D_2} = c_0 n D_2{}^{n-1} \cdot 0{,}01 K_{\%} l - 2 m C Q^3 1{,}62 \cdot 10^9 c_1 \frac{c_2{}^2}{D_1{}^5 D_2{}^{2m+1}} l.$$

Zwecks Erreichung eines Niedrigstwertes muß diese Gleichung Null gesetzt werden und ergibt sich bei gleichzeitiger Division mit l:

$$c_0 n D_2{}^{n-1} 0{,}01 K_{\%} = 2 m C Q^3 1{,}62 \cdot 10^9 c_1 \frac{c_2{}^2}{D_1{}^5 D_2{}^{2m+1}}.$$

Diese Gleichung nach D_2 hin aufgelöst gibt:

$$D_2{}^{n-1+2m+1} = 3{,}24 C Q^3 c_1 10^9 \frac{100 c_2{}^2}{D_1{}^5 n c_0 K_{\%}}.$$

Aus dieser Gleichung ergibt sich der wirtschaftliche Rohrdurchmesser für die zweite Druckrohrleitung zu:

$$D_2 = \sqrt[n+2m]{3{,}24 \, m \, C Q^3 10^9 c_1 \frac{100 c_2{}^2}{c_0 n K_{\%} D_1{}^5}} \quad . \; . \; (74)$$

Wie bereits erwähnt, hat diese Gleichung nur dann Gültigkeit, wenn $D_2 \geqq D_1 + 100$ mm ist. Dies trifft wohl immer zu, da man den zweiten Druckrohrstrang mit Rücksicht auf den steigenden Wasserbedarf immer größer wählen wird als die erste Druckrohrleitung. Die Größe des Exponenten m und des Wertes von c_2 sind mit Hilfe der Abb. 18 unter Anwendung der Gleichung 72 ausgewertet worden und in der folgenden Übersicht 21 zusammengestellt.

Übersicht 21.

D_1	100	200	300	400	500	600	700	800	900
m	2,15	1,85	1,67	1,55	1,45	1,39	1,35	1,31	1,27
c_2	16506	10596	7488	5704	4517	3973	3520	3225	2860

Wertet man die obigen Werte logarithmographisch aus, so findet man für m die Gleichung:

$$m = \frac{6{,}811}{D_1{}^{0{,}246}}.$$

Ferner findet man für c_2 die Gleichung

$$c_2 = \frac{1\,098\,630}{D_1^{0,876}}.$$

In beiden Fällen ist D_1 in mm einzusetzen.

Beispiel.

Einer bestehenden Druckrohrleitung von 300 mm Durchmesser soll eine neue Druckrohrleitung parallel verlegt werden. Beide Druckrohrleitungen sollen für eine mittlere Fördermenge von 150 Sekl. ausreichen. Bei dieser Fördermenge beträgt die mittlere Betriebsdauer 6600 Std. je Jahr. Die Brennstoffkosten frei Kesselhaus betragen M. 0,03 je kg, der Brennstoffverbrauch 1,8 kg je PS und Stunde. Für die Verzinsung, Abschreibung und Unterhaltung sollen 15% in Ansatz gebracht werden. Die Rohrkostengleichung soll wie im voraufgegangenen Abschnitt zu

$$K_r = 0,0246\,D_2^{1,27}$$

angenommen werden.

Lösung.

Nach der Aufgabe ist:

$$c_1 = 0,00235 \quad n = 1,27 \quad m = 1,67 \quad c_2 = 7488$$
$$D_1 = 300 \quad K\% = 15 \quad k_b = 0,03 \quad Q = 150$$
$$c_0 = 0,0246 \quad m_{pf} = 1,8 \quad z_b = 6600.$$

Entsprechend der Aufgabe ist nach der Gleichung 59 bei $\eta = 0,80$:

$$C = \frac{6600 \cdot 0,03 \cdot 1,8}{75 \cdot 0,80} = 5,94.$$

Unter Einsetzung dieser Werte ist:

$$D_2 = \sqrt[1,27+2\cdot1,67]{3,24 \cdot 1,67 \cdot 5,94 \cdot 150^3 \cdot 10^9 \cdot 0,00235\, \frac{100 \cdot 7488^2}{0,0246 \cdot 1,27 \cdot 300^5 \cdot 15}}$$
$$D_2 = 425,3 \text{ mm.}$$

Aus praktischen Gründen wird man einen Rohrdurchmesser von 450 oder 500 mm wählen.

f) Berechnung und Ausführung von Heberleitungen.

1. Berechnung von Heberleitungen.

Unter einer Heberleitung versteht man, zu einer Horizontalen in Bezug gesetzt, eine unter Luftleere gesetzte Rohrleitung mit ungleich langen Schenkeln, dessen Wirkungsweise auf dem atmosphärischen Luftdruck beruht. Bekanntlich hält der atmosphärische Luftdruck normalerweise eine Quecksilbersäule von 0,76 m Höhe oder eine Wassersäule von 10,33 m Höhe im Gleichgewicht. Der Wert von 10,33 m entsteht aus der Beziehung

$$0{,}76 \cdot 13{,}6 = 10{,}33 \text{ m.}$$

Hier ist 13,6 das spezifische Gewicht des Quecksilbers.

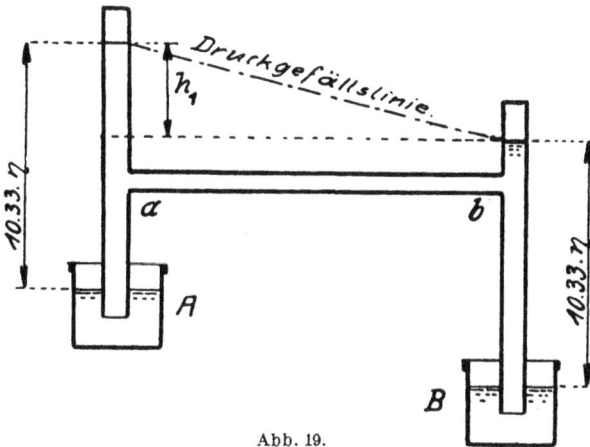

Abb. 19.

Die Wirkungsweise eines Hebers erklärt sich am besten folgendermaßen: In zwei Behälter A und B (siehe Abb. 19), die nicht in gleicher Höhe liegen, werden Rohre eingestellt, die auf geeignete Weise entlüftet werden. Infolgedessen steigt die Wassersäule in beiden Rohren der Luftleere entsprechend aufwärts. Verbindet man die Rohre durch die Leitung a—b, so muß das Wasser von dem höher gelegenen Behälter zu dem tiefer liegenden Behälter fließen, da, auf einen Nullpunkt bezogen, in dem Rohr des Behälters A ein höherer Wasserstand vorhanden ist als in dem Rohr des Behälters B. Der höhere Wasserstand bei A gegenüber bei B beträgt h_1, was dem verfügbaren Gefälle entspricht. Findet eine dauernde Entlüftung an der höchsten Stelle statt, so fließt das Wasser ohne jede Unterbrechung von Behälter A nach dem Behälter B.

Betrieblich ist nun eine vollkommene Luftleere von 10,33 m Wassersäule nicht erreichbar, sondern hiervon nur 80 bis 90 v. H. Weiter wird die Luftleere noch verringert um die Dampfspannung, die der Temperatur des zu hebenden Wassers entspricht. Daher ist die größte erreichbare Luftleere in m Wassersäule:

$$V = 10{,}33\, \eta - p \quad \ldots \ldots \ldots \ldots (75)$$

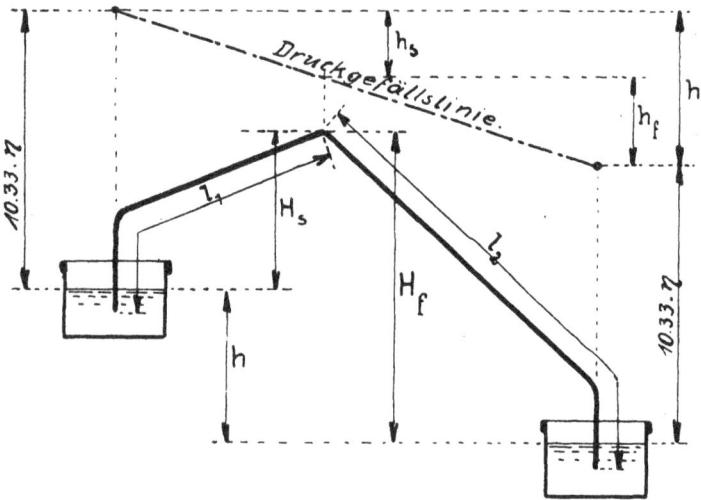

Abb. 20.

Hierin bedeutet:

η den Wirkungsgrad der Heberleitung und

p die Dampfspannung, die der Temperatur des zu hebenden Wassers entspricht.

Da nun durch die Luftleere eine Wassersäule um V m gehoben werden kann, so ist es möglich, das Wasser über ein Höhenhindernis von dieser Höhe zu heben, vermindert um den Eintrittswiderstand h_e in den Saugschenkel, der Geschwindigkeitshöhe h', des Austrittswiderstandes aus dem Fallschenkel h_a und des Reibungsverlustes h_s (siehe Abb. 20). Bezeichnet man mit H_s die größtmöglichst zu überwindende Saughöhe, so läßt sich die Gleichung aufstellen:

$$H_s = 10{,}33 \cdot \eta - (h_e + h' + h_a + h_s + p) \; \ldots \; (76)$$

Die Werte von h_e, h' und h_a sind jedoch meistens so gering, daß sie in den meisten Fällen vernachlässigt werden können.

Daher gilt die Regel, daß eine Heberleitung nur dann möglich ist, wenn der Scheitel der Heberleitung unter der Druckgefällslinie liegt, wenn dieselbe 10,33 η über den Spiegeln der Behälter aufgetragen wird (siehe Abb. 20). Die Höhe h ist das zur Verfügung stehende Gefälle des Hebers. Diesem Gefälle entspricht naturgemäß auch die Leistungsfähigkeit des Hebers. Für die Bestimmung der Förderfähigkeit des Hebers ist die Gleichung 15 anzuwenden. Hiernach ist:

$$Q = \sqrt{\frac{D^5 \cdot h}{1,62 \cdot 10^9 \cdot c \cdot l}} \quad \cdots \cdots \quad (77)$$

wenn l die Länge der Heberleitung bedeutet. Oder wenn der Rohrdurchmesser gesucht wird, so ist:

$$D = \sqrt{\frac{1,62 \cdot 10^9 \cdot c Q^2 l}{h}} \quad \cdots \cdots \quad (78)$$

Mit Hilfe der Übersichten 5 und 6 lassen sich in bekannter Weise die Rohrdurchmesser oder die Druckverluste bestimmen.

Unter Umständen kann es vorkommen, daß die Fallhöhe H_f (Abb. 21) so groß ist, daß in dem Fallschenkel eine größere Wassergeschwindigkeit eintreten würde als in der Steigeleitung des Hebers. Der Rohrquerschnitt würde somit nicht voll ausgefüllt werden und die Leitung würde außer Tätigkeit treten oder, wie man sagt, der Heber würde abreißen. Die Geschwindigkeit des Wassers in der Steigeleitung ermittelt sich nach der Gleichung 16 zu:

$$v_s = \sqrt{\frac{D \cdot h}{10^3 \cdot c\, l}} \quad \cdots \cdots \quad (79)$$

Aus der Abb. 20 ist weiter zu entnehmen, daß die durch die Fallhöhe h bedingte Geschwindigkeit beträgt:

$$v_f = \sqrt{2\, g\, [H_f - (h_f + 10,33\, \eta + h')]} \quad \cdots \cdots \quad (80)$$

Um ein Abreißen des Hebers zu verhüten, muß der Auslaufquerschnitt so weit verkleinert werden, daß dieser bei der vorher ermittelten Geschwindigkeit vollkommen mit Wasser ausgefüllt ist. Der Sicherheit halber nimmt man den Auslaufquerschnitt noch kleiner, wodurch zwar die Leistung des Hebers zurückgeht. Die volle Leistung sucht man dann durch tieferes Absenken des Behälters für den Fallschenkel zu erreichen. Die Widerstandshöhe h_f ermittelt sich nach Gleichung 15 zu:

$$h_f = \frac{1,62 \cdot 10^9 \cdot cQ^2 l_2}{D^5} \quad \ldots \ldots \ldots \ (81)$$

oder ist nach den Übersichten 5 oder 6 zu ermitteln.

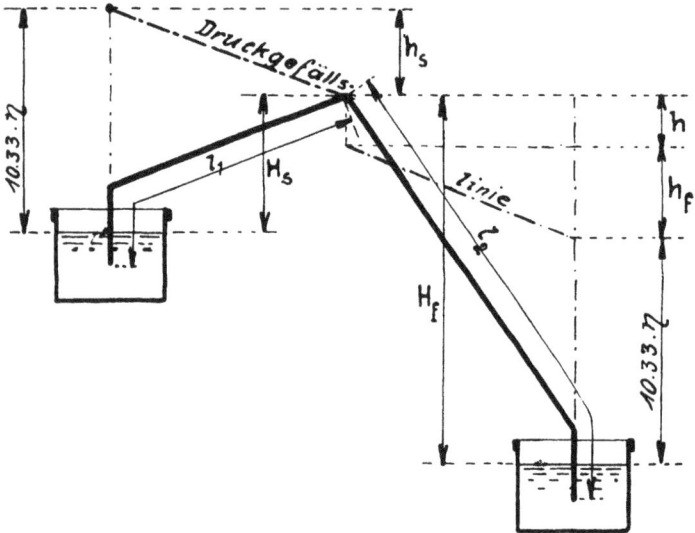

Abb. 21.

Der Auslaufquerschnitt muß sein:

$$f = \frac{Q}{10^3 \, \mu \, v_f} \quad \ldots \ldots \ldots \ldots \ (82)$$

wenn μ der Einschnürungsbeiwert bedeutet.

Hieraus ergibt sich ein Auslaufdurchmesser, da $f = \dfrac{d^2 \, \pi}{4}$, von:

$$D_a = \sqrt{\frac{4Q \cdot 10^9}{\mu \, v_f \, \pi}} \quad \ldots \ldots \ldots \ (83)$$

Will man eine Querschnittsverengung des Auslaufes vermeiden, so muß der Rohrdurchmesser des Fallschenkels verkleinert werden. Der Rohrdurchmesser darf im höchsten

Falle nur so klein genommen werden, daß bei der geforderten Leistung des Hebers in der Falleitung ein Druckverlust von:

$$h_f \leqq H_f - \left(10,33\,\eta + \frac{v_f{}^2}{2\,g}\right) \quad \cdots \quad (84)$$

entsteht. Hieraus folgt, daß der Durchmesser der Falleitung nicht kleiner sein darf als:

$$D_f = \sqrt{\frac{1,62 \cdot 10^9\, c Q^2 l}{H_f - \left(10,33\,\eta + \frac{v_f{}^2}{2\,g}\right)}} \quad \cdots \quad (85)$$

Man gehe nie bis zum möglichst kleinsten Rohrdurchmesser, um nicht Gefahr zu laufen, daß durch eine ungewöhnlich starke Bekrustung der Rohrwandung die Leistungsfähigkeit des Hebers herabgemindert wird. Bedingt durch die handelsüblichen Rohrabmessungen, wird es auch selten möglich sein, den passenden Rohrdurchmesser wählen zu können; man hilft sich dann durch Verkleinerung des Auslaufquerschnittes oder durch Drosselung. Im allgemeinen wählt man den Rohrdurchmesser von Heberleitungen so groß, daß Geschwindigkeiten von 0,80 bis 1,00 m in der Sek. auftreten.

Alle soeben ermittelten Formelausdrücke lassen sich mit Hilfe der Übersichten 5 bis 6 ermitteln, was in einem späteren Beispiel gezeigt werden soll.

2. Die Ausführung von Heberleitungen.

Heberleitungen sind ein wichtiger Bestandteil von Wassergewinnungs- und Wasserwerksanlagen. Die richtige Anlegung trägt außerordentlich viel zur Betriebssicherheit genannter Anlagen bei. Vor dem Entwurf solcher Anlagen sind die vorliegenden Verhältnisse eingehend zu prüfen, um nicht später Enttäuschungen ausgesetzt zu sein, da Heberleitungen bei nicht richtiger Anlegung als die betriebsunsichersten Teile einer Wasserwerksanlage anzusehen sind.

Eine wichtige Rolle spielt die Entlüftung der Heberleitungen. Da im Wasser etwa 1,8 bis 2,4 v. H. Luft enthalten ist, so scheidet sich diese aus, wenn das Wasser unter Luftleere kommt. Sämtliche im Wasser gebundene Luft scheidet sich jedoch nicht aus, sondern nur ein gewisser Teil, da die Einwirkung der Luftleere von zu kurzer Dauer ist, um eine vollständige Ausscheidung der Luft herbeizuführen. Man kann mit 15 bis 50 v. H. Ausscheidung der im Wasser enthaltenen Luft rechnen und kommt mit 25 v. H. in den meisten Fällen aus. Der Luftleere entsprechend dehnt sich die Luft nach dem Gesetz $p \cdot v =$ gleichbleibend aus. Die aus einer Heberleitung zu entfernende Luft in Sekl. ist somit:

$$L = \frac{Q \, l_a l_e}{10\,000 \, (10 - h_s)} \quad \ldots \ldots \quad (86)$$

Hierin bedeutet:

Q die die Leitung durchströmende Wassermenge in Sekl.,
l_e die in dem Wasser enthaltene Luft in v. H.,
l_a die Luftausscheidung in v. H. und
h_s die größte Saugspannung in der Heberleitung in m.

Bei undichten Heberleitungen ist die Luftmenge natürlich größer, doch dürfen bei gut verlegten Leitungen keine Undichtigkeiten vorhanden sein.

Um eine Unterbrechung der Heberleitung zu vermeiden, muß die sich ausscheidende Luft auf geeignete Weise entfernt werden. Damit sich die Luft nicht in die Leitung festsetzen kann, muß die Leitung nach der Absaugestelle der Luft hin, mit Steigung von 0,2 bis 1,0 m je 1000 m Leitung, verlegt werden. Die Absaugestelle wird man möglichst in unmittelbarer Nähe des Fallschenkels anordnen, da die sich aus dem Wasser abscheidende Luft, begünstigt durch die Fließwirkung des Wassers, zur Absaugestelle geführt wird.

Für eine gute Luftabführung ist es wichtig, den Luftabsaugestutzen richtig anzuordnen. Es ist durchaus falsch, den Luftabsaugestutzen an den Krümmer vorzusehen, da so die Bildung eines Luftsackes unausbleiblich ist. Am richtigsten ist, kurz vor dem Krümmer einen Entlüftungskasten anzuordnen, wodurch dem Wasser genügend Gelegenheit gegeben wird, sich gut zu entlüften. Der Entlüftungskasten wird zweckmäßig in einem Anbau des Brunnens untergebracht. Um sich von der vollkommenen Entlüftung überzeugen zu können, wird an dem Entlüftungskasten ein Wasserstandsglas angebracht.

Die Entlüftung der Heberleitungen erfolgt durch Dampf- oder Wasserstrahlpumpen, durch Kolben- oder Rotationspumpen. Dampfstrahlpumpen kommen wegen der hohen Kosten nur wenig in Anwendung, auch ist die Aufstellung nur in unmittelbarer Nähe des Kesselhauses möglich. Bei Verwendung von Wasserstrahlsaugern ist man nicht gezwungen, diese in unmittelbarer Nähe des Wasserwerkes aufzustellen, da man jederzeit in der Lage ist, das erforderliche Wasser nach der Verwendungsstelle zu leiten. Die Entlüftungsvorrichtungen stellt man möglichst kurz hinter der Absaugestelle auf, um zu vermeiden, daß Undichtigkeiten zwischen der Absaugestelle und den Pumpen eintreten können. Die Leitungen zu den Entlüftungspumpen sind mit 1 bis 2 mm auf 1 lfd. m steigend zu verlegen.

Die Entlüftungsvorrichtungen sind so lange in Tätigkeit zu halten, als die Heberleitung in Betrieb sein muß. Bei Wasserstrahlsaugern wird das Abflußwasser dem Brunnen wieder zugeführt. Bei Anwendung von trockenen Entlüftungspumpen ist Sorge zu tragen, daß kein Wasser in den Pumpenkörper gelangt. Dies wird dadurch erreicht, daß man das Saugrohr etwa 11 m höher führt als der höchste Wasserstand im Brunnen. Auf diese Weise ist es unmöglich, daß Wasser in den Pumpenkörper gelangt, da bei vollkommener Luftleere das Wasser nur etwa 10 m über dem Brunnenspiegel steigt. Vor der Pumpe ist außerdem noch ein Wassersammler vorzusehen, der nach Bedarf entwässert werden muß.

Der dauernde Betrieb von Entlüftungsvorrichtungen erfordert zuweilen schon recht erhebliche Betriebskosten. Aus diesem Grunde hat man selbsttätige Vorrichtungen gebaut, die nach Bedarf die Entlüftung selbst vornehmen. Solche Vorrichtungen für Druckwasser bauen die Firmen Gebr. Körting, Hannover, und Böckel & Co., Mannheim.

Bei Verwendung von Entlüftungspumpen erreicht man den selbsttätigen Betrieb durch Einschaltung eines Entlüftungskessels. Der Betrieb solcher Anlagen gestaltet sich wie folgt. Der Entlüftungskessel wird bis zur höchsten erreichbaren Luftleere entlüftet, worauf die Entlüftungspumpe selbsttätig außer Tätigkeit gesetzt wird. Ist die Luftleere durch Ansammlung neuer Luft so weit gesunken, daß es annähernd der Saughöhe des Saugschenkels entspricht (0,5 bis 1,0 m Sicherheit), so wird die Pumpe selbsttätig wieder eingeschaltet und der Entlüftungskessel wird von neuem entlüftet. Diese selbsttätige Steuerung kann selbstverständlich nur bei elektrischem Antrieb erfolgen. Die Siemens-Schuckert-Werke bauen Vorrichtungen für derartige selbsttätige Pumpenanlagen. Auch eignen sich die Einrichtungen, wie sie heute für selbsttätige Hauswasserversorgungen benutzt werden, für diesen Zweck.

Damit es nicht vorkommt, daß die Heberleitung abreißt, falls die Vorrichtungen nicht in Ordnung sein sollten, wird der Entlüftungskessel mit einem Vakuummeter mit Läutewerk versehen, das bei Unterschreitung der niedrigsten Luftleere in Tätigkeit tritt.

Zuweilen kommt es vor, daß zwei oder mehrere Heberleitungen in einen Sammelbrunnen einmünden, der bis zu einer bestimmten Tiefe abgesenkt wird, hingegen die angeschlossenen Brunnen auf verschiedene Höhen abgesenkt werden sollen. In solchen Fällen baut man eine Drosseleinrichtung in die Leitung ein. Man kann in diese Leitung auch ein größeres Reibungsgefälle legen, doch soll die Wassergeschwindigkeit nach Möglichkeit 1,00 m in der Sek. nicht überschreiten.

In einem Falle war der Verfasser gezwungen, in eine 1200 mm-Heberleitung eine Drosselvorrichtung einzubauen, und zwar ist diese im Saugschenkel eingebaut worden.

3. Rechnungsbeispiele.

1. Beispiel.

Für eine Filteranlage eines Wasserwerkes soll das notwendige Wasser einem höher gelegenen See entnommen werden. Die Verhältnisse liegen derart, daß die Zuleitung des Wassers durch eine Heberleitung erfolgen kann. (Siehe Abb. 22.) Für die Filteranlage werden 62 Sekl. benötigt. Für die Berechnung soll mit einem Wirkungsgrad von $\eta = 0,80$ für den Heber gerechnet werden. Die Höhen und Längen gehen aus der Abb. 22 hervor.

Lösung.

Leistung des Hebers. Das zur Verfügung stehende Gefälle vom See bis zum Heberscheitel beträgt:

$$h = (178{,}26 + 10{,}33 \cdot 0{,}80) - 185{,}06 = 1{,}46 \text{ m.}$$

Rechnet man für den Einlauf in den Heber noch einen Verlust von $h_w = 0,10$ m, so ist

$$h_s = 1,46 - 0,10 = 1,36 \text{ m.}$$

Wir wollen die Berechnung nur für gebrauchte Rohre
durchführen, trotzdem es zur vollständigen Klarstellung notwendig ist, die Aufgabe auch für neue Rohre durchzurechnen.

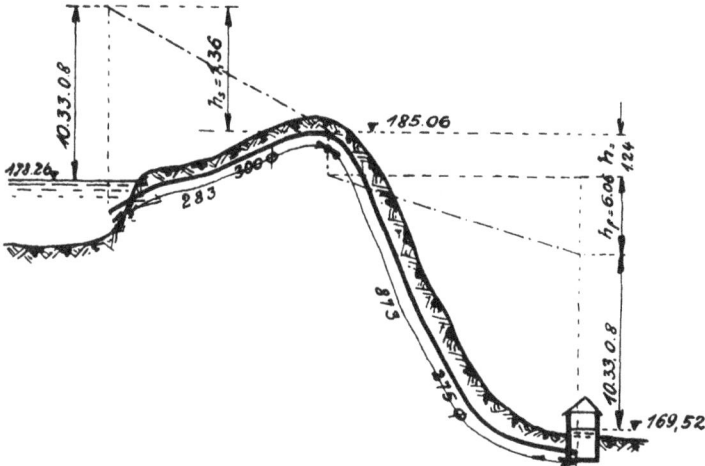

Abb. 22.

Das Gefälle für die Längeneinheit ist gemäß Gleichung 4:

$$\varepsilon_s = \frac{h_s}{l_1} = \frac{1,36}{283} = 0,00480 \text{ m.}$$

Für diesen Wert ist nach Übersicht 6 und bei einer Belastung
von 62 Sekl. ein Rohrdurchmesser von 325 mm erforderlich.
Bei obigem Gefälle und dem soeben ermittelten Rohrdurchmesser leistet der Heber gemäß Gleichung 29:

$$Q = 70,1 - \frac{3,6}{0,00050} (0,00050 - 0,00048) = 68,7 \text{ Sekl.}$$

Nach der Gleichung 31 beträgt die Wassergeschwindigkeit:

$$v_s = 0,84 - \frac{0,4}{3,6} (70,1 - 68,7) = 0,82 \text{ m je Sek.}$$

2. Bestimmung von h_f. Der obigen Geschwindigkeit entspricht eine Geschwindigkeitshöhe von:

$$h' = \frac{0,82^2}{2 \cdot 9,81} = 0,03 \text{ m.}$$

Demnach darf das Reibungsgefälle für die Falleitung nach Gleichung 84 im höchsten Falle betragen:

$$h_f = (185,06 - 169,52) - (10,33 \cdot 0,8 + 0,03) = 7,23 \text{ m.}$$

Das Druckgefälle je Längeneinheit beträgt:

$$\varepsilon_f = \frac{h_f}{l_2} = \frac{7,23}{873} = 0,00828 \text{ m.}$$

Hierfür genügt nach der Übersicht 6 bei einer Belastung von 68,7 Sekl. ein Rohrdurchmesser von 300 mm. Der Druckverlust je Längeneinheit beträgt:

$$\varepsilon_f = 0,0080 - \frac{0,0010}{4,6}(71,5 - 68,7) = 0,00739 \text{ m.}$$

Der gesamte Druckverlust in der Falleitung beträgt:

$$h_f = 873 \cdot 0,00739 = 6,46 \text{ m.}$$

Die Geschwindigkeit ist bei $d = 300$ mm und $Q = 68,7$ Sekl.

$$v = 1,01 - \frac{0,06}{4,6} \, 2,6 = 0,98 \text{ m je Sek.}$$

3. Ermittelung der Fallgeschwindigkeit. Da nun das verfügbare Gefälle nicht vollständig durch Reibungsverlust ausgenutzt wird, so muß im Fallrohr eine höhere Wassergeschwindigkeit eintreten. Diese Geschwindigkeit ist nach Gleichung 80:

$$v_f = \sqrt{2 \cdot 9,81 \, [15,54 - (6,46 + 10,33 + 0,80 + 0,03)]} =$$
$$= 3,94 \text{ m je Sek.}$$

4. Ausflußdurchmesser. Nunmehr läßt sich der Ausflußdurchmesser des Hebers ermitteln. Der Einschnürungsbeiwert μ ist für runde Bohrung und scharfe Kanten nach Weißbach 0,61. Mithin ist nach Gleichung 83:

$$D_a = \sqrt{\frac{4 \cdot 68 \cdot 7 \cdot 10^9}{0.61 \cdot 3,94 \cdot 3,14}} = 191 \text{ mm.}$$

Nun läßt sich noch prüfen, ob bei diesem verengten Quer-schnitt auch die vorher bestimmte Geschwindigkeit von 0,98 m je Sek. in der Falleitung eintritt. Es ist:

$$\frac{v}{v_a} = \frac{D_a \mu}{D_f^2},$$

mithin ist:

$$v = \frac{v_a D_a^2 \mu}{D_f^2} = \frac{3,94 \cdot 0,191^2 \cdot 0,61}{0,30^2} = 0,98 \text{ m je Sek.}$$

Aus diesem Werte geht hervor, daß die Rechnung seine Rich-tigkeit hat.

2. Beispiel.

Zur Erschließung eines Grundwasserstromes sollen 5 Rohr-brunnen gebaut und an eine gemeinschaftliche Heberleitung

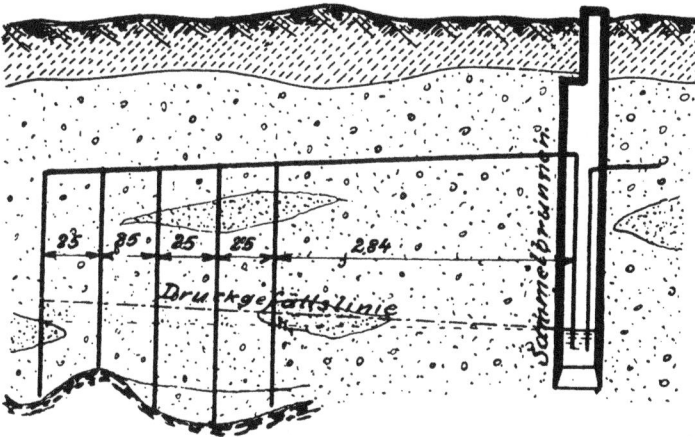

Abb. 23.

angeschlossen werden. Die Brunnen sollen in 25 m Entfer-nung voneinander angelegt und der Sammelbrunnen 284 m von dem letzten Rohrbrunnen niedergebracht werden. Der Grundwasserstrom soll 3,5 m tief abgesenkt werden, wobei die Ergiebigkeit der Brunnen 12 Sekl. beträgt. Die Rohrdurch-messer sollen derart bemessen werden, daß bei gebrauchten Rohren und dieser Leistung der letzte Brunnen um 0,25 m geringer abgesenkt wird als der Sammelbrunnen.

Lösung.

1. Gefällsverhältnisse. Die gesamte Länge beträgt:

$$L = 284 + 4 \cdot 25 = 384 \text{ m.}$$

Mithin beträgt das verfügbare Gefälle auf die Längeneinheit:

$$\varepsilon = \frac{0,25}{384} = 0,00065 \text{ m.}$$

Folglich ist:

$$h_1 = 25 \cdot 0,00065 = 0,016 \text{ m}$$
$$h_2 = 50 \cdot 0,00065 = 0,033 \text{ »}$$
$$h_3 = 75 \cdot 0,00065 = 0,049 \text{ »}$$
$$h_4 = 100 \cdot 0,00065 = 0,065 \text{ »}$$
$$h_5 = 384 \cdot 0,00065 = 0,250 \text{ »}$$

2. Bestimmung der Rohrdurchmesser. Hierzu benutzen wir folgende Aufstellung:

Strecke	Länge	Belastung in Sekl.	Höhen h_n	Verfügbares Gefälle		Erforderl. Rohrdurchmesser in mm	Tatsächliches Reibungsgefälle		
				im ganzen m	je lfd. m		je lfd. m ε	je Strecke $\varepsilon \cdot l_n$	insgesamt $\Sigma \varepsilon \cdot l_n$
1	25	12	0,016	0,016	0,00065	250	0,00059	0,015	0,015
2	25	24	0,018	0,018	0,00072	300	0,00090	0,022	0,037
3	25	36	0,012	0,012	0,00048	400	0,00042	0,010	0,047
4	25	48	0,018	0,018	0,00072	400	0,00077	0,019	0,066
5	284	60	0,184	0,184	0,00065	450	0,00065	0,184	0,250

Zweiter Abschnitt.

Die Wasserrohrnetze.

a) Rohrnetze mit einer Druckzone.

Durch ein Wasserrohrnetz werden die erforderlichen Wassermengen mittels geeigneter unterirdisch verlegter und unter sich verbundener Leitungen den Verbrauchern in Städten und Ortschaften zugeführt. Die Wasserverteilung in den Straßenzügen kann nach der Verästelungs- oder nach der Umlaufbauweise erfolgen.

Bei der ersteren Bauweise zweigen von einer größeren Leitung alle Nebenstränge ab, die nach dem Ende zu immer kleiner werden, ohne daß sie sich mit einer anderen Nebenleitung wieder vereinigen. Es wird daher das Wasser einem beliebigen Punkt nur von einer Seite zugeführt (siehe Abb. 24). Diese Ausführungsart hat den großen Nachteil, daß bei einem Rohrbruch der ganze Stadtteil hinter der nächsten Absperrstelle während der Zeit der Wiederherstellung des Bruches unversorgt bleibt. Dies kann bei einer Feuersbrunst unter Umständen recht ernste Folgen haben. Ferner hat es den Nachteil, daß das Wasser in den Endsträngen zur Ruhe kommt, was allerdings durch kräftige und wiederholte Spülung behoben werden kann, wenn am Ende jeweils ein Hydrant für Spülzwecke vorgesehen wird. Aus den angeführten Gründen wird man daher ein Rohrnetz nach der Verästelungsbauweise nur

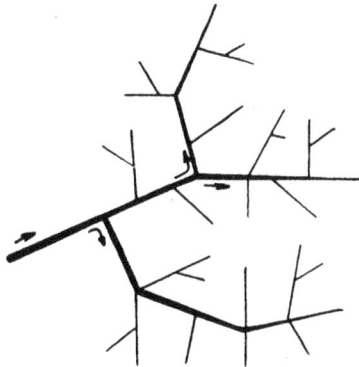

Abb. 24.

dann anwenden, wenn die Möglichkeit nicht gegeben ist, Verbindungsleitungen vorzusehen, was bei kleinen Orten sehr oft der Fall ist, da Verbindungsstraßen nicht vorhanden sind.

Ein Rohrnetz nach der Umlaufbauweise unterscheidet sich hauptsächlich von vorgenannter Bauart dadurch, daß jeder Punkt im Rohrnetz von zwei Seiten aus versorgt werden kann, also alle Leitungen unter sich verbunden sind. Alle obengenannten Mängel kommen bei diesen Netzen ganz in Wegfall. Bei einem Rohrbruch brauchen nur die zunächst liegenden Schieber abgestellt werden, wodurch nur ein kleiner Gebietsteil von der Versorgung ausgeschlossen wird. Auch unterstützen sich die Leitungen bei einem Rohrbruch gegenseitig. Daß die Druckverteilung eine günstigere ist, bedarf kaum der Erwähnung.

Die Linienführung der Rohrleitungen des Rohrnetzes ist nur von den Höhenverhältnissen des Stadtgebietes und von der Lage der Quellen bzw. Pumpwerkes abhängig. Wie verschieden die Ausführung sein kann, soll nachstehend beschrieben werden. Liegt beispielsweise außerhalb des Stadtgebietes ein genügend hoher Bergrücken, auf dem ein Hochbehälter errichtet werden kann, so würde man das Rohrnetz nach dem Vorbild der Abb. 25 anlegen. Nach Möglichkeit strebe man danach, die Falleitung am höchsten Punkte in

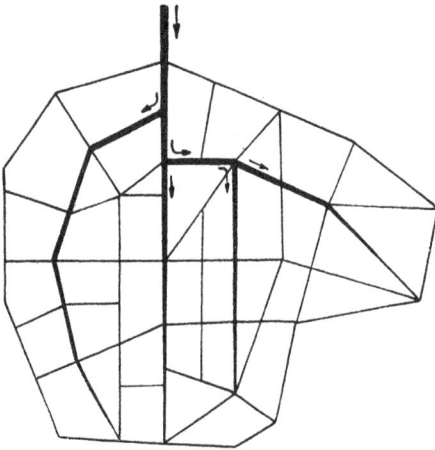 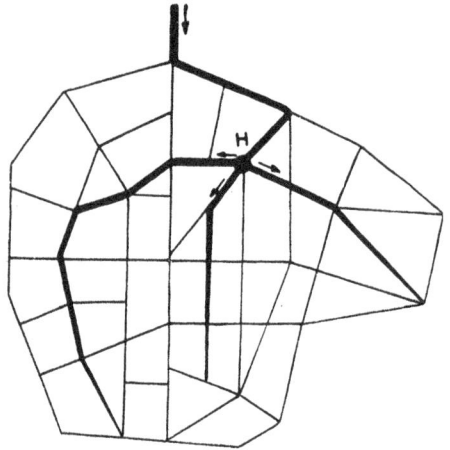

Abb. 25.   Abb. 26.

die Stadt einzuführen, um das Gefälle bei der Rohrbemessung ausnutzen zu können.

Sollte in einem anderen Falle bei demselben Städtebild der Punkt *H* (Abb. 26) sich als der günstigste Standort des Hochbehälters ergeben, so würde man dem Rohrnetz die Form der Abb. 25 geben. Dieser Fall deutet ganz auf die Anwendung eines Wasserturmes hin.

Ist das Gelände des Versorgungsgebietes sehr eben, so daß ein erhöhter Punkt für einen Wasserturm fehlt, so wird man nach Möglichkeit den Hochbehälter in die Mitte des Stadtgebietes setzen. Die Leitungen läßt man dann strahlenförmig von dem Behälter auslaufen. Die Abb. 27 zeigt eine bildliche Darstellung eines solchen Falles.

Unter Umständen kann die Möglichkeit vorliegen, daß der für den Hochbehälter am günstigsten gelegene Platz am

entgegengesetzten Ende des Stadtgebietes liegt, wie es Abb. 28
zeigt. Hier wird man in den meisten Fällen den Druckstrang
gleichzeitig als Fallstrang benutzen. Es arbeiten dann die
Pumpen direkt in das Netz und die überschüssige Wassermenge
geht zum Hochbehälter. Zweckmäßig werden bei solchen
Netzen die kleinen Leitungen nicht mit dem Druckstrange

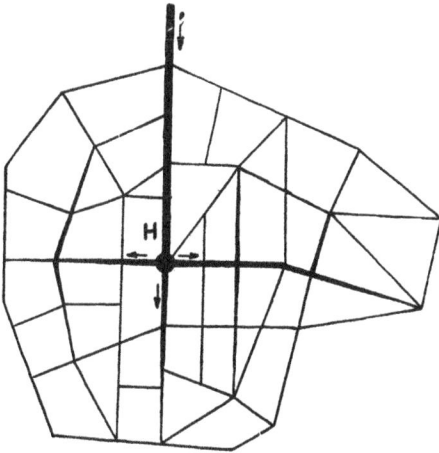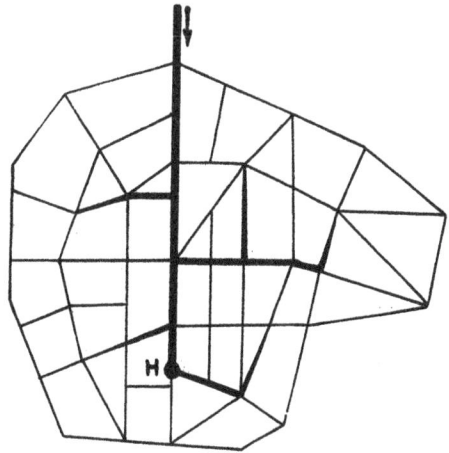

Abb. 27.   Abb. 28.

verbunden, sondern man läßt sie durchlaufen. Dies geschieht
lediglich nur aus dem Grunde, damit bei einem Rohrbruch
nicht soviel Absperrungen nötig werden, und daß das Wasser
bei solchen Vorkommnissen immer noch einen wünschenswerten
Umlauf hat.

Eine Abart der Umlaufbauweise ist die sog. Kreislauf-
bauweise. In diesem Falle legt man um den größten inneren
Teil der Stadt eine Ringleitung von wohl in den meisten
Fällen gleichem Rohrdurchmesser. Von dieser Ringleitung
zweigen die kleineren Leitungen ab. Die Abb. 29 zeigt das
Vorbild eines solchen Netzes. Für ein solches Netz eignet
sich wohl in den meisten Fällen die Straßenführung der
Städte nicht. Die Anwendung ist aus diesem Grunde eine
seltene. Ein Netz nach der Kreislaufbauweise wird dann mit
Vorteil angewandt, wenn sich die Bebauung durch die Zu-
nahme der Bevölkerungsdichte stark verschiebt, entgegen der

Annahme bei Berechnung desselben. In diesem Falle tritt
nur eine Verschiebung in der Beanspruchung der Ringleitung
ein. Dagegen wird eine ungünstige Beeinflussung der Druckhöhen nicht in dem Sinne auftreten wie bei einem Rohrnetz
nach der Umlaufbauweise.

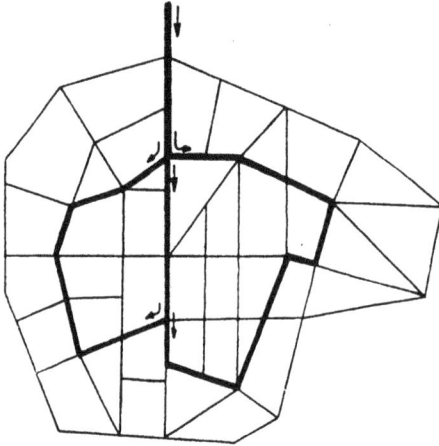

Abb. 29.

b) Rohrnetze mit mehreren Druckzonen.

Nicht selten kommt es vor, daß die Höhenunterschiede
des zu versorgenden Gebietes sehr groß sind. In solchen Fällen
teilt man das Gebiet in mehrere Druckzonen ein, und zwar
derart, daß jeweils in den am tiefsten liegenden Gebieten
höchstens ein Druck von 5 bis 7 Atm. herrscht. Solche Druckzonen werden sehr oft durch die immer wachsende Ausdehnung des Versorgungsgebietes notwendig. Die Ausführung
von Rohrnetzen mit mehreren Druckzonen hängt sehr von
den vorliegenden Verhältnissen ab.

Ist die Lage des Versorgungsgebietes etwa wie dies die
Abb. 30 zeigt, und ist man auf eine künstliche Hebung des
Wassers angewiesen, so wird man aus wirtschaftlichen Gründen für jede Zone einen Hochbehälter anlegen. Die Niederdruckzone wird man so groß wie nur möglich bemessen, da
Wasser auf eine kleinere Höhe zu heben geringere Kosten
verursacht. Natürlich hat die Höhenlage der Behälter seine

gewissen Grenzen, und zwar geht man für gewöhnlich nicht
weiter, daß der ruhende (hydrost.) Druck am tiefsten Punkt
10 Atm. nicht überschreitet. Bei höheren Drücken wäre man
gezwungen, verstärkte Rohre anzuwenden, was erheblich mehr
Kosten verursacht. Die Größe der Behälter wird so bemessen,
als hätte man es nur mit einem Rohrnetz zu tun.

Als Grenzen der Druckzone wähle man die Straßenzüge.
Damit das Wasser in den Leitungen nicht zur Ruhe kommen

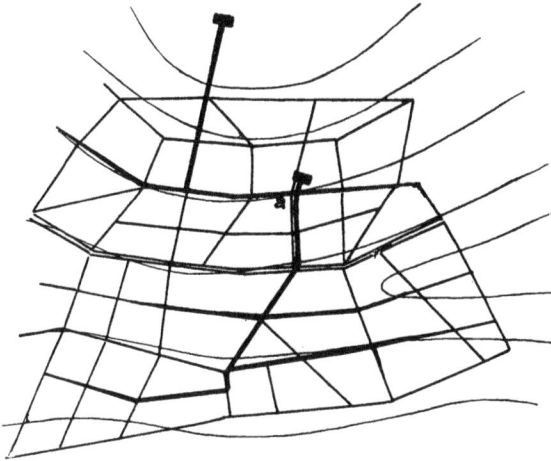

Abb. 30.

kann, werden in den Straßen, in denen die beiden Rohrnetze zusammenstoßen, zwei Leitungen verlegt, ohne daß
jedoch eine Verbindung der einzelnen Netze hergestellt wird.
Eine Verbindung (siehe Abb. 30 bei *a*) wird nur für den Not-
fall vorgesehen.

Anders wird man das Rohrnetz bei gleicher Stadtlage
ausbauen, wenn man den Wasserzufluß aus höher liegenden
Quellen erhält. In diesen Fällen wird man nur einen Hochbehälter anlegen, der für beide Druckzonen ausreicht. Für die
Niederdruckzone wird dann an geeigneter Stelle ein Druckregelbehälter oder eine Druckminderungsanlage vorgesehen.
Auf diese Anlagen wird noch an späterer Stelle eingegangen,
ebenso auf die Bemessung der Leitungen. Die Leitung zum
Druckregelbehälter kann man als Einzelleitung ausführen,

oder man benutzt diese Leitung gleichzeitig als Falleitung
für die Hochdruckzone. Die letztere Ausführungsart ist jedoch
wenig zu empfehlen, da bei einem Bruch der Leitung die Versorgung der ganzen Stadt in Frage gestellt ist. Bei größeren
Anlagen wird man den Druckregelbehälter gleichzeitig als
Hochbehälter ausbilden.

Zuweilen ist auch ein Pumpwerk wirtschaftlich, welches
das Wasser dem Niederdruckbehälter entnimmt (oder dem
Netz unmittelbar) und nach dem Hochzonenbehälter drückt.
Dies trifft dann zu, wenn die benötigte Wassermenge für die
Hochzone gering ist gegenüber dem Verbrauch in der Nieder-

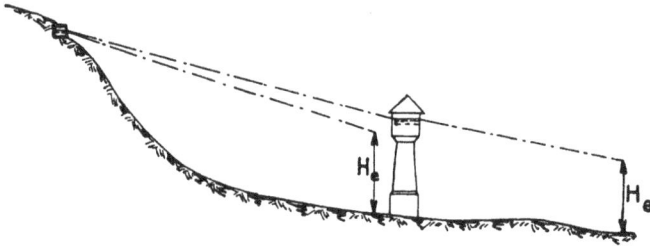

Abb. 31.

zone. Eine Wirtschaftlichkeitsberechnung hat diese Frage
von Fall zu Fall zu klären.

Bei ausgedehnten Netzen und flachem Gelände ist zuweilen die Anlegung von getrennten Versorgungszonen aus
betriebstechnischen Gründen am Platze. Würde man die
Leitung so bemessen, daß bei höchster Belastung am Ende
des Netzes noch der Druck von H_e vorhanden ist, so würden
solche Rohrnetze sehr große Rohrdurchmesser und daher
hohe Anlagekosten erfordern. Bei dieser Anordnung nutzt man
den in der Nacht eintretenden höheren Druck zur Füllung
des Behälters aus (Abb. 31), oder es wird unmittelbar vom
Hauptbehälter zum Nebenbehälter eine Leitung verlegt.

Die Anordnung eines solchen Behälters ist oft bei bestehenden Anlagen ein wirksames Mittel zur Verbesserung der
Druckverhältnisse im Rohrnetz. Ferner haben derartige Anlagen den Vorteil, daß bei einem Bruch der Hauptspeiseleitungen
die entfernten Stadtgebiete von der Versorgung mit Wasser
nicht abgeschnitten sind. Für die Versorgung von Vororten

ist diese Anordnung empfehlenswert, zumal für solche mit reicher Industrie. Es kann infolge dieser Anordnung nur in ganz außerordentlichen Fällen der Zustand eintreten, daß industrielle Werke wegen Wassermangels ihre Betriebe einschränken müssen. Sieht man eine besondere Leitung zum Nebenbehälter vor, so erfordet dieser keinen großen Durchmesser, da der Behälter die Tagesschwankungen ausgleicht. Ein nach diesen Grundsätzen angelegtes Rohrnetz erfordert geringe Anlagekosten.

In den meisten Fällen wird es vorerst nicht notwendig sein, das Rohrnetz nach vorbeschriebenem Vorbild anzulegen, sondern erst nach einer Reihe von Jahren. Dieser Zeitpunkt ist gekommen, wenn der Druck an den am ungünstigsten zu versorgenden Punkten während der Zeit des höchsten Stundenverbrauches nicht mehr die niedrigst zulässige Grenze erreicht.

Wenn es die Verhältnisse gestatten, so kann man den Nebenbehälter auch als Gegenbehälter ausbilden. Die vorerwähnten Gesichtspunkte sind auch für diesen Fall gültig.

Die Speisung der Behälter kann sowohl unmittelbar aus dem Hochzonennetz, wie auch durch eine besondere Leitung vom Hochzonenbehälter aus erfolgen.

Dem Bau solcher Anlagen müssen natürlich unbedingt Wirtschaftlichkeitsberechnungen vorausgehen, da es mitunter wirtschaftlicher ist, unmittelbar in den Nebenbehälter zu fördern.

c) Die Berechnung von Wasserrohrnetzen mit einer Druckzone.

1. Allgemeines.

Bevor wir zur eigentlichen Berechnung von Rohrnetzen übergehen, müssen wir noch einige Allgemeinheiten besprechen.

Die in den Abb. 23 bis 28 durch kräftige Linien gekennzeichneten Rohrstränge bezeichnet man als Speiseleitungen, hingegen die schwächer gezeichneten Verteilungsleitungen genannt werden.

Denjenigen Gebietsteil, der von einem Speisestrang mit den zugehörigen Verteilungsleitungen versorgt wird, nennt man Versorgungs- oder Verbrauchszone. Kleine Ortschaften können in eine Versorgungszone, während größere Städte in

mehrere eingeteilt werden müssen. Wie wir noch später
hören werden, sind bei der Wahl der Versorgungszonen noch
andere Gesichtspunkte zu berücksichtigen. Betrachtet man
beispielsweise die Abb. 26, so findet man, daß hier drei Versorgungszonen in Frage kommen. In Abb. 32 sind die Grenzen
der Verbrauchszonen durch eine strichpunktierte Linie dargestellt und sind durch verschiedene Schraffierungen erkennbar gemacht. Weiter sind sie durch die römischen Zahlen I

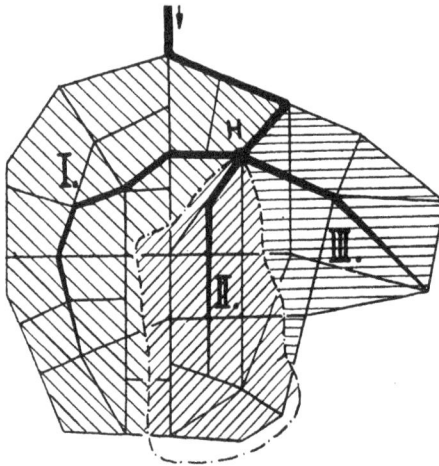

Abb. 32.

bis III gekennzeichnet. Die Punkte, in denen sich die Leitungen der einzelnen Versorgungszonen treffen, nennt man
Wasserscheidepunkte. Diese treten ebenfalls auch vielfach in den Versorgungszonen selbst auf. Es sind dies alle
diejenigen Punkte, an denen der Versorgungsbereich der
einzelnen Verteilungsleitungen aufhört.

Bei dem Entwurf eines Wasserrohrnetzes achte man vor
allen Dingen darauf, daß die Wassermengen auf dem kürzesten Wege ihrem Bestimmungsorte zugeführt werden, wodurch eine wirtschaftliche Bemessung der Rohrleitungen erzielt wird. Weiter strebe man danach, den Hochbehälter-
standort so zu wählen, daß die Speiseleitungen mit dem natür-
lichen Gefälle des Geländes laufen, um sich das Gefälle zunutze zu ziehen.

Bei älteren Rohrnetzen ist eine größere Verbindungs-
leitung der Speiseleitungen oft am Platze. Derartige Leitungen
haben sich oft für vorteilhaft erwiesen und auf die Druckverhältnisse günstig eingewirkt für den Fall, daß die eine
Versorgungszone stärker beansprucht wird, als vorgesehen
war; dann stellt eine solche Leitung den Ausgleich her.

2. Wahl des Wasserverbrauches je Kopf und Tag.

Es ist schon gesagt worden, daß für die Berechnung von
Wasserrohrleitungen die höchste Belastung zugrunde zu legen
ist, um die Gewähr zu haben, daß der Druck im Rohrnetz
nicht unter die zulässige Grenze sinkt.

Nun fragt es sich, welche Belastungen für die Berechnung
in Frage zu ziehen sind und auf welche Weise diese am zweckmäßigsten ermittelt werden. Diesem Zwecke soll nachstehende
Übersicht 22 dienen. Mit ihrer Hilfe kann man sich schlüssig
werden, welche Abgabe je Einwohner zu rechnen ist. In
dieser Übersicht sind die stärksten, mittleren und geringsten
Abgaben je Kopf und Tag vieler Städte angegeben. Diese
Werte sind der statistischen Zusammenstellung der Betriebs-
ergebnisse von Wasserwerken aus dem Jahre 1928 entnommen.

Aus dieser Zusammenstellung ist ersichtlich, daß die
Verbrauchszahlen sehr voneinander abweichen. Dies ist lediglich auf die herrschenden Verhältnisse in den Ortschaften
zurückzuführen. Gewerbereiche Orte werden bedeutend mehr
Wasser verbrauchen als solche mit wenig oder keinem Ge-
werbebetrieb. Weiter ist in Städten mit vollkommen durch-
geführten Abwasserrohrnetzen der Wasserverbrauch ein höherer.
Ebenso ist der Verbrauch davon abhängig, ob in dem betref-
fenden Orte Arbeiterbevölkerung vorherrscht oder ob die
Bewohner den besseren Ständen angehören. Denn durch
Bäder, Wasseraborte, reiche Gartenanlagen usw. wird der
Wasserverbrauch je Einwohner bedeutend erhöht.

Aus diesem Grunde wird man sich daher zweckmäßig
zur Ermittelung des Kopfverbrauches eine Anzahl Städte
herausziehen, in denen ungefähr dieselben Verhältnisse vorliegen bzw. zu erwarten sind, wie bei dem in Frage stehenden
Ort. Von den zum Vergleich herangezogenen Orten nimmt
man dann den Mittelwert für die Berechnung an. Es ist nicht

außer acht zu lassen, daß der Verbrauch je Kopf gewöhnlich mit der Zunahme der Einwohnerzahl um etwas steigt.

Bezeichnet

k_h den höchsten Kopfverbrauch je Tag in Liter,
k_m den mittleren Kopfverbrauch je Tag in Liter,
n die Anzahl der zum Vergleich herangezogenen Städte,

so ist der für die Berechnung anzunehmende Kopfverbrauch:

$$k_{h1} = \frac{\Sigma \, k_h}{n} \quad \cdots \cdots \cdots \quad (87)$$

Für die Berechnung von Wert ist jedoch nur der Wasserverbrauch in Sekl. Dieser beträgt, wenn q_1 die Anzahl der Sekl. je Einwohner und Tag bedeutet:

$$q_1 = \frac{k_{h1}}{60 \cdot 60 \cdot 24} \quad \cdots \cdots \cdots \quad (88)$$

Durch diese Gleichung ist die durchschnittliche Wasserabgabe in Sekl. je Tag und Einwohner am Tage des höchsten Verbrauches ausgedrückt. In Wirklichkeit ist aber der Verbrauch an diesem, wie auch an allen anderen Tagen nicht zu jeder Zeit der gleiche, sondern ist in gewissen Stunden ein höherer. Erfahrungsgemäß ist der höchste Stundenverbrauch das 1,4- bis 1,92fache des mittleren Tagesverbrauches am Tage des Höchstverbrauches. Demnach beträgt die höchste Wasserentnahme aus dem Rohrnetze in Sekl. je Einwohner und Tag:

$$q_e = 1{,}40 \text{ bis } 1{,}92 \cdot q_1 \quad \cdots \cdots \cdots \quad (89)$$

Es bedeutet also q_e die höchste Abgabe in Sekl. je Einwohner zur Stunde des Höchstverbrauches.

3. Ermittelung des Wasserverbrauches je lfd. m Straße.

In einem vorangegangenen Abschnitte ist schon gesagt worden, daß ein Rohrnetz in verschiedene Versorgungszonen eingeteilt wird. Diese wähle man nicht zu klein, da ein großes Rohr bedeutend wirtschaftlicher ist als mehrere kleinere Rohre für dieselbe Leistungsfähigkeit. Weiter legt man die Versorgungszonen der Bevölkerungsdichte entsprechend an. Das hat das angenehme, daß man für diesen ganzen Stadtteil mit ein und derselben Abgabe je Straßenlängeneinheit in

Sekl. rechnen kann. In einzelne Straßen wird man genötigt sein, andere Belastungen einzusetzen.

Zur Ermittelung der Belastung je Straßenlängeneinheit sind noch weitere Untersuchungen nötig. Hat man das Stadtgebiet in Versorgungszonen eingeteilt, so wird die ausgebaute Straßenlänge des ganzen oder nur eines Teiles des Gebietes ermittelt. Sie kann nach Stadtplänen oder auf sonst geeignete Weise ermittelt werden. Nun werden die auf diese Länge entfallenden Einwohner bestimmt. Ist dies geschehen, so lassen sich die auf einen lfd. m Straßenlänge entfallenden Einwohner ermitteln. Diese sind:

$$n_e = \frac{n}{s}, \qquad \ldots \ldots \ldots \quad (90)$$

wenn

n_e die Anzahl der Einwohner je lfd. m Straße,

s die Länge der ausgebauten Straße und

n die Anzahl der Einwohner auf der Straßenlänge s

bedeutet. Es ist auch zu prüfen, ob die Baupolizeivorschriften nicht mehrstöckige Häuser zulassen als die vorhandenen, oder ob die neueren nicht schon die zulässige Höhe aufweisen. Ist dies der Fall, so ist ein entsprechender Zuschlag zu machen.

Die Wasserabgabe je lfd. m Straße in Sekl. beträgt daher

$$q = q_e \cdot n_e \qquad \ldots \ldots \ldots \quad (91)$$

Auf diese Weise erhält man für die Rohrnetzberechnung durchaus brauchbare Werte.

In vielen Fällen gibt man für die Feuerhähne einen gewissen Zuschlag (4 bis 5 Sekl.). M. E. ist dies nur bei kleinen Rohrnetzen nötig, denn bei großen Rohrnetzen ist der fühlbare Wirkungskreis bei geöffneten Wasserpfosten so gering, daß dies sozusagen vernachlässigt werden kann. Auch wird der Fall ganz außergewöhnlich selten sein, daß zur Zeit der höchsten Wasserentnahme aus dem Rohrnetz ein Feuer ausbricht. Gewöhnlich ist es gerade umgekehrt der Fall. Dadurch, daß heute Rohre unter 100 mm nur noch sehr selten verlegt werden, liegt die Gefahr nicht nahe, daß die Hydranten die nötigen Wassermengen zu liefern nicht imstande sind.

Fabrikbetriebe, Badeanstalten usw. sind selbstredend weitestgehend zu berücksichtigen.

4. Bestimmung der Wasserscheidepunkte.

Früher nahm man allgemein die Wasserscheidepunkte in der Mitte der Straßenzüge an, wie es selbst noch Dr. Mannes in seiner Abhandlung bemerkt. In Wirklichkeit trifft das aber nicht zu. An der folgenden Skizze soll erläutert werden, daß diese Annahme nicht ganz einwandfrei ist. Die Strecke A—B sei eine Speiseleitung, von der bei C und D zwei Leitungen abzweigen, welche wieder durch eine Leitung E—F miteinander verbunden sind. Auf der Strecke C—D ist der Druck-

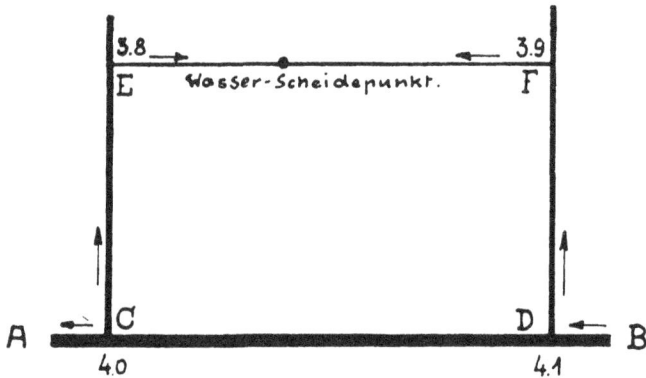

Abb. 33.

verlust 1 m, also bei einem Anfangsdruck von 4,1 Atm. beträgt der Druck bei C noch 4 Atm. Die beiden von der Hauptleitung abzweigenden Leitungen führen die gleichen Wassermengen und haben auch gleiche Rohrdurchmesser. Mithin ist auch der Druckabfall der gleiche und soll 2 m angenommen werden, so daß bei F bzw. E ein Druck von 3,9 bzw. 3,8 Atm. herrscht, wobei vorausgesetzt ist, daß die Leitungen in einer Ebene liegen. Es ist ohne weiteres klar, daß der Wasserscheidepunkt auf der Strecke E—F dem Punkte E näher liegen muß, da dort ein geringerer Druck herrscht.

Wollte man erreichen, daß der Wasserscheidepunkt in die Mitte der Leitung fällt, so müßte man danach streben, der vorhergehenden Abzweigleitung eine größere Belastung zu geben, so daß alle gegenüberliegenden Abzweigpunkte gleiche Druckhöhen haben. Auch wird man in Wirklichkeit niemals

die Leitung E—F in zwei Durchmessern ausführen, um diesen
Zweck zu erreichen. Man würde dann ganz außer acht lassen,
die Wassermengen auf dem kürzesten Wege seinem Bestimmungsorte zuzuführen, um ein wirtschaftliches Rohrnetz zu
erhalten, denn die Wassermengen werden am frühesten dem

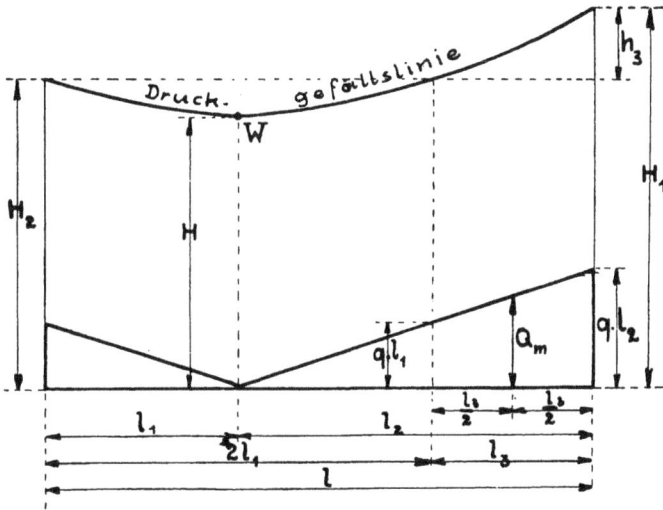

Abb. 34.

Bestimmungsort zugeführt, wenn der Wasserscheidepunkt in
E liegen würde.

Nun soll rechnerisch untersucht werden, wo der Wasserscheidepunkt zu liegen kommt. In der obenstehenden Abb. 34
bedeutet H_1 den Druck an der einen und H_2 den Druck an
der anderen Seite der Leitung und H die Druckhöhe am
Wasserscheidepunkte. Weiter ist h_3 der Druckverlust auf der
Länge l_3. Nach der Figur ist:

$$h_3 = H_1 - H_2.$$

Ohne einen nennenswerten Fehler zu begehen, kann man für
die Länge l_3 den Druckverlust unter der Annahme einer mittleren Belastung berechnen. Aus Abb. 34 ist ersichtlich, daß
die mittlere Belastung:

$$Q_m = \frac{q\,l_1 + q\,l_2}{2}$$

beträgt. Hierfür kann auch gesetzt werden:

$$Q_m = q\,\frac{l_1 + l_2}{2}.$$

Weiter ist nach der Figur $l_1 + l_2 = l$. Hieraus folgt, daß:

$$Q_m = q\,\frac{l}{2} \quad \cdots \cdots \quad (92)$$

ist. Mit diesem Werte von Q_m läßt sich unter Zuhilfenahme der Gleichung 4 der Wert l_3 bestimmen, und zwar ist:

$$l_3 = \frac{h_3}{\varepsilon} \quad \cdots \cdots \cdots \quad (93)$$

Der Wasserscheidepunkt liegt, gleiche Belastung vorausgesetzt, in der Mitte der Strecke $l—l_3$, bei dem Punkte W, da auf dieser Länge die gegenüberliegenden Druckhöhen einander gleich sind. Es ist also:

$$2l_1 = l + l_3$$

oder

$$l_1 = \frac{l - l_3}{2} \quad \cdots \cdots \quad (94)$$

Nun läßt sich mit Hilfe der Gleichung 21 die Druckhöhe H am Wasserscheidepunkte bestimmen. Mithin ist:

$$H = H_2 - \frac{1{,}62 \cdot 10^9 \cdot c \cdot l_1}{D^5 \cdot 3}\,(g \cdot l_1)^2 \quad \cdots \quad (95)$$

Hat man die Wasserscheidepunkte zu wählen, so sind die Druckhöhen an den einzelnen Punkten im Rohrnetz nicht bekannt, so daß eine genaue Bestimmung derselben nicht möglich ist. Für die Berechnung genügt es jedoch, wenn man diese Punkte nach dem Gefühl ermittelt. Es gehört nur wenig Übung dazu, um die Wasserscheidepunkte fast der Wirklichkeit entsprechend zu wählen. Weiter unten werden wir noch eine Anweisung erhalten, wie sie zu wählen sind.

Man könnte vielleicht glauben, daß Geländeerhebungen hierbei Veränderungen hervorrufen. Das ist jedoch, wie wir sehen werden, durchaus nicht der Fall. In untenstehender Abb. 35 herrsche bei A ein Druck von 3,6 Atm. und bei B ein solcher von 5,4 Atm. Das Gelände fällt von A nach B um 28 m.

Man könnte nun annehmen, daß durch den hohen Druck bei B der Wasserscheidepunkt nach A hinaufrücken würde. Trägt man die Gefällslinien von A und B auf, so findet man, daß dies in der Tat nicht der Fall ist. Der Wasserscheidepunkt liegt mehr nach B hin. Bezieht man den Druck bei A auf den Punkt B, so herrscht in diesem Falle dort ein Druck von

$$28 + 36 = 64 \text{ m} = 6,4 \text{ Atm.},$$

also ein höherer als bei B. Daher muß auch der Wasserscheidepunkt mehr nach B hin liegen. Der Pfeil gibt die Strömungsrichtung des Wassers in den Speiseleitungen an.

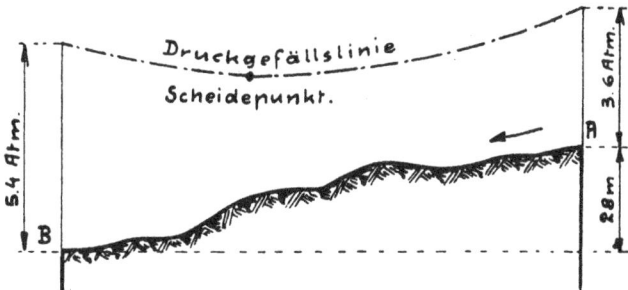

Abb. 35.

Eine Änderung tritt auch dann nicht ein, wenn das Gelände in der Strömungsrichtung des Wassers steigt. Auch dann liegt der Wasserscheidepunkt nach der Richtung aus der Mitte der Leitung, nach welcher das Wasser fließt. Daher kann der Satz aufgestellt werden:

»Die Wasserscheidepunkte liegen immer nach der Seite hin außerhalb der Mitte der Leitung, nach welcher Richtung das Wasser in den Speiseleitungen fließt.«

Dieser Satz ist bei Bestimmung der Wasserscheidepunkte stets vor Augen zu halten.

5. Zusammenstellung der Verbrauchsmengen und die Belastungsschaulinien.

Hat man für ein zu berechnendes Wasserrohrnetz die Versorgungszonen festgelegt, so sind nach der vorbeschriebenen

Weise die Wasserscheidepunkte zu bestimmen. Auf diese Weise wird das Rohrnetz in kleine Rohrstrecken zerlegt, so daß es nunmehr nicht mehr schwer ist, die Belastungen derselben zu ermitteln.

Die Wasserscheidepunkte kennzeichnet man am besten durch zwei kleine Querstriche, wie dies auf Tafel 2, Fig. 2 u. 3 geschehen ist. Sämtliche Wasserscheidepunkte und alle Kreuzungsstellen der Leitungen bezeichnet man durch fortlaufende Zahlen. Man beginnt hiermit vorteilhaft am Ende der Versorgungszone.

Um die tatsächlich zu erwartenden Belastungen feststellen zu können, sind sämtliche geplanten Straßen und Stadtteile mit in die Berechnung hineinzuziehen. Später angelegte Stadtteile werden am besten als eine ganze Versorgungszone für sich ausgebildet in der Art, daß diese Teile bei der Berechnung noch nicht berücksichtigt zu werden brauchen.

Oft wird es unwirtschaftlich sein, den einen oder anderen Speisestrang unmittelbar zu verlegen. In diesem Falle richtet man es so ein, daß dieser Gebietsteil vorerst noch von einer anderen Zone mitversorgt wird. Dies kann, ohne Befürchtungen zu hegen, durchgeführt werden, da die Speisestränge so bemessen sind, daß diese erst dann voll belastet, wenn sämtliche Straßen voll ausgebaut sind.

Für die Ermittelung der Verbrauchsmengen bzw. Belastungen der einzelnen Rohrstrecken bedient man sich am einfachsten des nachstehenden Musters.

Strecke	l	q	$q \cdot l$	Q_{en}	Q_{an}	Q_{mn}
1—2	60	0,004	0,240			
3—2	40	»	0,160			
2—4	100	»	0,400	$Q_{e3} = 0,400$	$Q_{a3} = 0,800$	$Q_{m3} = 0,600$
5—6	140	»	0,640			
7—6	30	»	0,120			
6—8	60	»	0,240	$Q_{e6} = 0,760$	$Q_{a6} = 1,000$	$Q_{m6} = 0,800$

In dem Vorbild bedeutet:

l die Längen der Strecken in m,

Q_{en} die Belastung am Ende einer jeden Belastungsstrecke,

Q_{an} die Belastung am Anfang einer jeden Belastungsstrecke,

Q_{mn} die mittlere Belastung der betreffenden Strecke

$$= \frac{Q_e + Q_a}{2},$$

q die Wasserabgabe je Straßenlängeneinheit (m).

Zur Zusammenstellung dieser Zahlenwerte beginnt man
am Ende eines jeden Versorgungsgebietes und erhält auf
einfache Weise durch stetiges Zusammenzählen die Belastungen
der einzelnen Strecken und zum Schluß die Gesamtmenge des
ganzen Gebietes.

Zu dieser Arbeit ist ein Stadtplan im Maßstab $1:10000$
sehr geeignet. Über diesen spannt man sich Pauspapier,
worauf die Rohrleitungen durch Linien in der Art kenntlich
gemacht werden, wie es auf Tafel 2, Fig. 2 und 3 geschehen ist.
Die Zahl von Q_{mn} (n)[1] trägt man andersfarbig auf die Strécken
auf, um die Höhe dieses Wertes rasch in der Zusammenstellung aufschlagen zu können.

Sind alle Werte ermittelt, so kann man zum Aufzeichnen
der Belastungsschaulinien schreiten. Selbstverständlich wird
man diese nur von den Speisesträngen aufstellen. Die Belastungsschaulinien zeichnet man in der Weise, wie es auf
Tafel 5 geschehen ist. Der Entwurfsvorgang ist schon früher
beschrieben worden, so daß es sich an dieser Stelle erübrigt,
hierauf einzugehen.

Oberhalb der Belastungsschaulinien wird der Höhenschnitt
der Rohrspur und die Druckgefällslinie aufgetragen. Die
Druckgefällslinie kann man geradlinig oder nach dem Aufwand
geringster Kosten annehmen. In letzterem Falle muß dieselbe
nach einem der angeführten Verfahren ermittelt werden. Es
ist darauf zu achten, ob es nicht nötig wird, die Druckgefällslinie zu brechen, wie es Abb. 15 zeigt.

6. Bestimmung der Rohrdurchmesser.

Hierzu bedient man sich der Übersichten 5 bis 6, da man
hiermit schneller und einfacher zum Ziele kommt, als wenn
man von Fall zu Fall dies rechnerisch ermitteln wollte.

---

[1] Ist der Deutlichkeit halber auf Tafel 2 nicht geschehen.

7*

Strecke	Länge l	Mittlere Belastung in Sek.	Höhen h_n der Druckgefälls-linie	Verfügbares Gefälle in m		Rohr-durchmesser	Tatsächliches Reibungs-gefälle		Summe $\varepsilon \cdot l_n$	Höhenkoten der Straßen-kreuzungen über NN		Druck-erhöhung oder Verminderung durch das Ge-lände in m		Gesamte Erhöhung oder Verminderung in m		Wirk-liche Druck-höhe in m
				im ganzen	pro lfd. m ε		pro lfd. m ε	pro Strecke $\varepsilon \cdot l_n$		am Anfang	am Ende	+	−	+	−	
1	2	3	4	5	6	7	8	9	10	11	12	13	14	15	16	17
												Anfangsdruck				35,55
76—78	160	33,5	1,33	1,33	0,0083	225	0,00532	0,85	0,85	48,65	46,82	1,83		0,98		36,53
73—69	120	32,4	2,31	1,46	0,0122	200	0,00960	1,15	2,00	46,57	45,57	1,25		0,10		36,63
69—58	140	29,8	3,45	1,45	0,0104	200	0,00814	1,14	3,14	45,57	44,36	1,21		0,07		36,70

usw.

Unter Zuhilfenahme des nachstehenden Musters 100 erleichtert man sich die Arbeit bedeutend und macht sie sehr übersichtlich.

Die Werte in Spalte 1, 2 und 3 können der schon aufgestellten Belastungstabelle entnommen werden. Die Höhen h_n sind durch die Berechnung der Druckgefällslinie bekannt. Falls die Gefällslinie als eine gerade Linie angenommen wird, so können die Höhen derselben durch die Aufstellung der folgenden Gleichung ermittelt werden

$$\frac{h_n}{h} = \frac{\Sigma\, l_n}{L}$$

oder

$$h_n = \frac{\Sigma\, l_n \cdot h}{L} \quad . \quad (96)$$

Hierin ist:

l_n die Länge der $n$ten Belastungsstrecken,

h der gesamte Druckver-lust,

L die Summe der Längen aller Belastungsstrek-ken l_n.

Das verfügbare Gefälle in Spalte 5 ist:

$$h_n + \Sigma \varepsilon\, l_{n-1},$$

also Spalte 4 vermindert um den Wert in der vorhergehenden Reihe der Spalte 10. Beispielsweise nach der vorseitigen Übersicht:

$$2,31 - 0,85 = 1,46 \text{ m}.$$

Spalte 6 ist gleich Spalte 5 geteilt durch Sp. 2. Sp. 8 ist das Reibungsgefälle bei der mittleren Belastung Q_{mn} für den gewählten Rohrdurchmesser, und Spalte 9 ist Spalte 2 mal der Spalte 8. Spalte 10 ist die jeweilige Summe der Sp. 9, also z. B. für die zweite Reihe $0,85 + 1,15 = 2$ m. Eine weitere Erläuterung dürfte wohl nicht nötig sein.

Für das verfügbare Gefälle je Längeneinheit (Sp. 6) und der mittleren Belastung Q_{mn} Spalte (3) sucht man nach den Übersichten 3 oder 4 den erforderlichen Rohrdurchmesser und ermittelt für diesen das tatsächliche Reibungsgefälle ε (Sp. 8). Durch die Höhenlage an den Straßenkreuzungspunkten lassen sich die Druckhöhen an diesen Punkten bestimmen.

Für die Verteilungsleitungen ist hin und wieder eine Nachrechnung vorzunehmen, um sich zu vergewissern, ob diese auch den gestellten Anforderungen genügen.

Um sich nun mit dem Rechnungsgang vollkommen vertraut zu machen, soll später ein Beispiel eingehend durchgerechnet werden.

7. Ermittelung des ungünstigsten Versorgungspunktes.

Es ist schon gesagt worden, daß an dem für die Versorgung am ungünstigsten gelegenen Punkte noch ein genügender Druck vorhanden sein muß, der eine einwandfreie Versorgung der anliegenden Gebäude gewährleistet. Dieser Punkt läßt sich zuweilen nicht ohne weiteres erkennen, sondern muß auf geeignete Weise ermittelt werden. Dadurch erreicht man, daß an keiner Stelle die geringste zulässige Druckhöhe unterschritten wird. Die ungünstigsten Punkte sind wohl immer die Endpunkte oder die am höchsten gelegenen Punkte der einzelnen Versorgungsstränge. Der in dem Rohrnetz herrschende Druck hängt daher sehr von dem am ungünstigsten zu versorgenden Stadtteile ab. In Abb. 36 sind die Endpunkte der Versorgungsstränge a, b und c. Bei einer größeren Anzahl von Versorgungszonen läßt sich nicht ohne weiteres sagen, welches der ungünstigst gelegene Punkt ist. Die Bestimmung dieses Punktes geschieht am einfachsten auf zeichnerischem Wege.

Hierzu trägt man sich die Höhen des Hochbehälters und die Endpunkte der Versorgungszonen (Abb. 37 a, b u. c) in entsprechender Länge von ersteren auf. Hierauf trägt man die geringste zulässige Druckhöhe H_e auf, die noch an diesem Punkte herrschen soll. Danach zieht man die Druckgefälls-linien. Es ist klar, daß derjenige Punkt der ungünstigste ist, welcher die höchstliegende Druckgefällslinie ergibt. In Abb. 37

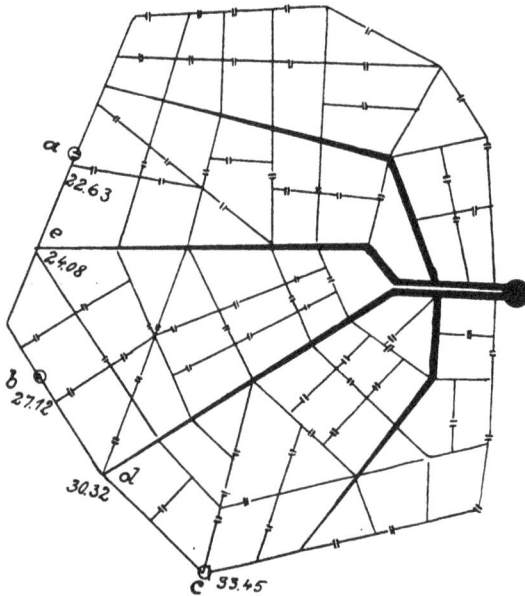

Abb. 36.

der Punkt c. Die Druckhöhen an den übrigen Endpunkten müssen von dort ausgegangen bestimmt werden.

Nimmt man beispielsweise von d nach c einen Druck-verlust von 0,12 m, von d nach b einen solchen von 0,08 m an, so muß bei b ein Druck herrschen, wenn die niedrigste Druckhöhe 20 m betragen darf, von

$$H_{eb} = 20,0 + 0,12 + (33,45 — 30,32) + (30,32 — 27,12)$$
$$— 0,08 = 26,37 \text{ m}.$$

Auf diese Weise läßt sich auch der Druck bei a bestimmen. Es soll von b nach e ein Druckabfall von 0,10 m und von e nach a von 0,06 m angenommen werden.

Mithin ist

$$H_{ea} = 26,37 + 0,10 + (27,12 - 24,08) + (24,08 - 22,63)$$
$$- 0,06 = 30,90 \text{ m.}$$

Auf diese Weise läßt sich für jede Anzahl von Versorgungszonen der Enddruck ermitteln, der für die Berechnung maßgebend ist. In Wirklichkeit wird der Druckabfall von einem

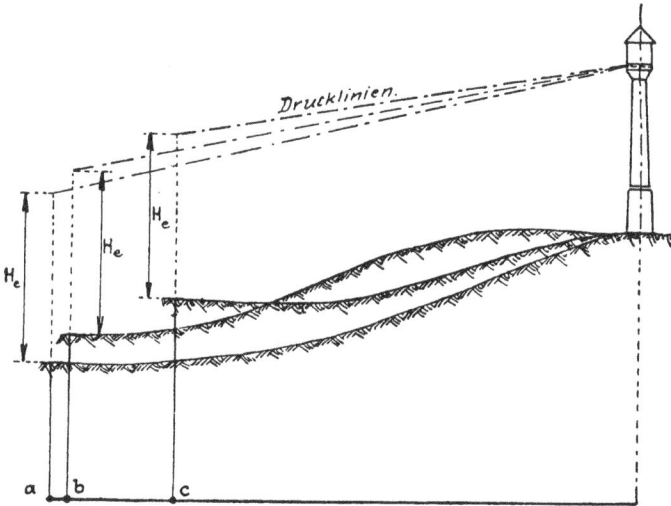

Abb. 37.

Punkte zum anderen nicht dem Gefühl nach gewählt, sondern
wird rechnerisch ermittelt.

d) Die Berechnung von Wasserrohrnetzen mit mehreren Druckzonen.

Im allgemeinen erfolgt die Berechnung dieser Rohrnetze
genau wie bisher beschrieben, da doch jede einzelne Zone
für sich ein abgeschlossenes Rohrnetz darstellt. Dies gilt ganz
besonders, wenn das Netz nach Art der Abb. 30 angelegt wird.
Wird das Rohrnetz mit einem Druckregelbehälter zur Ausführung
gebracht, so muß die Leitung vom Hochbehälter bis zum
Druckregelbehälter derart bemessen werden, daß sie imstande
ist, den höchsten Stundenbedarf zu decken. Hierbei darf der

Druck am Auslauf im Druckregelbehälter nicht tiefer als 1—2 m über den höchsten Wasserspiegel im Behälter abfallen.

Anders ist es, wenn der Druckregelbehälter gleichzeitig als Behälter ausgebildet wird. In diesem Falle ist die Leitung für den $\frac{1}{24 \cdot 3600}$ Teil von der höchsten Tageswassermenge zu berechnen. Dementsprechend ist auch die Behältergröße zu bemessen. In diesem Falle muß der Behälter einen Inhalt von mindestens 30 v. H. der höchsten Tageswassermenge haben. Weiter soll hierauf nicht eingegangen werden.

Wird die Leitung zum Behälter der Niederzone nicht als reine Zuleitung sondern auch gleichzeitig als Speiseleitung für die Hochzone benutzt, so muß diese imstande sein, außerdem noch den entsprechenden höchsten Stundenbedarf zu decken.

e) Rechnungsbeispiel.

Für eine Stadt von 26000 Einwohnern soll ein Wasserrohrnetz berechnet werden. Der Lageplan und die Höhenkoten gehen aus Tafel 3 hervor. Der Ort hat keine bedeutende Industrie, die für den Rechnungsgang berücksichtigt werden müßte. Hinter dem Bahnkörper liegt eine Ansiedelung, die höchstens 6,1 Sekl. benötigt.

Um die Ansiedelung einwandfrei zu versorgen, muß an der Bahnunterführung noch ein Druck von 3,1 Atm. herrschen. Als Verteilungsleitungen sollen Rohre von 100 mm lichter Weite gewählt werden.

Lösung.

Der ausgebaute Stadtteil und die geplanten Straßen werden zweckmäßig in zwei Versorgungszonen eingeteilt, wie dies auf Tafel 4 dargestellt ist. Ein Teil von einer später anzulegenden Versorgungszone soll vorerst von der Verbrauchszone I mitgespeist werden, daher ist dieser Teil nicht mit in Rechnung zu ziehen. Der Fallstrang soll so bemessen werden, daß bei A im ungünstigsten Falle ein Druck von 3,6 Atm. und bei B ein solcher von 3,715 Atm. herrscht. Für später auszubauende Versorgungszonen soll ein zweiter Fallstrang vorgesehen werden.

Zwecks Ermittelung des zu erwartenden Wasserverbrauches sollen nachstehende Städte zum Vergleich herangezogen werden:

Stadt T ⎱ ⎰ 70 Liter
» M ⎪ ⎪ 89 »
» K ⎱ mit einem höchsten Verbrauche ⎰ 80 »
» W ⎪ je Tag und Einwohner von ⎪ 83 »
» Sch ⎰ ⎱ 80 »

$$\varSigma k_d = 402 \text{ Liter}$$

Der höchste Kopfverbrauch ist daher nach Gleichung 87:

$$k_{h_1} = \frac{402}{5} = \sim 80 \, \text{l pro Tag.}$$

Dieser Wert nach Gleichung 88 in Sekl. umgerechnet ergibt:

$$q_1 = \frac{80}{60 \cdot 60 \cdot 24} = 0,00092 \text{ Sekl.}$$

Der höchste Kopfverbrauch braucht hier nur 1,4fach angenommen zu werden. Mithin ist nach der Gleichung 89:

$$q_e = 1,4 \cdot 0,00092 = \sim 0,00129 \text{ Sekl.}$$

Es ist ermittelt worden, daß

in der zweiten Versorgungszone auf 4980 m ausgebaute
Straße 10480 und
in der ersten Versorgungszone auf 5220 m ausgebaute
Straße 16360 Einwohner

entfallen. Daher kommen auf 1 lfd. m ausgebaute Straße
folgende Einwohnerzahlen, und zwar:

in der II. Versorgungszone $n_{e_2} = \frac{10480}{4980} = 2,63$ Einwohner

und » » I. » $n_{e_1} = \frac{16360}{5220} = 2,94$ »

Nunmehr ist nach der Gleichung 91:

$$q_2 = 0,00129 \cdot 2,63 = 0,0034 \text{ Sekl.}$$
$$q_1 = 0,00129 \cdot 2,94 = 0,0038 \text{ »}$$

Hiermit wären sämtliche Werte ermittelt, so daß mit der
Aufstellung der Belastungsübersichten begonnen werden kann

Versorgungszone II.

Strecke	l	q	$q \cdot l$	Q_{en}	Q_{an}	Q_{mn}
1—2	65	0,0034	0,221			
3—2	100	»	0,340			
2—4	100	»	0,340	$Q_{e3} = 0,561$	$Q_{a3} = 0,901$	$Q_{m3} = 0,73$
5—4	100	»	0,340			
6—4	65	»	0,221			
4—7	140	»	0,476	$Q_{e6} = 1,462$	$Q_{a6} = 1,938$	$Q_{m6} = 1,7$
0—7	65	»	0,221			
7—8	100	»	0,340	$Q_{e8} = 2,156$	$Q_{a8} = 2,499$	$Q_{m8} = 2,3$
3—10	185	»	0,630			
9—10	140	»	0,476			
10—8	110	»	0,374	$Q_{e11} = 1,106$	$Q_{a11} = 1,480$	$Q_{m11} = 1,3$
27—8	115	»	0,391			
8—15	150	»	0,510	$Q_{e13} = 4,370$	$Q_{a13} = 4,980$	$Q_{m13} = 4,7$
11—12	50	»	0,170			
6—12	110	»	0,374			
13—12	65	»	0,221			
12—14	85	»	0,289	$Q_{e17} = 0,765$	$Q_{a17} = 1,054$	$Q_{m17} = 0,9$
0—14	90	»	0,306			
14—15	85	»	0,289	$Q_{e19} = 1,360$	$Q_{a19} = 1,649$	$Q_{m19} = 1,5$
15—17	175	»	0,595	$Q_{e20} = 6,850$	$Q_{a20} = 7,445$	$Q_{m20} = 7,1$
18—19	65	»	0,221			
13—19	160	»	0,544			
20—19	25	»	0,085			
19—17	110	»	0,374	$Q_{e24} = 0,850$	$Q_{a24} = 1,224$	$Q_{m24} = 1,0$
21—22	25	»	0,085			
20—22	50	»	0,170			
23—22	40	»	0,136			
22—17	90	»	0,306	$Q_{e28} = 0,391$	$Q_{a28} = 0,697$	$Q_{m28} = 0,5$
0—24	150	»	0,510			
25—24	160	»	0,544			
24—26	40	»	0,136	$Q_{e31} = 1,054$	$Q_{a31} = 1,290$	$Q_{m31} = 1,2$
27—26	120	»	0,408			
26—80	35	»	0,119	$Q_{e33} = 1,409$	$Q_{a33} = 1,817$	$Q_{m33} = 1,6$
80—28	100	»	0,340			
80—29	110	»	0,374	$Q_{e35} = 2,157$	$Q_{a35} = 2,531$	$Q_{m35} = 2,3$
16—29	65	»	0,221			
30—29	65	»	0,221			
29—31	90	»	0,306	$Q_{e38} = 2,973$	$Q_{a38} = 3,279$	$Q_{m38} = 3,1$
32—31	65	»	0,221			
31—17	100	»	0,340	$Q_{e40} = 3,490$	$Q_{a40} = 3,830$	$Q_{m40} = 3,7$

Strecke	l	q	$q \cdot l$	Q_{en}	Q_{an}	Q_{mn}
17—33	160	0,0034	0,544	$Q_{e41} = 13,106$	$Q_{a41} = 13,650$	$Q_{m41} = 13,4$
25—34	110	»	0,374			
35—34	65	»	0,221			
34—36	125	»	0,424	$Q_{e44} = 0,595$	$Q_{a44} = 1,019$	$Q_{m44} = 0,8$
28—36	90	»	0,306			
37—36	65	»	0,221			
36—38	25	»	0,085	$Q_{e47} = 1,546$	$Q_{a47} = 1,681$	$Q_{m47} = 1,6$
30—38	90	»	0,306			
38—39	85	»	0,289	$Q_{e49} = 1,981$	$Q_{a49} = 2,276$	$Q_{m49} = 2,1$
32—39	90	»	0,306			
39—33	90	»	0,306	$Q_{e51} = 2,582$	$Q_{a51} = 2,888$	$Q_{m51} = 2,7$
40—81	30	»	0,102			
41—81	50	»	0,170			
23—81	110	»	0,374			
81—33	100	»	0,340	$Q_{e55} = 0,664$	$Q_{a55} = 0,986$	$Q_{m55} = 0,8$
33—46	165	»	0,561	$Q_{e56} = 17,475$	$Q_{a56} = 18,036$	$Q_{m56} = 17,7$
47—48	50	»	0,170			
41—48	165	»	0,561			
49—48	12	»	0,041			
49—46	110	»	0,374	$Q_{e60} = 0,772$	$Q_{a80} = 1,146$	$Q_{m60} = 0,9$
35—42	110	»	0,374			
43—42	60	»	0,204			
42—44	130	»	0,442	$Q_{e63} = 0,578$	$Q_{a63} = 1,020$	$Q_{m63} = 0,8$
37—44	110	»	0,374			
45—44	100	»	0,340			
44—46	90	»	0,306	$Q_{e66} = 1,734$	$Q_{a66} = 2,040$	$Q_{m66} = 1,9$
46—50	135	»	0,460	$Q_{e67} = 21,622$	$Q_{a67} = 22,082$	$Q_{m67} = 21,8$
43—51	100	»	0,340			
52—61	65	»	0,221			
45—57	105	»	0,375			
50—51	125	»	0,425	$Q_{e70} = 0,918$	$Q_{a70} = 1,343$	$Q_{m70} = 1,1$
54—50	125	»	0,425			
53—50	90	»	0,306			
50—55	140	»	0,476	$Q_{e73} = 24,156$	$Q_{a73} = 24,632$	$Q_{m73} = 24,4$
47—56	60	»	0,204			
49—56	15	»	0,051			
54—56	25	»	0,085			
56—55	125	»	0,425	$Q_{e77} = 0,340$	$Q_{a77} = 0,765$	$Q_{m77} = 0,6$
57—55	90	»	0,306			
55—58	140	»	6,476	$Q_{e79} = 25,773$	$Q_{a79} = 26,429$	$Q_{m79} = 26,0$
52—59	40	»	0,136			

Versorgungszone I.

Strecke	l	q	$q \cdot l$	Q_{en}	Q_{an}	Q_{mn}
			6,100 Sekl. für die Ansiedelung			
1—2	340	0,0038	1,492			
3—2	475	»	1,805			
2—4	165	»	0,827	$Q_{e3} = 9,397$	$Q_{a3} = 10,024$	$Q_{m3} = 9,7$
5—4	465	»	1,770			
4—6	60	»	0,228	$Q_{e5} = 10,794$	$Q_{a5} = 11,022$	$Q_{m5} = 10,9$
7—6	625	»	2,375			
6—8	75	· »	0,285	$Q_{e7} = 13,397$	$Q_{a7} = 13,682$	$Q_{m7} = 13,4$
9—8	610	»	2,318			
8—10	150	»	0,570	$Q_{e9} = 16,000$	$Q_{a9} = 16,570$	$Q_{m9} = 16,3$
11—10	785	»	2,980			
12—10	555	»	2,090			
10—13	50	»	0,190	$Q_{e12} = 21,640$	$Q_{a12} = 21,830$	$Q_{m12} = 21,7$
14—13	845	»	3,210			
13—15	155	»	0,590	$Q_{e14} = 25,040$	$Q_{a14} = 25,630$	$Q_{m14} = 25,3$
16—15	575	»	2,180			
17—15	470	»	1,786			
15—18	145	»	0,551	$Q_{e17} = 29,596$	$Q_{a17} = 30,147$	$Q_{m17} = 29,9$
19—18	610	»	2,380			
20—18	345	»	1,310			
18—21	140	»	0,532	$Q_{e20} = 33,837$	$Q_{a20} = 34,369$	$Q_{m20} = 34,1$
22—21	360	»	1,368			
23—21	275	»	1,025			
21—24	175	»	0,665	$Q_{e23} = 36,762$	$Q_{a23} = 37,427$	$Q_{m23} = 37,1$
25—24	360	»	1,368			
26—24	625	»	2,375			
24—27	350	»	1,330			
24—28	175	»	0,665	$Q_{e27} = 42,490$	$Q_{a27} = 43,155$	$Q_{m27} = 42,8$
29—28	175	»	0,665			
30—28	375	»	1,425			
28—31	155	»	0,589	$Q_{e30} = 45,245$	$Q_{a30} = 45,834$	$Q_{m30} = 45,5$
33—31	240	»	0,912			

(S. 106—109). Hierzu sind die Aufzeichnungen der Versorgungszonen nötig, welche auf Tafel 2 (Fig. 2 u. 3) dargestellt sind.

Bei der nächsten Zusammenstellung für die Versorgungszone I soll gezeigt werden, wie man schneller zum Ziele ge-

Strecke	l	q	$q \cdot l$	Q_{en}	Q_{an}	Q_{mn}
60—59	25	0,0034	0,085			
59—62	30	»	0,102	$Q_{e82} = 0,221$	$Q_{a82} = 0,323$	$Q_{m82} = 0,3$
53—62	75	»	0,255			
60—61	30	»	0,102			
63—61	90	»	0,306			
61—62	50	»	0,170	$Q_{e86} = 0,408$	$Q_{a86} = 0,578$	$Q_{m86} = 0,5$
62—58	150	»	0,510	$Q_{e87} = 0,578$	$Q_{a87} = 1,088$	$Q_{m87} = 0,8$
63—67	65	»	0,221			
68—67	75	,	0,255			
67—65	110	»	0,374	$Q_{e90} = 0,476$	$Q_{a90} = 0,850$	$Q_{m90} = 0,6$
66—65	50	»	0,170			
64—65	40	»	0,137			
65—68	190	»	0,646	$Q_{e93} = 1,156$	$Q_{a93} = 1,802$	$Q_{m93} = 1,5$
58—69	140	»	0,476	$Q_{e94} = 29,517$	$Q_{a94} = 29,993$	$Q_{m94} = 29,8$
70—71	110	»	0,374			
72—71	30	»	0,102			
57—71	50	»	0,170			
71—69	100	»	0,340	$Q_{e98} = 0,646$	$Q_{a98} = 0,986$	$Q_{m99} = 0,8$
77—59	45	»	0,153			
58—69	40	»	0,136			
64—79	90	»	0,306			
79—67	190	»	0,646	$Q_{e102} = 0,595$	$Q_{a102} = 1,241$	$Q_{m102} = 0,9$
69—73	120	»	0,408	$Q_{e103} = 32,220$	$Q_{a103} = 32,608$	$Q_{m103} = 32,4$
74—73	75	»	0,255			
75—73	110	»	0,374			
73—76	160	»	0,544	$Q_{e106} = 33,237$	$Q_{a106} = 33,781$	$Q_{m106} = 33,5$

langen kann. Da die Belastungen der Verteilungsleitungen wenig interessieren, so soll die Ausrechnung derselben in Fortfall kommen. Es wird nur noch die Gesamtbelastung der Abzweige von der Speiseleitung ermittelt und wie vor zusammengezählt. (Siehe Übers. S. 110.)

Damit wären sämtliche Werte ermittelt, welche für die Aufzeichnung der Belastungsschaulinien und zur Berechnung der Gefällslinien erforderlich sind (siehe Tafel 5).

Als Enddruck ist nur derjenige der ersten Versorgungszone (bei $a = 3{,}1$ Atm.) bekannt. Es ist ohne weiteres zu ersehen, daß dies der für die Versorgung ungünstigste Punkt ist, so daß es sich erübrigt, diesen nach dem angeführten Ver-

Strecke	Q_x	$\sqrt[3]{Q_x}$	C	$C\sqrt[3]{Q_x}$	ε_n	l_n	$\varepsilon_n \cdot l_n = h_n$	Σh_n
28—31	$Q_{a30}=45,8$	3,58		0,01147	0,01144	155	1,78	1,78
	$Q_{e30}=45,2$	3,56		0,01141				
24—28	$Q_{a27}=43,2$	3,51		0,01125	0,01121	175	1,96	3,74
	$Q_{e27}=42,5$	3,49		0,01118				
21—24	$Q_{a23}=37,4$	3,34		0,01070	0,01068	175	1,87	5,61
	$Q_{e23}=36,8$	3,33		0,01067				
18—21	$Q_{a20}=34,4$	3,25		0,01041	0,01038	140	1,45	7,06
	$Q_{e20}=33,8$	3,23		0,01035				
15—18	$Q_{a17}=30,1$	3,11	Konstante $C = 0,00312$	0,00970	0,00967	145	1,40	8,46
	$Q_{e17}=29,6$	3,09		0,00964				
13—15	$Q_{a14}=25,6$	2,95		0,00920	0,00915	155	1,42	9,88
	$Q_{e14}=25,0$	2,92		0,00910				
10—13	$Q_{a12}=21,8$	2,79		0,00870	0,00870	50	0,43	10,31
	$Q_{e12}=21,6$	2,79		0,00870				
8—10	$Q_{a9}=16,6$	2,55		0,00795	0,00791	150	1,19	11,50
	$Q_{e9}=16,0$	2,52		0,00786				
6—8	$Q_{a7}=13,7$	2,39		0,00745	0,00743	75	0,55	12,05
	$Q_{e7}=13,4$	2,38		0,00742				
4—6	$Q_{a5}=11,0$	2,22		0,00692	0,00692	60	0,41	12,46
	$Q_{e5}=10,8$	2,21		0,00689				
2—4	$Q_{a3}=10,0$	1,15		0,00671	0,00665	165	1,10	13,56
	$Q_{e3}=9,4$	2,11		0,00658				

fahren zu ermitteln. Da weitere Druckhöhen nicht bekannt sind, so muß auch die erste Versorgungszone zuerst behandelt werden. Wenn für diese Zone die Rohrdurchmesser und Druckhöhen ermittelt sind, so läßt sich auch der Enddruck für die Versorgungszone II bestimmen.

Das Reibungsgefälle von A bis a beträgt

$$(48,65 + 36,00) - (40,16 + 31,00) = 13,49 \text{ m}.$$

Da nun der Gefällsverlust bekannt ist, so kann der Beiwert C bestimmt werden. Das erfolgt nach Gleichung 42. Es ist:

$$C = \frac{134,9}{\dfrac{3}{4 \cdot 0,00038}[1,7 + 0,6 + 1,0 + 2,0 + 0,8 + 0,23 + 2,0 + 2,6 + 2,7 + 3,3 + 2,9]} = 0,00312$$

Die Werte von $Q_a \sqrt[3]{Q_a} + Q_e \sqrt[3]{Q_e}$ werden der Übersicht 8 entnommen. Nunmehr kann die Druckgefällslinie bestimmt werden. Das soll nach dem einfachen rechnerischen Verfahren geschehen. (Übersicht S. 53.)

Die kleine Abweichung ergibt sich aus der steten Abrundung der Einzelwerte. Naturgemäß wird man nicht den Wert 13,56, sondern den Wert von $h = 13,49$ m wählen.

Da nun die Druckgefällslinie bestimmt ist, so können jetzt die Rohrdurchmesser ermittelt werden. Hierzu bedient man sich des angeführten Vorbildes auf S. 112.

Somit wären die Rohrdurchmesser der Speiseleitungen der ersten Versorgungszone berechnet und gleichzeitig auch die Druckhöhen an den Straßenkreuzungen. Es ist nun möglich, den Enddruck (bei b) der zweiten Versorgungszone zu ermitteln. Hierzu muß der Druckverlust von 13 nach b bestimmt werden (siehe Tafel 2, Fig. 3), da der Speisestrang von der zweiten Versorgungszone dort ausläuft.

Es ist also:

$b - 33$	Belastung $Q_m = 0,150$ Sekl.	Druckverlust	$= + $ m,
$33 - 34$	» » $= 1,135$ »	»	$= 0,12$ »
$34 - 35$	» » $= 1,991$ »	»	$= 0,26$ »
$35 - 36$	» » $= 3,074$ »	»	$= 0,58$ »
$36 - 13$	» » $= 3,549$ »	»	$= 0,78$ »

Ges. Druckverlust $= 1,74$ m.

Der Druck bei 13 beträgt nach voriger Berechnung 32,51 m, bei einer Kotenhöhe von 42,38 über N.N. Die Straßenhöhe bei b beträgt 40,46 über N.N.

Mithin beträgt der Druck bei b:

$$32,51 - (1,74 - ([42,38 - 40,46])) = 32,69 \text{ m} = 3,269 \text{ Atm.}$$

Der Anfangsdruck bei B beträgt 37,51 m. Das Reibungsgefälle beträgt daher

$$h = (48,68 + 37,15) - (40,46 + 32,69) = 12,68 \text{ m.}$$

Nunmehr läßt sich die Druckgefällslinie bestimmen. In diesem Falle soll diese als gerade Linie angenommen werden,

Strecke	Länge l_n	Mittlere Belastung in Sek.	Höhen h_v der Druckgefällslinie	Verfügbares Gefälle in m im ganzen	je lfd. m ε	Rohr-durchmesser	Tatsächliches Reibungsgefälle je lfd. m ε	je Strecke $\varepsilon \cdot l_n$	Summe $\varepsilon \cdot l_n$	Höhenkoten am Anfang	am Ende	Druckerhöhung oder Verminderung durch das Gelände in m +	Gesamte Druckerhöhung oder Verminderung in m +	−	Wirkliche Druckhöhe in m
31—28	155	45,5	1,78	1,78	0,0114	250	0,0084	1,31	1,31	48,65	47,49	1,16		0,15	35,85
28—24	175	42,8	3,74	2,43	0,0139	225	0,0131	2,29	3,60	47,49	46,57	0,92		1,37	34,48
24—21	175	37,1	5,61	2,32	0,0133	225	0,0094	1,64	5,24	46,57	45,39	1,18		0,46	34,02
21—18	140	34,1	7,06	1,82	0,0130	225	0,0083	1,14	6,38	45,39	44,08	1,34		0,20	33,82
18—15	145	29,9	8,46	2,08	0,0144	200	0,0118	1,71	8,09	44,08	43,38	0,70		1,01	32,81
15—13	155	25,3	9,88	1,79	0,0115	200	0,0084	1,30	9,39	43,38	42,38	1,00		0,30	32,51
13—10	50	21,7	10,31	0,92	0,0182	175	0,0124	0,62	10,01	42,38	42,38	—		0,62	31,89
10—8	150	16,3	11,50	1,49	0,0100	175	0,0070	1,05	11,06	42,38	41,52	0,86		0,19	31,70
8—6	75	13,4	12,05	0,99	0,0132	150	0,0108	0,81	11,87	41,52	41,02	0,50		0,31	31,39
6—4	60	10,9	12,46	0,59	0,0100	150	0,0070	0,42	12,29	41,02	40,98	0,04		0,38	31,01
2—4	165	9,7	13,49	1,20	0,0073	150	0,0055	0,91	13,20	40,98	40,16	0,82		0,09	30,92

Anfangsdruck

Strecke	Länge l_n	Mittlere Belastung in Sek.	Höhen h der Druckgefällslinie	Verfügbares Gefälle im ganzen	Verfügbares Gefälle je lfd. m ε	Rohr-durchmesser	Tatsächliches Reibungsgefälle je lfd. m ε	je Strecke $\varepsilon \cdot l_n$	Summe $\varepsilon \cdot l_n$	Höhenkoten der Straßenkreuzungen über N.N. am Anfang	am Ende	Druckerhöhung od. Verminderung durch das Gelände +	−	Gesamte Druckerhöhung oder Verminderung +	−	Wirkliche Druckhöhe in m
76—73	160	33,5	1,07	1,07	0,0067	250	0,0046	0,74	0,74	48,68	46,82	1,86		1,12		37,15
73—69	120	32,4	1,88	1,14	0,0095	225	0,0075	0,90	1,64	46,82	45,57	1,25		0,35		38,27
69—58	140	29,8	2,83	1,19	0,0085	225	0,0074	1,04	2,68	45,57	44,36	1,21		0,17		38,62
58—55	140	26,0	3,76	1,08	0,0077	225	0,0047	0,66	3,34	44,36	45,41		1,05		1,71	38,79
55—50	140	24,4	4,70	1,36	0,0097	200	6,0078	1,09	4,43	45,41	43,36	2,05		0,96		37,08
50—46	135	21,8	5,60	1,17	0,0087	200	0,0062	0,84	5,27	43,36	44,26		0,90		1,74	38,04
46—33	165	17,7	6,71	1,44	0,0087	175	0,0083	1,37	6,64	44,26	44,16	0,10			1,27	36,30
33—17	160	13,4	7,80	1,16	0,0073	175	0,0048	0,77	7,41	44,16	43,41	0,75			0,03	35,03
17—15	175	7,1	8,98	1,57	0,0090	125	6,0078	1,36	8,77	43,41	41,92	1,49		0,13		35,00
15—8	150	4,7	9,99	1,22	0,0081	100	0,0107	1,61	10,38	41,92	41,54	0,38			1,23	35,13
8—7	100	2,3	10,65	0,27	0,0027	100	0,0030	0,30	10,68	41,54	41,12	0,42		0,12		33,90
7—4	140	1,7	11,60	0,98	0,0670	100	0,0045	0,63	11,31	41,12	40,72	0,40			0,23	34,02
4—2	100	0,73	12,26			100	0,0008	0,08	11,39	40,72	40,55	0,17		0,09		33,79
2—1	65	0,11	12,68			100	—	—		40,55	40,46	0,09		0,09		33,88
																33,97

(Über der Spalte „Gesamte Druckerhöhung oder Verminderung“ steht: Anfangsdruck)

um sich auch damit vertraut zu machen. Die Höhen h_n werden nach der angegebenen Gleichung 96

$$h_n = \frac{\Sigma\, l_n \cdot h}{L}$$

ermittelt, unter Benutzung des angegebenen Vorbildes.

Strecke	l_n in m	Σl_n	L	h	h
76—73	$l_1 = 160$	160	1890	12,68	$h_1 = 1,07$
74—69	$l_2 = 120$	280	»	»	$h_2 = 1,88$
69—58	$l_3 = 140$	420	»	»	$h_3 = 2,83$
58—55	$l_4 = 140$	560	»	»	$h_4 = 3,76$
55—50	$l_5 = 140$	700	»	»	$h_5 = 4,70$
50—46	$l_6 = 135$	835	»	»	$h_6 = 5,60$
46—33	$l_7 = 165$	1000	»	»	$h_7 = 6,71$
33—17	$l_8 = 160$	1160	»	»	$h_8 = 7,80$
17—15	$l_9 = 175$	1335	»	»	$h_9 = 8,98$
15—8	$l_{10} = 150$	1485	»	»	$h_{10} = 9,99$
8—7	$l_{11} = 100$	1585	»	»	$h_{11} = 10,65$
7—4	$l_{12} = 140$	1725	»	»	$h_{12} = 11,66$
4—2	$l_{13} = 100$	1825	»	»	$h_{13} = 12,26$
2—1	$l_{14} = 65$	1890	»	»	$h_{14} = 12,68$

Damit wäre auch die Druckgefällslinie bzw. deren Höhen bestimmt, so daß die Bestimmung der Rohrdurchmesser für die zweite Versorgungszone ebenfalls erfolgen kann. Das geschieht in derselben Weise wie vorher. (Siehe S. 113.)

Aus dieser Berechnung ist ersichtlich, daß es nicht möglich war, den vorgesehenen Enddruck von 32,69 m zu erreichen. Es ließe sich dem näher kommen, wenn für die erste Teilstrecke ein 235 mm-Rohr und für die Teilstrecke 33 bis 17 ein 150 mm-Rohr gewählt würde. In diesem Falle ist der Druckverlust:

$$0,00800 \cdot 160 = 1,28 \text{ m}$$
$$0,0097 \quad \cdot 160 = 1,55 \text{ m}$$

zusammen 2,83 m, wohingegen der Druckverlust nach der Berechnung $0,74 + 0,77 = 1,51$ m beträgt. Der Unterschied beträgt $2,83 + 1,51 = 1,32$ m. Wird dieser Wert vom Enddruck in Abzug gebracht, so ergibt sich ein Druck von

$$34,97 + 1,32 = 32,65 \text{ m}.$$

Die Berechnung würde damit sehr gut übereinstimmen.

Dritter Abschnitt.

Die Rohre, Formstücke und Ausrüstungsstücke.

a) Rohrmaterial.

1. Für Betriebsdrücke bis zu 10 Atm.

Am meisten verbreitet sind für Wasserversorgungszwecke die gußeisernen und schmiedeeisernen Muffenrohre. Nur in vereinzelten Fällen kommen Flanschenrohre zur Anwendung. Dort, wo kleine Druckhöhen in Frage kommen, werden auch Steinzeug- und Zementrohre verwendet. Früher waren auch hölzerne Rohre im Gebrauch, deren Verwendung man heute wieder aufgenommen hat.

Da die letztgenannten Rohrarten nur sehr selten zur Anwendung kommen, so soll auf diese nicht näher eingegangen werden.

Gußeiserne Rohre werden nach den vom »Verein deutscher Gas- und Wasserfachmänner« und dem »Verein deutscher Ingenieure« aufgestellten Abmessungen hergestellt.

Die Übersichten 23 und 24[1]) über Muffen- und Flanschenrohre enthalten alle wissenswerte Werte und Gewichte. Die nach diesen Ausmaßen angefertigten Rohre gestatten einen Betriebsdruck bis 10 Atm. Sind die Rohre bei diesem Druck noch Wasserschlägen unterworfen, so sind die Wandungen zu verstärken. Die stärkeren Wandungen beeinflussen nur den inneren Rohrdurchmesser, der äußere Durchmesser bleibt unverändert. Das geschieht aus dem Grunde, damit die Muffen- und Flanschenquerschnitte hierdurch keine Änderungen erfahren.

Die Rohre werden stehend gegossen, der verlorene Kopf wird auf besonders hierfür gebaute Drehbänke abgestochen. Zum Schutze gegen Rostbildung werden die Rohre außen und innen heiß asphaltiert. Zuweilen werden die Rohre vor dem Asphaltieren mit heißem Leinöl gestrichen.

Seit einigen Jahren werden auch Rohre nach dem Schleudergußverfahren hergestellt. Dieses Verfahren besteht darin, daß einer eisernen, rotierenden und vorwärts bewegenden Form eine bestimmte Menge flüssiges Gußeisen zugeführt

---

[1]) Siehe Anhang.

8*

wird. Je nach Wandstärke der Rohre wird die zugeführte Menge flüssigen Gußeisens eingestellt. Da es sich hier um einen Kokillenguß handelt, müssen die Rohre nochmals geglüht und langsam abgekühlt werden. Noch im warmen Zustande wird die Asphaltierung vorgenommen.

Die Festigkeit dieser Rohre ist eine bedeutend höhere, nur ist es in der ersten Zeit wiederholt vorgekommen, daß die Ausglühung unvollkommen war.

Vor der Asphaltierung werden die Rohre einer Druckprobe bis zum doppelten Betriebsdruck unterworfen und dann bei einem Druck von 4 bis 5 Atm. gehörig abgeklopft.

Die Dichtung der Muffenrohre erfolgt durch Hanfstrick und Blei, zuweilen auch durch Gummiringe. Bei der ersteren Dichtungsweise werden die Muffen durch Stemmarbeit gründlich gedichtet (siehe Abschnitt 6). Aus der Übersicht 23 sind die Höhen des Blei- und Hanfringes zu entnehmen sowie auch die Gewichte desselben.

Bei Flanschenrohren geschieht die Dichtung durch Gummi- oder Bleischeiben. Vermittels Schrauben werden die Flanschen fest aneinandergezogen, wodurch die Dichtung erzielt wird.

Die Übersicht 24 gibt die Längen, Stärken und Anzahl der Schrauben sowie auch die Größenabmessungen der Gummidichtungen an.

Schmiedeeiserne Rohre werden heute schon bedeutend mehr angewandt als vor Jahren. Die früher gehegten Vorurteile sind mit Recht sehr zurückgegangen.

Bisher sind für diese Rohre allgemeine Abmessungen noch nicht aufgestellt worden. Die Wandstärken der von den einzelnen Werken hergestellten Rohre weichen nur wenig oder gar nicht voneinander ab. Die Muffenformen dagegen sind sehr verschiedenartig ausgebildet. Der Grund ist wohl darin zu suchen, daß jedes Werk für die Herstellung der Muffen sein eigenes Herstellungsverfahren hat. Die Rohre werden von den meisten Werken bis zu 400 mm und zuweilen noch darüber hinaus nahtlos gewalzt. Die größeren Rohre werden in besonders hierfür gebauten Schweißvorrichtungen überlappt geschweißt.

Diese Rohre werden ebenfalls innen und außen heiß asphaltiert und außerdem mit in heißem Asphalt getränkten

Jutestreifen bewickelt. Hierdurch erhalten die Rohre einen in jeder Weise dauerhaften Schutz gegen Rostangriff.

Die schmiedeeisernen Rohre werden gewöhnlich auf 75 Atm. abgedrückt. Die vorstehende Übersicht 25 gibt die Muffenquerschnitte der Mannesmann-Röhrenwerke, Düsseldorf, und von Thyssen & Co., Mülheim-Ruhr, an. Die Flanschen dieser Rohre entsprechen den Abmessungen der Übersicht 24. Die schmiedeeisernen Rohre sind in Baulängen bis zu 15 m zu haben.

Beton- und Holzrohre haben sich in manchen Fällen bewährt. Bei Verwendung dieser Rohrarten bedarf es jedoch unbedingt einer eingehenden Untersuchung der Eigenschaften des in Frage stehenden Trinkwassers. Als Betonrohre seien besonders die »Humerohre« genannt.

2. Für Betriebsdrücke über 10 Atm.

Die bisher besprochenen Rohre genügen nur für Betriebsdrücke bis zu 10 Atm. Für höhere Drücke müssen jeweils die Wandstärken erst ermittelt werden. Die Muffen- und Flanschenformen erfahren außer der Wand- und Schraubenstärke keine Änderung. Die stärkere Wandung hat auf den äußeren Durchmesser der Rohre keinen Einfluß.

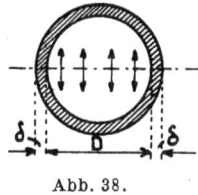

Abb. 38.

Die allgemeine Festigkeitsformel für Rohre mit innerem Druck lautet:

$$D \cdot p \cdot l = 2\,\delta\,l\,k_z,$$

hieraus

$$\delta = \frac{d\,p}{2\,k_z}.$$

Die Zugbeanspruchung k_z kann man für Gußeisen zu 200 bis 250 und für Schmiedeeisen 600 bis 800 kg je qcm annehmen. Diese Gleichung gibt praktisch zu kleine Werte, da man mit Rostbildung zu rechnen hat, die die Wandung mit der Zeit schwächt. Aus diesem Grunde gibt man der errechneten Wandstärke noch einen Zuschlag von 7 bis 10 mm für Gußeisen und 2 bis 4 mm für Schmiedeeisen. Die obige Gleichung geht somit in die Form über:

$$\delta = \frac{D\,p}{2\,k_z} + C \quad . \quad . \quad . \quad . \quad . \quad . \quad (97)$$

Eine neuere Gleichung von C von Bach lautet:

$$\delta = \frac{D}{2}\left[\sqrt{\frac{1+0,4\,\dfrac{p}{k_2}}{1-1,3\,\dfrac{p}{k_2}}} - 1\right] + C \quad . \quad . \quad (98)$$

Auch hier wählt man für C gewöhnlich 7 bis 10 mm für Gußeisen und 2 bis 4 mm für Schmiedeeisen.

Verfasser berechnet die Flanschenstärke, indem er den auf eine Schraube entfallenden Flanschenteil als einen Freiträger ansieht, den er am Rohr als eingespannt betrachtet (Abb. 39).

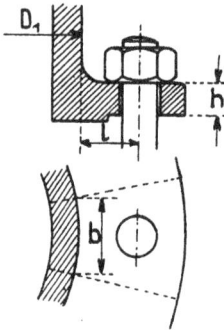

Ist p der Betriebsdruck in Atm., n die Anzahl der Schrauben, so ist die auf eine Schraube entfallende Belastung:

$$P = \frac{D^2\,\pi\,p}{4\,n}\cdot$$

Bezeichnet D_1 den äußeren Rohrdurchmesser, so ist die Breite des auf eine Schraube entfallenden Flanschenstückes:

$$b = \frac{D_1\,\pi}{n}\cdot$$

Abb. 39.

Das auf einen Flanschenteil entfallende Moment ist:

$$M_b = P \cdot l = \frac{D^2\,\pi\,p\,l}{4\,n}\cdot$$

Das Widerstandsmoment eines rechteckigen Querschnittes ist $\dfrac{b \cdot h^2}{6}$. Weiter ist $M_b = W \cdot k_b$, also:

$$\frac{D^2\,\pi\,p\,l}{4\,n} = \frac{b \cdot h^2\,k_b}{6}\cdot$$

hieraus ergibt sich, wenn für b obiger Wert eingesetzt wird:

$$h = 1,23\,D\,\sqrt{\frac{p \cdot l}{D_1\,k_b}} \quad . \quad . \quad . \quad . \quad . \quad (99)$$

Für k_b wählt man 150 bis 200 kg je qcm für Gußeisen und 500 bis 750 kg je qcm für Stahlguß.

Für die Anzahl der Schrauben gilt folgende Festigkeitsgleichung:

$$\frac{D^2 \pi p}{4} = n \cdot f \cdot k_z$$

hieraus:

$$f = \frac{D^2 \cdot \pi \cdot p}{4\, n \cdot k_z} \quad \ldots \ldots \quad (100)$$

wenn f der Kernquerschnitt einer Schraube und n die Anzahl derselben bedeutet. Für k_z kann man 600 bis 800 kg je qcm annehmen.

b) Vor- und Nachteile der gußeisernen und schmiedeeisernen Rohre.

Gußeiserne Rohre. Als Vorteile kommen in Betracht: Durch langjährige Erfahrungen nachgewiesene Haltbarkeit gegen Einflüsse des Bodens; brauchen bei der Verlegung nicht so vorsichtig behandelt zu werden; in Grundwasser ebenso haltbar als im Erdboden; sind leicht zu sprengen, was bei Wiederherstellungs- und Anschlußarbeiten nicht zu unterschätzende Vorteile bietet; nicht so große Baulängen, daher auch bei Straßenzügen selbst mit kleinem Krümmungshalbmesser leicht zu verwenden.

Ihre Nachteile sind: Geringe Bruchfestigkeit, somit für stark beweglichen Boden nicht besonders geeignet.

Aus diesem Grunde werden in Gebieten, wo der Bergbau umgeht und wo starker Lastwagenverkehr herrscht, vielfach ab 500 mm Durchmesser schmiedeeiserne Rohre verwandt, wenn nicht die Aggressivität des Wassers die Verwendung verbietet. Hierüber wird auch auf den Artikel »Die Verwendung schmiedeeiserner Rohre im Wasserleitungsbau« hingewiesen.

Schmiedeeiserne Rohre. Als Vorteile sind zu nennen: Große Bruchfestigkeit, daher größte Betriebssicherheit bei beweglichen Bodenverhältnissen und hohem Betriebsdruck; durch geringes Gewicht leichte Verlegung, daher auch geringere Fortschaffungskosten; große Rohrlängen und die damit verbundene Ersparnis an Blei, Hanfstrick und Arbeitslöhnen.

Ihre Nachteile sind: Vorsichtige Behandlung beim Verladen und beim Verlegen erforderlich; bei Grundwasser nicht

so empfehlenswert, da das Bejuten der Schwanzenden nur mit
großer Mühe und Umsicht erfolgen kann; das Sprengen der
Rohre ist ganz unmöglich, daher nicht zu verkennender Zeitaufwand und schwierige Herstellung von Anschlußarbeiten;
peinliche Behandlung bei Herstellung der Hausanschlüsse;
durch die großen Baulängen bedingter größerer Krümmungshalbmesser.

c) Außergewöhnliche Muffenformen.

Wo der Betriebsdruck 10 Atm. nicht übersteigt, wird
man nur die gewöhnlichen Muffenrohre verwenden. Für

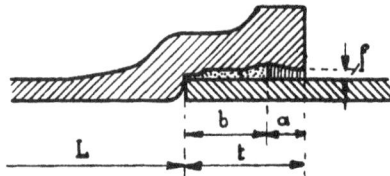

Abb. 40.

höheren Druck sind die verschiedensten Muffenquerschnitte
entworfen worden, welche alle ihre Vor- und Nachteile haben.

Abb. 40 zeigt den Querschnitt einer Muffe der Berliner
Wasserwerke. Wie aus der Abb. zu ersehen ist, verengt sich die

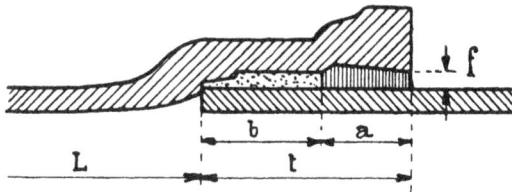

Abb. 41.

Muffe nach vorn und hinten zu. Das verengte Zulaufen hat den
Zweck, daß der Bleiring durch den hohen Druck nicht so leicht aus
der Muffe gedrückt werden kann. Eine andere Form des
Berliner Abwassernetzes zeigt Abb. 41. Hier ist nur der vordere
Teil der Dichtungsfuge verengt, der mit Blei ausgefüllt wird.

Bei diesen beiden Muffenformen ist darauf zu achten,
daß die Muffen auch genügend fest gestrickt werden, damit

der Bleiring nicht in die Muffe getrieben wird und sich dann
lockert, was leicht durch das verengte Zulaufen der Muffen
eintreten kann, wenn der Bleiring in dem Strick keine genügend feste Unterlage findet. Beim Eintreten dieses Falles
würde man selbst durch weiteres Nachstemmen keine einwandfreie Dichtung erhalten.

Die von Lindley ausgebildete Muffenform Abb. 42 hat
an und für sich dieselben Vor- und Nachteile. Beim Verstricken dieser Muffen ist darauf zu achten, daß sich der Strick
nicht vor den Ansatz setzt. Das könnte leicht dazu führen,

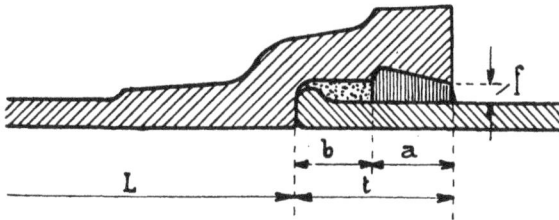

Abb. 42.

daß man glaubt, die Muffe sei genügend hoch gestrickt. Der
an dem Schwanzende des Rohres vorgesehene Ring hat zwar
den Vorteil, daß ein Durchstricken ausgeschlossen ist.
Wiederum hat er den Nachteil, daß bei beweglichen Bodenverhältnissen diese Rohre nicht zu empfehlen sind. In solchen
Fällen müssen die Rohre eine Verlängerung in der Rohrachse
gestatten, die dieser Ansatz verhindert. Falls das doch eintritt, wird der Bleiring herausgerissen oder die Muffe gesprengt.

Ein weiterer Nachteil dieser drei Muffenquerschnitte ist
der, daß durch die Form die genaue Höhe für den Strick angegeben ist. Bei Neuverlegungen ist das ohne weiteres einzuhalten, aber bei Wiederherstellungsarbeiten, bei denen man
oft wegen undichter Schieber mit Wasser zu kämpfen hat,
läßt sich dies nicht immer möglich machen.

Die Muffenform der Abb. 43 wird von den Städten Elber-
feld, Barmen, Remscheid und anderen angewandt. Die
Dichtung ist so schwach verengt, daß die Gefahr des Ein-
treibens des Bleiringes nicht so groß ist. Dadurch sind manche
Nachteile der vorigen Formen behoben.

Eine weitere Muffenform zeigt Abb. 44. Diese wird von den Städten Dortmund, Kiel und anderen angewandt. M. E. ist diese Muffenform die denkbar günstigste. Hier ist das

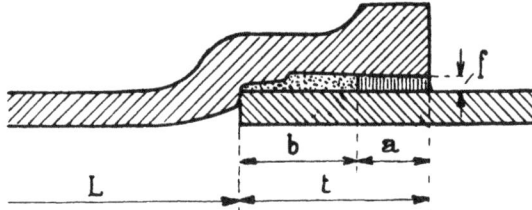

Abb. 43.

verengte Zulaufen der Muffen verlassen worden, und man hat als Sicherheit gegen das Herausdrücken des Bleiringes die

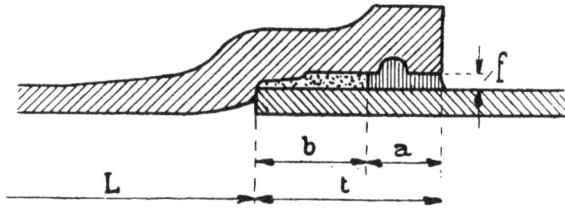

Abb. 44.

runde Aussparung geschaffen. Diese Aussparung sollte jedoch wenigstens 25 mm hinter der Muffenaußenkante liegen, so

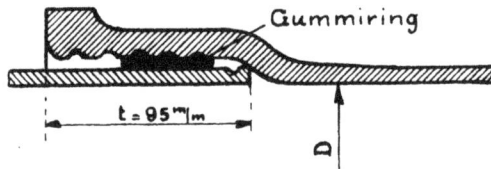

Abb. 45.

daß dieser Ring außerhalb des Bereiches der Stemmwirkung zu liegen kommt. Dadurch wird ein Abscheren des Ringes vermieden.

In einzelnen Fällen wird die Dichtung der Muffen durch Gummiringe erzielt (Form Budde & Göhde. Abb. 45); besonders gern bei Heberleitungen, bei Grundwasserandrang und dort, wo sehr geringe Druckhöhen in Frage kommen, und zwar wird diese bis höchstens 1 Atm. angewandt. Für die Gummiringe ist nur bester Paragummi zu verwenden. Beim Verlegen dieser Rohre wird der Gummiring auf die Nute am Schwanzende des Rohres aufgebracht und wird dann in die Muffe eingeschoben. Beim Einschieben des Rohres gerät der Gummiring ins Rollen und rollt ungefähr um die Hälfte der Muffentiefe auf dem Schwanzende zurück, so daß der Ring annähernd in die Mitte der Muffe zu liegen kommt. Es ist besonders darauf zu achten, daß der Gummiring nicht in

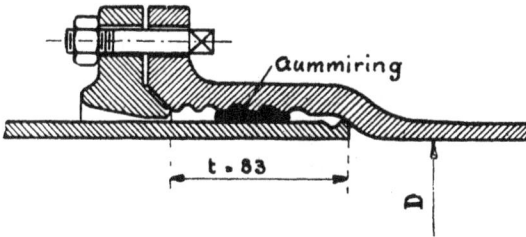

Abb. 46.

seinen Fasern verdreht auf die Nute gelegt wird. Weiter muß das Rohr genau fluchtrecht in die Muffe eingeschoben werden, damit der Gummiring gleichmäßig zu liegen kommt. Vor dem Einschieben des Rohres in die Muffe sind Schwanzende und Muffe von allem Schmutz sauber zu reinigen und vor allen Dingen vollkommen zu trocknen, da sonst der Ring stets schief in die Muffe einrollt. Vorteilhaft wird der Gummiring und auch die Muffe mit Kreide bestrichen, wodurch sich die Verlegungsarbeiten sehr erleichtern. Damit der Gummiring nicht durch äußere Einflüsse zerstört wird, schmiert man die Muffen mit in Öl angemachtem Ton aus, um das Trockenwerden des Tones zu vermeiden.

Die Halberger Hütte in Brebach fertigt diese Muffen auch mit einem Sicherheitsring an, der das Hinausdrücken des Gummiringes verhindert (siehe Abb. 46).

Bei einer anderen Ausführung wird der Sicherheitsring durch einen Bleiring a ersetzt. Dieser Bleiring wird vor dem Ineinanderschieben der Rohre auf dem Schwanzende der

Rohre aufgebracht. Nachdem die Rohre zusammengeschoben sind, wird der Ring kalt in die Muffenaussparung eingestemmt.

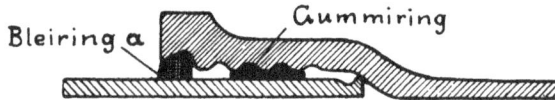

Abb. 47.

Die Verlegung geschieht im übrigen wie vorher beschrieben wurde.

Andere Muffenformen verfolgen den Zweck, den einzelnen Rohren in den Muffen eine pendelnde Bewegung zu gestatten, ohne daß die Dichtigkeit der Muffen in Mitleidenschaft gezogen wird. Hierfür sind verschiedene brauchbare Muffenformen geschaffen worden. Abb. 48 zeigt eine Muffenform,

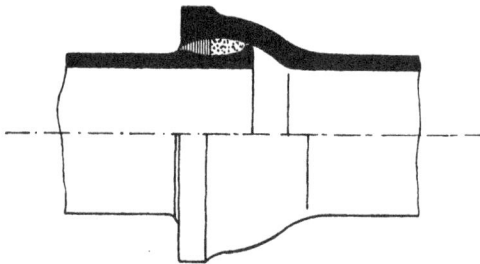

Abb. 48.

welche von der Halberger Hütte ausgeführt wird. Die Muffen sind kugelförmig ausgebildet und genau bearbeitet. Dadurch kann ruhig eine Bewegung in den Muffen eintreten, ohne daß die Verbindungen Not leiden. In den meisten Fällen werden die eintretenden Undichtigkeiten so gering sein, daß diese mit der Zeit von selbst verschwinden werden. Die Muffen werden wie jede andere Muffe mit Hanf verstrickt und mit Blei vergossen und verstemmt, wie dies aus Abb. 47 deutlich zu ersehen ist. Das Hinaustreiben des Bleiringes aus der Muffe ist wohl ausgeschlossen. Tritt in der Muffe eine Bewegung ein, so haben der Bleiring und der Hanfstrick dieselbe mitzumachen.

Die in Abb. 49 abgebildete Muffenform zeigt eine weitere Ausführungsform desselben Werkes. Bei dieser Ausführung ist nicht die Muffe, sondern das Schwanzende des Rohres kugelförmig ausgebildet. Die Dichtung dieser Muffe geschieht folgendermaßen: Zuerst wird die Muffe mit Hanf gestrickt, so daß noch ein Teil für einen Bleiring verbleibt, welcher

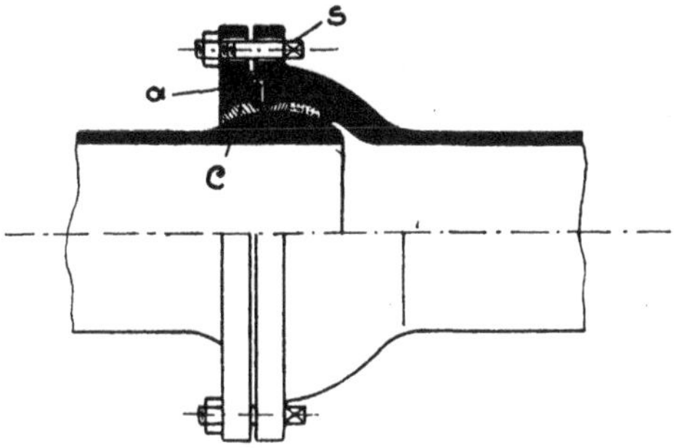

Abb. 49.

wie üblich verstemmt wird. Ist dies geschehen, so wird der vorher aufgeschobene Flansch *a* vermittels der Schrauben *s* fest verschraubt. Hierauf wird außerdem der hohle Raum *c* des Flansches *a* mit Blei vergossen und sachgemäß verstemmt.

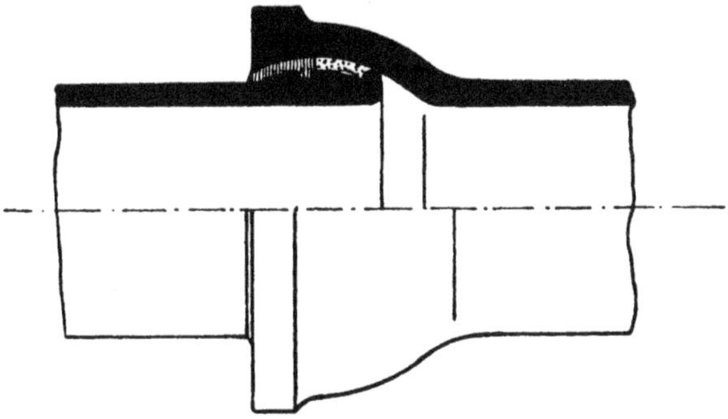

Abb. 50.

Diese Muffenausführung soll sich selbst bei starken Bewegungen bewährt haben, was auch wohl anzunehmen ist.

Die in Abb. 50 abgebildete Muffenform ist der ersten sehr ähnlich und dürfte dieser gleichwertig zur Seite gestellt werden. Der Bleiring ist gegen das Heraustreiben vollkommen gesichert.

Rohre mit dieser Muffenausführung werden angewandt in sehr beweglichem Boden, für Dükerleitungen usw. Diese Muffen haben jedoch den Nachteil, daß sie eine Längsbewegung nicht gestatten. Unter Umständen ist hierfür Sorge zu tragen.

Eine bewegliche Muffenverbindung mit Gummiringen zeigt Abb. 51 (Firma Bopp & Reuther, Mannheim). Der Gummiring *a* und der Flansch *b* werden vor dem Zusammen-

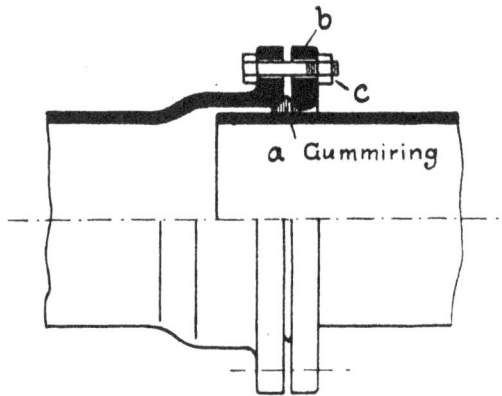

Abb. 51.

schieben der Rohre auf dem Schwanzende derselben aufgebracht. Dadurch, daß die Rohre nicht ganz in die Muffen eingeschoben werden, gestatten diese Verbindungen eine Längsverschiebung und eine pendelnde Bewegung. Durch das Anziehen der Schrauben *c* wird der Gummiring fest gegen die Muffe und das Schwanzende des Rohres gepreßt, wodurch eine gute Dichtung hergestellt wird. Diese Verbindung ist für Ausdehnungsstücke geeignet. Weiter empfiehlt sich, diese Muffenform bei Verlegung von Rohren auf stark schwankenden Brücken anzuwenden, da die einzelnen Rohre imstande sind, den Bewegungen folgen zu können.

In bergbaulichen Gegenden werden vielfach Rohre mit verlängerten Muffen angewendet. Die Verlängerung der Muffe entspricht der Muffentiefe. Die Schwanzenden werden nur bis zur Hälfte in die Verlängerung eingeschoben. Daher ge-

statten diese Muffen sowohl eine Verlängerung als auch eine
Verkürzung, können also den Bodenbewegungen sehr gut
folgen.

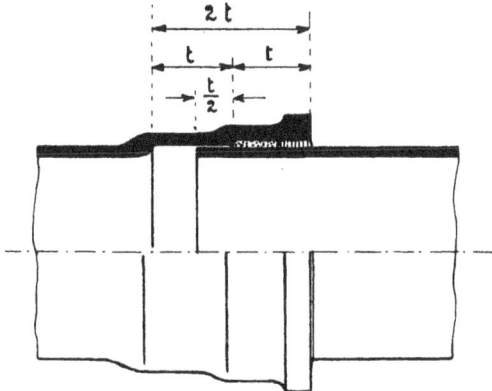

Abb. 52.

Die Abb. 53 bis 55 geben einige Muffenformen für größere
schmiedeeiserne Rohre wieder.

Abb. 53.

Abb. 54.

Abb. 55.

d) Die Formstücke und ihre Anwendung.

1. Für Betriebsdrücke bis zu 10 Atm.

Die Formstücke werden nach den vom »Verein deutscher Ingenieure« und dem »Deutschen Verein von Gas- und
Wasserfachmännern« aufgestellten Abmessungen angefertigt.

Die A- und A-A-Stücke (Abb. 56 u. 57) sind Abzweig-
stücke mit Flanschen und werden angewandt, wenn die
Abzweigleitungen Schieber erhalten sollen, weiter für die
Anbringung von Hydranten, Entlüftungsventilen usw. Die
Abmessungen können den beiden Abb. 55 u. 56 entnommen
werden. Die Verwendung dieser Formstücke ist eine sehr
vielfache. Die Flanschen werden nach den Ausmaßen der
Übersicht 24 ausgeführt.

Die B- und B-B-Stücke sind Abzweigstücke mit
Muffen und finden dort Anwendung, wo die abzweigende

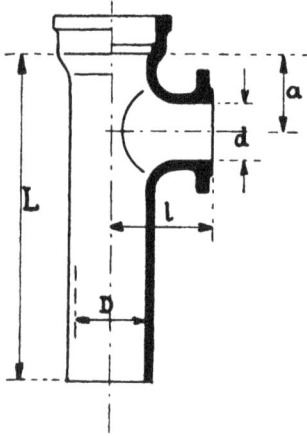

$a = 100 + 0,2\,D + 0,5\,d$
$l = 120 + 0,1\,d.$

Abb. 56.

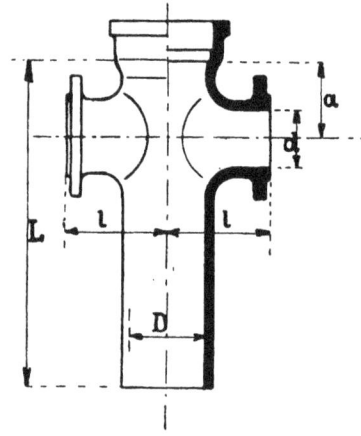

D	d	L
40 - 100	40 - 100	0.8
125 - 325	40 - 325	1.0
350 - 500	40 - 300	1.0
350 - 500	325 - 500	1.25
550 - 700	40 - 250	1.0
550 - 750	275 - 500	1.25
550 - 750	550 - 750	1.5

Abb. 57.

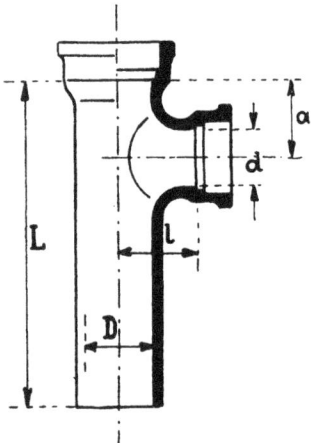

$a = 100 + 0,2\,D + 0,5\,d$
$t = 0,5\,D + t_1.$

Abb. 58.

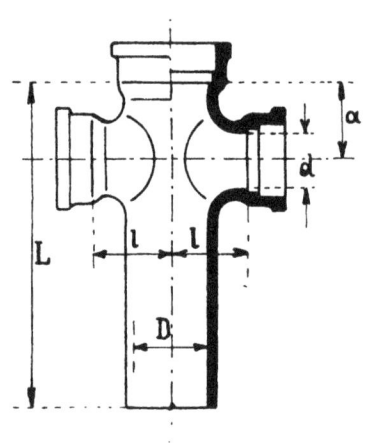

L wie die A-Stücke.
$t_I = $ Muffentiefe des Abganges.

Abb. 59.

Leitung keine Absperrvorrichtung erhält. Des öfteren muß
man anstatt eines *A*-Stückes ein *B*-Stück verwenden, wenn
man durch Hindernisse, wie Straßenbahnschienen, Gasrohre
usw., gezwungen ist, den Schieber nicht unmittelbar an der
Hauptleitung anzubringen. Nach Möglichkeit vermeide man
dies soviel wie nur eben möglich, da es bei einem Rohrbruch
oder bei sonstiger Umänderung unmittelbar hinter dem Schieber
leicht möglich ist, daß dieser durch den Leitungsdruck aus
der Muffe herausgetrieben wird. Die Folge davon ist, daß

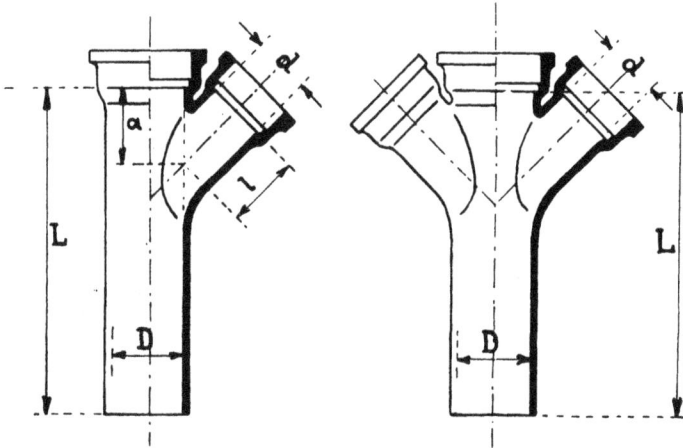

Abb. 60.   Abb. 61.

man die Hauptleitung auch außer Betrieb setzen muß. Bei
Wiederherstellungsarbeiten an solchen Stellen ist daher der
Schieber gegen das Herausdrücken zu sichern. Besser ist immer
ein *A*-Stück anzuwenden und zwischen diesem und dem
Schieber ein Flanschenpaßstück anzubringen.

Die *C*- und *C-C*-Stücke sind ebenfalls Abzweigstücke
mit Muffen, nur mit dem Unterschied, daß die Abgänge
unter einem Winkel von 45⁰ stehen. In früheren Jahren
wurden diese Formstücke viel, heute hingegen in seltenen Fällen
angewandt. Zwar ist der Übergang der Abzweigleitung ein
besserer, vorausgesetzt, daß die Fließrichtung des Wassers
stets nach der Kopfseite hin erfolgt. Das läßt sich jedoch
bei den heute fast ausschließlich gebauten Umlaufsnetzen

nicht überall erreichen, sondern die Fließrichtung des Wassers ist in den Verteilungsleitungen vielen Richtungsänderungen·unterworfen.

Im allgemeinen gelten dieselben Nachteile wie bei den *B*-Stücken.

Die Krümmer werden an Knickpunkten in die Leitung eingebaut. Es gibt solche von verschiedenem Krümmungshalbmesser, so die

K-Stücke mit $R = 10\,D$ (Abb. 62),

L- » » $R = 5\,D$ (nur von 300 mm Durchm. an) (Abb. 63),

J- » » $\begin{cases} R = 250 \text{ mm bis zu } 100 \text{ mm Durchm. (Abb. 64)}, \\ R = 150 + D \text{ über } 100 \text{ mm Durchm.} \end{cases}$

Man kann jedoch auch Krümmer haben, die sich nicht an diese Ausmaße halten.

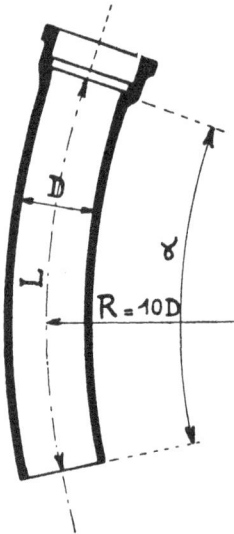

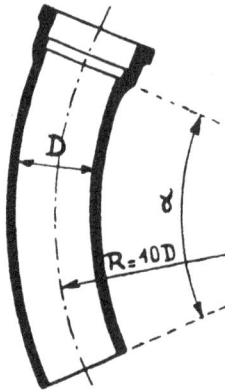

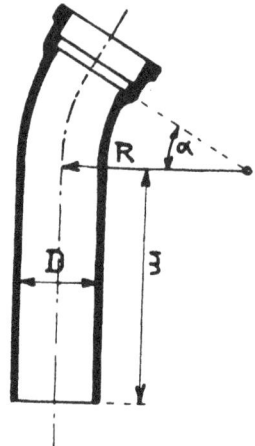

Abb. 62.   Abb. 63.   Abb. 64.

In Anbetracht des schlanken Baues finden die *K*-Stücke, bei nicht zu großem Durchmesser, die meiste Verwendung. Die Krümmer werden in verschiedenen Graden hergestellt, und zwar von $11\frac{1}{2}^0$, 15^0, $22\frac{1}{2}^0$, 30^0 und 45^0. Es sind zwar auch Krümmer bis zu 90^0 zu haben, doch ist von deren Verwendung wegen des großen Austriebes aus den Muffen abzuraten, besonders bei großen Abmessungen und hohem Druck. Größere Winkel als 45⁰ setzt man daher am besten aus mehreren Krümmern zusammen. Wenn möglich legt man noch zwischen die Krümmer eine oder mehrere Rohrlängen. Das ist sehr von Vorteil, da bei den auf diese Art hergestellten

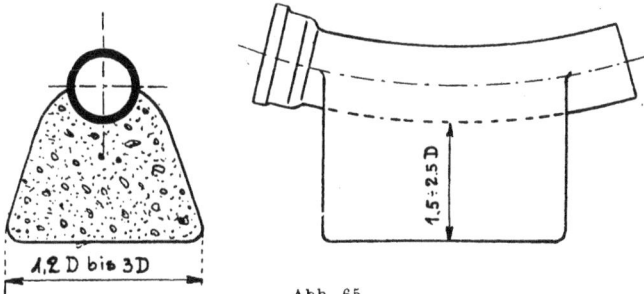

Abb. 65.

Krümmungen die Ablenkung des Wassers nicht so plötzlich geschieht. Bei großen Rohrdurchmessern wird man dies schon aus dem Grunde tun, damit die Krümmer nicht so unhandlich werden. Die L-Stücke wird man bei großen Durchmessern wählen, da diese nicht so große Baulängen haben.

Alle Krümmer von 100 mm Durchmesser an sind zur Verhinderung des Austriebes aus den Muffen durch Mauerwerk, Betonklötze oder Verankerungen zu sichern. (Abb. 65.)

Der Austrieb aus den Muffen kann rechnerisch ermittelt werden. Die Pressungen von Flüssigkeiten verteilen sich nach wassertechnischen Gesetzen gleichmäßig auf die gedrückten Flächen. Be-

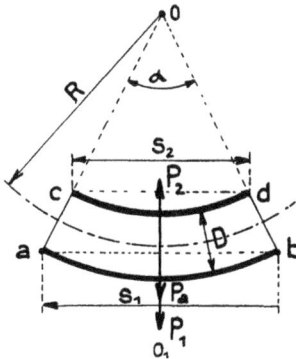

Abb. 66.

trachten wir die nebenstehende Abb. 66, so sehen wir, daß die äußere Fläche a—b des Krümmers größer ist als die innere Fläche c—d. Die Folge davon ist, daß sich die beiden entgegengesetzt wirkenden Kräfte P_1 und P_2 nur zum Teil aufheben

9*

und nach O_1 hin eine Kraft P_a gleich der Mittelkraft beider Kräfte auftreten muß.

Ist im Innern der Rohrleitung auf der Flächeneinheit eine Flächenpressung von p in Atm. vorhanden, so sind die nach beiden Seiten hin auftretenden Kräfte:

$$P_1 = F_1 \cdot p,$$
$$P_2 = F_2 \cdot p.$$

Nun fragt es sich, welche Werte für die Bestimmung der Flächen F_1 und F_2 in Rechnung zu setzen sind. Nach einem Gesetz der Wassergleichgewichtslehre ist der auftretende Druck auf eine gekrümmte Fläche gleich dem Wasserdruck auf den Grundriß dieser Fläche.

Die Grundrisse der gedrückten Flächen sind:

$$F_1 = \text{Sehne } (a{-}b) \cdot D,$$
$$F_2 = \text{Sehne } (c{-}d) \cdot D.$$

Die Sehnenlängen beider Kreisbögen sind:

$$s_1 = 2\,R + \frac{D}{2} \sin \frac{\alpha}{2}$$

$$s_2 = 2\,R + \frac{D}{2} \sin \frac{\alpha}{2}.$$

Somit ist:

$$P_1 = \left(2\,R + \frac{D}{2} \sin \frac{\alpha}{2} \right) D \cdot p$$

$$P_2 = \left(2\,R - \frac{D}{2} \sin \frac{\alpha}{2} \right) D \cdot p.$$

Die Mittelkraft P_a beider Kräfte oder der nach O_1 hin auftretende Druck ist somit:

$$P_a = P_1 - P_2 = 2 \sin \frac{\alpha}{2} \left[\left(R + \frac{D}{2} \right) - \left(R - \frac{D}{2} \right) \right] D\,p$$

oder

$$P_a = 2 \sin \frac{\alpha}{2} D^2\,p \quad \ldots \ldots \ldots \quad (101)$$

Aus dieser Gleichung ist ersichtlich, daß der Austrieb nur von dem in der Leitung herrschenden Druck, dem Durchmesser der Rohrleitung und dem Krümmungswinkel abhängig ist.

Dort, wo die Krümmer nur durch Hintermauerung gesichert werden sollen, ist die Verwendung von Beton am einfachsten, da dieser von jedem einigermaßen praktisch veranlagten Arbeiter hergestellt werden kann. Das Mischungsverhältnis des Betons wird im Verhältnis 1:8 bis 1:10 genommen. Die Verwendung von Mauerwerk hat den Nachteil, daß man hierzu einen gelernten Maurer hinzuziehen muß,

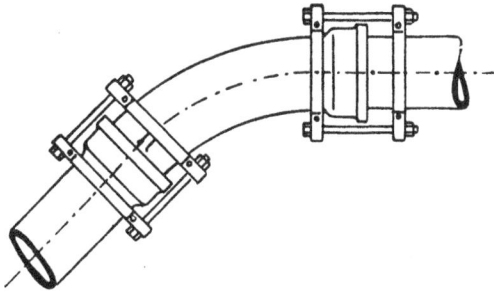

Abb. 67.

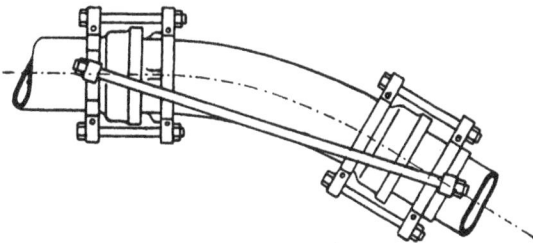

Abb. 68.

um eine gute Arbeit zu erhalten. Das Mauerwerk ist auf alle Fälle in Zementmörtel im Mischungsverhältnis 1:3 herzustellen. Abb. 65 zeigt, in welcher Weise der Betonklotz hinter dem Krümmer auszuführen ist. Es wird klar sein, daß sich die kleinen Abmessungen für die größeren Rohre und die größeren Werte für die kleineren Rohre beziehen.

Bedeutend besser als die Hintermauerung ist die Verankerung durch schmiedeeiserne Schellen. Jedoch werden diese erst bei Rohren von 200 mm lichter Weite angewandt. Zwecks Anbringung der Schellen sind die Schwanzenden der Krümmer mit Nocken versehen. In Abb. 67 u. 68 ist die Ausführungsweise der Verankerung veranschaulicht. Alle auf diese Art verankerten Krümmer gestatten ein vollkommenes Freilegen, wenn sich die Leitung unter Druck befindet, was bei Rohrkreuzungen, Kanalarbeiten usw. oft geschehen muß. Ein Mauerwerks- oder Betonklotz läßt solche Arbeiten nicht zu, ohne daß die Dichtigkeit der Muffe darunter leidet oder, daß unter Umständen sogar das Schwanzende aus den Muffen getrieben wird. Es ist daher aus diesen Gründen nur zur Anwendung

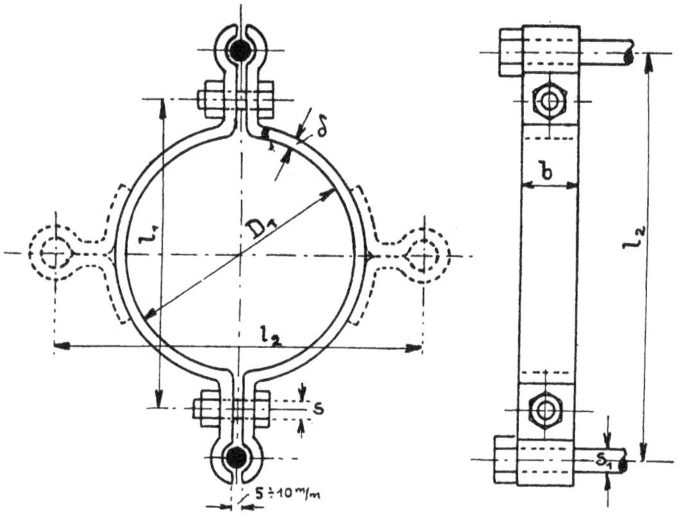

Abb. 69.

der Schellenverankerung zu raten. Die Schellen sind in Abb. 69 in etwas größerem Maßstabe dargestellt. Aus folgender Übersicht 26 sind sämtliche Abmessungen bis zu einem Rohrdurchmesser von 800 mm zu entnehmen. Bei Rohren von 450 mm an verwendet man nach der Muffenseite des Krümmers hin auf dem Rohre zwei Schellen, von denen die zweite der ersteren um 90⁰ verdreht angebracht wird. Die Schelle auf der Muffe des Rohres erhält dann zwei Ösen, wie sie in Abb. 69 punktiert gezeichnet sind und verbindet die Schellen durch einen Zuganker (siehe Abb. 69). Die Schellen sind fest um die Rohre zu legen, das wird durch Klopfen der Schellen rund um das Rohr mit dem Hammer unter ständigem Anziehen der Schrauben s

Übersicht 26.

Rohr-∅	D_1	l_1	l_2	s	s_1	n	b	δ	Be-merkungen
200	238	300	390	$^6/_8$	$^5/_8$	2	40	10	
225	264	325	415	$^5/_8$	$^5/_8$	2	40	10	
250	291	355	445	$^5/_8$	$^3/_4$	2	40	10	
275	317	380	475	$^5/_8$	$^3/_4$	2	40	10	
300	343	405	500	$^5/_8$	$^3/_4$	2	50	12	
325	369	435	530	$^5/_8$	$^7/_8$	2	50	12	Nach Abb. 71
350	395	460	560	$^3/_4$	$^7/_8$	2	50	12	
375	421	485	585	$^3/_4$	1	2	50	12	
400	448	510	615	$^3/_4$	1	2	50	12	
450	499	560	665	$^3/_4$	$^3/_4$	4	60	12	
500	552	615	710	$^3/_4$	$^3/_4$	4	60	12	
550	603	665	760	$^3/_4$	$^7/_8$	4	60	12	n = Anzahl der Schrauben s_1
600	655	715	810	$^3/_4$	$^7/_8$	4	60	12	
650	707	770	870	$^3/_4$	1	4	60	12	Nach Abb. 72
700	760	820	920	$^3/_4$	1	4	60	12	
750	812	870	975	$^3/_4$	$1^1/_4$	4	60	12	
800	866	925	930	$^3/_4$	$1^1/_4$	4	60	12	

erreicht. Das hat so lange zu geschehen, bis die Schelle ganz gleichmäßig am Rohr anliegt. Ebenso fest sind auch die Ankerschrauben s_1 anzuziehen. Vor Rost schütze man die Anker durch Bejuten und Asphaltieren.

mit 4 Zuganker

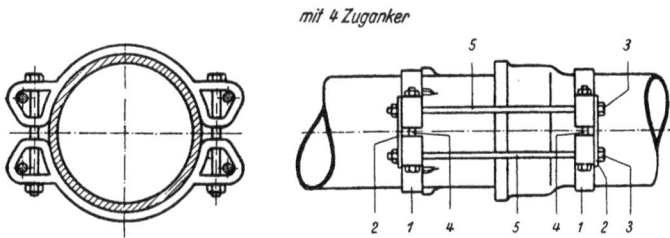

Abb. 70.

Ich möchte nicht unterlassen, eine neue, von mir konstruierte und in der Praxis bereits vielfach mit bestem Erfolg eingeführte Rohrverankerung zu beschreiben. Diese Rohrverankerung ist unter dem Namen »Stabil« im Handel.

Die Rohrverankerung (Abb. 70) ist ein Ergebnis der
Praxis und weicht zum Teil von den bisherigen Ausführungen
vorteilhaft ab. Schematisch zeigt die Abb. die Form der
Schelle. Die eigenartige Form der Schellenbänderwinkel verhütet vollkommen das Abbiegen derselben. Die Ausbildung
der Schellenbänderwinkel gibt der Schelle eine Stabilität, wie
sie bisher noch von keiner Ausführung erreicht wird. Ferner
gewährt die Form der Schellenbänderwinkel die Möglichkeit,
die Verankerungsbolzen in der sichersten Weise anbringen zu
können. Ein weiterer Vorteil liegt darin, daß diese Ausführung
es gestattet, 4 Stück Verankerungsbolzen in den beiden Ge-
lenken anbringen zu können. Durch die Anbringung der vier

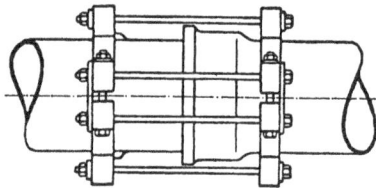

Abb. 71.

Anker wird die doppelte Zugfestigkeit erreicht, da man sich
früher meistens mit nur 2 Ankern begnügte.

Weiter besteht noch die Annehmlichkeit, daß die Zuganker an Ort und Stelle auf richtige Länge passend gemacht
werden können.

Die Rohrverankerungen können mit jeder Anzahl von
Zugankern geliefert werden. Die Abb. 70 zeigt die Verankerung
mit 4 und die Abb. 71 mit 6 Zugankern. Die Verankerung ist
patentamtlich geschützt.

Flanschenkrümmer werden fast nur in Gebäuden,
Pumpwerken, Hochbehältern, Brunnen usw. benutzt. Für
Straßenleitungen finden sie nur dann Anwendung, wenn eine
Umgehung von einem Hindernis mit Muffenkrümmern nicht
möglich ist oder für sehr kleine Krümmungshalbmesser.

Für besondere Zwecke, wie für Sammelbrunnen, Hochbehälter und vielfach für die Aufstellung von Hydranten,

werden sog. Fußkrümmer angewandt. Diese Krümmer sind
sowohl mit Flanschen, Flansch und Schwanzende als auch
mit Muffe und Flansch zu haben. Die verschiedenen Ausführungsarten sind in Abb. 73 punktiert angegeben.

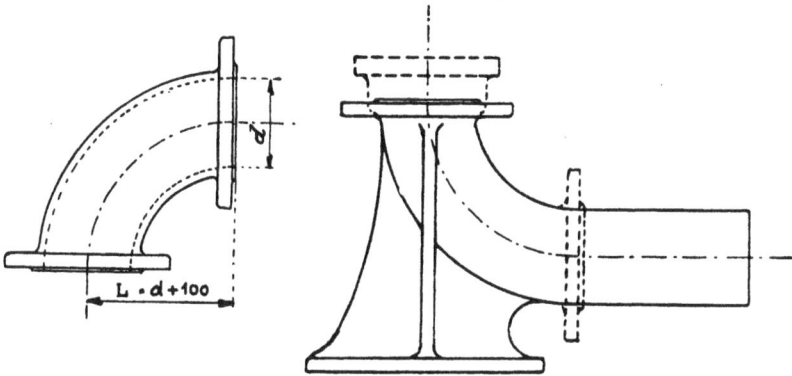

Abb. 72.   Abb. 73.

Die *E*-Stücke sind kurze Rohrstücke mit Flansch auf
der einen und mit Muffe auf der anderen Seite. Die *F*-Stücke
sind glatte Rohrstücke mit nur einem Flansch (Abb. 74 u. 75).

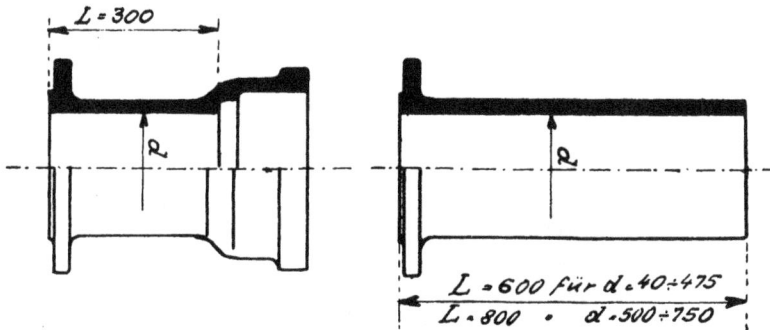

Abb. 74.   Abb. 75.

Beide Formstücke dienen demselben Zwecke, und zwar sind
dies nur Übergangsstücke von Flanschen auf Muffen oder
umgekehrt. Aus diesem Grunde finden sie überall dort Verwendung, wo in eine Muffenrohrleitung Teile mit Flanschen

eingebaut werden sollen, wie Schieber, Entlüftungsventile, Rückschlagklappen usw.

Die *R*-Stücke oder Übergangsstücke haben nur auf einer Seite Muffen oder für besondere Fälle an beiden Seiten Flanschen. Diese Formstücke dienen dazu, um einen Übergang von einem größeren auf einen kleineren Rohrdurchmesser und umgekehrt vornehmen zu können.

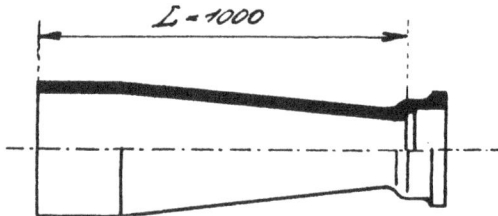

Abb. 76.

Stopfen und Kappen dienen für eine dauernde, wie auch für eine vorübergehende Abbindung von Leitungen. Von 150 mm Durchmesser an sind diese gegen das Heraustreiben aus den Muffen zu sichern. Bei hohem Druck sind

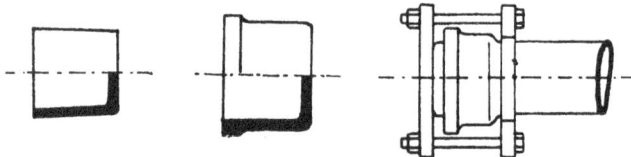

Abb. 77.   Abb. 78.   Abb. 79.

besser alle Kappen zu sichern. Die zu der Verankerung notwendigen Schellen können nach den Abmessungen der Übersicht 26 angefertigt werden. Die Art der Verankerung ist Abb. 79 zu entnehmen. Der Querbalken wird bis zu 200 mm Rohrdurchmesser aus Quadrateisen, bei größeren Abmessungen aus entsprechend großen ⌶-Eisen oder zwei in einem Abstande von 25 bis 30 mm, je nach Stärke der Schrauben, zusammengenieteten Winkeleisen hergestellt. Je nach der Größe des Rohres und dem Druck ist die Anzahl der Schrauben zu bemessen.

Blindflanschen oder Flanschendeckel (X-Stück)
haben denselben Zweck wie die Stopfen und Kappen. Für
hohen Druck sind die Flanschen durch Rippen zu verstärken.

Überschiebmuffen finden hauptsächlich bei Wieder-
herstellungs- und Anschlußarbeiten Verwendung. Weiter werden diese bei Rohrverlegungsarbeiten angewandt, um größere
Abfallstücke verwenden
zu können. Bei beweg-
lichen Bodenverhält-
nissen ist diese Verwen-
dungsweise sogar mit
Vorteilen verbunden, da
durch den Zwischen-
raum (etwa 5 cm) zwi-
schen den Rohren ein
Ineinanderschieben der
Rohre möglich ist, wo-

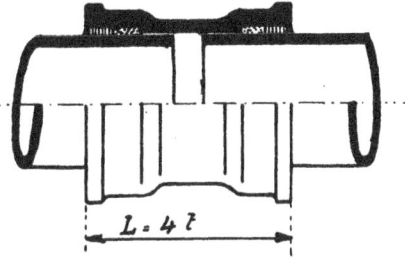

Abb. 80.

durch die Rohre in nicht zu große Pressung kommen. Bei
Wiederherstellungs- und Anschlußarbeiten wird man das immer
wahrnehmen können, wenn derartige Bodenverhältnisse vor-
herrschen. Bei kleineren Rohrbrüchen verwendet man auch

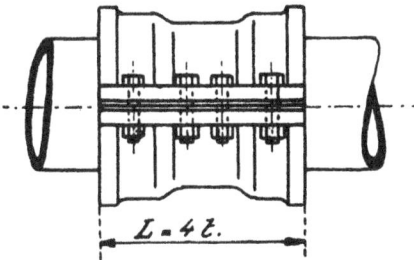

Abb. 81.

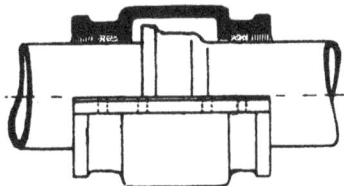

Abb. 82.

geteilte Überschiebmuffen, sog. Hilfmuffen (Abb. 81). Deren
Verwendung ist jedoch nach Möglichkeit zu vermeiden. Es
ist in jedem Falle gut, wenn die in dem Rohre herrschende
Spannung vernichtet wird. Dies kann nur unter Anwendung einer gewöhnlichen Überschiebmuffe geschehen. Die
Dichtung der beiden Muffenhälften geschieht durch Weich-
blei oder Gummi. Bei Verwendung des letzteren ist darauf

zu achten, daß dieser beim Vergießen der Muffen nicht ver-
brennt.

Für undicht gewordene Muffen wird ebenfalls eine geteilte Überschiebmuffe nach Abb. 82 angewandt. Diese Anwendungsart ist jedoch eine sehr seltene, da bei Anwendung
von Bleiwolle eine Muffe wohl immer wieder dicht zu bekommen
ist. Anders ist es, wenn die Muffe gesprungen ist. Dieser Fall
ist auch öfters anzutreffen.

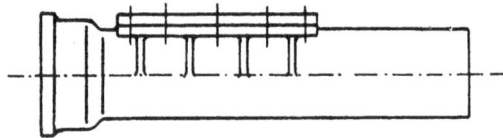

Abb. 83.

Spund- oder Streifkästen werden zwecks notwendig
werdender Reinigung der Rohrleitung in dieselbe eingebaut.
Die Anwendung ist jedoch heute nicht mehr so vielfach wie
früher, da fast ausschließlich zur Reinigung des Rohrnetzes
die Hydrantenspülung in Aufnahme gekommen ist. Wo die
Reinigung der Rohrleitungen vermittels besonders gebauter
Rohrreinigungsvorrichtungen erfolgt, ist der Einbau der
Spundkästen sehr am Platze. Für diese Zwecke ist es vorteilhaft, wenn die Streifkästen durch gemauerte Schächte zu-
gänglich gemacht werden.

Teilkugeln dienen denselben Zwecken wie die A- und
B-Stücke und sind lediglich nur als ein Ersatz dieser Form-
stücke anzusehen. Die üblichen Abmessungen gehen aus der
Übersicht 27 hervor.

Übersicht 27.

D	d	l	l_1
160	40—100	150	115
240	125—175	220	160
360	200—275	280	220
500	300—375	350	280

Es wird jedoch darauf hingewiesen, daß jedes Werk andere
Abmessungen wählt, die alle jedoch nur wenig von den obigen

abweichen. Diese Formstücke werden mit Flanschen und Muffenabgängen oder mit beiden zugleich ausgeführt (siehe Abb. 84). Die Teilkugeln sind überall am Platze, wo aus be-

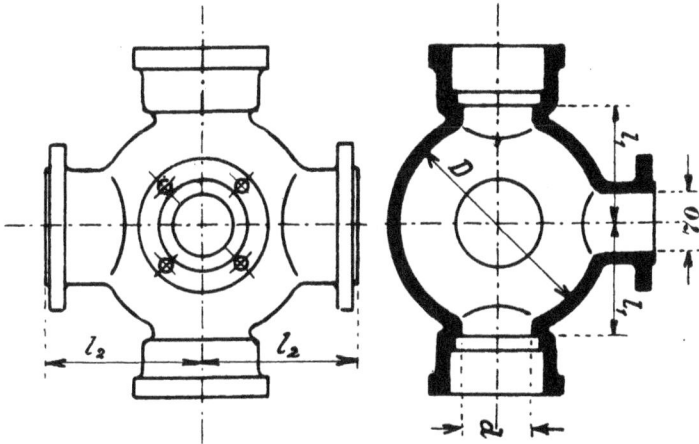

Abb. 84.

sonderen Gründen jeder Abgang einen Schieber erhalten soll. Hieraus erklärt sich, daß die Teilkugeln mit Flanschen die meiste Verwendung finden. Vorteilhaft sind solche mit einem nach oben gerichteten Stutzen für die Anbringung eines Hydranten oder Entlüftungsventiles (siehe Abb. 84). Im allgemeinen werden diese Formstücke nicht besonders viel angewandt.

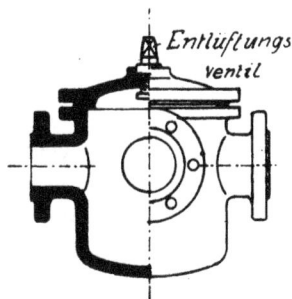

Abb. 85.

Der Teilkasten ist weiter nichts als eine bauliche Änderung der Teilkugeln. Diese werden mit Muffen und Flanschenabgängen angefertigt. Erstere Ausführung wird höchst selten angewandt, da die Teilkästen nur dort gebraucht werden, wo es unbedingt nötig ist, daß alle Abgänge Schieber erhalten. Sie werden daher vorzugsweise in die Speisestränge bei größeren Abzweigungen eingebaut. Zwecks Entlüftung wird oben auf dem Deckel ein Entlüftungsventil angebracht. Auch werden Teilkästen mit Spülventilen gebaut.

Zuweilen werden die Teilkästen in zugängliche Schächte eingebaut. Der Schacht wird dann so groß hergestellt, daß die Schieber mit untergebracht werden können. Diese Ausführungsart ist jedoch ziemlich kostspielig gegenüber den gebotenen Vorteilen. Bei dieser Ausführung unterlasse man nicht, die Spindeln der Schieber bis zur Oberfläche zu ver-

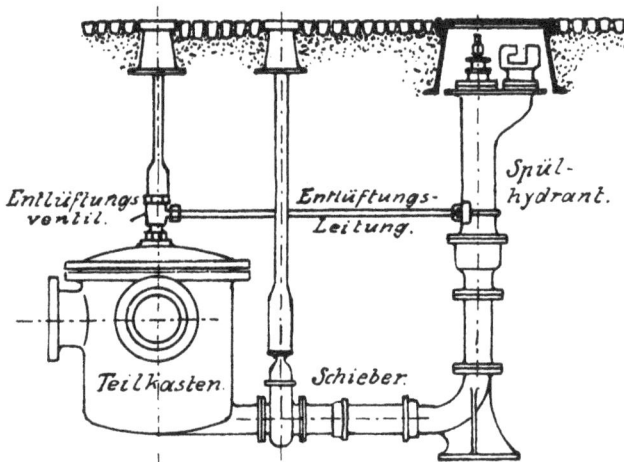

Abb. 86.

längern (siehe Abb. 111). Zwecks Beseitigung des eintretenden Tagewassers werden die Schächte mit Senkbrunnen oder besser, wenn es möglich ist, mit einer Abflußleitung zum Kanal versehen.

Eine ebenso zweckentsprechende Anordnung bei Verwendung von Teilkästen zeigt Abb. 86. Hier ist auf dem Deckel des Teilkastens ein Entlüftungsventil angeordnet. Am unteren Teil des Kastens ist ein Abgang von 50 mm bzw. 70 mm Durchmesser vorgesehen, woran durch Zwischenschaltung eines Schiebers ein Hydrant angeschlossen ist. Letzterer ermöglicht eine gute Spülung des Teilkastens. Das auf dem Deckel angebrachte Entlüftungsventil wird gleichzeitig mittels eines Rohres und einer Schelle an den Hydrantenschaft angeschlossen, so daß die Entlüftung ebenfalls durch den Hydranten erfolgt.

Entlüftungskästen sind den Teilkästen sehr ähnlich und unterscheiden sich nur dadurch, daß die Abzweige möglichst tief angeordnet sind. Das geschieht aus dem Grunde, daß sich die in dem Wasser enthaltene Luft in dem oberen Teile ansammeln kann. Auf dem Deckel wird entweder eine selbsttätige oder von Hand zu bedienende Entlüftungsvorrichtung angebracht. Die Entlüftungskästen werden fast ausschließlich nur in Druckrohrleitungen vom Pumpwerk bis zum Hochbehälter eingebaut, da durch die Wasserhebungsmaschinen mehr oder weniger Luft mit angesaugt wird. Selbstverständlich sind die Entlüftungskästen nur an den hochliegenden Punkten in die Leitung einzubauen, da sie sonst ihren Zweck verfehlen.

Schlammkästen sind im Grunde genommen nichts anderes als Teilkästen, nur sind hier die Abgangsstutzen nach oben gelegt. Dadurch wird ein Raum geschaffen, in dem sich die evtl. mitgeführten erdigen Bestandteile des Wassers niederschlagen können. Hieraus läßt sich schließen, daß bei Trinkwasserleitungen dieselben wenig oder gar nicht eingebaut werden. Bei Gebrauchswasser für gewerbliche Zwecke ist der Einbau dann zu empfehlen, wenn das Wasser unmittelbar einem Flusse entnommen wird, der Schmutz und Sandteile führt. Zwecks Spülung sind diese Kästen mit einem Spülventil versehen. Es ist für eine Leitung zum Abfluß des Spülwassers Sorge zu tragen. Eine sehr gute Spülanordnung ist die nach Abb. 86.

Die Formstücke für schmiedeeiserne Rohrleitungen werden in ihren Hauptabmessungen ebenfalls nach den Abmessungen für gußeiserne Rohre hergestellt. Die schmiedeeisernen Formstücke sind jedoch teurer als die gußeisernen. Nicht vorteilhaft ist bei den Abzweigstücken der scharfkantige Übergang.

Abb. 87.

Aus genannten Gründen werden vielfach gußeiserne Formstücke angewandt. Diese haben dann beiderseits für schmiedeeiserne Rohre passende Muffen.

Bei der Verlegung wird derartig verfahren, daß vor jedes
Formstück ein glattes Rohr verlegt wird (siehe Abb. 87). Diese
Art ermöglicht die Verwendung von glatten Abfallstücken.
Die Bezeichnung dieser Formstücke ist eine andere (siehe
Abb. 88 bis 90). Die Ausführung und Abmessungen solcher
Formstücke gehen aus den Abb. 88 bis 90 hervor.

In neuerer Zeit sind auch schmiedeeiserne Rohre zu haben,
bei denen der äußere Rohrdurchmesser dem der gußeisernen
Rohre entspricht. Demzufolge haben auch die Muffen dieser
Rohre dieselben Abmessungen wie die der
gußeisernen Rohre. Daher lassen sich alle

KU Stück.

AU Stück.   *BU Stück.*

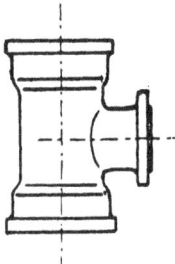 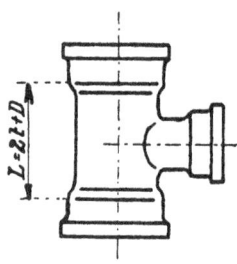 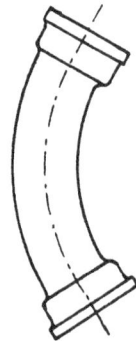

Abb. 88.   Abb. 89.   Abb. 90.

gußeisernen Formstücke für diese Rohrart verwenden, wodurch nicht zu unterschätzende Vorteile sich bieten. Denn
es ist eine bekannte Tatsache, daß ein gewöhnliches Formstück
schneller zu haben ist, als die weniger angewendeten schmiedeeisernen Formstücke. Ein weiterer Vorteil ist der, daß man
nicht ein so großes Lager von Formstücken zu halten
braucht.

2. Für Betriebsdrücke über 10 Atm.

Für höhere Betriebsdrücke als 10 Atm. genügen die nach
den handelsüblichen Abmessungen hergestellten Formstücke
nicht mehr, es ist vielmehr eine Verstärkung der Wandungen
notwendig. Auch hier wird wie bei den Rohren, durch die
Verstärkung nur der innere Rohrdurchmesser beeinflußt.

Bei der Berechnung der Wandstärken muß immer der
gefährlichste Querschnitt auf seine Beanspruchung hin unter-

sucht werden. Bei Umdrehungsformstücken ist der Querschnitt in jeder Schnittrichtung der gleiche und daher die Beanspruchung auch an jeder Stelle gleich. Anders ist es bei Abzweigstücken, Teilkugeln, Teilkästen usw., wo immer im Schnitt der Abzweige der gefährliche Querschnitt liegt. (Siehe Abb. 91.) Nach der Abb. 91 muß sein:

$$f \cdot k_z = F \cdot p.$$

Für hohe Betriebsdrücke ist der Querschnitt f bei den handelsüblichen Formstücken stets zu klein. Aus diesem Grunde wird dieser Querschnitt nach Art der Abb. 91 b verstärkt, damit die Beanspruchung das zulässige Maß nicht

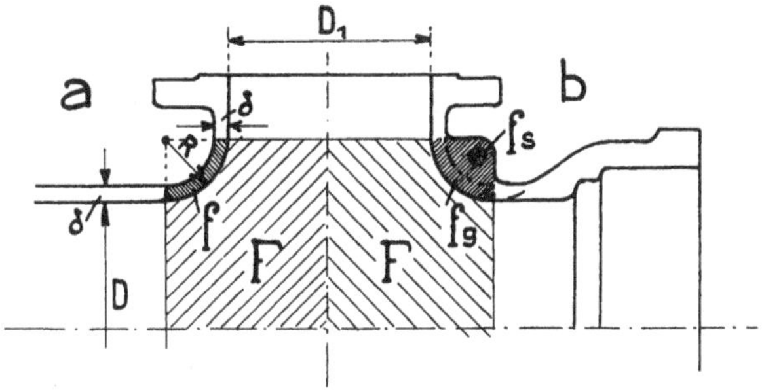

Abb. 91 a.   Abb. 91 b.

überschreitet. Würde man diese Verstärkung durch gußeiserne Augen allein vornehmen, so würden diese unförmliche Abmessungen annehmen, und außerdem würden Gußspannungen unvermeidlich sein. Daher sieht man in den Augen Löcher vor, in denen schmiedeeiserne oder stählerne Bolzen angebracht sind. Da nun dieses Material 3- bis 6mal höher beansprucht werden kann als wie Gußeisen, so wird der Querschnitt bedeutend kleiner.

Gemäß Abb. 91 b muß die Festigkeitsgleichung lauten:

$$f_g \cdot k_{zg} + f_s \cdot k_{zs} = F \cdot p,$$

wenn f_g der Querschnitt des Gußeisens in qcm,
    f_z der Querschnitt des Schmiedeeisens in qcm,
    k_{zg} die Beanspruchung des Gußeisens je qcm,
    k_{zs} die Beanspruchung des Schmiedeeisens je qcm

bedeutet. Setzt man für k_{zs} gleich ein Vielfaches von k_{zg}, etwa φfach, so geht die obige Gleichung in die Form über:

$$(f_g + \varphi f_s)\, k_{zg} = F \cdot p,$$

somit:

$$f_g = \frac{F \cdot p}{k_{zg}} - \varphi f_s.$$

Nun ist:

$$F = \left[(0{,}5\,D + R) \cdot (0{,}5\,D_1 + R) - \frac{R^2 \pi}{4} \right],$$

mithin ist:

$$f_g = \left[(0{,}5\,D + R) \cdot (0{,}5\,D_1 + R) - \frac{R^2 \pi}{4} \right] \frac{p}{k_{zg}} - \varphi f_s \quad (102)$$

Der Querschnitt f_g setzt sich zusammen aus der Rohrwandung (schraffierter Teil der Abb. 92) und aus dem angesetzten Auge. Es ist also:

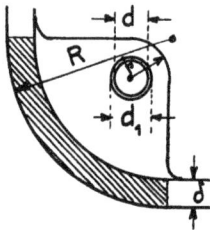

Abb. 92.

$$f_g = \frac{R^2 \pi}{4} - \left[\frac{d_1{}^2 \pi}{4} + \left(r \cdot r - \frac{r^2 \pi}{4} \right) \right],$$

hieraus:

$$R = \sqrt{\frac{4}{\pi} \left[f_g + \left(\frac{d_1{}^2 \pi}{4} + \left[r \cdot r - \frac{r^2 \pi}{4} \right] \right) \right]}$$

$$\ldots (103)$$

Bei der Berechnung solcher Formstücke wird vorerst die Schraubenstärke der Verstärkungsbolzen angenommen, ebenso auch der Wert von R. Den Wert von r nimmt man gewöhnlich

$$r = d + 5 \text{ bis } 10 \text{ mm} \quad \ldots \ldots \ldots (104)$$

Die übrige Wandstärke der Formstücke bestimmt sich nach der Gleichung 97.

Beispiel.

Es soll ein Abzweigstück von 600 auf 400 mm lichte Weite für einen Betriebsdruck von 15 Atm. entworfen werden. Welche Abmessungen erhält dieses Formstück bei $k_{zg} = 200$ kg je qcm für Gußeisen und für $\varphi = 4$?

Lösung.

Wir nehmen den Wert von R vorläufig zu 100 mm und eine einzöllige Schraube an ($f_s = 3{,}5$ qcm). Somit ist nach Gleichung 102:

$$f_g = \left[(0,5 \cdot 60 + 10 \cdot 0,5 \cdot 40 + 10,0) - \frac{10,0^2 \cdot 3,14}{4}\right] \frac{15}{200} - 4 \cdot 3,5$$

$$f_g = 75 \text{ qcm.}$$

Nach Gleichung 104 ist:

$$r = 26 + 10 = 36 \sim 40 \text{ mm.}$$

Mithin ist nach Gleichung 103:

$$R = \sqrt{\frac{4}{3,14}\left[75 + \left(\frac{2,7^2 \cdot 3,14}{4} + \left[4,0 \cdot 4,0 - \frac{4^2 \, 3,14}{4}\right]\right)\right]} = 10,4 \text{ cm.}$$

Die Annahme von $R = 100$ mm war so gut gewählt, daß sich eine nochmalige Durchrechnung erübrigt.

Die Wandstärke bestimmt sich nach Gleichung 97 zu:

$$\delta = \frac{60,0 \cdot 15}{2 \cdot 400} + 0,8 = 1,9 \sim 2,0 \text{ cm.}$$

Besonderes Augenmerk ist bei hohen Betriebsdrücken auf eine gute Verankerung der Krümmer zu richten. Hier

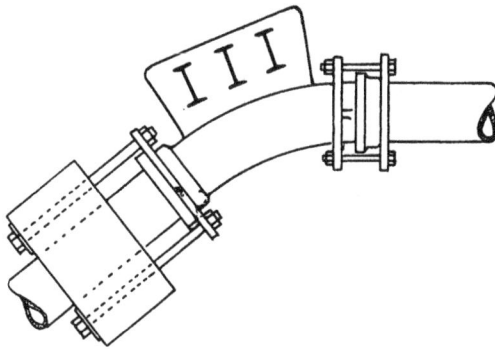

Abb. 93.

nimmt man eine größere Anzahl von Schrauben und kräftigere Schellenbänder wie auf S. 135 angegeben ist. Besser ist, an Stelle der Schellenbänder lose schmiedeeiserne Flanschen, wie dies Abb. 93 zeigt, oder die auf S. 136 beschriebenen Schellen anzuwenden.

Etwa vorgesehene Betonklötze können noch durch eingerammte eiserne Schienen gesichert werden (Abb. 93). Haben die am Krümmer anschließenden Rohre keine angegossenen

10*

Nocken, so ist um das Rohr ein Betonklotz herzustellen, worin die Schrauben verankert werden (Abb. 93).

e) Die Verwendung schmiedeeiserner Rohre im Wasserleitungsbau.

1. Allgemeines.

Wenn ich zu dieser Frage in einem besonderen Abschnitt Stellung nehme, so soll das aus dem Grunde geschehen, um meine eigenen Erfahrungen und Ansichten in dieser Richtung niederzulegen. Ich möchte nicht allein über die Verwendbarkeit von schmiedeeisernen Rohren, sondern auch über die konstruktive Ausführung sprechen und geeignete Vorschläge machen.

Bekannt ist, darüber besteht wohl heute nicht im geringsten Zweifel mehr, daß Rohre aus Schmiedeeisen in bezug auf Rosten dem Wasser nicht in dem Umfange standhalten als gußeiserne Rohre. In vielen Fällen ist sogar dringend von der Verwendung von schmiedeeisernen Rohren abzuraten. Das Rosten der Rohre in größerem oder geringerem Umfange ist auf den Kohlenstoffgehalt des verwandten Rohrmaterials zurückzuführen, und zwar ist die Widerstandsfähigkeit gegen Rostangriff um so größer, je höher der Kohlenstoffgehalt ist. Man kann diese Erscheinung jederzeit an Gußeisen, Stahl und weichem Schmiedeeisen beobachten. Bei den beiden ersten Stoffen erfolgt die Rostung in dünnen, feinkörnigen Lagen, während man bei Schmiedeeisen die Feststellung machen kann, daß der Rost sich selbst schalenförmig ansetzt, und zwar in einem größeren Umfange, je weicher das Schmiedeeisen ist. Der Nachteil der schmiedeeisernen Rohre besteht nun einmal und kann nicht in Abrede gestellt werden. In etwa begegnen kann man diesem Nachteil, indem man möglichst kohlenstoffreiches Eisen verwendet. Besonders achte man auch darauf, daß in den Leitungen große Wassergeschwindigkeiten herrschen, besonders wenn das Wasser kohlensäurehaltig ist. Ferner soll man auf gute Schutzanstriche ganz besonderen Wert legen.

2. Der Rohrdurchmesser.

In dieser Beziehung kann nur dringend dazu geraten werden, den äußeren Rohrdurchmesser jeweils unveränderlich

auszuführen und den inneren Rohrdurchmesser je nach Wandstärke schwanken zu lassen. Wie ungemein praktisch es ist,
den äußeren Rohrdurchmesser den Rohrnormalien vom Jahre
1882 anzupassen, weiß der zu ermessen, der in der Praxis der
Rohrverlegung steht. Es wäre daher außerordentlich wert-
voll, wenn die Rohrwalzwerke grundsätzlich sich entscheiden
würden, nur noch Rohre nach den oben genannten Rohrnormalien anzufertigen. Dies wäre ein großer Schritt vorwärts,
und ich bin überzeugt, daß jeder Fachmann es begrüßen würde.
Man kann eigentlich nicht verstehen, daß die Wasserwerks-
verwaltungen nicht schon selbst dafür sorgen, daß die Rohrwalzwerke nur Rohre nach den Normalien herstellen, was doch
leicht dadurch geschehen könnte, daß grundsätzlich nur Rohre
nach den Normalien bestellt würden. Mit der Zeit würden die
Walzwerke schon aus fabrikationstechnischen Gründen sich
hierauf einstellen.

Es ist von ungemein großem Vorteil, wenn guß- und
schmiedeeiserne Rohre durcheinander gebraucht werden können. Bei Reparaturen, Umänderungen, treten diese Vorzüge
ganz besonders in Erscheinung.

Bei dieser Gelegenheit sei darauf hingewiesen, daß die
Röhrenwerke es sich angelegen sein lassen sollten, in bezug auf
Durchmesser etwas bessere Arbeit zu leisten, als dieses zuweilen
geschieht. Mitunter ist es so, daß nur die Schwanzenden der
Rohre mit der Schablone geprüft werden, während an den
übrigen Stellen die Prüfung des Rohrdurchmessers unterbleibt.
Zerschneidet man mitunter schmiedeeiserne Rohre, so kann
man in bezug auf Durchmesser vorgenannte Erlebnisse durch-
machen. Verfasser hat schon Fälle erlebt, daß durchgeschnit-
tene Rohre nicht in die Muffe gingen, oder daß das Schwanzende des zerschnittenen Rohres im äußeren Durchmesser
kleiner war als der innere Durchmesser des vorher verlegten
Rohres.

Derartige Begleiterscheinungen sind bei eiligst durchzufüh-
renden Rohrverlegungsarbeiten außerordentlich unangenehm
und tragen nicht selten dazu bei, daß die Wasserversorgung
für Stunden in Frage gestellt wird, was ich schon selbst mit-
erlebt habe. Bei großen Werken sind derartige Fälle recht unangenehm und können kaum verantwortet werden.

3. Muffenformen.

Die Normalien der Muffenformen der gußeisernen Rohre
haben sich nach langjährigen Erfahrungen bestens bewährt.
Aus diesem Grunde ist es empfehlenswert, die Muffenform für
schmiedeeiserne Rohre diesen Normalien anzupassen. Unnötig
ist es, die Abmessungen mit jedem Rohrdurchmesser ändern
zu lassen, da dies die Rohrverlegungsarbeiten nicht bedingen;
weiterhin erspart es den Röhrenwalzwerken die Beschaffung
vieler Werkzeugeinrichtungen. Nach den Erfahrungen des

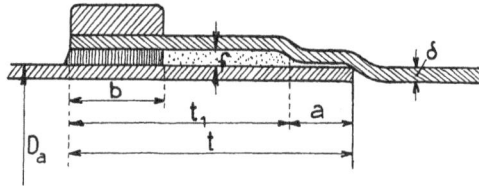

Abb. 94.

Verfassers genügen die in der folgenden Übersicht 28 angegebenen Abmessungen allen Anforderungen für einen Druck
bis zu 10 Atm. (Siehe Abb. 94.)

Übersicht 28.

Rohr-durchmesser in mm	Muffen-tiefe t	Führungs-tiefe a	Bleiring-höhe b	Dichtungs-fuge f
100 bis 300	110	30	40	8
350 » 550	120	35	45	9
600 » 750	130	40	50	10,5
800 » 1000	140	45	55	12

Die in den Gußrohrnormalien vorgeschriebenen Bleiring-
höhen sind reichlich hoch und können ohne Bedenken kleiner
bemessen werden, besonders dann, wenn der erste Teil des
Bleiringes aus Riffelblei- oder Bleiwolle und erst der obere
Teil in Höhe von 20 bis 25 mm in Gußblei hergestellt wird,
worauf noch zurückgekommen wird.

Über die Ausbildung der Muffenformen sei folgendes vermerkt:

Leider gibt es noch einige Muffenprofile (Abb. 95), die als vollkommen unbrauchbar zu bezeichnen sind. Zunächst ist die Form nach Abb. 95 als ungeeignet zu nennen, besonders bei Herstellung der Bleidichtung in Gußblei. Den Vorguß zeigt in diesem Falle der punktschraffierte Teil. Diesen eigenartig ausgebildeten Vorguß sachgemäß ein- bzw. abzustemmen, ist ein Ding der Unmöglichkeit. Die Rundung a—b verhindert eine ordnungsgemäße Verstemmung der Bleidichtung vollkommen. Weiter hat diese Muffe noch den Nachteil, daß die Bejutung der abgestimmten Muffe nicht einwandfreier folgen kann.

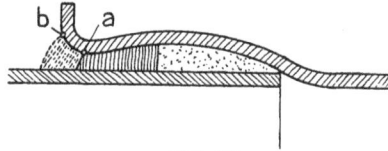

Eine ebensowenig geeignete Muffenform zeigt die Abb. 96. In diesem Falle ist die Rille a als unzweckmäßig an der Muffe (Abb. 96) zu bezeichnen. Die Dichtung dieser Muffe eignet sich weder für Gußblei noch Riffelblei. Bei Ver-

Abb. 95.

Abb. 96.

wendung des erstgenannten Dichtungsmaterials ist es unmöglich, daß beim Bleieinguß die Muffe vollkommen ausläuft, weil die in der Rille a sich befindende Luft nicht restlos entweichen kann. Die Verwendung von Bleiwolle oder Riffelblei ist aus dem Grunde nicht angebracht, da es ausgeschlossen ist, die Rille a der Muffe sachgemäß ausstemmen zu können. Außerdem hat diese Muffe den Nachteil, daß das in der Rille befindliche Blei beim Abstemmen abgeschoren wird.

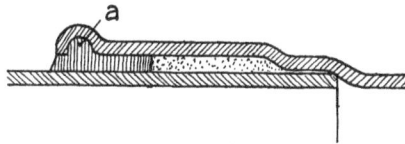

Bis zu 8 Atm. Wasserdruck ist es ratsam, eine Muffenform nach der Abb. 94 zu wählen. Eine schwache konische Erweiterung der Muffenform nach hinten ist durchaus angebracht und hat sich gut bewährt. Eine Konizität von 4 mm auf 100 mm Länge hat sich als geeignet erwiesen.

Bei höherem Druck als 8 Atm. wird die Muffenform der Abb. 97 empfohlen. Diese Muffenart hat sich als sehr praktisch erwiesen, und besonders dort, wo bergbauliche Erdbewegungen vorliegen. Bei Eintritt von Zerrungen kommt es nicht vor, daß

hierbei die Bleidichtung mit aus der Muffe gerissen wird.
Finden wiederum Pressungen statt, so kann auch die Bleidichtung nicht nach innen gedrückt werden, da diese infolge der
Verengung der Muffe nicht rückwärts geschoben werden kann.
In Gebieten mit bergbaulichen Einwirkungen verlängert man
den Führungsteil (Maß a) der Muffe bis auf 120 mm für sämtliche Rohrdurchmesser, wie dies die Abb. 97 punktiert zeigt.

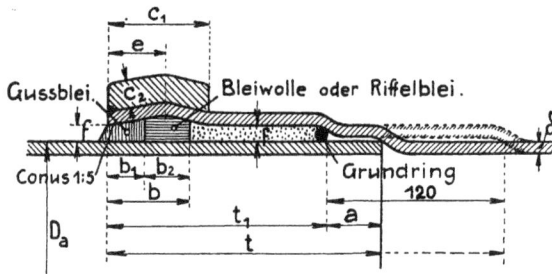

Abb. 97.

Bei der Verlegung der Rohre wird das Schwanzende bis zu
60 mm in die Führung eingeschoben. Auf diese Weise hat man
für Pressungen wie für Zerrungen je Muffe 60 mm Spiel.

Für diese Muffenform seien folgende Abmessungen empfohlen:

Übersicht 29.

Rohr-durchmesser in mm	Muffen-tiefe	Bleiringabmessungen				Verstär-kungsring		Konus-länge	Füh-rungs-länge
	t	b	b_1	b_2	f	c_1	c_2	e	a
100 bis 300	110	40	20	20	8	50	12	30	30
350 » 550	120	45	20	25	9	55	15	32	35
600 » 750	130	50	20	30	10,5	60	20	35	40
800 » 1000	140	55	20	35	12	65	25	40	45

4. Ausführung der Flanschen.

Die Flanschen in bezug auf Durchmesser und Lochkreis-
durchmesser den Normalien anzupassen versteht sich von selbst.
Die Flanschenstärke und der Durchmesser der Schrauben sind
dem Druck anzupassen.

Zu der Frage, ob Flanschenverbindungen mit festen oder losen Flanschen zu empfehlen sind, möchte ich unbedingt zu der ersteren Flanschenart raten. Diese Flanschausführung hat den Vorteil, daß nicht so viele Lücken gegeben sind, worin sich dauernd Wasser ansammeln und so ungestört die Rostung fördern kann. Bei festen Flanschen hat man noch den Vorteil, daß man den Zwischenraum der beiden Flanschen vollkommen mit Isoliermasse ausgießen kann, wodurch das Rosten der Schrauben verhindert wird. Es kommt bei festen Flanschen bisweilen schon vor, daß die Achse des Lochkreises nicht ganz stimmt, dem man jedoch dadurch leicht begegnen kann, daß man bei der Werksabnahme genaue Prüfungen vornimmt und unnachsichtlich alles zurückweist, was nicht den Vorschriften entspricht. Auf diese Weise wird auf der Baustelle jede unliebsame Störung infolge Nichtpassens der Lochkreisachsen vermieden.

5. Formstücke.

Die Formstücke den Normalien für gußeiserne Rohre anzupassen, möchte ich dringend abraten. Diese Normalien haben doch manche Nachteile, die erst in der Praxis zutage treten, weshalb derartige Zustände, wo es angängig, unbedingt ausgemerzt werden müssen, was bei schmiedeeisernen Formstücken doch ohne weiteres möglich ist, da Modelle unentbehrlich sind.

Bei den Abzweigstücken (*A*-, *B*- und *C*-Stücken) beginnend, muß betont werden, daß die Baulängen, wie sie die Gußrohrnormalien vorsehen, zu kurz gehalten sind. Bei den kleinen Rohrdurchmessern, bis zu 200 mm, genügen die Abmessungen noch gerade, während der Nachteil von zu kurzer Baulänge mit dem Anwachsen des Rohrdurchmessers zunimmt. Dem Rohrleger ist es bei großen Rohrdurchmessern nur unter Schwierigkeiten möglich, die am Schwanzende befindliche Muffe sachgemäß zu verstemmen. Das Maß zwischen Muffe und Abzweig ist derart gering, daß der Rohrleger nicht genügend Raum hat, um mit dem Fäustel ausholen zu können. Ein jeder Praktiker weiß, daß die Gewähr einer dichten sachgemäß verstemmten Muffe um so mehr gegeben ist, je besser der Rohrleger in der Lage ist, die Muffe bearbeiten zu können. Es ist auch gar nicht einzusehen, und auch keine Gründe sprechen dagegen, die Formstücke länger zu wählen als nach den Guß-

rohrnormalien. Am besten und billigsten ist, die Abzweigstücke derart auszuführen, daß man den Abzweigstutzen an
ein Rohr anschweißt. Auf diese Weise spart man Dichtungen
und Arbeit, und der Preis je lfdm Abzweigstück wird am geringsten. Wer dennoch an einzelnen Formstücken festhalten
will, dem seien die Baulängen nach der Übersicht 30 empfohlen. (Abb. 98.)

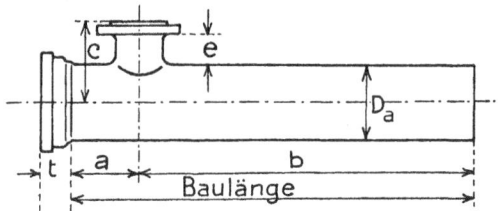

Abb. 98.

Zu den Abzweigstutzen bei A-Stücken möchte ich bemerken: Das Maß e muß (siehe Abb. 98) mindestens 10 mm größer
sein als die ganze Länge der zu der Flanschverbindung notwendigen Schrauben. Dies ist aus dem Grunde notwendig, da
einzubauende Armaturen infolge ihrer Bauart es meistens nicht

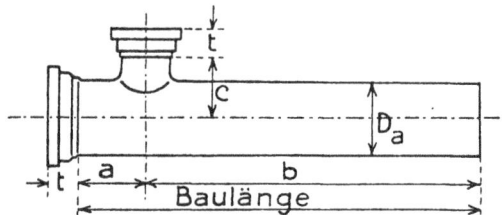

Abb. 99.

gestatten, daß die Schrauben von der Armaturenseite aus
in die Schraubenlöcher eingeführt werden können. Empfehlen
kann man nur, das Maß c so zu bemessen, daß e 25 bis 50 mm
größer ist als die Schraubenlänge, denn oft kommt es vor, daß
die passenden Schrauben nicht zur Hand sind, weshalb dann
nur längere Schrauben verwandt werden können. Die Übersicht 30[1] zeigt die Maße c, die sich nach oben gegebenen Ge-
sichtspunkten ergeben.

---

[1] Siehe Anhang.

Von weniger praktischer Bedeutung ist das Maß *a*. Hier sprechen mehr fabrikationstechnische Fragen mit als Gründe sachgemäßer Verlegungsarbeit. Die Angaben für die Abmessungen *a* der Übersicht 30 dürfen wohl in allen Fällen auf Herstellungsschwierigkeiten stoßen.

Bei *B*-Stücken ist die Länge des Abzweigstutzens nicht von der Bedeutung wie bei den *A*-Stücken. Die in der Übersicht 31[1]) angegebenen Abmessungen genügen nach jeder Richtung hin.

Ganz unverständlich ist die kurze Baulänge der *E*- und *F*-Stücke nach den Gußrohrnormalien, weshalb davon abgeraten wird, die hierfür geltenden Abmessungen beizubehalten. Bei der kurzen Baulänge sind diese auf die Länge bezogen, recht kostspielige Formstücke. Für diese Formstücke seien die Abmessungen der Übersicht 32 in Vorschlag gebracht.

Übersicht 32.

Nenndurchmesser mm	Baulänge	Nenndurchmesser mm	Baulänge
100 bis 500	750	550 bis 1000	1000

Nimmt man Einblick in eine Tabelle der Gußrohrnormalien über die *U*-Stücke, so mutet es wunderlich an, daß die Längen derselben in einem bestimmten Verhältnis zum Rohrdurchmesser wachsen. Es spricht nichts dagegen, daß die Längen der *U*-Stücke von 40 bis 1000 mm nur viermal abgestuft werden, wie dies die Übersicht 33 zeigt.

Übersicht 33.

Nenndurchmesser	100 bis 300	325 bis 450	500 bis 750	800 bis 1000
Baulänge	600	700	800	1000

Die Längen nach den Gußrohrnormalien sind viel zu klein und daher recht unpraktisch. Besonders in Gegenden, wo der Bergbau umgeht, sind längere Überschieber von sehr großem Nutzen. Wer einmal mit den langen Überschiebern gearbeitet hat, kann sich nicht mehr an die kurzen Überschiebmuffen gewöhnen. Wie bequem es ist, daß man bei langen Überschiebmuffen der Leitung 30 cm und mehr Spiel geben kann, weiß der Praktiker, der hiermit schon gearbeitet hat, zu ermessen.

[1]) Siehe Anhang.

Für normale Rohrverlegungen kommt man mit Krümmern, mit einem Krümmungsradius von 5- und 10 mal dem Rohrdurchmesser aus. Bei schwachen Krümmern, die nur eine Schweißnaht haben, kann man nicht mehr von einem Krümmungsradius sprechen. Je mehr Schweißnähte man den Krümmern gibt, um so mehr nähert sich der Bogen der Kreisform. Die Anzahl der Schweißnähte übertreibe man nicht, wiederum sehe man mit Rücksicht auf eine gute Wasserführung auch eine genügende Anzahl Schweißnähte vor. Die in der Übersicht 34 angegebenen Daten genügen allen Anforderungen und können daher nur empfohlen werden.

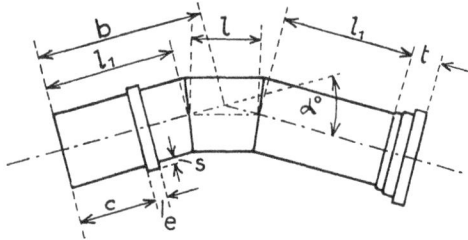

Abb. 100.

Außer den Abmessungen für die Krümmer enthält die Übersicht 34[1]) noch Werte, die für die Absteckungsarbeiten des Rohrgrabens erforderlich sind.

Bekanntlich ist es infolge des Austriebes der Krümmer notwendig, daß diese an dem Auseinanderreißen gehindert werden. Die beste Lösung ist immer das Verankern der Krümmer und ist einer Hintermauerung auf jeden Fall vorzuziehen. Vor allen Dingen kommt es darauf an, eine gute Möglichkeit zu schaffen, um eine Verankerung anbringen zu können. Zu diesem Zweck wird empfohlen einen Schrumpfring anzubringen. Der Ring wird zur Sicherheit in Abständen von 10 bis 15 cm noch mit dem Rohr auf etwa 5 cm Länge verschweißt. Hinter einem solchen Ring läßt sich in sicherer Weise die Verankerung anbringen. Hinsichtlich der Ausführung der Verankerungen verweise ich auf S. 135 bis 136 und empfehle besonders die Verankerung »Stabil«.

Die Verwendung von gußeisernen Formstücken hat den Nachteil, daß die Verwendung von zusammengesetzten Form-

---

[1]) Siehe Anhang.

stücken fast ausgeschlossen ist. Unter zusammengesetzten Formstücken sind jene Stücke zu verstehen, die zwei oder mehrere Formstücke in sich vereinigen; z. B. die Vereinigung eines A- und R-Stückes zu einem Formstück. Derartige Stücke in Gußeisen ausgeführt sind recht kostspielig. Da bei schmiedeeisernen Leitungen die Verwendung von zusammengesetzten Formstücken durchaus angebracht ist, so sei auf verschiedene Arten solcher Formstücke eingegangen.

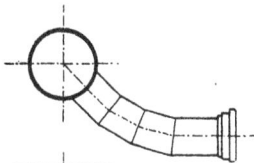

Abb. 102.

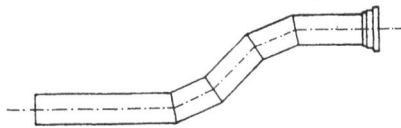

Abb. 101.

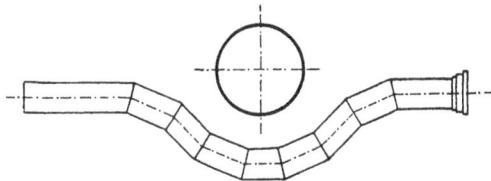

Abb. 103.

Bei Abzweigleitungen ist es sehr oft der Fall, daß die abzweigende Leitung ein Hindernis über- oder zu unterschreiten hat. In diesen Fällen ist eine Verbindung von einem A- oder B-Stück mit einem Krümmer angebracht. Ein solches Formstück, AK- oder BK-Stück genannt, zeigt die Abb. 101. Es ist gleichgültig, ob der Abzweig eine Muffe oder einen Flanschen erhält. Durch ein derartiges Formstück wird eine Verbindung und unter Umständen auch eine Krümmerverankerung gespart.

Bei Höhenunterschieden zweier Leitungen gleicht man diese durch Sprungstücke, S-Stücke bezeichnet, nach der Art der Abb. 102, aus. In normalen Fällen würde eine derartige Verbindung aus 2 Krümmern, zuweilen auch noch aus einem zwischengeschalteten graden Rohrstück bestehen. Diese Ausbil-

dung eines Sprunges erspart eine bzw. zwei Verbindungen und
die entsprechende Anzahl von Verankerungen. Neben den vorgenannten Ersparnissen hat ein derartiges Formstück noch den
Vorzug einer erhöhten Sicherheit.

Sind Über- oder Unterbrückungen notwendig, so wendet
man das Formstück der Abb. 103 an. Ein solches Formstück
ersetzt vier Krümmer, mitunter noch zwischen den Krümmern
vorzusehende gerade Rohrstücke, es erspart somit wenigstens
drei Rohrverbindungen, unter Umständen
mehr und die gleiche Anzahl von Krüm-
merverankerungen.

Recht gute Dienste leistet sehr
oft ein Formstück in Ausführung der

Abb. 104, also eine Art C-Stück. Die
Anschlußleitungen sind dargestellt, um
zu zeigen, in welchem Falle ein solches
Formstück am Platze ist. Da der Abzweigstutzen der einen Leitung die
andere Leitung unter- oder überfahren
muß, so muß der Abzweigstutzen so weit nach oben oder
unten gedreht werden, daß die Leitung 1 ungehindert gekreuzt
werden kann. Sind, wie in der Abb. 104 angedeutet, Schieber
vorzusehen, so sind zweckmäßig Flanschen mit losen Ringen
anzuwenden.

Auf R-Stücke in Verbindung mit einem A-, B- oder
C-Stück braucht nicht besonders eingegangen werden. Ein
C-Stück mit einem R-Stück vereinigt zeigt gleichzeitig die
Abb. 104.

Alle vorkommenden zusammengesetzten Formstücke, die
sich durch die Örtlichkeit ergeben, durchzusprechen, dürfte
zu weit führen. Die vorerwähnten Formstücke kehren in der
Praxis am hauptsächlichsten wieder.

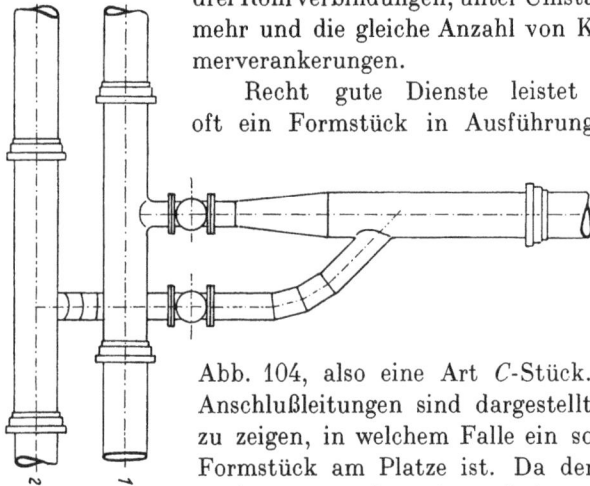

Abb. 104.

6. Dichtung der Rohre.

Unter normalen Verhältnissen ist die Muffendichtung die gegebenste, da sich diese bei sachgemäßer Arbeit bestens bewährt hat. Der Wichtigkeit halber möchte ich mich über diese Dichtungsart etwas eingehender äußern.

Zunächst möchte ich auf eine Neuerung hinweisen, die ganz erhebliche Vorteile bietet. Vor der Verstrickung der Muffe schiebe man bis zum Grund den in der Abb. 97 dargestellten Messingring, »Grundring« genannt, in die Muffe ein. Die Stärke des Grundringes wähle man so, daß der Drahtdurchmesser 3 bis 4 mm größer ist als der gesamte Spielraum zwischen dem Durchmesser des Schwanzendes und des Rohrführungsteiles der Muffe. Dieser Grundring verhütet jedes Durchstricken des Hanfstrickes und hat dieser weiter den Vorteil, daß der einzustemmende Strick sofort einen festen Halt findet. Infolge der zuletzt genannten Tatsache geht die Verstrickung der Muffe in sehr zuverlässiger Weise vor sich. Die Höhen der Bleiringe, wie in der Übersicht 29 angegeben, genügen bis zu einem Druck von 15 Atm. in jeder Beziehung. Nicht dringend genug kann ich davon abraten, den Bleiring aus Gußblei allein herzustellen. Mein Vorschlag geht im Hinblick auf die guten Erfahrungen dahin, die Bleiringe zum Teil aus Bleiwolle oder Riffelblei und Gußblei herzustellen. Auf den Hanfstrick stemme man zunächst die erstgenannten Bleifabrikate in der üblichen Weise. Durch das Einstemmen dieser Bleiart wird der Hanfstrick ganz besonders nachgestemmt, so daß die unbedingte Gewähr einer guten Hanfverstrickung gewährleistet ist. Ist die Kaltbleiverstemmung bis auf 20 bis 30 mm eingestemmt, so ist ein Gußbleiring in der üblichen Weise einzugießen und abzustemmen. Den Gußring nehme man auf keinen Fall höher als 25 mm, da die Stemmwirkung überhaupt nicht tiefer eindringt. Eine derartig hergestellte Muffendichtung ist nach meinen Erfahrungen das Beste, was es in dieser Beziehung bis heute gibt.

Zur Flanschendichtung ist nur wenig zu sagen. Die bisher bewährte Gummidichtung kann nur empfohlen werden. Der zu verwendende Gummi muß weich sein und ist nicht dringend genug zu empfehlen, Gummi mit Messingdrahteinlagen zu verwenden.

Bei Verwendung von schmiedeeisernen Rohren bietet die
Schweißbarkeit der Rohre recht erhebliche Vorteile. Sehr oft
hilft man sich aus einer unangenehmen Situation heraus, weil
man in der Lage ist, Schweißungen vornehmen zu können.
Infolge dieser Tatsache kann man zu plötzlich notwendig
werdenden Lösungen schreiten, die man bei Verwendung von
Gußrohren nicht sofort lösen
könnte.

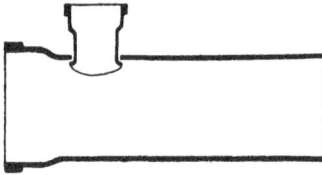

Abb. 105.

Bei der Ausführung von
Schweißungen lege man den
allergrößten Wert auf best-
geschulte Arbeitskräfte. Wo
angängig, wende man immer die
Hammerschweißung an. Diese
Schweißart bietet die größte Gewähr einer guten Schweißung.

Abzweigstutzen anzuschweißen ist eine der am meisten
vorkommenden Arbeiten. Der Verfasser hat, wo angängig, die
Stutzen nach Art der Abb. 105 ausführen lassen. Ein auf diese
Art angebrachter Stutzen bietet die unbedingte Gewähr, daß
dieser nicht abreißt.

7. Verwendungszweck.

Hat Wasser freien Sauerstoff oder freie Kohlensäure, so
ist unbedingt davon abzuraten, schmiedeeiserne Rohre zu verwenden. Vorgenannte Gase sind sehr angriffslustig und machen
sich die Anfressungen zunächst als kleine Löcher bemerkbar.

In Gegenden, wo der Bergbau umgeht, ist für die großen
Rohrdurchmesser — von 500 mm ab — die Verwendung von
schmiedeeisernen Rohren auch dann gegeben, wenn das Wasser
die vorgenannten Eigenschaften besitzt. In diesem Falle ist
aber unbedingt für die Errichtung einer Entsäuerungsanlage
Sorge zu tragen.

Recht angenehm ist die Verwendung von schmiedeeisernen
Rohren innerhalb und außerhalb von Pumpwerken, Hochbehälter usw., wobei sehr viele komplizierte Verbindungen
vorkommen. Derartige Rohrverbindungen lassen sich unter Verwendung von schmiedeeisernen Rohren immer durchführen.

Bei Druckrohrleitungen von 15 atü Betriebsdruck an ist
die Verwendung von schmiedeeisernen Rohren gegeben.

8. Krümmerschweißungen.

Hat man einen Krümmer von bestimmtem Winkel zu schweißen, so ist es unbedingt erforderlich, die Abmessungen des Rohrschnittes zu kennen. Ist ein Rohr vom Winkel α^0 zu schweißen, so ist es bekanntlich notwendig, das Rohr unter einem Winkel von $\dfrac{\alpha^0}{2}$ zu schneiden. Dreht man dann das eine Rohrende um 180°, so daß der Punkt a nach Punkt b kommt, so hat das Rohr einen Winkel von α^0. Um einen solchen Schnitt schnellstens herstellen zu können, ist es von Wert, zu wissen, um welches Maß c (Abb. 106) die Punkte a und b bei einem bestimmten Winkel und Rohrdurchmesser gegenüber verschoben sind. Nach der Abb. 106 ist

$$c = D_a \cdot \operatorname{tg} \frac{\alpha}{2}.$$

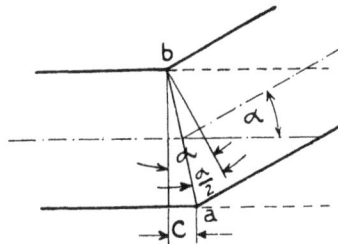

Aus der umstehenden Übersicht geht hervor, wie groß c bei dem jeweiligen Rohrdurchmesser und Neigungswinkel α ist.

Abb. 106.

Bei Krümmern mit einem Winkel von mehr als 15° sind zwei und mehr Schweißnähte empfehlenswert. In diesem Falle gilt:

$$\alpha_1 = \frac{\alpha}{n}$$

wenn n die Anzahl der Schweißnähte bedeutet. Z. B. für einen Krümmer von 300 mm Nenndurchmesser und 30° mit zwei Schweißnähten ist

$$\alpha_1 = \frac{30}{2} = 15^0.$$

Nach der Übersicht ist für $\alpha_1 = 15^0$ und 300 mm Nenndurchmesser

$$c = 43 \text{ mm.}$$

f) Die Ausrüstungsstücke und ihre Anwendung.

1. Schieber. Die Schieber dienen dazu, einzelne Straßenleitungen nach Bedarf außer Betrieb setzen zu können. Im Stadtrohrnetz ordnet man diese so an, daß jede abzwei-

Übersicht 35.

Lichte Weite	50	80	100	125	150	200	250	300	350	400	450
Äuß. Rohr-φ	66	89	118	144	170	222	274	326	378	429	480
Grad des Krümmers — 5						9	12	14	17	19	21
Grad des Krümmers — 7½					11	15	18	21	25	28	31
Grad des Krümmers — 11¼			12	14	17	22	27	32	37	42	47
Grad des Krümmers — 15		13	16	19	22	29	36	43	50	57	63
Grad des Krümmers — 22½	13	19	23	29	34	44	54	65	75	85	96
Grad des Krümmers — 45	27	40	49	60	70	92	113	135	157	157	199

Lichte Weite	500	550	600	650	700	750	800	900	1000	1100	1200
Äuß. Rohr-φ	532	583	634	686	738	790	842	945	1048	1052	1256
Grad des Krümmers — 5	23	25	28	30	32	35	37	41	46	50	55
Grad des Krümmers — 7½	35	38	41	45	48	52	55	62	69	76	82
Grad des Krümmers — 11¼	51	57	62	68	73	78	83	93	103	113	124
Grad des Krümmers — 15	71	77	83	90	97	104	111	124	138	153	165
Grad des Krümmers — 22½	106	116	126	136	147	157	167	188	208	229	250
Grad des Krümmers — 45	220	242	263	284	305	327	349	394	434	477	531

gende Leitung einen Schieber erhält, so daß jede Straßenteilstrecke zeitweilig abgesperrt werden kann. Durchgehende Leitungen erhalten in Abständen von 300 bis 500 m ebenfalls Schieber. Der Billigkeit halber wird zuweilen auch die Bezirksabsperrung gewählt. Diese Ausführungsart hat jedoch den Nachteil, daß bei Rohrbrüchen oder sonstigen Arbeiten die außer Betrieb zu setzenden Strecken sehr groß sind. Weiter verliert diese Anordnung sehr an Übersichtlichkeit.

Die Schieber werden als Muffen- oder Flanschenschieber ausgeführt, doch ist die letztere Ausführung die verbreitetste und werden in, dem Betriebsdruck entsprechend, schweren Ausführungen hergestellt. Für über 12 Atm. Betriebsdruck kommen nur noch Flanschenschieber in Frage. Die größte Verwendung finden die Ausführungen bis zu 10 Atm. Betriebsdruck mit ovalem Gehäuse. Die Schieber mit kreisförmigem Gehäuse gestatten einen Betriebsdruck bis zu 15 Atm. Abb. 107 u. 108 zeigen die Ausführung der gebräuchlichen Schieber mit ovalem Gehäuse, wie sie fast ausschließlich zu Wasserversor-

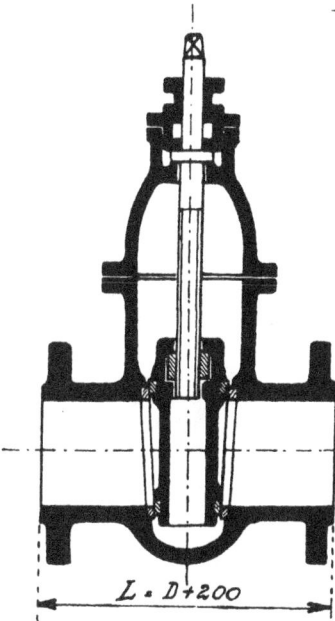

$$L = D + 200$$

Abb. 107.

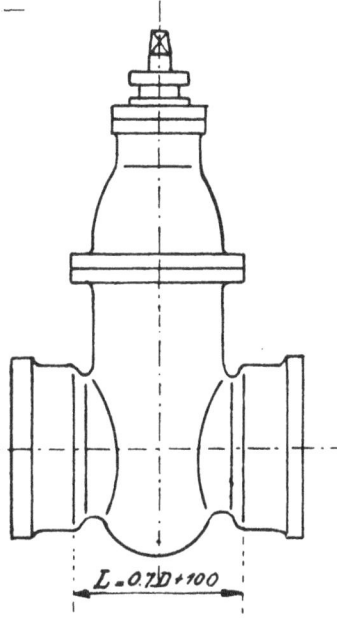

$$L = 0.7 D + 100$$

Abb. 108.

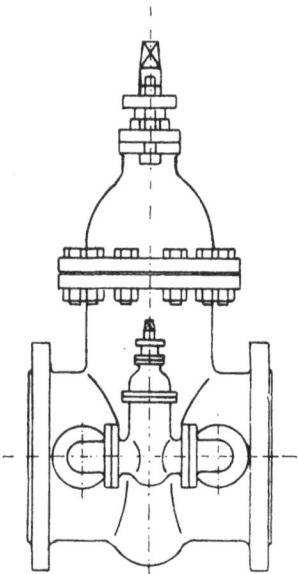

Abb. 109.

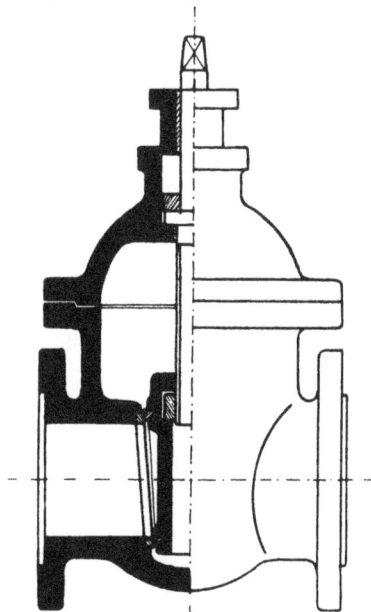

Abb. 110.

11*

gungszwecken angewandt werden. Die Gehäuse dieser Schieber bestehen aus Gußeisen, die Spindel, Spindelmutter und Dichtungsringe aus Rotguß.

Da bei großen Schiebern in geschlossenem Zustande der Druck gegen die Sitzflächen und infolgedessen auch die Reibung sehr groß ist, lassen sich diese Schieber nur sehr schwer öffnen. Aus diesem Grunde werden die großen Ausführungen mit Umgangs- oder sog. Entlastungsschiebern versehen. Mittels des kleinen Schiebers wird der abgesperrte Leitungsstrang gefüllt.

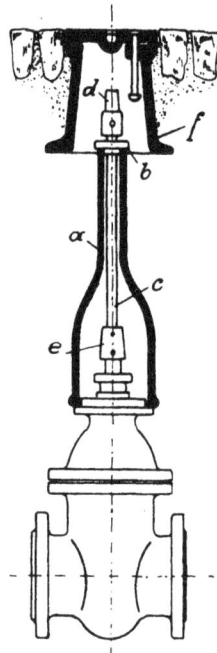

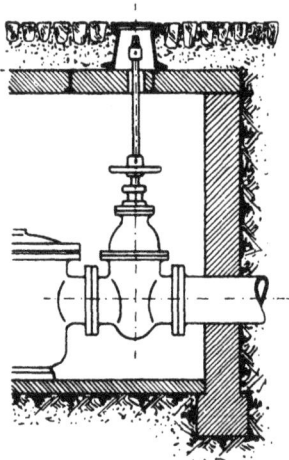

Abb. 111.   Abb. 112.

Durch den hierbei eintretenden Gegendruck wird der Schieberkeil des großen Schiebers entlastet, worauf der Hauptschieber ohne große Anstrengung geöffnet werden kann. Abb. 109 zeigt einen solchen Schieber. Die Anwendung ist von 500 mm lichtem Durchmesser an zu empfehlen, bei hohem Druck jedoch auch bei kleineren Durchmessern.

Bei Schiebern für sehr hohen Betriebsdruck werden die Flanschen einerseits mit Nut und anderseits mit Feder versehen. Diese Schieber nimmt man schon von kleineren Durchmessern mit Entlastungsschieber oder solche mit Entlastung durch die Spindel. Damit die Schieber für sehr hohen Druck nicht zu schwer ausfallen, werden die Gehäuse vielfach aus Stahlguß hergestellt. Infolge der schweren Ausführung ist es jedoch nicht möglich, die Baulängen in den gebräuchlichen Abmessungen zu halten.

Werden die Schieber in zugängliche Schächte eingebaut, so sind sie zwecks Bedienung mit Handrädern zu versehen. Bei unterirdischen Schächten hat der Verfasser außerdem noch Spindeln aufgesetzt und diese so weit verlängert, daß die Schieber auch von Flur aus bedient werden können, wie dies die Abb. 111 darstellt. Hiermit hat man erreicht, daß der Schacht durch irgendwelche Zustände ruhig unter Wasser gesetzt werden kann, ohne daß das Bedienen der Schieber ausgeschlossen ist. Für Hochbehälter, Wassermesseranlagen, Teilkästenschächte usw. ist die Verwendung von Anzeigevorrichtungen (ob der Schieber auf oder zu ist) sehr zu empfehlen.

Die meisten Schieber werden jedoch unmittelbar in das Erdreich verlegt. Bei dieser Verwendungsweise werden die Schieber mit dem sog. Einbauzubehör versehen. Hierzu gehören das Schutzrohr a, Schutzdeckel b, Schlüsselstange c mit Vierkantnuß d, die Vierkantmuffe e und die Straßenkappe f. Der Schieber wird in diesem Falle nur mit dem Schieberschlüssel bedient, welcher für sämtliche Abmessungen paßt, da die Vierkantnuß für alle Schieber gleich groß ist. Die Größe des Zubehörs richtet sich ganz nach der Rohrdeckung. Zuweilen kommt es vor, daß die Rohrdeckung größer wird als vorgesehen war. Infolgedessen müssen auch die Spindel und das Schutzrohr verlängert werden. Die Spindel muß in jedem Falle angeschweißt werden, hingegen das Schutzrohr durch Anwendung einer Schutzrohrverlängerung der Deckung entsprechend eingestellt wird (Abb. 113). Billiger und ebenso zweckmäßig ist die Anwendung eines Stückes schottischen Rohres, welches für die jeweilige Deckung zurechtgehauen wird.

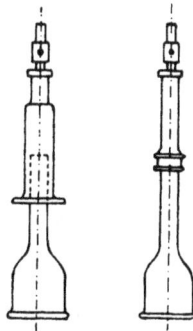

Abb. 113.

Eine unangenehme Erscheinung ist, wie allgemein bekannt, daß nach mehreren Jahren die Schieber nicht mehr
ganz dicht schließen, da sich in dem Schieber und besonders
in dem Schiebersack Überkrustungen gebildet haben, die ein
vollkommenes Schlie-
ßen verhindern. Auch
etwa in die Leitung
gekommene   Stein-
chen setzen sich in
dem Schiebersack
fest.   Damit dieser
Übelstand vermieden
wird, hat man einen
Schieber gebaut, der
eine   Spülung   des
Schiebersackes   ge-

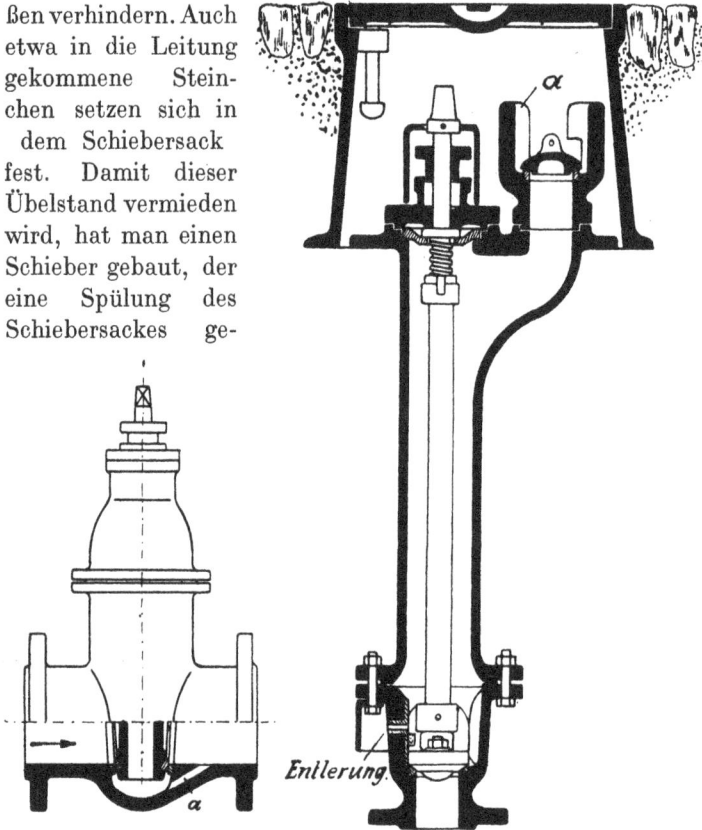

Abb. 114.   Abb. 115.

stattet. Abb. 114 zeigt einen solchen Schieber im Schnitt.
Beim Öffnen des Schiebers tritt das Wasser mit einer gewissen Gewalt in den Schiebersack, wodurch die sich gebildeten
Überkrustungen losgespült werden und dann mit den etwa
hineingekommenen Steinchen durch den Kanal a und weiter
durch einen geöffneten Hydrant ins Freie abgeführt werden.

Die Verwendung dieser Schieber ist nicht besonders groß, da die gewöhnlichen Schieber durch regelmäßiges Spülen (siehe Rohrnetzbetrieb) jederzeit dicht zu bekommen sind.

2. Hydranten. Die Hydranten dienen den verschiedensten Zwecken. Hauptsächlich für Feuerlöschzwecke, außerdem zum Besprengen und Spülen von Straßen und Plätzen, zur Rohrnetzspülung, zum Entlüften der Leitung usw. Die üblichen lichten Weiten der Hydranten betragen 40, 50, 70 (früher 65 mm) und 80 mm. Die meiste Verwendung finden die von 70 mm lichter Weite, da der Querschnitt zweier 50 mm-Schläuche denen von 70 mm entspricht.

Die weitaus größte Verwendung finden die Unterflurhydranten (Abb. 115), da diese an jeder gewünschten Stelle eingebaut werden können, ohne dem Straßenverkehr hinderlich zu sein. Doch haben sie mehrere Nachteile: Im Winter oder bei Schmutzwetter sind sie nicht leicht aufzufinden, bei Frostwetter und schlechter Wartung sind die Straßenkappen schwer zu öffnen. Die Kappen sind oft sehr starkem Fuhrwerksverkehr ausgesetzt; bei Benutzung ist erst ein Standrohr aufzusetzen.

Zur Verhütung des Einfrierens sind die Hydranten mit einer Entleerungsvorrichtung versehen, damit nach jedesmaligem Gebrauche das in dem Hydrantenschaft befindliche Wasser entfernt wird. Die Entwässerung geschieht heute fast ausschließlich selbsttätig durch die jeweilige Stellung des Ventilkegels.

In neuerer Zeit sind verschiedene Neuerungen entstanden, die diese oder jene Nachteile des gewöhnlichen Unterflurhydranten beseitigen sollen, wie Steinfängervorrichtungen, Entleerungsvorrichtungen, Deckelverschlüsse usw. Auf alle diese Einzelheiten einzugehen, würde zu weit führen. Der Deckelverschluß Patent Braunstein ist eine in gesundheitlicher Beziehung sehr beachtenswerte Ausführung. Der gebräuchliche Unterflurhydrant läßt jedoch an einfacher Bedienung, Zuverlässigkeit und Haltbarkeit nichts zu wünschen übrig, so daß dessen Verwendung nur empfohlen werden kann.

Für hohen Betriebsdruck hat man die Gewindespindel in den unteren Teil des Hydranten verlegt, damit die Druckübertragung von oben nach unten wegfällt.

Zwecks Wasserentnahme wird auf die Klaue *a* des Hydranten ein Standrohr mit ein oder zwei Ausläufen aufgeschraubt. Hierauf kann vermittelst Hydrantenschlüssels (zugleich Schieberschlüssel) der Hydrant geöffnet werden. Die Ausführung der Standrohre ist eine verschiedenartige. Abb. 116 und 117 zeigen die einfachsten Ausführungen, im übrigen wird auf die Preislisten von Armaturenwerken verwiesen.

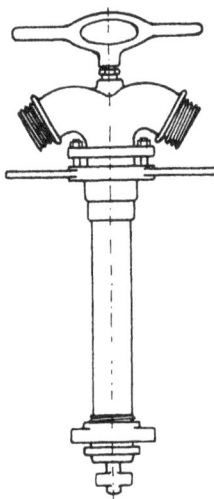 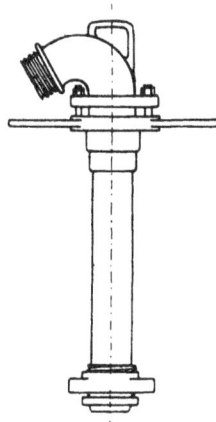

Abb. 116.   Abb. 117.

Bei einer anderen Bauart, dem sog. Zentralhydranten, fällt die obenliegende Stopfbüchse weg, wodurch weniger Einzelteile nötig sind. Die Spindel zum Öffnen des Hydranten befindet sich im Standrohr selbst (siehe Abb. 118). Die Abbildung 118 stellt einen Zentralhydranten im Schnitt dar. Die Verwendung dieser Zentralhydranten erreicht jedoch lange nicht die der gebräuchlichen Unterflurhydranten. Die Entleerungsvorrichtung ist genau dieselbe wie die der gewöhnlichen Unterflurhydranten.

Die Überflurhydranten sollten überall dort angewandt werden, wo sie nicht verkehrsstörend wirken, wie in Anlagen, auf Plätzen, Bürgersteigdämmen usw. Die Überflurhydranten haben den Unterflurhydranten gegenüber viele

Vorteile, wie: Schnelles Auffinden, kein Standrohr zwecks
Wasserentnahme erforderlich, keine so peinliche Wartung bei
Frost und Schnee, kein Entzweifahren von Straßenkappen usw.
Aus diesen Gründen ist deren Anwen-
dung, wo möglich, nur zu empfehlen.

Die Überflurhydranten werden von
80, 100 und 150 mm lichter Weite gebaut und sind ebenfalls mit Entleerungsvorrichtungen versehen. Die nebenstehende Abb. 119 zeigt die übliche Aus-

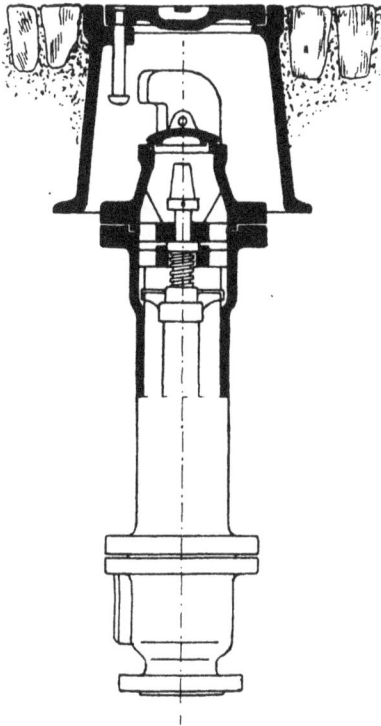

Abb. 118.

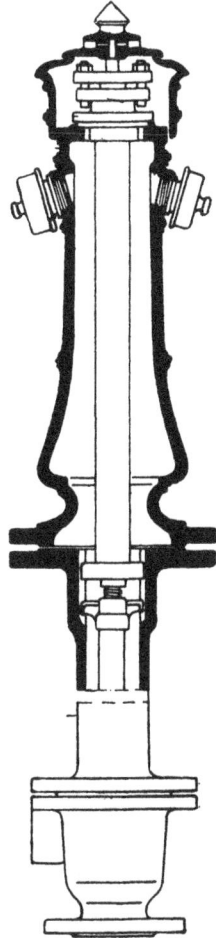

Abb. 119.

führung eines Überflurhydranten. Im übrigen gibt es noch
andere Ausführungsarten, die diese und jene Vorteile haben
sollen. Auf diese Einzelheiten einzugehen, würde zu weit führen.

Sehr geeignet ist oft die Anwendung der Überflurhydranten verbunden mit Straßenlaternen oder Brunnen. Beachtenswert ist die neue Ausführung von A. L. G. Dehne in Halle. Dieser Hydrant wird unmittelbar an die Häuser angebaut, so daß von einer Verkehrsstörung nicht die Rede sein kann, da der Hydrant nicht mehr Platz als ein Postbriefkasten beansprucht. Das Öffnen und Schließen der Überflurhydranten erfolgt durch Drehen des Säulenkopfes vermittelst eines geeigneten Schlüssels.

Die Unterflurhydranten werden bei Rohrnetzen in Entfernungen von 50 bis 120 m unmittelbar auf die Leitung auf-

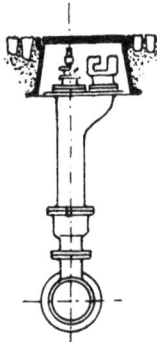

Abb. 120.

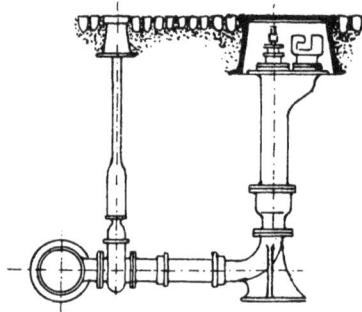

Abb. 121.

gestellt oder seitlich derselben angeordnet. Bei Drucksträngen und großen Rohrleitungen wird zweckmäßig hinter den Abgang ein Schieber gesetzt, damit bei notwendig werdenden Ausbesserungsarbeiten an den Hydranten nicht die Hauptleitung abgesperrt zu werden braucht (siehe Abb. 120 u. 121). Die Überflurhydranten werden immer seitlich an besonders geeigneten Punkten aufgestellt.

Damit die Hydranten selbst jeder abweichenden Deckung angepaßt werden können, werden die sog. Flanschenzwischenstücke von 100 bis 500 mm Länge, steigend um je 50 mm, angewandt. Ein Ersatz dieser Zwischenstücke ist das von der Halberger Hütte in Brebach bei Saarbrücken hergestellte Hydrantenanschlußstück. Dieses Formstück gestattet nicht allein die Anwendung für größere, sondern auch für kleinere Rohrdeckungen als das betreffende Hauptrohr. Die Verbindung erfolgt durch Hakenschrauben, wodurch die Einstellung für jede beliebige andere Deckung möglich ist. Die lichten Weiten dieser Rohrstücke betragen 40, 50, 70 und 80 mm. Die Baulänge ist in jedem Falle 500 mm.

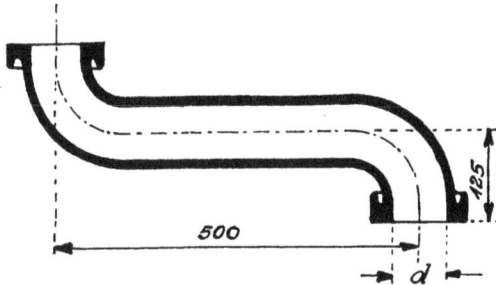

Abb. 122.

3. Rückschlagklappen. Rückschlagklappen haben den Zweck, daß das Wasser aus bestimmten Gründen nicht nach der Stelle zurückfließen kann, woher es gekommen ist. Sie

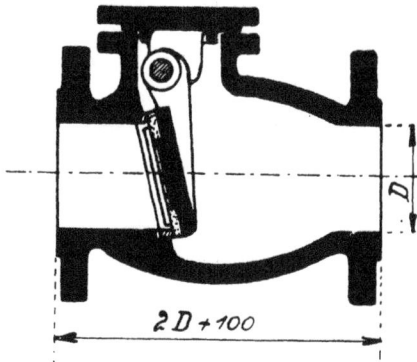

Abb. 123.

werden angewandt für Wassermesseranlagen, Hochbehälter, Druckleitungen usw. Die in Abb. 123 abgebildete Form ist die meist angewandte Ausführung. Eine gute Ausführung wird von der Firma Strube in Magdeburg in den Handel gebracht.

Die Gehäuse dieser Rückschlagventile bestehen aus Gußeisen, die Sitze aus Rotguß und die Dichtungen aus Leder

oder Gummi. Die Flanschen entsprechen den Abmessungen
nach der Übersicht 24.

4. Entlüftungsventile. Entlüftungsventile dienen dazu, um die in den Rohren sich ansammelnde Luft ins Freie
leiten zu können. Sie werden besonders dort eingebaut, wo
Luftansammlungen zu erwarten sind. Daher müssen ganz
besonders in Drucksträngen an allen hochliegenden Punkten
diese Ventile eingebaut werden. Nur in einzelnen Fällen werden sie in Rohrnetzen vorgesehen.

Die Entlüftungsventile werden in zwei Gruppen eingeteilt, und zwar von der Hand zu bedienende und selbsttätige. Abb. 124 zeigt eine üb-
liche, von der Hand zu bedienende
Ausführung. Diese wird angewandt auf den Deckeln der
Spundkästen, der Teilkästen usw.
Damit das Ventil von Flur aus

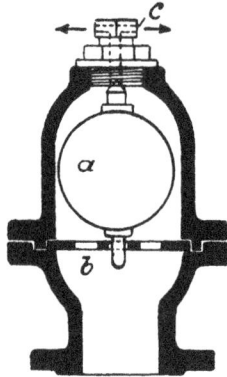

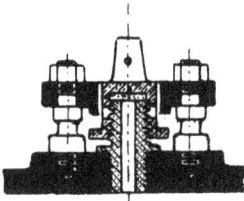

Abb. 124.   Abb. 125.

bedient werden kann, wird eine Spindel aufgesetzt und mit
einem Schutzrohr, nach Art der Schieber, versehen. Diese
Ventile haben den Nachteil, daß sie sich sehr bald festsetzen,
wenn sie nicht genügend oft bedient werden.

Eine allgemein übliche Bauart von selbsttätigen Entlüftungsventilen zeigt Abb. 125. Sie beruht wie alle anderen
Ausführungen darauf, daß die Kugel a an Auftrieb verliert,
wenn sich in dem Raume b genügend Luft angesammelt hat.
Dann senkt sich der Schwimmer, und das Ventil wird geöffnet,
so daß die Luft durch c austreten kann, bis das nachfließende
Wasser die Kugel wieder hebt und das Ventil zum Abschluß
bringt. Die Schwimmkugeln dieser Ventile bestehen aus
Kupfer oder Glas. Die Ausführungsformen der einzelnen

Werke weichen nur wenig voneinander ab. Bei Bestellung
ist der jeweilige Betriebsdruck anzugeben.

Die Vorrichtungen werden unmittelbar auf ein nach oben
gerichtetes A-Stück oder, wenn ein späterer Einbau erfolgt,
auf eine Rohrschelle mit Flanschen aufgesetzt, wie sie für
Hausanschlüsse gebraucht werden (siehe dort). Es empfiehlt
sich, vor dem Entlüftungsventil einen Schieber einzubauen,

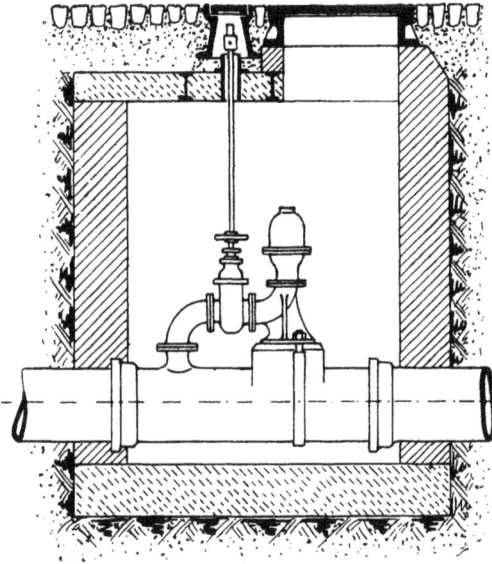

Abb. 126.

um im Notfalle bei einer Ausbesserungsbedürftigkeit das
Ventil außer Betrieb setzen zu können. Abb. 126 zeigt eine
zweckmäßige Anordnung eines Entlüftungsventiles in einem
zugänglichen Schacht. Die Schieberstange wird hier ebenfalls
bis zur Oberfläche verlängert, da bei einem Bruch zweifellos
der Schacht unter Wasser gesetzt würde. Dadurch ist man in
der Lage, den Schieber auch unter diesen Umständen schließen
zu können. Unter dem Fußkrümmer wird zur Standfestigkeit
ein Holzklotz gesetzt, welcher mit einer Schelle am Rohr
befestigt wird. Besser noch ist es, diesen Klotz aus Beton
herzustellen.

Die Firma B o p p & R e u t h e r in Mannheim fertigt für
obigen Zweck ein absperrbares Abzweigstück für Entlüftungsventile her. Die obige Anordnung ist jedoch diesem Formstück vorzuziehen.

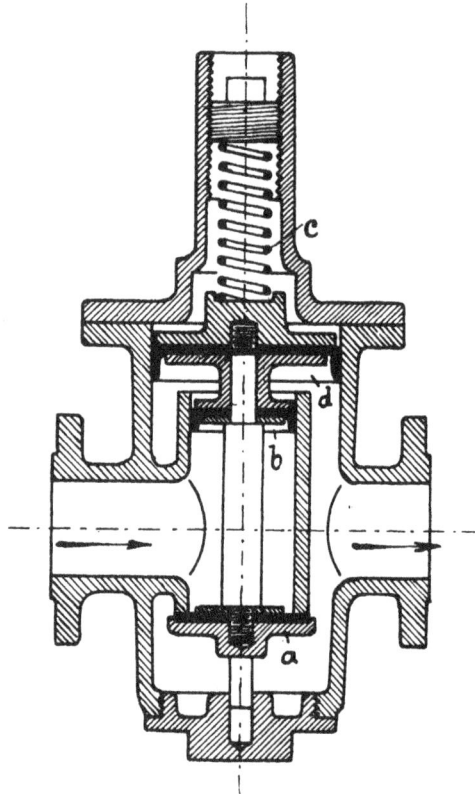

Abb. 127.

Ein anderer Entlüftungsapparat ist mit zwei Schwimmer-
kugeln versehen, die eine derselben dient dazu, um beim An-
und Ablassen von Leitungen größere Mengen Luft ein- und
ausströmen zu lassen. Die andere mit kleiner Bohrung besorgt den Luftauslaß während des Betriebes. Dieses Ventil
kann von B o p p & R e u t h e r bezogen werden.

5. **Druckverminderungsventile.** Druckverminderungsventile dienen dazu, einen höheren Druck auf einen kleineren herabzumindern. Sie werden anstatt der Druckregelbehälter angewandt. Diese Ventile werden beispielsweise angewandt bei hochliegenden Quellen oder auch bei Ausgleichbehältern, wo in den tiefsten Teilen des Versorgungsgebietes ein sehr hoher Druck herrschen würde, wenn dieser nicht herabgemindert würde. In diesem Falle wird das Rohrnetz in zwei Druckzonen eingeteilt und vor dem Abgang zur unteren Druckzone wird ein solches Ventil eingeschaltet, welches dann den Druck entsprechend vermindert. Bei einer derartigen Anlage ordne man immer zwei Ventile an, um stets das zweite in Bereitschaft zu haben. Vor und hinter den Ventilen ist je ein Schieber anzuordnen, um jederzeit ohne Betriebsstörung eine Auswechslung vornehmen zu können.

In Abb. 127 ist das Druckverminderungsventil der Firma Bopp & Reuther im Schnitt dargestellt. Das unter hohem Drucke stehende Wasser tritt am Ventilteller a aus, welcher durch den Kolben b entlastet ist. Das Ventil wird lediglich durch den Druck der Feder c geöffnet. Dieser wirkenden Kraft arbeitet der verminderte Druck unter dem großen Kolben d entgegen. Ist also der herabgeminderte Druck so hoch gestiegen, daß der Druck unter dem Kolben d dem Federdruck überlegen ist, so wird das Ventil geschlossen. Daher bleibt der verminderte Druck erhalten, selbst wenn ein Wasserverbrauch nicht stattfindet. Durch die Feder c kann die Höhe des zu vermindernden Druckes eingestellt werden. Ein Manometer zeigt jederzeit die Höhe des Druckes hinter dem Ventil an.

Um die Ventile leicht auswechseln zu können, sehe man ein Ausdehnungsstück vor.

Es ist vorher schon gesagt worden, daß eine Druckverminderung durch einen sog. Druckregelbehälter geschehen kann. Wie aus Abb. 128 zu ersehen ist, besteht eine solche Anlage aus einem unterirdisch angelegten Behälter mit eingebautem Schwimmerventil. Je nach der Wasserentnahme ist der Wasserspiegel mehr oder weniger Schwankungen unterworfen. Diese Bewegungen des Wasserspiegels werden auf das Schwimmerventil übertragen und dieses läßt dementsprechende Wassermengen austreten. Es ist erklärlich, daß für das an

diesen Behälter angeschlossene Versorgungsgebiet die Druckhöhe bis zum Wasserspiegel dieses Behälters in Frage kommt.
Es ist in jedem Falle eine Überlaufleitung vorzusehen, damit
bei einem eintretenden Bruch des Schwimmerventiles das
zu viel austretende Wasser abfließen kann. Vor dem Einlauf
ist selbstverständlich ein Schieber einzubauen.

6. Rohrbruchventile. Rohrbruchventile haben den
Zweck, die Leitung bei einem Bruch selbsttätig abzusperren,

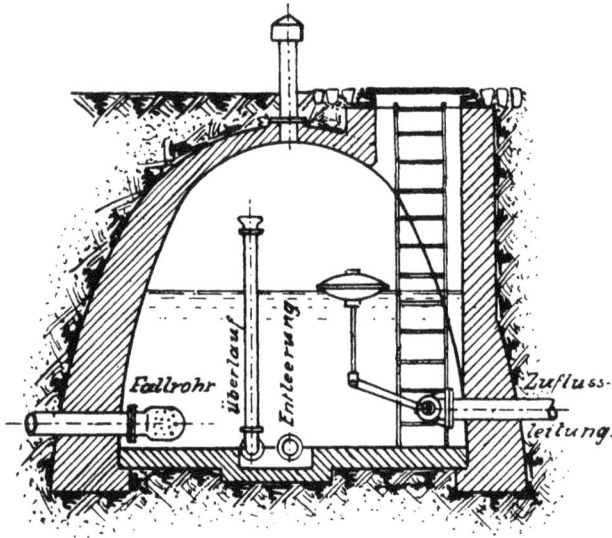

Abb. 128.

um großen Wasserverlusten und den damit verbundenen
Folgen aus dem Wege zu gehen. Sie werden hin und wieder
in den Fallsträngen vom Hochbehälter zum Versorgungsgebiet
eingebaut. Die Verwendung ist jedoch noch nicht allgemein,
da das sichere Arbeiten noch nicht genügend erprobt ist.

Abb. 129 zeigt das Rohrbruchventil der Firma Bopp &
Reuther. Das Ventil arbeitet auf folgende Weise: Bei regelrechtem Wasserverbrauch wird der Ventilteller *a* durch das
am Hebel *b* wirkende Gewicht *c* in der gezeichneten Lage
gehalten. Infolge eines größeren Rohrbruches wird die Wassergeschwindigkeit eine größere, und die damit auftretende grö-

ßere lebendige Kraft des Wassers überwindet das am Hebel *b*
wirkende Gewicht *c*, und der Ventilteller *a* wird an den Sitz
gedrückt, wodurch der weitere Abfluß abgesperrt wird. Damit der Abschluß nicht so plötzlich erfolgt und Wasserstöße
vermieden werden, ist ein Bremskolben *d* angeordnet. Dadurch erfolgt der Abschluß ziemlich langsam und schließt so-

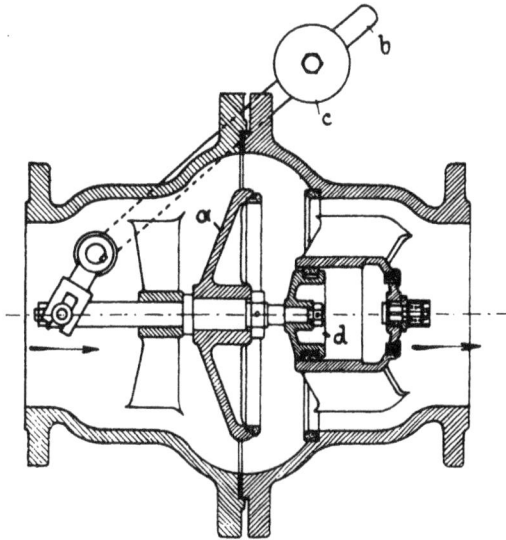

Abb. 129.

mit einen Rohrbruch oberhalb des Ventiles aus. Das Ventil
hat ein Umgangsventil zur Füllung bzw. zum Druckausgleich,
um das Ventil nach Wiederherstellung des Rohrbruches leicht
öffnen zu können.

Diese Ventile sind in einem zugänglichen Schacht einzubauen. Es sind zweckmäßig zwei solcher Vorrichtungen
vorzusehen, falls das eine oder andere Ventil *A* ausgebessert
werden muß. Daher ist vor und hinter einem jeden Ventil
ein Schieber einzubauen. Falls von einem zweiten Rohrbruchventil abgesehen wird, so ist unter allen Umständen ein Um-
gang vorzusehen. Des leichteren Aus- und Einbauens wegen
wird zweckmäßig ein Ausdehnungsstück miteingebaut.

7. Schieber- und Hydrantenschilder.

Die Standorte von Schiebern und Hydranten werden
durch sog. Schieber- und Hydrantenschilder kenntlich gemacht.
Auf diese näher einzugehen erübrigt sich, da selbige von jedem
Armaturenwerk in guter Ausführung geliefert werden.

Vierter Abschnitt.

Vorarbeiten für den Bau von Wasserrohr-
leitungen und Wasserrohrnetzen.

a) Fallrohrleitungen.

Eine der ersten Aufgaben ist die Herstellung eines Höhenplanes über den Verlauf der Leitung. Für den Vorentwurf genügt es in den meisten Fällen, diesen unter Zuhilfenahme
einer Generalstabskarte herzustellen. Vor der Ausführung

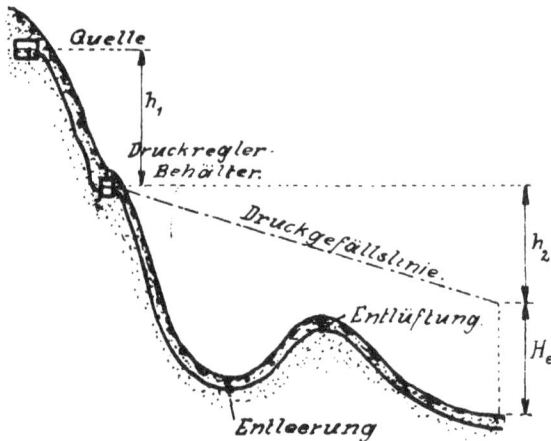

Abb. 130.

sind jedoch die Höhen der Leitungsspur mit dem Nivellier-
instrument zu ermitteln. Erst nach der Fertigstellung des
Höhenplanes der Leitung ist es möglich, den Rohrdurchmesser
zu bestimmen. Der wirtschaftliche Rohrdurchmesser wird
nach Abschnitt I bestimmt.

Bei der Entwurfsbearbeitung sind folgende Punkte zu
beachten. Liegen die Quellen so hoch, daß im Versorgungs-
gebiete ein zu hoher Druck entstehen würde (siehe Abb. 130),
so werden Druckminderungsventile oder besser Druckregelbehälter (siehe dort) zwischen der Leitung eingebaut. In diesem
Falle ist für die Berechnung des Rohrdurchmessers jede Teilstrecke getrennt zu behandeln.

Bei Gruppenwasserversorgungen ist jeder Abzweig mit
einem Schieber und einer Rückschlagklappe zu versehen, und
in die Leitung selbst sind erstere in Entfernungen von 500

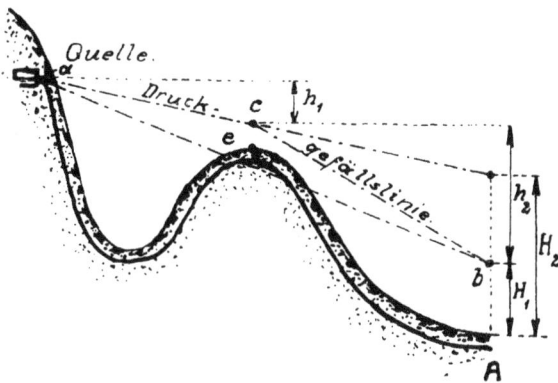

Abb. 131.

bis 1000 m einzubauen. An den tiefliegenden Punkten sind
Ablaßstücke mit Entleerungsschieber und Entleerungsleitung
vorzusehen. Je nach Größe der Hauptleitung gibt man der
Entleerungsleitung einen Durchmesser von 100 bis 250 mm.
Die hochliegenden Punkte sind mit Entlüftungsventilen (siehe
dort) und wenn möglich in zugängliche Schächte einzubauen.
Zwischen je zwei Schiebern ist wenigstens ein Hydrant für
Entlüftungszwecke in die Leitung einzubauen.

Es kann vorkommen, daß der Höhenplan der Leitung den
Verlauf der Abb. 131 zeigt und der Druck im Versorgungsgebiet
gleich H_1 sein soll. In diesem Falle ist eine Versorgung des
Ortes A mit den notwendigen Wassermengen nur dann mög-
lich, wenn die Drucklinie den Verlauf a-c-b hat und nicht a-b.
Denn hier gilt die aufgestellte Regel, daß eine Versorgung eines
Punktes nur dann möglich ist, wenn die Drucklinie den

12*

Höhenplan nicht schneidet. Um eine Versorgung zu ermöglichen, muß daher die Druckgefällslinie eine gebrochene Linie sein. Es würde zwar genügen, den Brechpunkt der Drucklinie in *e* anzulegen, doch ist es nicht ratsam, den größtzulässigen Punkt anzunehmen, sondern man nehme diesen je nach Länge der Leitung 2 bis 10 m höher an. Dies wird man schon aus dem Grunde tun, da man nicht vorhersagen kann, mit welcher krustenbildenden Wirkung man zu rechnen hat. Die Rohrleitung ist daher für das Gefälle *a-c* und *c-b* zu berechnen und ist unter Umständen in zwei verschiedenen Rohrdurchmessern auszuführen. Will man aber die Leitung in einem Durchmesser herstellen, so ist der Druck bei *A* auf H_2 zu erhöhen, vorausgesetzt, daß hierdurch kein ungewöhnlich hoher Versorgungsdruck erhalten wird. Eine andere Lösung wäre, den Bergrücken zu durchstechen, wenn keine Umgehung mit geringeren Kosten möglich ist. Bei der ersteren Ausführung wäre zu überlegen, ob es nicht möglich ist, den Stollen als Hochbehälter auszubilden.

b) Druckleitungen.

Auch hier ist zuerst ein Höhenplan der Leitungslinienführung aufzustellen, was nach vorher beschriebener Weise geschehen kann. Der wirtschaftliche Rohrdurchmesser wird nach dem in Abschnitt I behandelten Verfahren ermittelt. Vom Pumpwerk nach dem Hochbehälter ist der kürzeste Weg zu wählen, wenn nicht andere Gründe dagegen sprechen.

Es sind bei der Entwurfsbearbeitung folgende Punkte zu beachten. In allen Scheitelpunkten sind in zugängliche Schächte Entlüftungsventile einzubauen. Werden keine selbsttätigen Ventile gewählt, so sind unbedingt Luftkästen einzubauen. In Entfernungen von 500 bis 1000 m sind Schieber und an den tiefsten Punkten der Leitung sind Entleerungsleitungen vorzusehen. Abzweigende Leitungen für einen anderen Hochbehälter erhalten eine Rückschlagklappe und einen Schieber, damit bei einem Rohrbruch diese Leitung nicht entleert wird. Weiter sehe man in jeder absperrbaren Teilstrecke auf jeden Fall einen Hydranten vor.

Unter Umständen kann es vorkommen, daß man auf einen Höhenquerschnitt der Leitungsspur stößt, wie Abb. 132

zeigt. Hier genügt bei der anfänglichen Fördermenge die
Druckhöhe von dem Pumpwerk bis zum Hochbehälter, ver-
mehrt um die Reibungshöhe in die Rohrleitung nicht, um das
Wasser über den Bergrücken hinwegdrücken zu können. Dies
ersieht man aus der Drucklinie *a-c-b*. Die tatsächliche Druckhöhe muß um die Höhe *c-c₁* vergrößert werden, um das
Wasser über den Bergrücken fördern zu können. Der Verlauf der Drucklinie ist daher a_1-c_1-c-b, also eine gebrochene
Linie. Daher ist anfänglich das Gefälle von dem Bergrücken
bis zum Hochbehälter größer, als es für die geförderte Wasser-

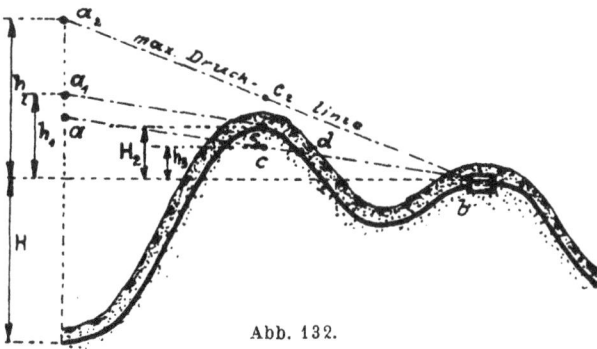

Abb. 132.

menge nötig wäre. Es fließt daher das Wasser mit eigenem
Gefälle und vergrößerter Geschwindigkeit dem Behälter zu.
Das Rohr wird mithin auf die Strecke c_1-d nicht vollkommen mit Wasser gefüllt, und zwar bis zu dem Punkte, an
dem die Drucklinie *a-b* von der Rohrleitung hinter c_1 geschnitten wird. Aus diesem Grunde ist bei c_1 für eine genügende Lüftung zu sorgen.

Um die größere Geschwindigkeit in den fallenden Teil der
Rohrleitung zu vermeiden, verengt man den Ausflußquerschnitt
der Leitung im Hochbehälter. Dieser Querschnitt ist so klein
zu wählen, daß die Ausflußgeschwindigkeit wenigstens dem
verfügbaren Gefälle entspricht. Der Ausflußdurchmesser bestimmt sich nach Gleichung 1. In diesem Falle ist

$$v_f = \sqrt{2 \cdot g \, (H_2 - h_3)}.$$

Damit sind Wasserschläge in der Leitung ganz ausgeschlossen.

In einem anderen Falle kann es vorkommen, daß die
Drucklinie selbst bei höchster Belastung den Bergrücken
nicht überschreitet (siehe Abb. 133). In diesem Falle wird
der wirtschaftliche Rohrdurchmesser nur bis zu dem Rohr-
scheitel in Punkt c berechnet. Das Gefälle von dem Bergrücken bis zum Hochbehälter zieht man sich zunutze und
verkleinert den Rohrdurchmesser so weit, daß die höchste
Fördermenge noch mit eigenem Gefälle dem Hochbehälter
zufließt. Für die erst geringere Fördermenge verengt man
den Ausflußquerschnitt wie vorher beschrieben.

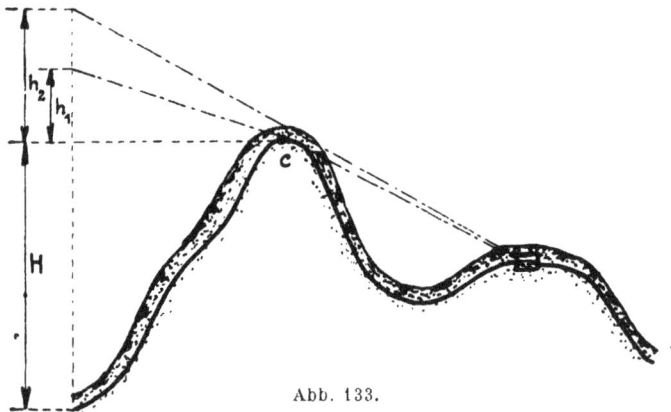

Abb. 133.

Ist der Bergrücken nicht besonders lang, so empfiehlt es
sich unter Umständen, durch diesen einen Stollen zu treiben,
in dem die Rohrleitung verlegt wird. Es ist zu untersuchen,
ob mit den Mehrkosten für die Hebung des Wassers die Anlagekosten des Stollens verzinst, abgeschrieben und die Unterhaltungskosten bestritten werden können. Diesem sind die
Kosten für eine evt. mögliche Umgehung des Bergrückens gegen-
überzustellen.

c) Wasserrohrnetze.

Für die Aufstellung des Vorentwurfes genügt ein Stadtplan im Maßstab 1 : 10000 mit den Höhenkoten an den
Straßenkreuzungen. Besonders gut läßt sich in diesem Maßstabe das Stadtgebiet in die Versorgungszonen einteilen. Die
Bestimmung des Wasserverbrauches und der Rohrdurchmesser

erfolgt nach Abschnitt II. Nachdem die Rohrdurchmesser berechnet worden sind, werden die Standorte der Schieber in
zweckmäßiger Weise festgelegt. Die absperrbaren Strecken
nehme man nicht länger als 300 bis 500 m. Eine Länge von
500 m ist nur dann zulässig, wenn die Strecke auf eine durchgehende Straße fällt und die auf dieser Strecke abzweigenden
Leitungen Schieber erhalten. Bei Rohrdurchmessern von
125 mm an müssen auf jeden Fall alle abzweigenden Leitungen Schieber erhalten. Die Tafel 9 gibt ein Bild über die
zweckmäßige Anordnung von Schiebern.

Hydranten sind in Entfernungen von 50 bis 120 m vorzusehen, doch gehe man nach Möglichkeit nicht über 100 m
hinaus. Sehr gut ist das Verfahren, in nicht zu großen Abständen, von etwa 50 bis 100 m, Abgangsstücke für Hydranten
in die Leitung einzubauen und beim ersten Ausbau nur
auf jeden zweiten Abgang einen Hydranten aufzubauen,
während das dazwischen liegende Abgangsstück vorläufig
mit einem Blindflanschen verschlossen wird. Je nach Bedarf
werden auf den freigelassenen Abgängen die Hydranten aufgesetzt.

Steht man vor der Frage der Rohrverlegung, so hat man
sich mit dem Stadtbauamt in Verbindung zu setzen, um die
zweckmäßige Rohrlage zur Straße zu wählen. Jede Strecke
ist vorher zu begehen, ob nicht in der Flucht der Rohrlage
Hindernisse vorkommen, die zu umgehen sind, damit dies bei
Bestellung der Formstücke und der anzufertigenden Zeichnungen berücksichtigt werden kann.

d) Druckerhöhungsanlagen.

Nicht selten kommt es vor, daß sich ein Rohrnetz derart
weit ausdehnt oder die Versorgungsstellen so hoch zu liegen
kommen, daß eine einwandfreie Versorgung nicht möglich ist.
Um diesen Mangel abzustellen, bedient man sich der sog. selbsttätigen Druckerhöhungsanlagen. Diese bestehen im wesent-
lichen aus einer Pumpe mit Elektromotor, einem Druckwindkessel, einem Kompressor zur Erneuerung der Luft im Wind-
kessel und dem elektrischen Automaten.

Die Arbeitsweise ist folgendermaßen: Fällt der Wasserdruck an der Pumpstelle auf einen bestimmten Druck ab, so

setzt sich das Pumpwerk ganz selbsttätig in Betrieb. Ist die Druckgrenze erreicht, so schaltet sich das Pumpwerk wieder aus. Damit der Druck sich nicht rückwärts auswirken kann, ist eine Rückschlagklappe vorgesehen. Während der Still-standszeit wird das Rohrnetz von dem im Druckwindkessel aufgespeicherten Wasservorrat gespeist.

Der Luftkompressor wird so eingerichtet, daß er sich bei einer minimalsten Luftmenge ein- und bei einer maximal-sten ausschaltet. Bei diesen Anlagen ist auf jeden Fall eine Reserve vorzusehen. Unerläßlich ist es, daß die Betriebspumpe von Zeit zu Zeit gewechselt wird. Auch kann die Anordnung getroffen werden, daß beim Abfallen des Druckes noch unter der normalen Höhe sich automatisch die zweite Pumpe ein-schaltet und gleichzeitig die Wasserversorgung mit aufnimmt. Solche Druckerhöhungsanlagen werden heute von fast allen Pumpenfabriken in guter Ausführung geliefert.

e) Bauzeichnungen.

Je nach Größe des Baues sind mehr oder weniger Zeich-nungen erforderlich. Für größere Arbeiten ist ein Übersichts-plan des ganzen Netzes notwendig, zweckmäßig im Maßstab 1:10000, worin durch einen kräftigen Querstrich die Schieber angegeben werden. Die Leitungen sind in einem Maßstabe dem Rohrdurchmesser entsprechend stark zu zeichnen, wie dies auf Tafel 4 geschehen ist. Weiter ist in einem größeren Maßstabe jede Straße, je nach der Länge derselben, in einer oder mehreren Teilstrecken aufzuzeichnen. Aus diesen Einzel-heitenzeichnungen müssen die genaue Lage der Leitung und Abgänge zur Bauflucht sowie die der Formstücke hervorgehen. Die Formstücke, Längen der Leitung, Zubehörs usw. müssen für jede Teilstrecke in einer Stückliste aufgeführt werden. Die Stückliste bietet eine gute Übersicht und erleichtert sehr die Aufstellung der zur Anfuhr zu gelangenden Teile. Ein Beispiel einer solchen Zeichnung zeigt Tafel 7, Fig. 1. Diese Zeichnungen werden vorteilhaft im Längenmaßstab 1 : 2500 und im Breitenmaßstab 1 : 1000 hergestellt.

Bei vollständiger Neulegung eines Rohrnetzes ist ein Hydrantenplan im Maßstab 1 : 10000 sehr zweckmäßig. In diesem Plane wird die Lage der Hydranten durch große Punkte angegeben. Die annähernde[1]) Lage des einzelnen Hydranten zu irgendeinem festen Punkte, einer Straßenecke usw. entnimmt man von Fall zu Fall mittels Zollstockes dem Plan.

Alle Zeichnungen sind der Haltbarkeit halber auf Leinwand aufzuziehen. Bei kleinen Arbeiten wird man selbstverständlich von der Anfertigung eines Übersichts- und Hydrantenplanes absehen. Hier genügt immer eine Einzelheitenzeichnung, und dann ist hierin die annähernde Lage der Hydranten anzugeben (siehe Tafel 7, Fig. 1).

Von den Zeichnungen erhält je eine Ausfertigung der Bauleiter und unter Umständen der ihn unterstützende Beamte, außerdem bekommt der Rohrmeister eine Ausfertigung ausgehändigt. Die Einzelheitenzeichnungen werden am besten in Aktengröße hergestellt (21 × 33) und zu einem Heft zusammengeheftet, um sie bequem bei sich führen zu können.

f) Die Vergebung von Rohrverlegungsarbeiten an einen Unternehmer.

Die Übertragung von Rohrverlegungsarbeiten an einen Unternehmer kann entweder im vollen Umfange oder, wie es auch viel geschieht, geteilt erfolgen. In letzterem Falle führt der Unternehmer nur die Erdarbeiten aus, wohingegen die Rohrverlegungsarbeiten von der Verwaltung selbst ausgeführt werden.

Für die Vergebung solcher Arbeiten kommen folgende Verfahren in Betracht:

1. mit Beschränkung auf besonders aufgeforderte Unternehmer,
2. auf dem Wege öffentlicher Anbietung oder Verdingung.

Der Ausschreibung zur Ausführung von Rohrverlegungsarbeiten müssen beigefügt werden:

1. Die Angebotsliste.
2. Besondere Bedingungen für die Ausführung von Rohrverlegungsarbeiten.
3. Allgemeine Bedingungen für Lieferungen und Leistungen.
4. Zeichnungen.

---

[1]) Man wird niemals ein Rohr zerschlagen, um den Punkt einzuhalten.

Die Angebotsliste wird zweckmäßig wie nebenstehend aufgesetzt.

Die auszuführenden Arbeiten sind in der Angebotsliste
kurz, aber so zu fassen, daß Nachforderungen ganz ausgeschlossen sind. Man verweise daher immer auf die besonderen Bedingungen.

Die besonderen Bedingungen sind klar und sachgemäß
aufzustellen. Im folgenden Abschnitt ist ein Muster dieser
Bedingungen aufgestellt, die allen Punkten Rechnung trägt.
Änderungen werden unter Umständen, je nach Örtlichkeit,
nötig sein. Die allgemeinen Bedingungen für Leistungen und
Lieferungen liegen wohl in jeder Stadtverwaltung vor, so daß
hierauf nicht eingegangen zu werden braucht.

An Zeichnungen sind beizufügen: Ein Übersichtsplan des
Rohrnetzes und ein Stadtplan, in denen alle Bahn-, Bach- und
Kanalkreuzungen anzugeben sind; weiter wo die Rohre in
Grundwasser zu liegen kommen und wie tief der Grundwasserspiegel unter Flur liegt; überhaupt alle Punkte, die ein
regelrechtes Arbeiten nicht gewährleisten, wie in Nähe der
Straßenbahngleise, schwerer Boden, sehr verkehrsreiche Straße,
schlechte Anfuhr der Rohre usw. Dies ist unbedingt notwendig, damit der Unternehmer dieses bei der Veranschlagung
berücksichtigen kann und auch später nicht berechtigt ist,
hierfür besondere Vergütungen zu verlangen.

Bei engerer Anbietung, wie das erstere Verfahren auch
genannt wird, erhalten die Unternehmer diese Unterlagen
kostenlos zugestellt. Im Anschreiben zur Aufforderung um Abgabe eines Angebotes ist jedoch zu bemerken, daß der Verwaltung hierdurch keine Kosten erwachsen. Geschieht die
Ausschreibung auf dem Wege der öffentlichen Verdingung, so
wird die Arbeitsvergebung in Tageszeitungen und Fachzeit-
schriften bekanntgegeben. Bei diesem Verfahren werden die
Verdingungsunterlagen nur gegen Zahlung verausgabt. Der
Preis derselben wird in den Anzeigen angegeben. Außerdem
ist ein Zeitpunkt anzugeben, bis wann die Angebote einzureichen sind.

Werden nur die Erdarbeiten an einen Unternehmer vergeben,
während die Verwaltung die Verlegungsarbeiten selbst besorgt,
so werden diese Arbeiten in folgender Weise ausgeschrieben:

	Gegenstand	Ein-heits-preis	Ge-samt-preis
4360	lfdm Graben für 200 mm-Rohre mit 1,25 m Deckung nach Vorschrift aufzuheben, nach Verlegung des Rohres wieder zu verfüllen, das eingeworfene Erdreich in Lagen von etwa 30 cm festzustampfen und je nach Wunsch der Bauleitung einzuschlemmen, im übrigen nach den Vorschriften der besonderen Bedingungen . . . 1 lfdm		
4360	lfdm gußeiserne Rohre von 200 mm lichter Weite nach Vorschrift und näherer Angabe zu verlegen, die Muffen sachgemäß zu verstricken, zu vergießen und zu verstemmen, einschließlich Lieferung des Hanfstrickes und des Bleies, sonst nach den Angaben der besonderen Bedingungen . . . . . 1 lfdm		
4360	lfdm aufgerissene Schotterdecke wiederherzustellen, alles verlorene Material kostenlos zu ersetzen, anzuliefern, im übrigen nach den besonderen Bedingungen . . . . 1 lfdm		
8	Stück von der Verwaltung zu liefernde 200 mm-Schieber in die zu verlegende Leitung sachgemäß einzubauen, einschließlich Lieferung der Gummidichtungen und der Schrauben . 1 Stück		
2	Stück desgl. wie Pos. 4 von 150 mm lichter Weite . . . . . . 1 Stück		
42	Stück Hydranten von 70 mm lichter Weite in die Leitung sachgemäß einzubauen, einschließlich Lieferung der Gummidichtungen, der Schrauben, gemäß den besonderen Bedingungen . .		
12 630	kg Formstücke in die Leitungen einzubauen, ganz gleichgültig von welcher Größe und welchem Einzelgewicht, im übrigen nach den Vorschriften der besonderen Bestimmungen		
	usw.		

Übersicht 36.

Rohr-ϕ	Rohrdeckung in m										1 lfd. m Makadam wiederherstellen	1 lfd. m Pflaster wiederherstellen	1 lfd. m Klein- pflaster wiederherstellen	1 lfd. m Asphalt wiederherstell.n	1 lfd. m Beton- decke wiederherstellen
	1,00	1,20	1,30	1,40	1,50	1,60	1,70	1,80	1,90	2,00					
100															
125															
150															

usw.

Außerdem sind noch einzufordern die Preise für Tagelohn-
stunden, für 1 cbm Sand, 1 cbm Beton, 1000 Ziegelsteine,
1 cbm Kies, 1 Sack Zement usw., alles frei Baustelle. Als
besondere Bedingungen für diese Arbeiten werden nur die
hierfür gültigen Abschnitte der folgenden Bedingungen herausgezogen.

Die Erd- wie auch die Rohrverlegungsarbeiten übertrage
man vor allen Dingen einem leistungsfähigen Unternehmer,
der Gewähr für gute Ausführung bietet. Es sollte niemals
einem Unternehmer der Auftrag erteilt werden, der um eine
ganz beträchtliche Summe im Verhältnis zur Arbeitsleistung
unter dem Voranschlage steht, denn hier liegt seinem Angebot
zweifellos eine falsche Veranschlagung zugrunde. Natürlich
wird man einen Unternehmer, bei dem eine Übervorteilung
zu erkennen ist, ebenfalls von der Ausführung der Arbeiten
ausschließen.

Mit dem zur Ausführung der Arbeiten betrauten Unternehmer ist ein Vertrag abzuschließen. Diesem Vertrage sind
die der Ausschreibung zugrunde gelegenen Unterlagen beizufügen und mit einer gesetzlichen Stempelmarke zu versehen. In den meisten Fällen werden die Verträge in zwei
Ausfertigungen ausgestellt, und zwar in einem Haupt- und
einem Nebenstück. Ersteres behält die Verwaltung, während
letzteres auf Wunsch gegen Erstattung des für diese Ausfertigung aufgewendeten Stempelbetrages dem Unternehmer ausgestellt und eingehändigt wird.

Von dem Unternehmer ist für ordnungsmäßige Ausführung
der Arbeiten eine Bürgschaft in Höhe von 5 v. H. der An-

schlagsumme zu fordern, und zwar in bar, in sicheren Wertpapieren oder in einem Bürgschein eines als gut bekannten Bankhauses.

Es ist nicht ratsam, die Erd- und Rohrverlegungsarbeiten getrennt an je einen Unternehmer zu vergeben.

g) Besondere Bedingungen
für die Ausführung des Rohrnetzes und der Hausanschlüsse für das städtische Wasserwerk ....

1. Allgemeines.

Gegenstand der Ausschreibung ist die Ausführung der obengenannten Arbeiten einschl. Lieferung der Gegenstände nach Maßgabe der beiliegenden Angebotsliste. Sämtliche Preise verstehen sich frei Baustelle.

2. Die maßgebenden Vertragsunterlagen.

Für die Ausführung des Unternehmens und das unter den Parteien bestehende Vertragsverhältnis sind maßgebend:

1. Allgemeine Vertragsbedingungen für die Ausführung von Leistungen und Lieferungen.

2. Die vorliegenden besonderen Bedingungen für die Ausführung des Rohrnetzes und der Hausanschlüsse für das städt. Wasserwerk ....

3. Die Angebotsliste, ein Rohrnetzplan im Maßstab 1 : 10000 mit den notwendigen Angaben und ein Stadtplan im Maßstab 1 : 10000 mit allen wissenswerten Angaben.

4. Der von dem Unternehmer einzureichende Arbeitsplan, aus dem namentlich die Zahl der bei den Arbeiten zu beschäftigenden Arbeiter und die sicherzustellende Monatsleistung an fertiggestelltem Rohrnetz, die Erdarbeiten für die Hausanschlüsse und die Verlegung derselben hervorgehen muß. Bei Widersprüchen zwischen den besonderen Bedingungen und den übrigen für maßgeblich erklärten Vertragsunterlagen gelten die besonderen Bedingungen.

Abänderungen des Arbeitsplanes oder Abweichungen von demselben bedürfen der vorherigen Genehmigung der Verwaltung. Durch die Billigung des eingereichten oder abgeänderten Arbeitsplanes übernimmt die Verwaltung keinerlei Gewähr für die Ausführbarkeit oder Zweckmäßigkeit desselben. Vielmehr ist der Unternehmer gehalten, dieselben zu ändern und andere Betriebseinrichtungen zu treffen, falls sich dies nach dem Ermessen der Verwaltung während der Ausführung als erforderlich herausstellt.

3. Gegenstand der Leistungen und Lieferungen.

Gegenstand des Unternehmens ist die völlige betriebsfertige Ausführung des Rohrnetzes, die Ausführung der Erdarbeiten der dazugehörigen Hausanschlüsse und unter Umständen die betriebsfertige Verlegung derselben. Die Leistungen und Lieferungen einschl. der Nebenarbeiten umfassen:

a) Das Aufbrechen und Beseitigen des Pflasters, der Wege- und Bürgersteigbefestigungen aller Art.

b) Das Ausheben der Rohrgräben und der Kopflöcher für das Rohrnetz und die Hausanschlüsse nebst Beseitigung von Steinen, Eisenschlacke, Mauerwerk u. dgl., das evt. Absteifen und Verschalen der Rohrgräben, das Hintermauern, Untermauern oder Einbetonieren von Röhren und Formstücken, die Wasserhaltung und das Vorhalten aller erforderlichen Gerüste, Gerätschaften und Werkzeuge.

c) Das Auf- und Abladen, das Anfahren und richtige Verteilen der zum Bau notwendigen Gegenstände, Gerüste usw. an die betreffenden Verwendungsstellen.

d) Die vorschriftsmäßige Aufbewahrung der dem Unternehmer übergebenen Gegenstände, die nicht sofort zur Verwendung kommen.

e) Das bedingungsgemäße Verlegen und Verdichten der Röhren, Formstücke, Schieber, Hydranten usw., unter Umständen auch der Hausanschlüsse.

f) Die Lieferung von Dichtungsmaterialien, wie holzgeteerter Hanfstricke, Blei, Bleiwolle und die Lieferung des Asphalts zum Asphaltieren der Bleiringe, sowie die Lieferung der notwendigen Schrauben. (Gummidichtungen werden von der Verwaltung geliefert.)

g) Das Auffüllen und Feststampfen der Rohrgräben in Lösch- oder Schlackenauffüllungen mit Sand oder Lehm.

h) Das Verfüllen der Rohrgräben für das Rohrnetz und die Hausanschlüsse, Abfahren des überflüssigen Bodens oder Herbeischaffung des etwa fehlenden Bodens.

i) Das Zusammenfahren und Weiterbefördern der beim Bau übriggebliebenen Gegenstände an eine andere Baustelle oder auf die Lagerplätze.

k) Das Verlegen von Schutzröhren bei Bahnkreuzungen.

4. Umfang der Leistungen und Lieferungen.

Der Umfang der Leistungen und Lieferungen geht aus dem Verdingungsanschlage und aus diesem Abschnitt hervor; jedoch hat der Unternehmer jede Abweichung von der Länge der Leitungen und der Stückzahl nach oben oder unten zu denselben Bedingungen und Einheitspreisen auszuführen. Es wird dem Unternehmer eine eingehende Besichtigung des Versorgungsgebietes vor Einreichung des Angebotes zur Pflicht gemacht. Des weiteren ist er verpflichtet, die Zeichnungen und Unterlagen genau zu prüfen und sich über zweifelhafte Punkte bei der Bauverwaltung Aufklärung zu verschaffen. Werden von dem Unternehmer etwaige Abweichungen der Unterlagen festgestellt oder stimmen die Angaben und Zeichnungen mit den örtlichen Verhältnissen nicht überein, so hat der Unternehmer vor Abgabe seines Angebotes die Richtigstellung und Anerkennung zu veranlassen. Nachträgliche Einwendungen finden keine Berücksichtigung.

Es sind in bedingungsgemäßer Weise betriebsfertig zu verlegen:

rund 9070 lfdm gußeis. Muffenrohre 100 mm l. W. und 3,5 m Länge
» 1090 » » » 125 » » » » 4,0 » »
» 750 » » » 150 » » » » 4,0 » »
» 310 » » » 175 » » » » 4,0 » »
» 320 » » » 200 » » » » 4,0 » »
» 240 » » » 225 » » » » 4,0 » »
» 405 » » » 275 » » » » 4,0 » »
» 500 » » » 300 » » » » 4,0 » »
» 420 » » » 325 » » » » 4,0 » »
» 470 » » » 350 » » » » 4,0 » »

des weiteren:

rd. 7250 lfdm schmiedeeis. Muffenrohre 100 mm l.W. und 6,5—8,5 m Lg.
» 2010 » » » 125 » » » » 6,5—8,5 » »
» 320 » » » 150 » » » » 6,5—8,5 » »

rd. 750 lfdm schmiedeeis. Muffenrohre 175 mm l.W. und 6,5—8,5 m Lg.

» 830	»	.	»	»	200	»	» »	» 6,5—8,5	»	»
» 400	»		»	»	225	»	» »	» 6,5—8,5	»	»
» 220	»		»	»	250	»	» »	» 6,5—8,5	»	»
» 840	»		»	»	300	»	» »	» 6,5—8,5	»	»
» 320	»		»	»	450	»	» »	» 6,5—8,5	»	»

Ferner sind zu verlegen und einzubauen:

　rd. 28 Tonnen Formguß,

　» 280 Stück Flanschenschieber von 100 bis 350 mm l. W.,

　» 215 Stück Unterflurhydranten von 65 mm l. W.

5. Übernahme der Materialien.

Für die Anlieferung der Materialien kommen nachstehende Lagerplätze in Betracht:

Für die gußeisernen Rohre und Formstücke der Lagerplatz des Anschlußgleises des städt. Wasserwerkes zu N. N.

Für die schmiedeeisernen Rohre, Formstücke und sämtliche Zubehörteile der Lagerplatz und Bahnanschluß des städt. Gaswerkes.

Der Unternehmer nimmt die von der Verwaltung gelieferten Gegenstände an einem der vorstehend genannten Lagerplätze ab. Damit dem Unternehmer die verlangten Gegenstände ausgehändigt werden, wird demselben von der Bauleitung ein Lieferschein ausgestellt, ohne welchen keine Gegenstände ausgeliefert werden. Der Lieferschein enthält das Gewicht oder die Längen, den Durchmesser und die Stückzahl der einzelnen Gegenstände, sowie die Angaben, in welcher Straße dieselben zur Verwendung gelangen. Auf diesem Lieferschein hat der Unternehmer den Empfang und die vorschriftsmäßige Beschaffenheit der ausgelieferten Gegenstände zu bescheinigen. Etwa zu beanstandende Gegenstände sind auf dem Lieferscheine aufzuführen und diese Stücke bis zur Besichtigung durch die Bauleitung auf dem betreffenden Lagerplatze zu belassen.

Die Lieferscheine werden in doppelter Ausfertigung ausgestellt. Einen hat der Unternehmer, mit Unterschrift versehen, dem Lagerverwalter des betreffenden Lagerplatzes auszuhändigen, und die 2. Ausfertigung bleibt zur Kontrolle im Besitz des Unternehmers.

Hat der Unternehmer durch Unterschrift den Empfang
der Gegenstände bescheinigt, so ist hiermit die Übernahme
seitens des Unternehmers geschehen.

Von diesem Zeitpunkte der Übernahme an haftet der
Unternehmer für die unbeschädigte Fortschaffung der Gegenstände zur Verwendungsstelle, für die richtige Verwendung
derselben sowie für Diebstahl und Beschädigungen.

Das Aufladen, Abfahren und Abladen der Gegenstände
hat innerhalb der von der Verwaltung der betreffenden Lagerplätze angegebenen Zeit während der Geschäftsstunden zu
erfolgen.

Durch etwaige Verzögerungen in der Abfuhr entstehende
Kosten trägt der Unternehmer.

Der Unternehmer hat die von ihm benötigten Gegenstände
vier Wochen vor dem Verbrauch der Verwaltung schriftlich
anzugeben.

Unterläßt der Unternehmer die rechtzeitige Anforderung,
so hat er selbst für den hieraus entstehenden Schaden aufzukommen. Sollten bei der Lieferung der von der Bauleitung
zu liefernden Gegenstände zeitweise Unterbrechungen durch
unpünktliche Lieferung der Lieferanten der Verwaltung des
Wasserwerkes eintreten, so hat der Unternehmer keinen Anspruch auf irgendwelchen Schadenersatz. Die Bauleitung
wird nach Möglichkeit bestrebt sein, Störungen durch ver-
zögerte oder nicht ausreichende Lieferungen von Gegenständen
zu vermeiden.

Die Bauleitung behält sich ferner das Recht vor, dem
Unternehmer die Anforderung der einzelnen Gegenstände bei
den Lieferanten nach Maßgabe der hierüber abgeschlossenen,
vom Unternehmer anzuerkennenden Verträge zu übertragen.

6. Abstecken der Rohrgräben.

Die Richtung der Rohrgräben in den einzelnen Straßen,
Wegen, Plätzen und nicht öffentlichen Grundstücken, die Lage
der Schieber, Hydranten, Abzweigungen usw. werden dem
Unternehmer von der Bauleitung angegeben. Der Unternehmer
hat sich nach diesen Angaben sowie nach den ihm übergebenen Lageplänen genau zu richten. Die einzuschlagenden
Leitungszüge werden, soweit notwendig, dem Unternehmer

unter dessen unentgeltlicher Hilfeleistung durch die Bauleitung
abgesteckt. Die erforderlichen Fluchtstäbe, Absteckpfähle
und sämtliche Meßgeräte hat der Unternehmer zu liefern und
kostenlos zu stellen. Für die Absteckungsarbeiten hat der
Unternehmer einen genügend vorgebildeten Mann kostenlos
zur Verfügung zu stellen, der imstande ist, auf etwaige Fehler
aufmerksam zu machen, so daß also der Unternehmer in
keinem Falle von seiner Verantwortlichkeit bezüglich der
Genauigkeit und Planmäßigkeit der ganzen Arbeit befreit ist.

Die Erlaubnis zum Legen der Rohrleitungen in Provinzial-
straßen und nicht öffentlichen Wegen, sowie bei Bahnkreuzungen werden von der Bauleitung nachgesucht.

7. Aufbruch des Straßenkörpers.

Der Unternehmer hat das Straßenpflaster oder sonstige
Wegebefestigung der Fahrbahn sorgfältig aufzubrechen und
zur späteren Wiederverwendung getrennt von der ausgewor-
fenen Erde aufzustapeln. Dasselbe gilt von Bord- und Rinn-
steinen sowie der Bürgersteigbefestigung. Geht der Rohrgraben durch Ackerland oder Wiesen, so ist bezüglich der
Humus- und Rasendecke ebenso zu verfahren. Das Material
ist derart abseits zu stellen, daß der Straßenverkehr nicht ge-
hemmt wird.

8. Aushub der Rohrgräben.

Der ausgehobene Boden ist derart seitlich aufzustapeln,
daß der Verkehr in den Straßen so wenig als möglich beeinträchtigt wird. Bei Rohrgräben auf nicht öffentlichen Grundstücken ist darauf zu achten, daß nicht mehr Flurschaden
entsteht, als unbedingt nötig ist. Die Tiefe der Rohrgräben ist
so zu bemessen, daß die Röhren mit ihrer Oberkante 1,25 m
unter der Oberfläche zu liegen kommen.

Ist eine Stelle tiefer aufgegraben, als für das betreffende
Rohr erforderlich, so ist dieser Teil kostenlos vor der Rohrverlegung wieder sorgfältig auszufüllen, festzustampfen oder
einzuschlämmen, damit die Röhren in ihrer ganzen Länge
gleichmäßig fest aufliegen.

Die Breite der Rohrgräben richtet sich nach den Durchmessern der Röhren. Jedoch muß dieselbe so groß sein, daß

das sach- und bedingungsgemäße Verstemmen und Verdichten in keiner Weise beeinträchtigt wird.

Die zum Verdichten und Verstemmen der Muffen erforderlichen Kopflöcher oder sonstigen Erweiterungen der Gräben hat der Unternehmer ohne besondere Vergütung herzustellen.

9. Mehraushub der Rohrgräben.

Bedingen die örtlichen Verhältnisse an einzelnen Stellen bei Rohr- und Kanalkreuzungen eine größere als die in Abschn. 8 angegebene und 1,50 m überschreitende Deckung, so tritt hierfür eine Vergütung nach den in der Angebotsliste aufgeführten Einheitspreisen ein. Für die Verrechnung gilt als Maß einerseits das Mittel zwischen der höchsten vorkommenden und der verlangten Deckung von 1,50 m und anderseits die Länge, auf die eine höhere Deckung eintritt.

10. Absteifungen und Wasserhaltung.

Für notwendig werdende Absteifung der Rohrgräben hat der Unternehmer auf seine Kosten und Gefahr zu sorgen und das hierzu benötigte Holz in ausreichendem Maße und richtigen Stärken rechtzeitig beizuschaffen.

Dringt während des Ausschachtens der Rohrgräben Wasser ein, so ist der Unternehmer verpflichtet, auf seine Kosten die Baugrube trocken zu halten, und zwar während der ganzen Zeit, bis die betreffende Strecke durch Druckprobe für gut befunden worden ist. Sämtliche für eine erfolgreiche Wasserbewältigung erforderlichen Gerätschaften hat der Unternehmer selbst zu stellen.

Für die Vorflut der Wasserhaltung zu sorgen, ist die Bauverwaltung nicht verpflichtet. Falls jedoch der Bauverwaltung oder anderen keine Nachteile oder Kosten entstehen, wird erstere stets bemüht sein, den Unternehmer bei Herstellung der Vorflut zu unterstützen.

Für Senkungen aller Art, Rohrbrüche oder andere Beschädigungen, welche infolge der Wasserhaltung stattfinden, haftet der Unternehmer.

Ist infolge des Wasserandranges Mehrausschachtung von Ableitungsgräben oder sind Pumpen- und Sammelschächte usw. erforderlich, so wird dem Unternehmer weder für das

13*

Ausschachten noch für das Zufüllen eine Vergütung gewährt. Das Grundwasser ist so weit abzusenken, daß die Baugrube durchaus trocken ist.

Nach beendeter Arbeit hat der Unternehmer sämtliche Gräben, Schächte usw. und die Oberfläche in ihren früheren Zustand zu versetzen, ohne daß ihm hierfür irgendwelche Vergütungen gewährt werden. Auch hat der Unternehmer etwa in die Baugrube eingetretenes Tageswasser kostenlos zu beseitigen.

11. Fels-, Eisenschlacken- und Mauerwerkaushub.

Tritt bei der Aushebung der Rohrgräben Felsen, Eisenschlacke oder Mauerwerk auf, so werden dem Unternehmer für die Beseitigung desselben die in dem Verdingungsanschlage aufgeführten Preise als Zuschlag gewährt, wenn dieselben in zusammenhängenden Massen in ein und derselben Baugrube jemals mehr als 1 cbm betragen. Dasselbe gilt auch für Hausanschluß- und Ableitungsgräben.

Der Fels-, Eisenschlacken- oder Mauerwerksaushub wird gemessen in der Baugrube. Der Unternehmer hat die nötigen Aufnahmen im Beisein des aufsichtführenden Beamten auszuführen, widrigenfalls er keinen Anspruch auf die besondere Vergütung geltend machen kann. Schwerer oder steiniger Boden, der mit der Hacke gebrochen wird, gilt nicht als Felsen.

12. Hindernisse.

Der Unternehmer hat sich auf jede geeignet erscheinende Weise von dem Vorhandensein etwaiger unterirdischer Hindernisse zu überzeugen, da für unnötig oder zweckwidrig geöffnete Gräben keine Vergütung gewährt wird.

Besondere Vorsicht wird wegen etwa vorhandener Gemeinde- oder nicht öffentlicher Kanäle, Wasser- und Gasleitungen, Post-, Starkstromkabel usw. anempfohlen. Es wird ausdrücklich hervorgehoben, daß eine Wasserversorgung der Stadt durch die . . . . schon besteht und deshalb sämtliche Straßenzüge mit Wasserleitungsrohren belegt sind. Alle daran verursachten Schäden hat der Unternehmer auf seine alleinigen Kosten nach Anweisung der Bauleitung sofort wieder auszubessern, widrigenfalls dies ohne weiteres auf seine Kosten angeordnet wird. Führt der Eigentümer der beschädigten Gegenstände die Wiederherstellungsarbeiten selbst aus, so hat der Unternehmer auch diese Kosten zu tragen. Ebenso haftet er für sonstige Schadenersatzansprüche, welche der Eigentümer der beschädigten Gegenstände geltend macht.

Falls ein Postkabel freigelegt wird, so ist die Postverwaltung umgehend schriftlich oder telephonisch zu benachrichtigen.

Wird ein Starkstromkabel freigelegt, so ist davon die Bauleitung unverzüglich zu benachrichtigen, und die Arbeiten sind bis auf weiteres an dieser Stelle zu unterbrechen. Für die Unfälle, welche durch das Anschlagen eines Starkstromkabels entstehen, hat der Unternehmer aufzukommen. Die etwaigen Unterfahrungen von Kanälen, Gas-, Wasser- und Kabelleitungen werden nicht mit Krümmern, sondern müssen durch allmähliches Tiefergehen der Leitungen vorgenommen werden. Außer für den in Abschn. 9 angegebenen Mehraushub werden hierfür keine Entschädigungen bezahlt.

Bei Verlegung der Rohrleitungen durch kleinere Wasserläufe, Bahnkreuzungen, Brückenunterführungen usw. erfolgt, soweit erforderlich, die Verlegung in geeigneten Schutzrohren oder in Betoneindeckung nach näherer Angabe der Bauleitung. Soweit hierfür in der Angebotsliste keine Angaben oder Pauschalbeträge vorgesehen sind, wird dem Unternehmer dafür keine besondere Vergütung gewährt. Die erforderlichen Schutzrohre liefert die Bauverwaltung; der Beton hingegen, der vom Unternehmer zu liefern ist, wird nach Aufmaß bei offener Baugrube in cbm verrechnet und bezahlt.

13. Das Verlegen der Röhren, Formstücke und Zubehörteile.

Bevor die einzelnen Röhren und Formstücke verlegt werden, hat der Unternehmer dieselben nochmals durch Anschlagen mit einem eisernen Hammer sorgfältig zu untersuchen, ob dieselben unversehrt sind. Etwa beschädigte Röhren und Formstücke sind nicht einzubauen. Der Unternehmer hat in diesem Falle der Bauleitung sofort Anzeige zu machen und die beschädigten Röhren oder die Bruchstücke solcher mit dem zugehörigen Fabrikzeichen aufzubewahren.

Alle Rohre und Formstücke sind an Seilen in die Rohrgräben vorsichtig und ohne Stoß herabzulassen. Das un-
mittelbare Auflegen der Röhren auf Felsen, Gesteinsstücke
oder vorgefundenes Mauerwerk und Eisenschlacke ohne Unter-
bettung von gutem Boden in Höhe von mindestens 10 cm
ist nicht statthaft.

Die Röhren sollen in der von der Bauleitung vorgeschriebenen Richtung liegen, so daß die Dichtungsfuge einen all-
seits gleichstarken Ring bildet. Die in die Muffen einzufüh-
renden Schwanzenden der Röhren und Formstücke müssen so
tief wie möglich eingesetzt werden.

Bevor das einzelne Rohr in die Muffe gesteckt wird, ist
eine Rohrbürste nachzuziehen, welche 2 cm größer sein muß
wie der betreffende Rohrdurchmesser. Sodann sind die Röhren
ihrer ganzen Länge nach durchaus satt zu unterstopfen.

Das Anschließen bereits verlegter Straßenzüge wird nicht
besonders vergütet.

An Stellen, wo die Rohre in Lösch- oder Schlackenauffüllungen zu liegen kommen, sind sie in Lehm oder Sand zu
betten. Die Sand- oder Lehmbettung muß unterhalb und
oberhalb mindestens 10 cm betragen. Die Sohle ist vor dem
Einbringen der Rohre gehörig festzustampfen. Der Lehm
oder Sand wird nötigenfalls von der Verwaltung geliefert,
falls an einem anderen Ort der Baustelle kein einwandfreier
Boden vorhanden ist. Hierüber entscheidet von Fall zu Fall
die Bauleitung. Eine weitere Vergütung wird dem Unternehmer nicht dafür gewährt.

Beim Verlegen der schmiedeeisernen Rohre, welche mit
Schalker Muffen ausgestattet sind, hat der Unternehmer so
vorzugehen, daß möglichst wenig Abfallstücke übrigbleiben.
Da die Rohre in verschiedenen Längen geliefert werden, so
hat der Unternehmer jeweils die richtige Wahl zu treffen. Beim
Verlegen der Stahlmuffenrohre ist insbesondere auf eine sorg-
fältige Bejutung der Muffen und Schwanzenden sowie der
etwa beschädigten Rohrstellen peinlich zu achten, und wenn
irgend möglich sind die Rohre in Lehmboden einzubetten.
Abgeschnittene Rohre sind vor dem Verlegen zu bejuten und
zu asphaltieren. Jute und Asphalt stellt die Verwaltung dem
Unternehmer kostenlos zur Verfügung.

Zubehörteile.

Die Schieber und Hydranten müssen genau senkrecht zu der Rohrleitung eingebaut werden. Die Schrauben der Schieber sind so fest anzuziehen, daß eine dauernde Dichtheit gewährleistet ist. Das Anziehen der Schrauben hat vor dem Vergießen der Muffen zu geschehen, damit durch ein nachträgliches Anziehen der Bleiring nicht gelockert wird. Die Gummidichtungen sind genau passend einzuführen, damit eine Querschnittsänderung nicht eintritt. Die Schrauben sind den Vorschriften entsprechend zu wählen. Die Einbauzubehörs der Schieber sind sachgemäß aufzubringen, und ist dies in den in der Angebotsliste aufgeführten Angaben für den Einbau von Schiebern einzurechnen. Um die Entleerungsöffnungen der Hydranten ist in einer Höhe, Länge und Breite von 25 cm das von der Verwaltung gelieferte Schottermaterial aufzubringen, ohne daß hierfür eine weitere Vergütung gewährt wird. Die Straßenkappen der Hydranten sind gut mit hartgebrannten Ziegelsteinen zu unterbauen, um ein Senken durch das Befahren zu verhüten; hierfür wird keine weitere Entschädigung gezahlt, es ist dies in den Einheitspreisen für den Einbau von Hydranten zu berücksichtigen.

Die dem Unternehmer übergebenen Zubehörteile dürfen auf der Baustelle nicht regellos und ohne Bewachung umherliegen.

14. Verdichten der Röhren und Beschaffenheit der Dichtungsstoffe.

Das Verdichten der Muffen hat mittels holzgeteertem langfaserigem Hanfstrick und mit weichem, doppelt gereinigtem, metallisch reinem Blei oder mit Bleiwolle zu erfolgen.

Beim Verdichten müssen erst so viel Hanfstricke mittels eines stumpfen Strickeisens fest in die Muffe eingetrieben werden, daß für den darauf zu stemmenden Bleiring mindestens die nachstehend vorgeschriebene Tiefe bleibt.

	Bei Anwendung		
	a) von Gußblei		**b) von Bleiwolle**
100 mm Rohrdurchmesser	40 mm		27 mm
125 » »	45	»	27 »
150 » »	45	»	30 »

	Bei Anwendung		
	a) von Gußblei		b) von Bleiwolle
175 mm Rohrdurchmesser	45 mm		30 mm
200 » »	45 »		30 »
225 » »	50 »		32 »
250 » »	50 »		32 »
275 » »	50 »		32 »
300 » »	50 »		32 »
325 » »	50 »		35 »
350 » »	50 »		35 »
450 » »	50 »		35 »

Der Unternehmer hat bei Abgabe des Angebots die Preise für Dichtung mit Gußblei wie auch für Dichtung mit Bleiwolle anzugeben. Die Entscheidung, ob Blei oder Bleiwolle ganz oder teilweise zur Verwendung kommt, behält sich die Bauleitung vor. Sollen die Muffen vergossen werden, so ist jedesmal dem Bauleitenden davon Mitteilung zu machen, damit dieser sich überzeugen kann, ob die Muffen gut verstrickt und die oben angegebenen Maße eingehalten sind.

Kommt Gußblei zur Verwendung, so muß das geschmolzene, von allen auf der Oberfläche schwimmenden Unreinigkeiten befreite Blei in einem Guß eingegossen werden. Der Vorguß bzw. Stemmwulst muß mindestens 12 mm betragen und ist sachgemäß mittels Stemmeisen in die Muffe einzutreiben bzw. abzutreiben. Kaltgüsse müssen unter allen Umständen ausgehauen und durch neue tadellose Güsse ersetzt werden. Das Verstemmen der Muffen darf erst vorgenommen werden, nachdem sich der Guß und die Muffe gut abgekühlt haben, damit der Bleiring durch nachträgliches Schrumpfen nicht gelockert wird. Kommt Bleiwolle zur Anwendung, so muß jeder in die Muffe eingeführte Strang gleichmäßig gut und fest verstemmt werden. Im übrigen gilt dasselbe wie nach der oben angegebenen Weise für Gußblei.

Das Verdichten zweier oder mehrerer Rohre außerhalb des Grabens ist nicht gestattet.

In beiden Fällen hat das Verstemmen von besonders zuverlässigen Rohrlegern zu erfolgen. Um die Gewähr zu haben, eine tadellose Arbeit zu erhalten, muß der Unternehmer diese Arbeiten im Tagelohn ausführen lassen.

Die Bauleitung behält sich vor, nach ihrem Ermessen, bereits verdichtete Muffen ausmeißeln zu lassen. Stellt sich hierbei heraus, daß die Muffe vorschriftsmäßig verdichtet war, so werden dem Unternehmer die entstandenen Kosten ersetzt. War die Dichtung nicht den Bedingungen entsprechend ausgeführt, so hat der Unternehmer die Kosten für erneute Herstellung einer tadellosen Dichtung selbst zu tragen.

Außerdem zieht jede Nichtbefolgung der Bestimmungen in diesem Abschnitte in jedem einzelnen Falle eine Strafe von 10 Mark, in Worten »Zehn Mark«, nach sich.

Das Feuermachen zum Schmelzen des Bleies darf nur dort geschehen, wo keine Schadenfeuer entstehen können, und der Unternehmer bleibt für etwa entstehenden Feuerschaden haftbar. Für die Beschaffung der Gerätschaften, Werkzeuge und des Feuerungsmaterials hat der Unternehmer Sorge zu tragen und diese Gegenstände kostenlos zu stellen.

Während der Arbeitspausen und während der Nachtzeit ist das letzte verlegte Rohr durch Holzspunde oder sonstig geeignete Gegenstände zu schließen, damit kein Erdreich und auch keine Lebewesen, ferner kein Schmutz- und Regenwasser eindringen können. Alle Straßenabzweige, welche nicht sofort verlegt werden, müssen in derselben Weise geschützt werden, so daß weder Grundwasser noch Lebewesen in die bereits verlegte Rohrleitung eindringen können.

15. Wasserdruckprobe.

Nachdem eine Rohrstrecke fertig verlegt ist, soll die Leitung in kurzen Strecken, die der gegenseitigen Vereinbarung vorbehalten bleiben, einer Wasserdruckprobe unterworfen werden; diese kann vom Unternehmer nicht eher vorgenommen werden, als bis sämtliche Hausanschlüsse der betreffenden Strecke von ihm bzw. von der Stadtverwaltung (vgl. Abschn. 16) fix und fertig hergestellt sind.

Die zur Probe nötigen Verschlußapparate, Rohrleitungen, Pumpen, Manometer und sonstigen von der Bauverwaltung als notwendig erachteten Gegenstände sowie das nötige Wasser hat der Unternehmer auf eigene Kosten zu beschaffen. Auch hat der Unternehmer die hierzu notwendigen Arbeitskräfte auf seine Kosten zu stellen. Der bei der Druckprobe

auszuübende Druck muß 20 Atm. betragen. Dieser Druck
ist eine Viertelstunde lang zu halten, und die Leitung einschl.
der Hausanschlußleitungen muß sich dabei als vollständig
dicht erweisen, das Manometer muß mindestens 5 Minuten
lang ruhig stehen, ohne zurückzugehen. Die von dem Unternehmer zu stellenden Vorrichtungen müssen derartig beschaffen sein, daß der obengenannte Zustand erreicht werden kann.
Kein Strang wird abgenommen, der diese Prüfung nicht be-
standen hat, und es darf auch der Graben nicht eher zuge-
worfen werden. Sollten sich bei der Druckprobe Hausanschlüsse
als undicht erweisen, so hat der Unternehmer den Graben so
lange offen zu halten, bis diese Undichtheiten beseitigt sind.
Die Stadtgemeinde behält sich das Recht vor, auch die Hausanschlüsse vom Unternehmer ausführen zu lassen nach den
hierfür in Abschn. 16 vorgesehenen Einheitspreisen. Ein Nachstemmen der Muffen unter Druck ist nicht statthaft, sondern
der Druck muß hierfür abgelassen werden. Unkosten, die durch
wiederholte Prüfungen derselben Strecke der Stadtgemeinde
entstehen, sind vom Unternehmer zu ersetzen. Nach erfolgter
guter Druckprobe sind sämtliche Bleiringe gut zu asphaltieren.

16. Herstellung der Hausanschlüsse.

Alle für den Hausanschluß notwendigen Gegenstände wie
Ventilanbohrschelle mit Einbauzubehör, Zuleitungsrohre, Wassermesser, Formstücke, Dichtungen usw. werden von der
Stadtverwaltung geliefert. Der Unternehmer hat sämtliche
Erd- und Maurerarbeiten, alle Anschluß- und Rohrverlegungsarbeiten bis zum Wassermesser auszuführen. Die jeweils notwendige Unterstützung für die Wassermesser hat der Unternehmer anzuliefern und sachgemäß anzubringen.

Die Anschlußstellen an das Hauptrohr werden von Fall
zu Fall von der Bauleitung bestimmt und müssen unbedingt
eingehalten werden.

Die Hausanschlußleitungen sind, wenn irgend möglich,
geradlinig und auf dem kürzesten Wege in das anzuschließende
Gebäude oder Grundstück zu legen.

Vom Hauptrohr aus muß die Leitung etwas ansteigen,
jedoch darf dabei die Rohrdeckung niemals weniger als 1 m
betragen. Die Mauerdurchbrüche hat der Unternehmer nicht

größer herzustellen, als es unbedingt erforderlich ist. Nach dem Verlegen der Rohrleitung ist der Mauerdurchbruch in der früheren Mauerstärke wieder vollständig zu schließen. Den Ort der Aufstellung der Wassermesser bestimmt die Bauleitung. Sämtliche Verbindungen müssen bei der Druckprobe vollkommen wasserdicht sein, ohne daß ein nachträgliches Verstemmen notwendig wird. Die Vergütung für die Herstellung der Hausanschlüsse erfolgt nach den in der Angebotsliste aufgeführten Einheitssätzen.

Die Zahl der herzustellenden Hausanschlüsse beträgt ungefähr 2200 Stück.

Die Stadtverwaltung behält sich das Recht vor, die Hausanschlüsse mit eigenen Leuten zu verlegen.

Für die Dichtheit der Hausanschlüsse gilt entsprechend der Abschnitt 15.

Die Vergütung für die Herstellung der Hausanschlüsse erfolgt nach folgenden Einheitssätzen:

1 lfdm schmiedeeisernes, innen und außen asphaltiertes und bejutetes, nahtlos gezogenes Anschlußrohr von 1″ bis 1½″ l. W. zu verlegen, einschl. Herstellung sämtlicher Verbindungsstellen und des Anschlusses an die Ventilanbohrschelle und den Wassermesser   f. d. lfdm . . . .

1 lfdm verzinktes, schmiedeeisernes Anschlußrohr von 1″ bis 1½″ l. W. zu verlegen, einschl. Herstellung sämtlicher Verbindungsstellen und des Anschlusses an die Ventilanbohrschelle und den Wassermesser   f. d. lfdm . . . .

1 lfdm Bleirohr mit innerem Zinnmantel von ¾″ bis 1½″ l. W. zu verlegen, einschl. Herstellung sämtlicher Lötstellen und des Anschlusses an die Ventilanbohrschelle und den Wassermesser   f. d. lfdm . . . .

1 Ventilanbohrschelle, einerlei welcher Abmessung, an das Hauptrohr sachgemäß anzubringen, sowohl für schmiedeeiserne wie für gußeiserne Rohre. Die Anbohrung muß wenigstens 22 mm betragen. Bei den schmiedeeisernen Rohren ist besonders sorgfältig zu verfahren; die Vorschriften der Bauleitung sind genau zu befolgen. Die vollständigen Zubehörs sind mit einzubauen.   F. d. Stück . . . .

1 Wassermesser, einerlei welcher Abmessung, sachgemäß einzubauen; falls die Hausleitung nicht sofort angeschlossen

wird, ist der Wassermesserausgang mittels Holzstopfen zu
verschließen. F. d. Stück . . . .

1 lfdm Graben herzustellen, nach der Verlegung zu verfüllen und festzustampfen, sonst gelten die Abschnitte 7, 8,
9, 10, 11 und 12 f. d. lfdm . . . .

1 lfdm aufgerissenes Pflaster wieder herzustellen, sonst
nach Abschn. 18 f. d. lfdm . . . .

1 lfdm aufgerissene Schotterung mit Packlage wieder herzustellen, sonst wie Abschn. 18 f. d. lfdm . . . .

1 lfdm aufgerissene Schotterung ohne Packlage wieder herzustellen, sonst wie Abschn. 18 f. d. lfdm . . . .

1 lfdm aufgerissenen Zementbürgersteig wieder herzustellen f. d. lfdm . . . .

1 lfdm aufgerissene Tonplatten wieder zu verlegen
f. d. lfdm . . . .

17. Zufüllen der Rohrgräben.

Erst nachdem jede Rohrstrecke durch Druckprobe abgenommen ist und vom Unternehmer gemeinschaftlich mit
den aufsichtführenden Beamten sämtliche Maße oder sonstige
Vermerke über Lage der Abzweigungen, Formstücke, Schieber,
Hydranten, Hausanschlüsse usw. genommen worden sind, darf
der Unternehmer mit dem Verfüllen der Rohrgräben beginnen.

Die Kopflöcher der Rohrgräben sind zuerst zu verfüllen
und die Leitung in der Länge der Kopflöcher satt zu unterstopfen. Sodann hat das Verfüllen der Rohrgräben in der
Weise zu erfolgen, daß die Röhren zunächst mit einer etwa
30 cm weichen, möglichst steinfreien Schicht Boden bedeckt
und festgestampft werden, worauf erst das härtere, steinige
Erdreich folgen darf. Der erforderliche weiche Boden ist
nötigenfalls vom Unternehmer zu beschaffen. Der Boden ist
in Schichten von 30 cm Höhe einzubringen und jede Schicht
genügend festzustampfen oder einzuschlämmen, daß ein Nachsacken nicht eintreten kann. Auf einen Einwerfer muß mindestens 1 Stampfer gestellt werden.

Der etwa übrigbleibende Boden muß nach Wiederausglei-
chung der Oberfläche sofort abgefahren und eingeebnet werden, die einzelnen Abladestellen hat der Unternehmer bei der
Bauleitung zu erfragen.

Bei Röhren unter 200 mm darf kein Boden abgefahren werden, dieser muß vielmehr vollständig eingestampft werden. Etwa fehlenden Boden hat der Unternehmer auf seine Kosten herbeizuschaffen und einzustampfen.

18. Wiederherstellung der Oberfläche.

Nach dem Verfüllen der Rohrgräben ist die Flur- bzw. Straßenoberfläche in ihren früheren Zustand zu versetzen, etwa hierzu fehlendes Material hat der Unternehmer auf seine Kosten zu beschaffen. In denjenigen Straßen, die nicht gepflastert sind, sind die Straßenkappen der Schieber und Hydranten mit einem 60 cm breiten Pflasterstreifen zu umgeben.

Die hierzu nötigen Steine werden von der Verwaltung gestellt, während der Sand von dem Unternehmer kostenlos zu stellen ist. Etwaiges Walzen der beschotterten Straßen geschieht ebenfalls auf Kosten des Unternehmers.

Hinsichtlich der Vorschriftsmäßigkeit der wiederherzustellenden Straßenoberfläche unterwirft sich der Unternehmer den Bestimmungen der Behörden und Grundstückseigentümer, welche die Straßen unterhalten. Eine Abnahme durch die Bauleitung erfolgt nicht eher, als bis sich die Behörden und Grundstückseigentümer mit dem Zustand der Deckung einverstanden erklärt haben. Der Unternehmer übernimmt nach Fertigstellung und Übernahme des gesamten Rohrnetzes eine einjährige Bürgschaft für die Haltbarkeit des Pflasters, der Beschotterung usw. über und neben den Baugruben. In einzelnen Straßen, die von der Stadtbauverwaltung neu gepflastert werden, hat der Unternehmer das aufgerissene Pflaster nicht mehr einzusetzen; er wird davon von der Stadtbauverwaltung rechtzeitig in Kenntnis gesetzt.

19. Entschädigungsanspruch auf Minderleistungen.

Für nicht ausgeführte Arbeiten kann der Unternehmer keinerlei Entschädigung verlangen.

20. Haftung des Unternehmers.

Der Unternehmer hat für etwa notwendig werdende Straßensperrungen, Einzäunungen der Rohrgräben, Herstellung von vorübergehenden Überfahrten und Übergängen, welche durch die Rohrverlegungsarbeiten nötig werden, Sorge zu tragen, sowie die Baustelle über Nacht zu beleuchten, ohne dafür eine Vergütung zu erhalten. Ebenso hat er die nötigen Polizeivorschriften und Vorsichtsmaßregeln bei etwa nötig werdenden Sprengarbeiten zu befolgen.

Alle Beschädigungen oder Unfälle, welche infolge der Leistungen und Lieferungen des Unternehmers für dritte Personen entstehen, hat der Unternehmer allein zu vertreten und zu entschädigen. Haftet für solche Beschädigungen oder Unfälle gesetzlich die Stadt, so hat der Unternehmer die Stadt für alle ihr erwachsenden Verpflichtungen schadlos zu halten.

21. Aufmaße und Verrechnung.

Die in Abschn. 17 angegebenen Aufmaße gelten als feststehende Grundlagen für die Abrechnung, die in ein bestimmtes Buch eingetragen werden und nach nochmaligem, wechselweisem Durchlesen von den Vertretern beider Parteien unterschriftlich anzuerkennen sind, wenn sie Beweiskraft für die Aufstellung der Abrechnung haben sollen. Sämtliche Aufzeichnungen sind in Tinte oder mit Tintenstift auszuführen. Etwaige Nachtarbeiten werden nicht im Tagelohn ausgeführt, sondern werden nach den Einheitspreisen mit 25 v. H. Aufschlag verrechnet. Die Verrechnung erfolgt nach den in der Angebotsliste angegebenen Sätzen, eine andere Verrechnung ist ausgeschlossen. Tagelohnarbeiten zu verrechnen, ist ganz ausgeschlossen.

22. Anfang und Vollendung der Arbeiten.

Die Arbeiten haben 14 Tage nach erfolgter schriftlicher Aufforderung zu beginnen, spätestens jedoch am . . . . Die betriebsfertige Rohrverlegung muß Ende . . . . vollendet sein. Es sind also wöchentlich mindestens 2400 m Rohre einschl. des Einbaues von Hydranten, Schiebern, sämtlicher Formstücke und Hausanschlüsse fertigzustellen. Erleidet auf Anordnung der Stadtgemeinde der Arbeitsbeginn eine Verspätung, so kann sich um den entfallenden Zeitbetrag auch die Vollendung verspäten. Entschädigungsansprüche, welcher Art sie sein mögen, kann der Unternehmer aus diesen

Verspätungen nicht herleiten. Für durch höhere Gewalt veranlaßte Arbeitspausen kann der Unternehmer ebenfalls keine Entschädigungsansprüche geltend machen.

23. Verzugsstrafe.

Falls der Unternehmer die ihm übertragenen Arbeiten nicht rechtzeitig bis zu dem in Abschn. 22 festgesetzten Zeitpunkt fertigstellt, so verfällt er für jede volle Woche der Überschreitung in eine Verzugsstrafe von 200 Mark, geschrieben »Zweihundert Mark«. Die Stadtverwaltung hat jedoch auch das Recht, die fehlenden Arbeiten durch einen anderen Unternehmer ihrer Wahl auf Kosten des säumigen Unternehmers ausführen zu lassen und diesen für alle aus der Versäumnis erwachsenden Kosten und mittelbaren und unmittelbaren Schäden haftbar zu machen, soweit sie nicht durch die Verzugsstrafe gedeckt sind.

24. Arbeitsplan.

Über die Reihenfolge der zu belegenden Straßenzüge und die Fertigstellung der aufeinanderfolgenden Baugruppen des Wasserrohrnetzes wird die Bauverwaltung rechtzeitig dem Unternehmer Mitteilung machen. In erster Linie ist jedoch die von der Wassermesserkammer in der . . . . Straße in die Stadt führende 300 mm-Druckrohrleitung zu vollenden. Da schon während der Bauzeit gruppenweise Wasser abgegeben werden muß, so hat der Unternehmer die einzelnen Baugruppen zu der für jede Baugruppe von der Verwaltung im endgültigen Arbeitsplan festgesetzten Zeit fertigzustellen. Kommt er mit der Fertigstellung einer einzelnen Baugruppe in Verzug, so hat er für jede Woche des Verzuges eine Vertragstrafe von 100 Mark, geschrieben »Einhundert Mark«, zu zahlen.

25. Gewährleistung und endgültige Übernahme.

Die endgültige Übernahme seitens der Stadtgemeinde wird erst ausgesprochen, wenn die in Abschn. 15 vorgesehenen Prüfungen bedingungsgemäß ausgefallen sind und das die gesamte Arbeit umfassende Rohrnetz 8 Tage unter Druck gestanden hat, ohne daß sich Mängel gezeigt haben und die Oberflächen der Straßen sich in gutem Zustande befinden.

26. Bürgschaft und Haftpflicht des Unternehmers.

Für die richtige Erfüllung seiner Verbindlichkeiten, für den guten Zustand der Leitungen und der Wege, haftet der Unternehmer ein Jahr, vom Tage der endgültigen Übernahme an gerechnet, mit einem beim Vertragsabschluß zu hinterlegenden Wertpfande in Höhe von 5 v. H. der Anschlagsumme.

Nach abgelaufener Haftpflicht erfolgt die Rückgabe des Wertpfandes, falls nicht noch Mängel zu beseitigen sind, die sich inzwischen gezeigt haben. Alle bis zum Ablauf der Haftungsdauer sich herausstellenden, auf mangelhafte Arbeit zurückzuführenden oder sonstwie nicht entdeckten Mängel und Fehler, insbesondere Undichtigkeiten, Straßensenkungen, hat der Unternehmer auf seine Kosten binnen 2 Wochen nach erfolgter Aufforderung zu beseitigen. In dringenden Fällen steht der Stadtgemeinde das Recht zu, selbst oder durch andere Fachleute Abhilfe zu schaffen. Die entstehenden Kosten hat der Unternehmer zu tragen.

Für Mängel, Fehler und deren Folgen, die nach Ablauf der Haftpflicht sich zeigen, kommt der Unternehmer nicht auf.

27. Vergebung an Unterunternehmer.

Ohne Genehmigung der Stadtgemeinde darf der Unternehmer seine vertragsmäßigen Verpflichtungen und Rechte nicht auf andere übertragen.

28. Behandlung von Funden.

Funde an Gegenständen künstlerischen, gewerblichen, naturwissenschaftlichen oder geschichtlichen Wertes hat der Unternehmer der Stadtgemeinde kostenlos zu übergeben. Der Unternehmer hat die von ihm beschäftigten Leute hierzu zu verpflichten. Die ausgegrabene Eisenschlacke ist der Stadtgemeinde kostenlos zu übergeben.

29. Tod.

Stirbt der Unternehmer während der Ausführungszeit, so steht es im Belieben der Stadtgemeinde, entweder den Vertrag als aufgehoben zu betrachten, oder die Rechtsnachfolger zur Vertragserfüllung anzuhalten.

Im Falle der Aufhebung ist der örtlich begonnene Grabenaushub zu vollenden, mit Rohren usw. zu belegen, der Graben

zu schließen, die Oberfläche zu schließen und der Bau abzubrechen. Die vollendeten Rohrstrecken unterliegen den
Bestimmungen des Vertrages. Stirbt der Unternehmer während der Haftungsdauer, so treten seine Rechtsnachfolger in
jeder Beziehung an seine Stelle.

30. Umfang und Einreichungszeitpunkt des Angebots.

Das Angebot muß die ganze Arbeitsmenge umfassen, und
der Zuschlag wird nur auf diese erteilt, wenn das Angebot
nach der Angebotsliste ohne Streichungen oder Zusätze gemacht wird. Die Bewerber haben ihre Angebote bis zum
........., vormittags 10 Uhr, versiegelt mit der Aufschrift
»Angebot für die Ausführung des Rohrnetzes und der Hausanschlüsse für das städt. Wasserwerk zu ....« an
den Vorstand der städt. Betriebe, Abtlg. Wasserwerks-Neubau,
.... einzureichen.

31. Zuschlagserteilung.

Die Stadtgemeinde behält sich freie Wahl unter den An-
bietern und unter den Angeboten vor und ist nicht gebunden,
einem Bewerber oder dem Mindestfordernden den Zuschlag
zu erteilen.

.................., den .... 1910.

Vorstand der städtischen Betriebe,
Abteilung Wasserwerks-Neubau.

Der Oberbürgermeister: Die Bauleitung:
Anerkannt:

.................., den .... 1910.

Der Unternehmer:

Fünfter Abschnitt.

Der Bau von Wasserrohrleitungen.

a) Die Rohrlage.

Die Rohrdeckung, das Maß von Rohroberkante bis zur
Flur, richtet sich ganz nach den vorherrschenden Witterungs-
verhältnissen. In kälteren Gegenden sind die Rohre außerhalb
der Frostgrenze zu legen, um Rohrbrüche durch Frost zu
vermeiden. In Ländern mit heißer Witterung sind die Rohre

so tief zu legen, daß eine Erwärmung des Wassers nicht eintritt und dem Wasser der frische Geschmack nicht genommen wird.

In Deutschland wird die Rohrdeckung zwischen 1 und 1,50 m schwanken. Die übliche Deckung beträgt 1,25 m. Es wird sich bei Rohrverlegungsarbeiten nicht vermeiden lassen, auf kurze Strecken, wie bei Kanalrohrkreuzungen usw., kleinere oder größere Deckungen zu wählen, was ohne Bedenken geschehen kann. Ebenso wird man bei Grundwasser die möglichst geringste Rohrdeckung wählen, denn hier spielt oft in bezug auf Kosten eine kleinere Rohrdeckung eine große Rolle.

Die Rohre legt man nach Möglichkeit in den Fahrdamm, damit schon die Hausanschlußkosten geringer ausfallen. Denn der Aufbruch und die Wiederherstellung des Bürgersteiges sind mit größeren Kosten verknüpft, als bei einer Verlegung im Fahrdamm. Weiter ist bei Rohrbrüchen die Gefahr nicht so groß, daß die Keller der anliegenden Häuser unter Wasser gesetzt werden und durch herausgespültes Gestein und Erdreich beschädigt und beschmutzt werden. Unter Umständen sind bei großen Leitungen und hohem Druck Fundamentunterspülungen nicht ausgeschlossen.

Ist die Straße sehr breit oder der Fahrdamm aus Asphalt hergestellt und sind die Leitungen nicht groß, so ist zuweilen die Verlegung in den Bürgersteigen zu empfehlen. Dann führt man zweckmäßig den Bürgersteigbelag so aus, daß dieser über den Rohren ohne besondere Schwierigkeiten und große Kosten abgehoben und wieder eingesetzt werden kann. Mitunter ist auch die Verlegung von zwei Rohrleitungen neben dem Bürgersteig angebracht.

Soll die Rohrleitung im Fahrdamm verlegt werden, so lege man dieselbe in nicht zu großer Entfernung in Flucht der Bordsteine des Bürgersteiges. Die Verlegung in Flucht der Hausfronten ist nicht zu empfehlen, da diese zuweilen in derselben Straße schwanken und nicht so geradlinig verlaufen wie die Bordsteine der Bürgersteige. Am vorteilhaftesten ist eine Entfernung von 0,80 bis 1,20 m vom Bordstein aus. Als Mittel gilt 1 m. Unter diesen Umständen ist es wohl immer möglich, daß der Kanal in der Mitte der Straße und das Gasrohr auf der anderen Straßenseite verlegt werden kann. Für Stark- und Schwachstromkabel stehen dann immer noch die Bürgersteige zur Verfügung. Mit den Sinkkästen kommt man dann auch nicht mehr in Berührung. Hat die Straße 6 m Fahrdammbreite, so ist selbst noch Platz für ein zweites Wasserrohr vorhanden. Man vermeide nach Möglichkeit, Wasser- und Gasrohrleitungen auf eine Straßenseite in nur geringer Entfernung voneinander zu verlegen, damit, wie es schon vorgekommen ist, bei gleichzeitigem Bruch nicht das Gasrohrnetz unter Wasser gesetzt wird, was unangenehme Folgen nach sich zieht. Auch kann das Gasrohr unterspült werden, wodurch ein Bruch desselben, wenn auch erst später, entstehen kann. Sind die Rohre aus Schmiedeeisen, so kann dieser Frage schon eher nähergetreten werden.

Es sollte überhaupt eine Einigung dahin erzielt werden, daß alle Wasserrohre auf der einer Himmelsrichtung entsprechenden Straßenseite und die Gasrohre diesen entgegengesetzt verlegt werden, wie z. B. alle Wasserrohre auf der südlichen und westlichen Seite oder beliebig anders. Unter solchen Bedingungen ist es nicht mehr nötig, sich vor der Verlegung eines Rohres mit dem Bauamt in Verbindung zu setzen. Sehr von Vorteil ist dies, wenn, wie es oft der Fall, beide Werke nicht in einer Hand liegen.

Es ist vorteilhaft, wenn das Bauamt die Querschnitte der neu anzulegenden Straßen laufend einsendet, um danach verfügen zu können.

b) Das Abstecken der Rohrgräben.

Das Abstecken der Rohrgräben erfolgt unter Zuhilfenahme von Fluchtstäben, welche immer Mitte Rohrgraben aufgestellt werden. In Entfernungen von 20 bis 30 m wird die Grabenbreite festgelegt. An diesen Punkten wird eine Schnur angehalten und dieser entlang wird der Graben kenntlich gemacht, was bei Pflaster durch einen Kreidestrich und bei Schotterdecken durch Einhauen mit dem Pickel geschehen kann.

Bei Abstecken von Winkeln bedient man sich am einfachsten der Seitenverhältnisse der Dreiecke. In der folgenden Übersicht sind die Verhältniszahlen der Katheten für die üblichen Krümmer angegeben.

14*

$11^1/_4{}^0$	15^0	$22^1/_2{}^0$	30^0	45^0
$1 : 5,02$	$1 : 3,73$	$1 : 2,41$	$1 : 1,173$	$1 : 1$

Hat z. B. ein Graben um $22\frac{1}{2}{}^0$ zu knicken, so mißt man in Flucht des Grabens vom Knickpunkt a aus 2,41 m weiter (Abb. 134) und errichtet in diesem Punkte eine Senk-

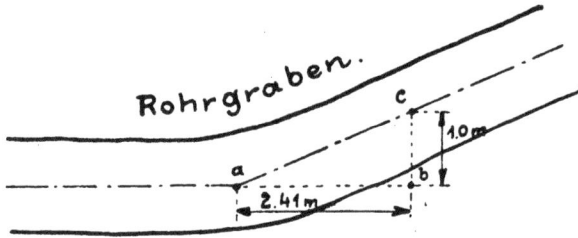

Abb. 134.

rechte von der Länge gleich 1 m und erhält somit den Punkt c. Verbindet man den Punkt a mit c, so hat man die Flucht-linie des Grabens.

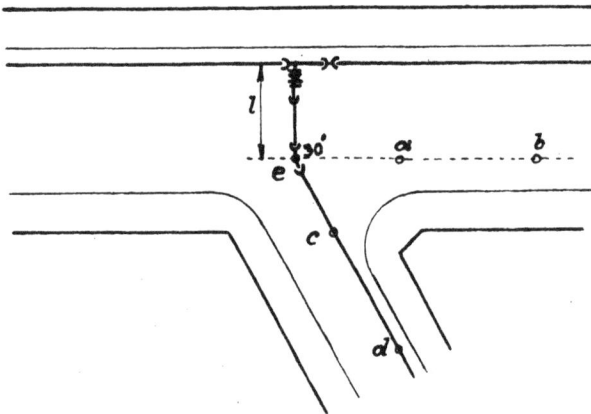

Abb. 135.

Das Abstecken der Rohrgräben hat derart zu erfolgen, daß es möglichst wenig Rohrabfälle gibt, wodurch außerdem noch die Zeit für das Abhauen der Rohre erspart wird. Soll an eine bestehende Leitung eine unter einem Winkel einlaufende Leitung angeschlossen werden, so wird wie folgt verfahren. Das K-Stück (siehe Abb. 135) wird so hinzulegen sein, daß bis zum A-Stück kein Abfall entsteht. Die Länge l ist durch die einzubauenden Formstücke und die Anzahl bzw. Längen der Rohre bekannt. Man zieht im Abstand l zu der bestehenden Leitung eine Parallele mit Hilfe der Flucht-stäbe a und b. Die Fluchtstäbe c und d geben die Flucht der anzuschließenden Leitung an. Hierauf wird der Stab e sowohl nach a-b, wie nach c-d hin eingerichtet. Damit hat man den Knickpunkt gefunden.

Für die Absteckung von rechten Winkeln bedient man sich am besten einer Schnur, an welcher genau in der Mitte

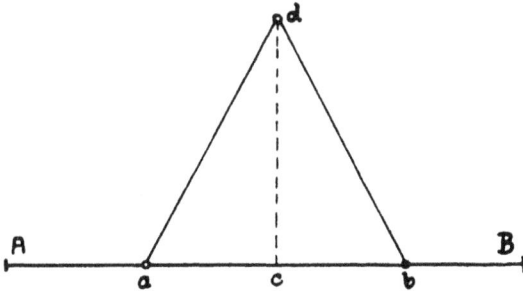

Abb. 136.

und an den Enden eiserne Ringe von 3 cm Durchmesser be-festigt sind. Hat man auf der Geraden A-B (Abb. 136) in c eine Senkrechte zu errichten, so trägt man sich von c aus die gleichlangen Strecken c-a und c-b auf. In diesen Punkten a und b setzt man die Endringe der Schnur an und zieht die Schnur an dem mittleren Ringe straff an, wodurch man den Punkt d gefunden hat. Die Verbindungslinie ist die Senkrechte auf A-B im Punkte c.

c) Das Aufbrechen der Straßendecke.

Die Wegebefestigung der Fahrbahn ist sorgfältig auf-zubrechen und zwecks späterer Wiederverwendung getrennt von der aufgeworfenen Erde aufzustapeln.

Das Deckmaterial wird am besten auf der Seite des Bürgersteiges aufgestapelt, da dasselbe nicht soviel Platz be-

ansprucht als das Erdreich. Besteht die Decke aus Pflaster-
steinen, so würde die Aufstapelung nach der vorstehenden
Abb. 137 geschehen. Es ist dafür zu sorgen, daß der Rinnstein frei bleibt und am Graben entlang noch ein Steg für
das Lagern der Rohre, welche vor Beginn der Arbeiten an-
gefahren worden sind, verbleibt. Ist zwischen Bordstein und
dem Graben nicht genügend Raum zum Lagern der Steine

Abb. 137.

vorhanden, so können diese auf dem Bordsteine gelagert
werden.

Besteht die Decke aus Schotter, so wird dieses wie es
die Abb. 138 zeigt aufgeworfen. Damit der Rinnstein frei

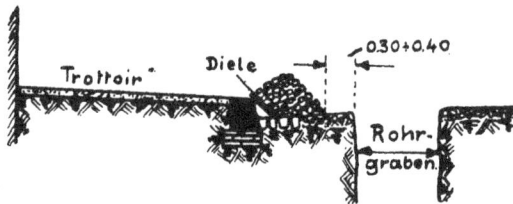

Abb. 138.

bleibt, legt man an dem Bordstein Dielen entlang, so daß
das Wasser bei eintretendem Regen abfließen kann. Statt
der Dielen können auch Rohre angewandt werden, doch ist
dies sehr kostspielig.

Geht der Graben durch Ackerland oder Wiesen, so ist
der Mutterboden und Rasen zur Wiederaufbringung abseits
zu lagern.

Das Ausheben der Pflastersteine hat mit dem Pickel nur
von unten her zu geschehen, da man sonst zu viel Bruchmate-
rial erhält, oder die Steine werden mit einer Art Brechstange

aus ihrem Verband gedrückt. Ist die Schotterdecke ziemlich stark und fest, so nimmt man zum Zertrümmern derselben am vorteilhaftesten Stahlkeile von 4 bis 5 cm im Quadrat und 30 bis 50 cm Länge, wie sie in Abb. 139 dargestellt sind. Diese treibt man mittels Vorschlaghammer in nicht zu weiter Entfernung von der schon gelösten Decke ein. Die Arbeiter haben es bald im Gefühl, wie weit der Keil von der schon gesprengten Decke angesetzt werden muß. Hierdurch spart man an Arbeitslöhnen und vor allen Dingen spart man das öftere Schärfen der Pickel. Die Leute arbeiten sehr gern mit dem Keil, da das Rückspringen des Pickels bei harten Decken den Arbeiter sehr schnell ermüdet. Zu dieser Arbeit werden nur einige Leute angestellt, während die übrigen Leute den Graben ausheben.

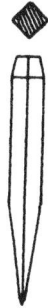

Abb. 139.

Das Aufbrechen von Asphalt- und Holzpflasterdecken lasse man nur von darin geschulten Leuten ausführen.

d) Das Ausheben der Rohrgräben.

1. Bei gewöhnlichen Bodenverhältnissen.

Das auszuhebende Erdreich ist derartig seitlich auszuwerfen, daß der Verkehr in den Straßen möglichst wenig beeinträchtigt wird. Der Boden ist so weit zurückzuwerfen,

Abb. 140.

daß seitlich ein Steg von 40 bis 50 cm verbleibt. Dies ist für ein ungestörtes Arbeiten am Graben unerläßlich. Läßt man längs des Grabens keinen Steg laufen, so ist das Hereinfallen von Erdreich in den Graben für die Rohrverlegung sehr lästig, und ein Entlanggehen oder Stehen am Rohrgraben ist dann immer mit einer gewissen Gefahr verbunden. Durch dieses Verfahren wird auch der Druck auf die Grabenwand herabgemindert, so daß ein Einstürzen des Grabens nicht so leicht erfolgen kann.

Die Breite der Rohrgräben richtet sich nach dem jeweiligen Rohrdurchmesser. Es ist nicht empfehlenswert, unter 0,60 m Grabenbreite zu gehen, da die Rohrleger sonst bei ihren Arbeiten zu beengt sind, da die Sohlenbreite des Grabens an und für sich schon immer kleiner ausfällt. Viele Behörden schreiben sogar eine Mindestbreite der Rohrgräben von 0,80 m vor. In einem Graben von 0,60 m Breite können bequem Rohre bis 250 mm Durchmesser verlegt werden, wenn die Seitenwände einigermaßen senkrecht hergestellt werden.

Längsschnitt. Querschnitt.

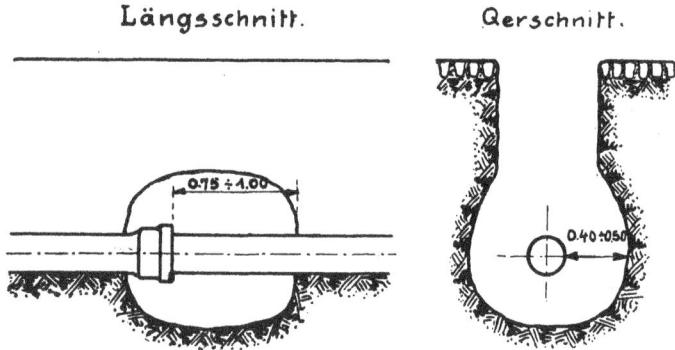

Abb. 141.

Im allgemeinen nimmt man die Grabenbreite etwa 30—40 cm größer, als der Rohrdurchmesser beträgt. Bei den großen Rohrdurchmessern geht man jedoch noch weiter herunter, besonders dort, wo schwer zu hebendes Material in Frage kommt, um möglichst an Erdarbeiten zu sparen. In diesem Falle ist der Graben gut fluchtrecht herzustellen, um allseitig gleichstarke Dichtungen zu erhalten. Müssen die Rohre in den Muffen Knickpunkte erhalten, so ist der Graben breiter herzustellen, um etwas Bewegungsfreiheit zu haben.

Die Sohle der Gräben ist möglichst eben herzustellen, damit die Rohre in ihrer ganzen Länge gleichmäßig aufliegen. Zu tief ausgehobene Stellen sind vor der Rohrverlegung wieder auszufüllen, und das Erdreich ist festzustampfen.

Da, wo die Muffen liegen bzw. wohin sie zu liegen kommen, werden sog. Muffenlöcher hergestellt. Die in der Skizze (Abb. 141) angegebene Art genügt für Rohre bis zu 300 mm Durchmesser, und wenn der Graben breit genug ist, auch bis zu 350 mm Rohrdurchmesser. Sind die Rohre größer, so sind die Muffenlöcher so groß herzustellen, daß sich der Rohrleger von beiden Seiten der Muffe stellen kann, um die Muffe sachgemäß verstemmen zu können.

In diesem Falle stellt man die Muffenlöcher in der Weise her, wie es Abb. 142 veranschaulicht. Wie ersichtlich, werden die Muffenlöcher breiter als der Graben hergestellt und senkrecht zur Flur ausgeworfen. Auch unterhalb des Rohres ist für genügenden Platz zu sorgen. Bei den auf diese Art hergestellten Muffenlöchern ist die Gefahr des Einstürzens nicht so groß. Außerdem ist bei beweglichen Bodenverhältnissen ein Absteifen leicht möglich. Solche Muffenlöcher stellt man am besten vor der Einbringung der Rohre in den Graben her, da sonst die Herstellung zuviel Arbeit erfordert, was bei schwerem Boden auf jeden Fall geschehen sollte.

Führt der Graben durch Schlakken- oder Löschaufschüttungen, so ist die Grabensohle erst um 10 bis 20 cm tiefer auszuheben, und dann ist dieser Teil mit Sand oder Lehm auszufüllen und genügend einzustampfen. Beim Verfüllen des Grabens ist ebenso zu verfahren, bis die Leitung etwa 10 bis 20 cm überdeckt ist.

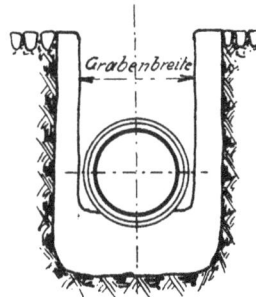

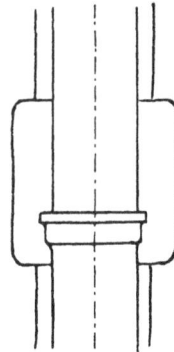

Abb. 142.

2. Bei Felsen.

Ist der Graben durch Felsen zu führen, so sind da, wo die Pickel und Treibkeile nicht mehr ausreichen, Sprengungen vorzunehmen. Man unterlasse es nicht, hierzu nur erfahrene Leute zu verwenden.

Die Bohrung der Sprenglöcher geschieht wohl fast immer von der Hand. Nur dort, wo große Längen in Betracht kommen, könnte Maschinenbohrung in Frage kommen.

Bei Handbohrung wird immer das sog. Schlagbohren in Anwendung gebracht. Das Wort sagt es schon, daß hier die Vorwärtsbewegung des Bohrers durch Schlagen mit dem Bohrfäustel erfolgt. Das Bohren kann durch einen als auch zwei Mann erfolgen.

Die Bohrer bestehen aus zähem Stahl von achtkantigem Querschnitte, um das Drehen des Bohrers zu erleichtern. Die Form des Bohrers geht aus Abb. 143 hervor. Die Schneide wird je nach der Festigkeit bzw. Härte des Gesteins gehärtet. Der Bohrfäustel hat bei einmännigem Bohren ein Gewicht von 2 bis 4 kg und beim zweimännigen Bohren ein solches von 4 bis 8 kg. Im ersten Falle hat der Fäustel einen kurzen Stiel von etwa 30 cm und in letzterem Falle einen längeren von etwa 70 cm.

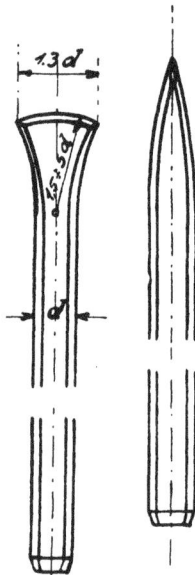

Abb. 143.

Beim einmännigen Bohren bedient der eine Mann gleichzeitig auch den Bohrer, den er nach jedem Schlag um ein Stück dreht. Beim zweimännigen Bohren wird der Bohrer von dem einen Manne bedient, während der zweite Mann mit dem Fäustel zuschlägt.

Zur Herstellung eines Bohrloches gebraucht man mehrere Bohrer von zunehmender Länge und abnehmender Dicke, welche man An-, Mittel- und Abbohrer nennt. Beim einmännigen Bohren beträgt die normale Bohrtiefe etwa 70 cm.

Die Längen und Stärken der Bohrer sind:

$$0,40 \text{ m lang, } 30 \text{ mm stark,}$$
$$0,70 \text{ » } \quad \text{» } 25 \text{ » } \quad \text{»}$$
$$0,90 \text{ » } \quad \text{» } 20 \text{ » } \quad \text{»}$$

Beim zweimännigen Bohren beträgt die Bohrtiefe rund 1 m. Hierfür sind die Längen und Stärken der Bohrer

    0,60 m lang, 40 mm stark,
    0,80 » » 35 » »
    1,00 » » 30 » »
    1,20 » » 25 » »

Da hier nur fallende Löcher vorkommen, so werden diese stets naß gebohrt. Das entstehende Bohrmehl wird von Zeit zu Zeit mittels eines Krätzers herausgeholt. Ist das Bohrloch auf die gewünschte Tiefe hergestellt, so wird dasselbe mittels Werg, womit das obere Ende des Krätzers umwickelt wird, vor dem Laden getrocknet.

In der Regel wird die Sprengung in Absätzen vorgenommen, wie nebenstehende Abb. 144 veranschaulicht. Die Höhe der Absätze richtet sich ganz nach dem Bohrbetriebe. Die erforderliche Menge Sprengstoff ist auf Grund einiger Probeschüsse zu ermitteln. Es werden meistens

Abb. 144.

mehrere Löcher gleichzeitig zur Zündung gebracht. Auch bei Felsen ist der Graben um etwa 10 cm tiefer auszuheben und dann mit Sand oder Lehm auszufüllen und festzustampfen.

3. Bei Grundwasserandrang.

Hat man bei Herstellung des Rohrgrabens mit Grundwasser zu kämpfen, so ist dasselbe auf geeignete Weise zu heben. Zur Hebung des Wassers sind die Membranpumpen am geeignetsten, und zwar sind die Pumpen mit Kugelventilen denen mit Teller- oder Klappenventilen vorzuziehen.

Bei solchen Arbeiten wird der Graben, je nach der Menge des eintretenden Wassers, in Längen von 40 bis 100 m aufgeworfen. Die Grabarbeit wird so vorgenommen, daß das Wasser immer nach beiden Enden oder nach einer Seite des Rohrgrabens abfließen kann. An diesen Punkten werden größere und tiefere Löcher aufgeworfen, worin sich das Wasser während der Ausschachtung ansammelt und dann gehoben wird. Ist auf diese Weise der Graben bis zur gewünschten

Tiefe hergestellt, so können die Rohre verlegt werden, was am besten auf folgende Weise geschieht. Nachdem das erste Rohr eingebracht ist, wird sofort das Muffenloch hergestellt. Dieses wird so tief aufgeworfen, daß hierin der Saugkorb einer Pumpe Platz hat und außerdem die Muffe noch bequem verdichtet werden kann. Ist das Muffenloch fertiggestellt, so wird hier eine Pumpe angesetzt und auch das zweite Rohr in den Graben eingebracht und sofort das zweite Muffenloch hergestellt. Unter stetigem Pumpen wird das Wasser in dem ersten Muffenloch so lange gehalten, bis die Muffe vollständig gedichtet und verstemmt ist. Sowie das zweite Muffenloch fertig ist, so wird auch hier eine Pumpe angesetzt, damit die erste etwas entlastet wird, so daß dort, wo die Muffe gedichtet wird, das Wasser gut gehalten werden kann. Ist die erste Muffe fertiggestellt, so wird das dritte Rohr eingebracht und das Muffenloch hergestellt. Die erste Pumpe wird nun am dritten Muffenloch angesetzt, worauf die zweite Muffe fertiggestellt werden kann. Dies geschieht fortlaufend, bis die ganze Strecke verlegt ist. Danach kann der Graben verfüllt werden. Bei ziemlich starkem Wasserandrang ist es sehr zu empfehlen, in etwa 2 m vor der letzten Muffe der verlegten Leitung eine Lehmwand aufzuwerfen. Diese soll verhüten, daß das Grundwasser nicht von der schon verlegten Strecke nach dem in Arbeit befindlichen Teile übertreten kann. Das ist sehr von Vorteil, da das aufgeworfene Erdreich bedeutend durchlässiger ist und daher dem in Arbeit begriffenen Teile erhebliche Wassermengen zugeführt werden könnten.

Bei großen Tiefen werden zuweilen Aussteifungen nötig sein, welche nach der im nächsten Abschnitt angeführten Weise hergestellt werden.

Zuweilen ist es zweckmäßig, den Grundwasserspiegel bis unterhalb der Grabensohle abzusenken. Dieses wird durch eine Rohrbrunnengruppe längs des Grabens bewirkt, die an eine gemeinschaftliche Saugleitung angeschlossen wird. Hier wird eine vollkommene Trockenlegung der Baugrube erzielt.

Es soll noch kurz die Herstellung der Rohrbrunnen angeführt werden. Als erstes Bohrrohr benutzt man ein mit Schlitzen versehenes Rohr, während die nachfolgenden Rohre

vollwandig sein können. Zuerst bohrt man mit einem Löffel-
bohrer, so weit es möglich ist, vor. Hierauf wird das erste
Bohrrohr eingesetzt und dann mit einem Ventil- oder Dreh-
bohrer weitergebohrt. Das Senken der Rohre geschieht durch
Hin- und Herdrehen der Bohrrohre vermittelst einer hölzernen
Schelle mit längeren Hebelarmen, wodurch sich die Rohre
senken. Hat man den Brunnen bis zur gewünschten Tiefe
hergestellt, so wird ein Saugrohr eingesetzt. Auf diese Weise
werden mehrere Brunnen hergestellt und an eine gemeinschaftliche Leitung angeschlossen, die mit dem Saugstutzen
der Pumpe in Verbindung steht.

Nachdem die Rohrleitung verlegt ist, werden die Rohrbrunnen gezogen und an einer weiteren Stelle niedergebracht.

e) Aussteifungen der Rohrgräben.

Unter gewöhnlichen Verhältnissen kommt es weniger vor,
daß die Rohrgräben ausgesteift werden müssen. Nur bei
großen Tiefen wird man selten ohne dem auskommen, wie z. B.
bei Heberleitungen, Rohrkreuzungen usw.

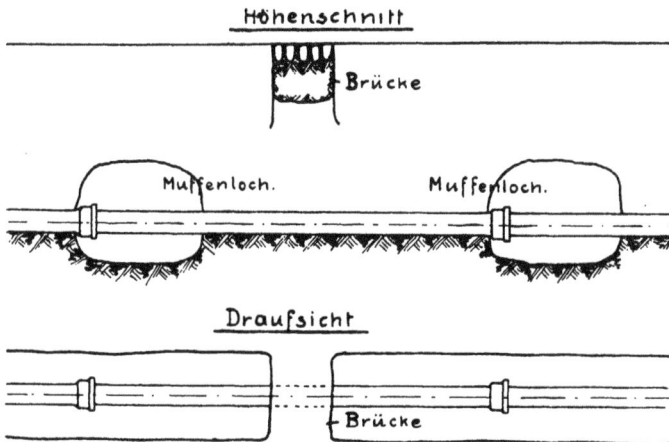

Abb. 145.

Für die Rohrverlegung sind die Aussteifungen sehr lästig.
Um auf einfache Art dem Graben etwas mehr Festigkeit zu
geben, läßt man in bestimmten Abständen sog. Brücken
stehen. Diese Art Aussteifung zeigt Abb. 145. Der freie Raum

zwischen den Brücken richtet sich ganz nach der Länge der
Rohre. Beim Verfüllen der Gräben schlage man die Brücken
dann heraus, wenn der Graben fast bis zur Unterkante der
Brücke zugefüllt ist. Ein Feststampfen des einzufüllenden
Bodens ist sonst nur mangelhaft möglich. Auch wird das von
den Leuten nicht immer gewissenhaft ausgeführt, so daß man
später immer mit lästigen Senkungen zu tun hat. Auch
ist es schon vielfach vorgekommen, daß durch schwere Fuhrwerke diese Brücken später zusammengestürzt sind, wobei
die Fuhrwerke Schaden gelitten haben.

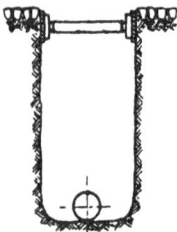 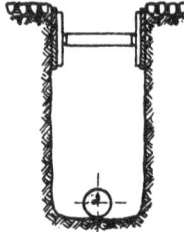 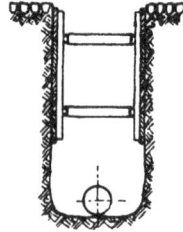

Abb. 146 a.   Abb. 146 b.   Abb. 146 c.

Sind Aussteifungen notwendig, so richtet sich die Ausführung derselben ganz nach der Beschaffenheit des betreffenden Bodens. In vielen Fällen wird es schon genügen, den
Graben oben mit einer Diele auszusteifen, wie Fig. 146 a
zeigt. Genügt dies nicht, so sind zwei oder mehrere Dielen
anzuwenden, je nach Beschaffenheit des Bodens. Diese Aussteifungen zeigen die Abb. 146 a bis c. Es sollte nicht unterlassen werden, unter die Spreizen eine kräftige, schmale Diele,
sog. Lasche, zu legen, wodurch das Spalten der Dielen vermieden wird. Die Spreizen sind an den Enden gut abzuschrägen.
Hat man außer beweglichen Bodenverhältnissen auch
noch mit Grundwasser zu kämpfen, so ist von dort ab, wo
der Grundwasserspiegel beginnt, beiderseits eine Spundwand
zu schlagen, wenn der Grundwasserspiegel nicht abgesenkt wird,
wie es im vorangegangenen Teile beschrieben worden ist. Das
Schlagen von Spundwänden wird man in ganz außergewöhnlich
seltenen Fällen vornehmen, da das Verfahren sehr kostspielig
ist. Bei solchen Verhältnissen werden besser die Grabenwände
abgelöscht und das Wasser durch Pumpen gehalten.

f) Das Verlegen der Rohre und Formstücke.

Ist der Graben in der vorbeschriebenen Weise hergestellt, so kann mit der Verlegung der Rohre begonnen werden. Es dürfen nur Rohre und Formstücke zur Verlegung gelangen, die einer Druckprobe unterworfen sind. Jedes Rohr oder Formstück ist jedoch, bevor es in den Graben herabgelassen wird, nochmals durch Abklopfen mit dem Hammer zu untersuchen,

Abb. 147.

ob es nicht beim Verladen einen Sprung erhalten hat. Besonders sind die Schwanzenden einer genauen Prüfung zu unterwerfen.

Das Verlegen der Rohre soll immer derart geschehen, daß das nächste Rohr mit dem Schwanzende in die Muffe des vorhergehenden Rohres eingeschoben wird. Die Rohre und Formstücke sind an Seilen in die Rohrgräben herabzulassen. Bei den Rohren geschieht das folgendermaßen: Vor das Muffen- und Schwanzende wird ein starkes Seil von etwa 25 mm Stärke gelegt. Vielfach wird auch der Weißstrick genommen, mit dem die Muffen verstrickt werden. Das eine Seilende wird auf den Erdboden gelegt, worauf sich gleichzeitig die Leute

stellen. Das andere Ende nehmen diese in die Hand. Durch
gleichzeitiges Nachlassen des oberen Seilendes wird das Rohr
bis an den Graben gebracht, und es rollt dann weiter der
Grabenwand entlang bis zur Grabensohle. Aus dem Bilde 147
läßt sich der Vorgang deutlich erkennen. Die Anzahl der
hierzu notwendigen Leute richtet sich lediglich nach der
Schwere der Rohre. Kleinere Rohre können bequem durch
zwei Mann in den Graben eingelassen werden. Auf diese Weise
lassen sich Rohre bis zu
400 mm Durchmesser in den
Graben bringen. Bei größeren
Rohren bedient man sich
besser eines Dreibaumes mit
einem Flaschenzuge oder mit
Seiltrommel und Flaschen-
zug. Diese Dreibäume nehme
man nicht unnötig hoch, damit dieselben nicht so schwer
ausfallen, um das jedesmalige
Weiterrücken nicht zu er-
schweren.

Formstücke werden auf
geeignete Weise an Seilen be-
festigt und von der Hand, die
größeren mittels Flaschenzug
in den Graben herabgelassen.

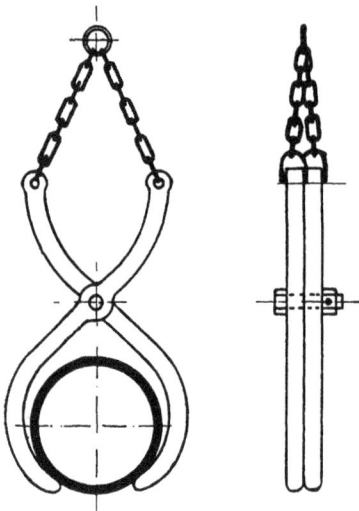

Abb 148.

Ist auf irgendeiner der
oben angeführten Weisen das
Rohr in den Graben herabgelassen, so wird dieses in die Muffe
des schon verlegten Rohres eingeschoben. Die Schwanzenden
der Rohre sind fest in die Muffen einzuschieben, damit beim
Stricken der Muffen kein Strick in das Rohr gelangen kann.
Ein sehr praktisches Werkzeug zum Einschieben der Rohre
in die Muffen und zum Fortschaffen der Rohre in dem Graben
ist die in Abb. 148 abgebildete Rohrzange. Bei Benutzung
dieser Zange kommt das Umschlingen der Rohre mit einem
Strick oder einer Kette ganz in Wegfall. Mittels eines Hebe-
baumes ist es sehr leicht, ein Rohr schwebend zu halten.
Diese Zangen werden so eingerichtet, daß sie für mehrere

Rohrdurchmesser ausreichen. Damit die Zange nicht gleitet, bewickelt man den das Rohr umspannenden Teil mit Hanfstrick, der zum Dichten der Muffen genommen wird.

Der oben beschriebenen Zange bedient man sich auch vorteilhaft bei größeren Rohren, welche durch Flaschenzug in den Graben herabgelassen werden. Für diesen Zweck werden dann zwei solcher Zangen, welche an einem Querbalken befestigt werden, verwandt.

Bei geraden Straßenzügen ist darauf zu achten, daß die Rohre in gerader Flucht verlegt werden. Bei Straßenkrümmungen von großem Krümmungshalbmesser kann die Rohrverlegung ohne Krümmer erfolgen, indem man der Rohrflucht in den Muffen einen Knickpunkt gibt. Die Knickung darf jedoch nur so groß sein, daß bei Rohrdurchmessern bis zu 150 mm an der engsten Stelle wenigstens noch 5 mm Bleidichtung verbleibt, bei größeren Rohren entsprechend mehr. Sollte das Mindestmaß zuweilen nicht einzuhalten sein, so kann man sich noch in der Weise helfen, daß man das Schwanzende mittels eines Keiles seitlich treibt. In vielen Fällen wird von den Rohrlegern der Fehler begangen, daß bei etwa notwendigen Abweichungen aus der Flucht die Knickung in nur einer Muffe gelegt wird. Wenn in jeder Muffe ein Knick bis zur zulässigen Grenze gelegt wird, so können schon ganz erhebliche Krümmungen ausgeführt werden.

Weiter ist bei der Rohrverlegung darauf zu achten, daß in wagerechter Richtung in den Muffen keine Knickpunkte liegen. Das kann durch Einstellen der Muffen mit bloßem Auge geprüft werden.

Sind die Rohre in wagerechter Richtung wie auch in bezug auf Flucht ausgerichtet, so werden sie an den Muffen- und Schwanzenden festgelegt. Dies geschieht durch Einwerfen einiger Schaufeln Erdreich an beiden Seiten der Rohre, die Erde wird etwas festgetreten, damit ein Verrücken der Rohre nicht mehr möglich ist.

Wenn die Rohre festgelegt sind, kann mit dem Aufwerfen der Muffenlöcher begonnen werden, wenn diese nicht schon vorher hergestellt worden sind. Das hierbei freiwerdende Erdreich kann auf die verlegten Rohre geworfen werden, wenn nicht andere Gründe dagegen sprechen, wenn z. B. der

Boden etwa aus Asche, Lösch oder sonst einem Material besteht, welches nicht unmittelbar mit den Rohren in Berührung kommen darf. Vor dem Zuwerfen der Gräben ist jedoch das in Haufen auf die Rohre geworfene Erdreich gut über die Rohre zu verteilen und festzustampfen. Damit während der Herstellung der Muffenlöcher kein Schmutz in die Dichtungsfugen der Muffen gelangen kann, wird in diese vorläufig ein Strick eingesetzt, der leicht wieder entfernt werden kann. Nach Abschütteln des Erdreichs können diese zum Stricken der Muffen verwandt werden, wenn selbige nicht durch fest anhaftenden Schmutz verunreinigt sind.

Bei der Rohrverlegung kommt es vielfach vor, daß die Rohre auf bestimmte Längen zurechtzuhauen sind.

Gußeiserne Rohre werden von 100 mm Durchmesser an am besten mittels Schrotmeißels und Vorschlaghammers abgehauen. Kleinere Rohre werden mittels Flachmeißels und des Fäustels getrennt. Das Trennen der Rohre geschieht in der Weise, daß man das Rohr, wo es getrennt werden soll, ringsherum durch einen Kreidestrich kennzeichnet. Dann wird das Rohr rundherum, vorerst unter nicht so schweren Schlägen, eingehauen. Ist das Rohr rundherum eingehauen, so kann je nach der Größe des Rohres schwerer geschlagen werden. Bei Rohren von 300 mm an können zwei Mann zuschlagen, wodurch die Arbeit rascher erledigt wird. Je nach Größe des Rohres wird dieses an der eingehauenen Stelle nach mehr oder weniger Runden glatt abspringen. Es ist hierbei darauf zu achten, daß das Rohr an der Stelle, wo es getrennt werden soll, am besten auf ein Stück Holz, gut aufliegt. Auf diese Weise lassen sich auch die Rohre in der Längsrichtung spalten.

Schmiedeeiserne Rohre werden am schnellsten mit dem nebenstehend abgebildeten Rohrhauer abgehauen. Zuerst wird an der Stelle, an der das Rohr getrennt werden soll, die Jute auf 20 bis 30 cm Länge vom Rohr entfernt. Auch hier wird rundherum ein Kreidestrich gezogen. Dann wird mittels eines Kreuzmeißels, der etwas breiter ist als der Rohrhauer, ein Schlitz von etwa $1\frac{1}{2}$ cm Länge in das Rohr eingehauen. In den so geschaffenen Schlitz wird der Rohrhauer eingesetzt und mittels geeigneter Zange festgehalten. Der Rohrhauer wird etwas mehr wie rechtwinklig zum Krümmungshalbmesser angesetzt, wie dies die nebenstehende Abb. 150 zeigt. Bei Rohren von 150 mm an wird der Rohrhauer durch Zuschlagen mit dem Vorschlaghammer eingetrieben. Kleinere Rohre können mit dem Fäustel getrennt werden, wobei der Rohrhauer mit der

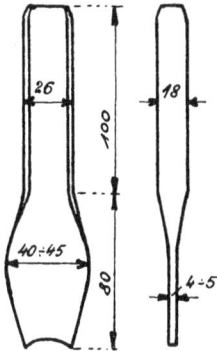 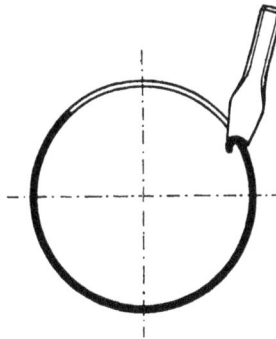

Abb. 149.   Abb. 150.

Hand festgehalten wird. Der Rohrhauer ist des öfteren in Öl einzutauchen. Bei großen Rohren schlagen zwei Mann zu. Auf diese Art dauert das Trennen von schmiedeeisernen Rohren nicht viel länger als bei gußeisernen Rohren. Praktische Rohrschneider gibt es bis heute noch nicht und sind nur dann zweckmäßig, wenn schon verlegte Rohre im Graben getrennt werden sollen, wie bei Anschlußarbeiten usw.

Am schnellsten und einfachsten werden schmiedeeiserne Rohre autogen abgebrannt.

g) Der Einbau der Zubehörteile.

Alle Zubehörteile wie Schieber, Hydranten, Entlüftungsventile usw. müssen senkrecht zur Rohrleitung eingebaut werden.

Sämtliche zur Anwendung kommenden Schrauben müssen den Bestimmungen entsprechend gewählt werden (siehe Übersicht 22 über Flanschenrohr-Abmessungen). Die Schrauben sind so fest anzuziehen, daß eine dauernde Dichtigkeit gewährleistet ist. Zum Festanziehen der Schrauben verlängert man den Hebelarm des Schlüssels durch Ansetzen eines zweiten Schlüssels oder durch Aufsetzen eines Stückes Gasrohres.

Bei Zubehörteilen, an denen *E*- und *F*-Stücke anzuschrauben sind, werden diese vorteilhaft oberhalb des Grabens fest angeschraubt, da eine Hantierung mit dem Schlüssel im Graben nicht so bequem ist und auch bedeutend länger aufhält. Wird dies nicht so gehandhabt, so sind die Schrauben vor dem Vergießen der Muffen anzuziehen, damit nicht durch nachträgliches Anziehen der Bleiring in der Muffe gelockert wird.

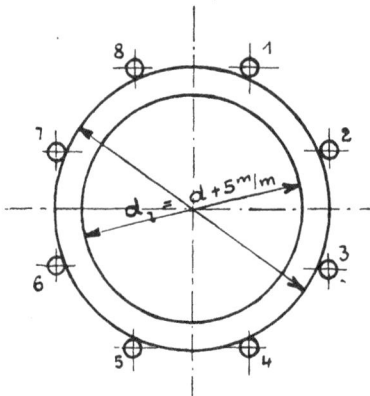

Abb. 151.

Die Gummidichtungen nimmt man am besten mit Messingdraht- und Leineneinlagen, da sich diese besser für das Einlegen eignen. Dichtungen nur mit Leinwandeinlagen sind zum Einschieben zwischen den Flanschen nicht genügend steif. Trotzdem werden dieselben noch viel angewandt. Der innere Durchmesser der Gummidichtungen kann 3 bis 5 mm größer als die lichte Weite der Rohre gewählt werden. Der äußere Durchmesser wird so groß gewählt, daß die Schraubenbolzen berührt werden, wie das Abb. 151 veranschaulicht. Auf dieser Grundlage beruhen die in Übersicht 22 angegebenen Abmessungen. Hierdurch wird erreicht, daß die Dichtung auf jeden Fall genau passend zu liegen kommt, so daß Querschnittsverengungen durch vorstehende Gummidichtungen ganz ausgeschlossen sind; auch das richtige Einlegen derselben wird dadurch sehr erleichtert. Weiter ist es nicht möglich, daß auf einer Seite die Gummidichtung kleiner werden kann als auf der entgegengesetzten Seite; daher kann ein Herausfliegen der Dichtung nicht so leicht eintreten.

Das Einlegen der Dichtungen geschieht, indem vorerst nur soviel Schrauben (Abb. 151, 1 bis 5) eingesetzt werden, so daß die Gummidichtung noch eingeschoben werden kann. Ist die

Dichtung derart eingesetzt, daß sie an die Schrauben anstößt, dann ist die Gewähr vorhanden, daß diese richtig sitzt. Hierauf können die anderen Schrauben eingebracht und dann sämtliche fest angezogen werden.

Bevor die Einbauzubehörs von Schiebern aufgebracht werden, sind die Stopfbüchsen von allem Schmutz zu reinigen und die Stopfbüchsschrauben etwas anzuziehen. Um die Entleerungsöffnungen der Hydranten werden vorteilhaft einige Schaufeln Schotter eingeworfen, damit beim Öffnen in dem Augenblick, wo das Wasser mit vollem Druck ausläuft, das Erdreich nicht unterspült wird.

Die Hydranten- und Schieberkappen sind mit Ziegelsteinen zu unterlegen, um ein Senken durch das Befahren der Fuhrwerke zu verhüten. Früher wurde hierzu Holz verwandt, doch ist dieses nicht so gut, da es fault und außerdem auch teurer ist. Besser als Ziegelsteine ist eine ganze Platte aus Beton. Kommen Straßenkappen in beschotterten Straßen zu liegen, so sind diese mit einem 30 bis 40 cm breiten Streifen zu umpflastern, da sie sonst durch den Fuhrwerksverkehr sehr leiden.

Die Schrauben werden zweckmäßig noch asphaltiert, wodurch das Rosten derselben wesentlich verzögert wird. Wer schon in der Lage gewesen ist, alte Zubehörteile auszubauen, der wird sicher die Erfahrung gemacht haben, daß die Schrauben schon derartig verrostet waren, daß man kaum glauben sollte, daß diese noch dem herrschenden Druck standgehalten haben.

h) Das Verdichten der Muffen bei Anwendung von Gußblei.

1. Das Verstricken der Muffen.

Sind die Muffenlöcher auf vorbeschriebene Weise aufgeworfen, so können die Muffen verstrickt werden. Vorerst ist der vorübergehend eingebrachte Strick zu entfernen. Derselbe kann unter Umständen nach Abklopfen des Schmutzes zum Stricken verwendet werden.

Zum Verdichten der Muffen nehme man langfaserigen Weißstrick von bester Güte. Vielfach wird auch geteerter Hanfstrick genommen, welcher allerdings den Vorteil hat, daß das Blei in den Muffen besser ausläuft; doch hat er den Nachteil, daß das Wasser in der ersten Zeit einen Beigeschmack von Teer hat, was sonst durchaus nicht von Nachteil ist. Etwas kann man den Beigeschmack dadurch vermindern, daß man den ersten Teil der Muffe mit Weißstrick dichtet und darüber eine Lage Teerstrick legt. Kommt nur Teerstrick zur Anwendung, so nehme man nur den in schwedischem Holzteer getränkten Strick, welcher zwar am teuersten ist, dafür aber sich leichter und fester strickt und auch der Beigeschmack

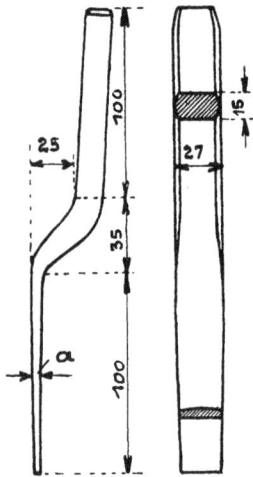

nicht so groß ist. Weißstrick hat auch noch den Vorteil, daß er sich bedeutend fester einstricken läßt als Teerstrick. Will man auch mit Weißstrick ein gutes Auslaufen des Bleies erreichen, so fette man den letzten Strick mit Talg ein. Die Länge der einzelnen Stricke wählt man so, daß selbige wenigstens $1\frac{1}{4}$ mal um das betreffende Rohr herumgehen.

Zum Stricken bzw. Einstemmen des Strickes in die Muffen benutzt man das sog. Strickeisen. Die Ausführung desselben zeigt Abb. 152. Am zweckmäßigsten werden die Strickeisen aus Meißelstahl hergestellt. Der obere Teil muß so lang sein, daß man dasselbe bequem in der Hand halten kann, ohne daß beim Schlagen die Gefahr naheliegt, sich zu verletzen. Der untere Teil ist um so viel abgekröpft, daß die Hand beim Stricken zwischen Rohr und Strickeisen genügend Platz hat. Die untere Stärke a des Strickeisens richtet sich nach der Größe der zu verstrickenden Muffe. Für gewöhnlich kommt man mit vier Strickeisen von 2, 3, 4 und 6 mm Stärke aus. Die Breite des unteren Teiles nimmt man ungefähr so groß wie die des Meißelstahles, nur läßt man dasselbe nach vorn etwas schmaler auslaufen. Die obere Seite wird zweckmäßig schwach gewölbt (siehe Abb. 152).

Das Stricken der Muffen geschieht auf folgende Weise. Das eine Ende des Strickes treibt man ein wenig in die Muffe ein, daß derselbe eben festhält. Hierauf dreht man den Strick fest ineinander und treibt dann den Strick nur mit dem Strick-

Abb. 152.

eisen ganz in die Muffe ein. Danach stemmt man den Strick mit dem Strickeisen und dem Fäustel fest in die Muffe. Das hat rundherum gleichmäßig zu geschehen. Oft findet man, daß unterhalb des Rohres die Muffen mangelhaft gestrickt sind. Auf diese Weise verfährt man so lange, bis die Hanfdichtung ihre bestimmte Höhe erreicht hat (s. Übersicht 32, Anhang).

Auf ein gutes Stricken ist sehr viel Wert zu legen, da es sehr zur Dichtigkeit und Haltbarkeit der Muffen beiträgt. Damit der Rohrleger weiß, wann er mit dem Stricken aufhören muß, führt derselbe ein aus Holz gefertigtes Stichmaß bei sich, worauf ein Einschnitt in Höhe des Bleiringes angebracht ist. Schneidet der Einschnitt beim Probieren außen mit der Muffe ab, so ist mit dem Stricken abzubrechen. Durch das Stichmaß läßt sich auch prüfen, ob die Muffe gleichmäßig hoch gestrickt ist.

Man achte darauf, daß zum Stricken kein nasser Strick verwendet wird, um das Spritzen des einzugießenden Bleies zu vermeiden. Ist auf diese Weise das Stricken der Muffen erledigt, so können die Muffen für das Eingießen des Bleies vorbereitet werden.

2. Das Vergießen der Muffen.

Das Vergießen der Muffen kann unter Anwendung von Ton oder einer Gießschelle erfolgen. Die Verwendung von Ton ist die am meisten übliche, auch erzielt man hiermit in jeder Beziehung gute Ergebnisse, wenn zur Herstellung der Gießform einigermaßen geübte Leute verwandt werden. Für die Herstellung der Gießform verwende man nur fetten Ton, welcher vorteilhaft mit kurzen Hanffasern vermischt wird und anstatt mit Wasser mit Petroleum angerührt wird. Die Gieß-wulst wird folgendermaßen hergestellt. Zuerst legt man einen festgedrehten Strick von etwa 15 mm Stärke, den sog. Gieß-strick c, fest an die Dichtungsfuge (Abb. 153) der Muffe um das Rohr. Der Gießstrick muß etwa 20 cm länger sein als der Umfang des Rohres, damit an dem überstehenden Ende der Strick aus der Tonwulst herausgezogen werden kann. Zur besseren Handhabung wird am oberen Ende der Knoten b angebracht. Der Strick wird so gelegt, daß das eine Ende auf den Scheitel des Rohres zu liegen kommt. Nachdem der

Strick straff angelegt ist, wird derselbe durch ein oder zwei
Tonklumpen angeheftet. Dadurch bekommt der Arbeiter die
Hände frei und kann nun vor der Muffe eine ganze Wulst ·Ton
schmieren (*a*). Der Ton ist fest anzudrücken, damit derselbe
gut an dem Rohr und der Muffe anhaftet und sich beim Eingießen des Bleies nicht löst. Ist dies geschehen, so zieht man
den Gießstrick aus der Tonwulst heraus. Dies geschieht in
der Weise, daß der Strick etwas seitlich gelegt (punktierte
Stellung in Abb. 153) und dann mit etwas Vorsicht gezogen

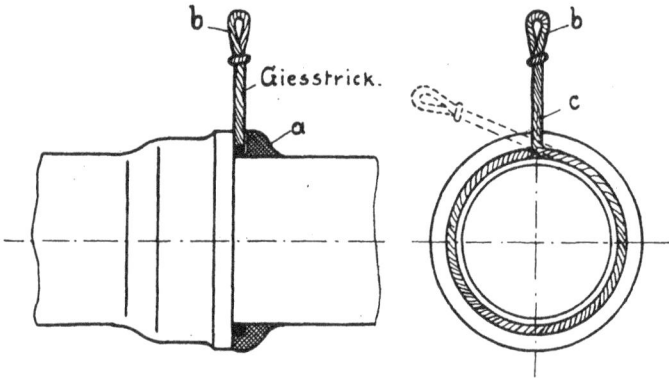

Abb. 153.

wird. Durch den eingelegten Strick wird der Raum für den
notwendigen Vorguß geschaffen, welcher wenigstens 12 mm betragen soll. Auf den Scheitel des Rohres formt man sich dann
eine Eingußöffnung und probiert mit dem Finger, ob die Gießöffnung auch nach beiden Seiten frei ist. Die Gießöffnung
mache man nicht zu klein, wenigstens 8 bis 10 cm breit, damit die Luft während des Eingießens des Bleies gut entweichen
kann. Besonders dann, wenn der Strick naß ist, so daß die
sich entwickelnden Dämpfe ausströmen können.

Ist der Strick naß, was bei Anschlußarbeiten viel vorkommt, so gieße man vorher etwas Petroleum in die Muffe,
wodurch das lebhafte Spritzen des Bleies vermieden wird.
Hat man überhaupt während des Strickens mit Wasser zu
kämpfen, so wird der letzte einzustemmende Strick gut mit
Petroleum getränkt. Ist diese Arbeit vorschriftsmäßig aus-

geführt, so kann das Vergießen der Muffen mit Blei erfolgen. Beim Gießen stellt sich der ausführende Arbeiter stets so, daß er hinter der Muffe steht, so daß ein Verbrennen durch etwa spritzendes Blei ausgeschlossen ist. Das Ausgießen der Muffen muß in einem Gusse erfolgen. Bei großen Muffen hat daher das Gießen mit zwei Löffeln zu erfolgen.

Das Vergießen der Muffen mittels Gießschelle erfolgt fast in derselben Weise. Hierbei hat man keinen Gießstrick mehr nötig. Es wird nur die Schelle aufgesetzt, und die Fugen zwischen Schelle und Rohr werden mit Ton ausgeschmiert; dann können die Muffen vergossen werden.

Das zum Vergießen der Muffen notwendige Blei wird auf dem sog. Bleiofen in Tiegeln flüssig gemacht. Das Blei ist erst dann zum Gießen warm genug, wenn dasselbe einen regenbogenfarbenen Spiegel aufweist. Sonst ist das Blei zu kalt und erstarrt sofort beim Gießen, so daß es nicht gut in der Muffe ausläuft. Zum Vergießen der Muffen verwende man möglichst weiches, doppeltgereinigtes Blockblei.

An Bleiöfen sieht man leider sehr oft selbstangefertigte Öfen, die in vielen Fällen recht unzweckmäßig und unpraktisch sind. Ein nach jeder Richtung hin brauchbarer Ofen ist der von der Firma Bopp & Reuther, Mannheim, auf den Markt gebrachte.

Der Verfasser hat sich solche Öfen aus einem Abfallstück schmiedeeisernen Rohres von 450 mm lichter Weite nach den Maßen der Abb. 154 hergestellt. Diese Öfen genügen in jeder Beziehung den gestellten Anforderungen und lassen sich leicht und billig herstellen und sind vor allen Dingen auch sehr haltbar. Die drei Füße, die unten angebracht sind, ermöglichen ein besseres Stehen an jedem Platze. Der Ofen wird immer so aufgestellt, daß die Aschenöffnung und die hohe Seite gegen den Wind stehen. Dadurch ist erstens der Bleitopf keiner Abkühlung unterworfen, und der Ofen erhält, daß der Wind in die Aschenöffnung bläst, einen sehr guten Zug. Die Zugwirkung des Ofens wird noch erhöht, wenn um den Ofen etwas Erdreich geschüttet wird, so daß nur die Aschenöffnung freibleibt. Durch die seitlich angebrachten Haken ist die Fortschaffung des Ofens ohne Schwierigkeiten möglich.

Als Brennstoff dient Koks. Zum Anfeuern wird Holz
gebraucht; einige Stücke Teerstrick leisten hierbei sehr gute
Dienste. Bei größeren Arbeiten lohnt es sich, für die Wartung
des Ofens einen Mann anzustellen, der gleichzeitig auch das
flüssige Blei zu den zu vergießenden Muffen trägt. Zweckmäßig kommt dieser Mann morgens eine Stunde früher als

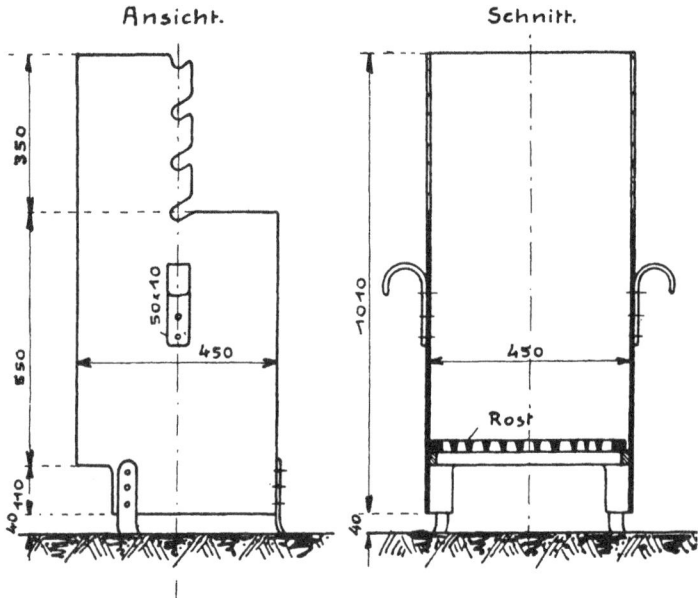

Abb. 154.

die übrigen Leute, damit sich das Blei in flüssigem Zustande
befindet, wenn diese zur Arbeitsstelle kommen, wodurch ein
Aufenthalt in der Vornahme der Arbeiten nicht eintritt.

3. Das Verstemmen der Muffen.

Nachdem die Muffe vergossen ist, können der Ton oder
die Gießschelle entfernt werden. Ist der Einguß recht breit
ausgefallen, so kann dieser mittels Flachmeißels in Höhe des
Vorgusses abgehauen werden. Ist die Muffe genügend erkaltet,
so kann diese verstemmt werden. Im warmen Zustande darf
dies nicht geschehen, damit durch nachträgliches Schrumpfen
des Bleiringes die Dichtigkeit nicht in Frage gestellt wird.

Unter dem Verstemmen der Muffen versteht man das sachgemäße Ein- und Abtreiben des Vorgusses. Hierzu bedient
man sich der sog. Stemmer oder Setzer. Für das Verstemmen
der Muffen sind mehrere Stemmer nötig, und zwar je nach der
Stärke der Dichtungsfuge bzw. Rohrgröße 3 bis 5 Stück. Die
Stemmer bezeichnet man als ersten, zweiten . . . . und
fünften Stemmer. Die Stemmer werden ebenso wie die Strickeisen aus Meißelstahl hergestellt und haben annähernd dieselbe
Gestalt, nur daß der untere Teil derselben nicht so lang ist
und schwach schneidenförmig ausge-
bildet ist (siehe Abb. 155). Der untere
Teil der Stemmer ist auf blaurote
Farbe zu härten. Die untere Stärke
ist gewöhnlich folgende:

Für den ersten Stemmer $a = 4$ mm.
>   »   zweiten   » $a = 6,5$ »
>   »   dritten   » $a = 9$ »
>   »   vierten   » $a = 12$ »
>   »   fünften   » $a = 14$ »

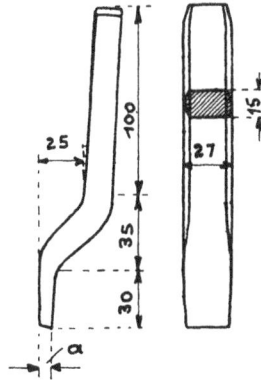

Abb. 155.

Diese Stemmer genügen für Rohre
bis 1200 mm lichtem Durchmesser. Es
kommen jedoch Fälle vor, wo Stemmer
von noch größerer Breite als den eben
angegebenen nötig werden, und man halte sich daher auch
solche vorrätig. Fünf solcher Stemmer bezeichnet man als
einen Satz.

Es liegt schon im Worte, in welcher Reihenfolge die Stemmer zu gebrauchen sind. Die Anzahl der anzuwendenden
Stemmer für die verschiedenen Rohrdurchmesser ist folgende:

Von   50 mm bis   350 mm Durchmesser 3 Stemmer,
>   375   »   »   750   »   »   3   »
und von 800   »   »   1200   »   »   5   »

Nachstehend soll die Anwendungsweise von drei Stemmern
beschrieben werden. Kommen mehrere derselben zur Verwendung, so ist die Anwendungsart dieselbe.

Die Stemmer sind vor allen Dingen fest an das Rohr an-
zusetzen, damit kein Blei zwischen dem Rohr und dem Stemmer
stehen bleibt, wodurch sonst die Dichtigkeit der Muffe in Frage

gestellt ist. Es ist immer darauf zu achten, daß die Stemmer
genügend scharfe Kanten haben, damit das Blei beim Stemmen
abgeschnitten und der Vorguß nicht so viel abgetrieben wird.
Zum Stemmen benutzt man einen 1,75 bis 2 kg schweren
Fäustel. Mit dem ersten Stemmer wird so lange rundherum
gestemmt, daß vom Vorguß noch wenigstens 6 mm für die
zwei weiteren Stemmer stehen bleibt. Von den Rohrlegern
wird vielfach der Fehler gemacht, daß der erste Stemmer zu
weit eingetrieben wird. Man hat es aber bald im Gefühl,
wie oft man zuschlagen muß, daß bei einmaliger Runde der
erste Stemmer mit dem zweiten verwechselt werden kann.
Beim Weitersetzen der Stemmer ist darauf zu achten, daß
der Stemmer nicht ganz soviel weiter angesetzt wird, als dieser
breit ist. Hat man auf vorbeschriebene Weise den Bleiring
mit dem ersten Stemmer gestemmt, so wird mit dem zweiten
Stemmer um ca. 3 mm in gleicher Weise tiefer gestemmt.
Hierauf folgt der dritte Stemmer, mit welchem so lange gestemmt wird, bis der Vorguß vollkommen abgetrieben ist.
Das geschieht durch Aufsitzen des Stemmers auf die Muffe.
Das Aufsitzen des Stemmers auf die Muffe merkt man beim
Schlagen und auch am Klang. Der so abgetriebene Vorguß
wird dann mit dem Stemmer oder Flachmeißel durchgehauen
und entfernt. Hierauf
wird die Bleidichtung
mit dem dritten Stem-
mer noch geglättet.

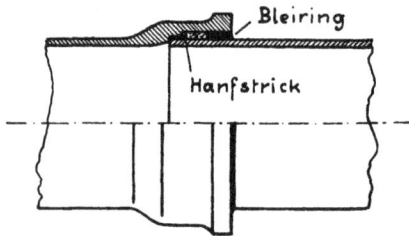

Abb. 156.

Wird auf diese Weise
mit einiger Sorgfalt
der Vorguß abgetrieben
bzw. eingetrieben, so
kann man von der Dich-
tigkeit der Muffe über-
zeugt sein. Eine gut ausgeführte Bleidichtung hat, nachdem
sie vollkommen fertig ist, einen Querschnitt, wie die vorstehende Abb. 156 zeigt.

Nachdem die Muffen verstemmt sind, streicht man die
Bleiringe mit einem Gemisch von Asphalt und Teer im Verhältnis 1:1. Der Teer hat nur den Zweck, daß die Masse
länger flüssig bleibt. Das ist sehr von Vorteil, da der Asphalt-

überzug der Rohre durch den Bleieinguß und vor allen Dingen durch das Stemmen gelitten hat. Gleichzeitig wird der Bleiring gegen Zersetzung geschützt und von vagabundierenden elektrischen Strömen nicht angegriffen. Denn es ist allgemein bekannt, daß diese Ströme besonders an den Muffen ein- und austreten. Auch wird man bei verlegten Muffen sehr oft bemerken, daß sich an den Muffen Rost angesetzt hat, während die Rohre noch vollkommen gut erhalten sind. Dies ist darauf zurückzuführen, daß die Muffen bei selbst sehr kleinen Bodenbewegungen zu schwitzen anfangen. Dann hat der Sauerstoff des Wassers dort gute Angriffspunkte, wo durch die Stemmarbeit der Asphaltüberzug der Rohre verletzt worden ist. Durch den erwähnten Anstrich wird dies vermieden, da die verletzten Stellen wieder ausgebessert sind.

i) Das Verdichten der Muffen mit Bleiwolle.

Das Stricken der Muffen bei Verwendung von Bleiwolle geschieht auf vorher beschriebene Weise.

Die Bleiwolle besteht aus dünnen Fasern von Blei, welche zu einzelnen Zöpfen zusammengedreht sind. Diese Bleizöpfe werden, nachdem die Muffe verstrickt ist, auf dieselbe Weise in die Muffe eingestemmt wie der Hanfstrick. Die hierzu notwendigen Stemmer haben dieselbe Form wie diejenigen für Gußblei, nur daß der untere Teil etwas länger ist, damit man in die Muffenfuge hinein kann, um jeden einzelnen Zopf genügend feststemmen zu können. Will man annähernd genau die vorgeschriebene Höhe des Bleiringes erreichen, so muß etwa 5 bis 7 mm höher gestrickt werden, da sich durch das Stemmen der Bleiwolle der Hanfstrick noch zusammenpreßt.

Zum leichteren Eintreiben der Bleizöpfe in die Muffe drehe man die Zöpfe nicht ineinander, sondern lege sie lose auf das Rohr und treibe diese erst mit dem Strickeisen ein, worauf dieselben dann fest in die Muffe eingestemmt werden.

Von dem, diesen Dichtungsstoff liefernden Werk (A. B ü h n e, Freiburg) werden als besondere Vorteile hervorgehoben: Bessere Dichtung als Gußblei, Bleiersparnis, kein Koksofen nötig, kein Koksverbrauch usw. Über diese Vorteile ließe sich allerdings noch reden.

Ein guter Praktiker wird stets dem Gußblei den Vorzug geben. Mit Bleiwolle ist niemals ein so zusammenhängender Bleiring zu erzielen als bei Gußblei. Es wird immer hervorgehoben, daß bei Bleiwolle das Stemmen von Grund auf erfolge und darum die Dichtung eine bessere sei. Dagegen sprechen andere Beobachtungen des Verfassers. Am schlechtesten erfolgt die Stemmung an der äußeren und inneren Wandung der Muffe bzw. des Rohres, wo eigentlich die Stemmung am besten sein sollte. Dies kommt daher, da es nicht möglich ist, die Stemmer genau so breit zu nehmen wie die Dichtungsfuge. Durch den schmäleren Stemmer wird die Bleiwolle nur in der Mitte der Dichtungsfuge festgetrieben, während die Seiten nur wenig berührt werden und auch dort schlecht anzukommen ist. Die Bleiwolle legt sich daher in Wirklichkeit etwas rund in die Dichtungsfuge ein. Nimmt man einen eingestemmten Bleiwollring aus der Muffe heraus, so kann man immer beobachten, daß die Bleiwolle an den Wandungen loser liegt. Das spricht doch nicht für ein gutes Dichten.

Die von der Firma vorgeschriebene Bleiringhöhe ist m. E. sehr gering bemessen. Die Bleiersparnis wird durch den höheren Preis voll und ganz ausgeglichen. Die Koksersparnis wird durch den Mehraufwand an Zeit für die Stemmarbeiten aufgehoben. Nach gemachten Erfahrungen stellt sich der Preis je Muffe um 15 bis 25 v. H. höher als bei Anwendung von Gußblei. Außerdem ist wohl zu berücksichtigen, daß hierfür nur Rohrleger zu verwenden sind, die in jeder Arbeit gewissenhaft sind, da gerade hier die Gefahr naheliegt, in der Arbeit nachlässig zu sein.

Die Verwendung von Bleiwolle ist dann angebracht, wenn besondere Gründe vorliegen, die Gußblei nicht anwendbar machen, wie Grundwasser, Wasser in der Leitung, oder bei kleinen Arbeiten, bei denen sich das Anfeuern eines Bleiofens nicht lohnt.

Die Dichtigkeit der Muffen bei Verwendung von Bleiwolle ist mehr durch die Stemmarbeit bedingten guten Stricken, als der Bleiwolle selbst zuzuschreiben. Von dieser Tatsache ausgegangen, empfiehlt sich, hinter dem Hanfstrick eine Lage Bleiwolle von der halben Höhe des Bleiringes einzustemmen. Dadurch hat man die Gewähr, daß die Muffe außerordent-

lich gut gestrickt wird. Die übrige Hälfte des Bleiringes wird
durch Gußblei hergestellt und in üblicher Weise verstemmt.
Hierdurch ist der letzte Teil der Bleidichtung ein vollkommen
dichter Ring. Diese Art Dichtung hat sich nach gemachten
Erfahrungen außerordentlich bewährt. Mit der Bleiwoll-
einlage wird die Höhe des Bleiringes so groß gewählt, wie dies
Übersicht 23 angibt.

k) Bemerkungen zur Verlegung von schmiedeeisernen Rohren.

Bei den Verlegungsarbeiten von schmiedeeisernen Rohren
ist besonders darauf zu achten, daß die Bejutung der Rohre
nicht beschädigt wird. Alle schadhaften Stellen sind noch
vor der Einbringung der Rohre in den Graben auszubessern.

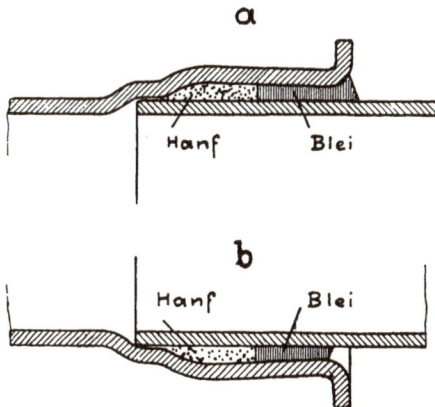

Abb. 157a u. 157b.

Das Verstricken und Verstemmen der Muffen geschieht in
derselben Weise wie bei den gußeisernen Rohren. Bei großen
Rohren, bei denen zuweilen die Muffen zur Versteifung nach
außen hin umgebördelt sind, ist es nicht nötig, daß ein Vorguß angegossen wird, sondern es geschieht, wie nachstehende
Abb. 157a zeigt. Eine derartige, fertig verstemmte Muffe
muß so aussehen, wie es Abb. 157b zeigt. Würde der Bleiring
in der Rundung abschneiden, so läge die Gefahr nahe, daß
das Blei beim Stemmen nicht genügend eingetrieben wird,
da die Rundung dies verhindert. Vielfach werden Muffen mit

scharfer Muffenkante angewandt. Dies hat den Zweck, daß die Muffe an einzelnen Stellen oder ganz umgebördelt werden kann, um das Hinaustreiben des Bleiringes aus der Muffe zu verhüten.

Nachdem die Muffen verstemmt sind, müssen die Schwanzenden der Rohre und ein Teil der Muffen bejutet werden. Diese Arbeit ist besonders sorgfältig auszuführen. Der hierzu notwendige Asphalt wird in einem Blechgefäß auf einem geeigneten Ofen flüssig gemacht und ist so warm zu machen, daß er ziemlich dünnflüssig ist. Die für die Bejutung notwendigen Jutestreifen und der Asphalt werden von den Röhrenwerken größtenteils gratis geliefert. Vor dem Bejuten sind die Schwanzenden mit Putzwolle von allem Schmutze zu reinigen und

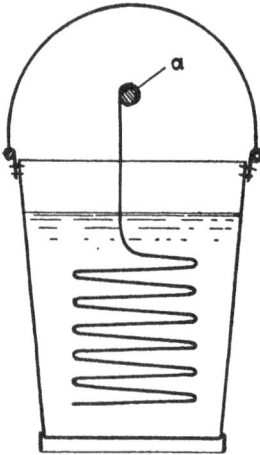

Abb. 158.

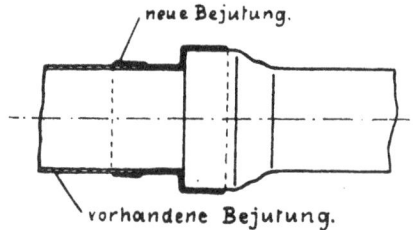

Abb. 159.

vorteilhaft erst mit Asphalt zu streichen. Die Jutestreifen werden in Längen von 2 bis 3 m zurechtgeschnitten und zu kleinen Rollen aufgerollt. Das Tränken der Jutestreifen geschieht am einfachsten auf folgende Art. Die zu kleinen Rollen aufgewickelte Jute wird lagenweise in den flüssigen Asphalt hineingebracht (siehe Abb. 158) und mit einem Stab gut in den Asphalt eingetaucht. Das Ende des Jutestreifens wird an einem Holzstab *a* angeklebt. Hierauf wird die genügend getränkte Jute durch das Drehen des Stabes *a* auf diesen ganz aufgewickelt. Ist dies geschehen, so läßt sich ohne Mühe das Rohr bejuten. Dies geschieht, indem das Ende des Jutestreifens auf die Muffe aufgeklebt wird und indem man die Jute auf das Rohr abrollt, was mit Hilfe des Stabes leicht zu bewerkstelligen ist. Durch festes Anziehen des Holzstabes während des Bejutens ist man in der Lage, die Jute um das Rohr zu wickeln. Diese Arbeit hat schnell vor sich zu gehen, damit der

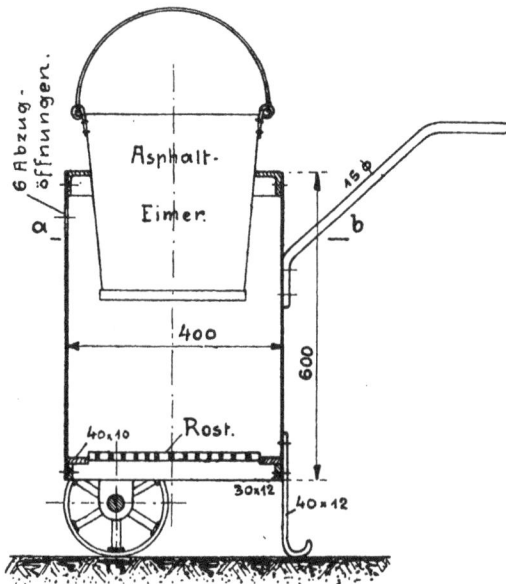

Schnitt a–b.

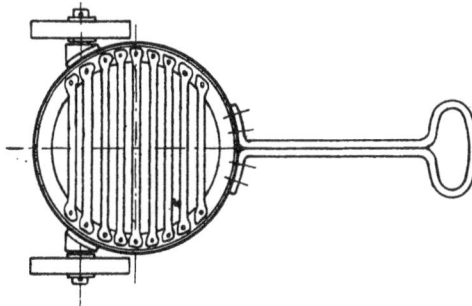

Abb. 160.

Asphalt nicht inzwischen erkaltet, da sich dann der Jutestreifen nicht so innig mit dem Rohr verbindet. Darauf wird die bejutete Stelle noch ordentlich mit Asphalt gestrichen, so daß diese Stellen einen eben solchen Asphaltüberzug erhalten wie die Rohre selbst.

Es ist zur Bildung der Ecken an den Muffen darauf zu achten, daß beim Bejuten zuerst der halbe Jutestreifen über die Muffe vorsteht und bei der nächsten Runde der Streifen genau mit der Muffe abschneidet. Auf diese Weise erhält man keine schädlichen Hohlräume zwischen Jute und Rohr, in denen sich Wasser ansammeln kann. Eine gut bejutete Muffe muß das Aussehen der Abb. 159 S. 240 haben.

Den Ofen zur Erwärmung des Asphaltes stellt man sich am einfachsten aus einem Abfallstücke eines schmiedeeisernen Rohres von 400 mm lichter Weite selbst her. Abb. 160 zeigt einen solchen Ofen. Dieser Ofen ist fahrbar eingerichtet, damit der betreffende Arbeiter, welcher das Bejuten besorgt, von Muffe zu Muffe fahren kann und der Asphalt immer flüssig erhalten bleibt. Der Ofen kann auch ohne Räder gebaut werden, dann sind jedoch für die Fortschaffung an den Seiten Haken anzubringen. Der Ofen wird mit Koks gefeuert, doch ist nicht ein so lebhaftes Feuer nötig als beim Bleiofen.

l) Werkzeuge einer Rohrlegerkolonne.

An dieser Stelle soll noch zusammengestellt werden, welches Werkzeug zu einer vollständigen Ausrüstung einer Rohrlegerkolonne gehört. Sämtliches Werkzeug ist in einem zweiräderigen Wagen mit besonderen Gefächern für Schrauben, Dichtungen, Schraubenschlüssel usw. unterzubringen.

Für jeden Rohrleger sind nötig: Ein Satz Stemmer, ein Satz Strickeisen, zwei Flachmeißel, zwei Kreuzmeißel, zwei Keiltreiber, zwei Rohrhauer und ein Fäustel. Für jede Abteilung sind nötig: Zwei Schrotmeißel, zwei Vorschlaghämmer, zwei Zangen, zwei Sätze Schraubenschlüssel, zwei verschieden große Rohrzangen nach Abb. 148, Stricke zum Herablassen der Rohre in den Rohrgraben, Rohrbürsten, zwei Feilen, zwei längere und zwei kürzere Hebebäume, zwei Eimer, ein Bleiofen mit Schmelztiegel, ein großer und ein kleiner Gießlöffel, bei Verlegung von schmiedeeisernen Rohren außerdem ein Asphaltofen. Für die Herstellung von Hausanschlüssen in Bleirohr Lötlampen, Holztreiber, Niethammer, Holzhammer, Bleirohrschneider, und bei Anwendung von schmiedeeisernen

Rohren ein Rohrschneider, eine Gewindeschneidekluppe, ein Rohrschraubstock und eine vollständige Anbohrvorrichtung.

Jeder Rohrleger erhält zur besseren Aufbewahrung für das im Graben notwendige Werkzeug einen mit einem Bügel versehenen Kasten. Dieser Kasten wird aus verzinktem Eisenblech hergestellt und soll nur zur Aufbewahrung für einen Satz Stemmer, einen Flachmeißel, einen Satz Strickeisen, zwei Treibkeile und den Fäustel dienen. Zum Fortschaffen des Werkzeuges von einer Muffe zur anderen ist ein solches Kästchen sehr bequem, und das Werkzeug geht nicht so leicht verloren. In Abb. 161 ist ein solches Werkzeugkästchen dargestellt.

m) Wasserdruckprobe.

Öfters werden fertig verlegte Rohrleitungen einer Druckprobe unterworfen. Das sollte nach Möglichkeit geschehen, wenn die Leitung von einem Unternehmer ausgeführt wird.

Der bei der Druckprobe vorgeschriebene Druck wird meistens zu 20 Atm. angegeben. Die Druckhöhe sollte wenigstens das Doppelte des Betriebsdruckes betragen. Der Probedruck ist wenigstens $\frac{1}{4}$ Stunde zu halten, wobei der Druckmesser höchstens nur um 1 Atm. zurückgehen darf und dann dauernd stehen bleiben muß. Als Strecke, welche einer Druckprobe unterworfen werden soll, wählt man eine solche von Schieber zu Schieber. Die zu prüfende Leitung wird zuerst mit Wasser gefüllt. Die Füllung geschehe, wenn möglich, vom tiefsten Punkte der Leitung aus, damit die Luft am höchsten Punkte entweichen kann. Sämtliche Hydranten sind bei der Füllung offen zu halten. Wenn das Wasser aus den Hydranten ohne Luftblasen austritt, kann mit der Füllung abgebrochen werden. Steht für die Füllung Druckwasser zur Verfügung, so schraube man auf einen Hydranten der bestehenden und auf einen der neuen Leitung ein Standrohr auf. Diese beiden Standrohre verbinde man mit einem druckfesten Schlauch

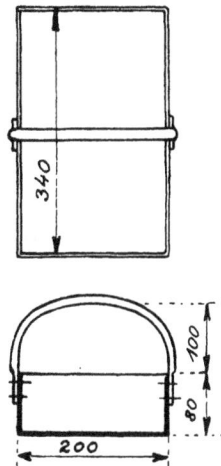
Abb. 161.

16*

und setze den Druck auf die neue Leitung. Der weitere Druck
wird durch eine Preßpumpe erzeugt. Sehr zu empfehlen sind
die Pumpen mit Doppelkolben, die auf zwei Rädern fahrbar
angeordnet sind. Der große Kolben wird für den ersten Teil
der Druckerhöhung benutzt. Wird der Druck zu hoch, so
daß die Pumpe für die Bedienung zu hohe Kraft beansprucht,
so wird der kleine Kolben eingeschaltet, was durch einen
Handgriff geschehen kann. Die Pumpe wird an ein auf einem
Hydranten angebrachtes Standrohr, an einen Abgangsstutzen

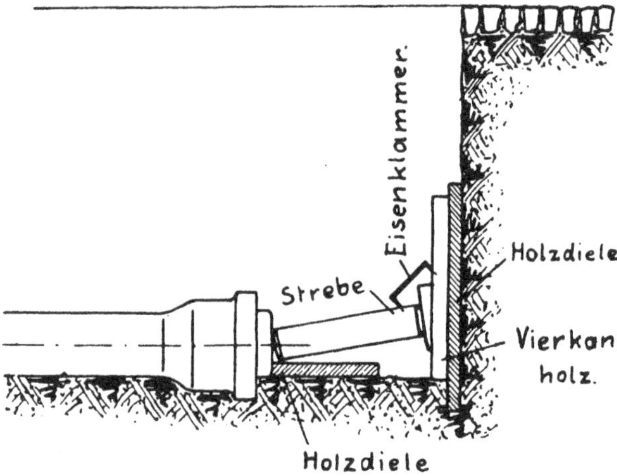

Abb. 162.

für Hydranten oder an einer Hausanschlußschelle angeschlossen.
Als Anschlußrohr verwendet man am besten starkwandiges
Bleirohr, da dies jede Bewegung gestattet.

Sehr oft werden bei Druckprüfungen Verschlüsse von
Abgängen usw. nötig sein. Dafür gibt es zwar Vorrichtungen,
aber sie sind nicht zu empfehlen. Am besten ist es immer,
die Enden mit Stopfen oder Kappen abzuschließen und nach
der Druckprobe wieder zu entfernen.

Bei der Druckprobe ist vor allen Dingen auf eine gute
Absteifung der Rohrenden und sonstigen Verschlußstücke zu
achten. Die Art der Versteifung zeigt Abb. 162.

Je größer der Rohrdurchmesser und höher der Probedruck, um so kräftiger sind die Steifen zu nehmen. Der

auftretende Druck der Achsrichtung des Rohres ermittelt
sich zu

$$P = F \cdot p \quad \ldots \ldots \ldots \quad (105)$$

Hierin bedeutet F den lichten Querschnitt des Rohres,
p den Probedruck in Atm.

Gesundes Holz kann man für diese Fälle ruhig mit 80 bis
100 kg pro qcm beanspruchen. Die Streben dürfen nicht so
lang genommen werden, sonst kommt Knickung hierfür in
Frage.

Führt man die Rohrverlegungsarbeiten selbst aus und
hat durchaus zuverlässige Leute für die Stemmarbeiten, so
kann man mit ruhigem Gewissen von einer Druckprobe absehen. Hierdurch wird viel Zeit gespart, und der Graben
braucht nicht so lange offen bleiben. Nur so kann man, wie
es auch sein soll, laufend arbeiten.

n) Verfüllen der Rohrgräben und Wiederherstellen der Straßendecke.

Sind die Rohre vorschriftsmäßig verlegt und unter Umständen einer Druckprobe unterworfen, so kann mit dem
Verfüllen der Rohrgräben begonnen werden.

Zuerst sind die Muffenlöcher auszufüllen und die Rohre
gut zu unterstampfen. Sodann hat das Verfüllen der Gräben
mit möglichst steinfreiem Erdreich in Lagen von 20 cm Höhe
zu geschehen, wobei die Rohre mit dem Spitzstampfer satt zu
unterstopfen sind. Dieses wiederholt sich, bis die Rohre etwa
10 cm bedeckt sind. Der weitere Boden wird in Schichten von
30 cm Höhe eingebracht und ebenfalls gehörig festgestampft.
Um einen geregelten Arbeitsgang zu haben, stelle man auf
zwei Einwerfer einen Stampfer. Hölzerne Stampfer sind für
diese Arbeiten nicht zu empfehlen, da diese ein zu geringes
Gewicht haben.

Wurden zur Aussteifung des Grabens Brücken stehen gelassen, so schlage man diese ein, wenn der Graben bis zur
Brücke verfüllt ist. Ebenso hat es mit etwaigen Aussteifungen
zu geschehen. Das Einschlämmen der Gräben ist nur dann am
Platze, wenn man es nicht mit Lehmboden zu tun hat.

Besteht die Straßendecke aus Pflaster, so wird der Graben
so hoch verfüllt, daß die Steine vorläufig eingesetzt werden

können und etwa 2 cm über dem vorhandenen Pflaster vorstehen. Die Steine sind gewölbt einzusetzen, so daß die erste Steinreihe in gleicher Höhe des vorhandenén Pflasters zu stehen kommt.

Ist die Straßendecke aus Schotter mit Packlage hergestellt, so ist vor allen Dingen die Packlage kunstgerecht wieder einzusetzen. Diese ist so hoch zu setzen, daß sie je nach der Menge des Schottermaterials 2 bis 6 cm unter Flur abschneidet. In derselben Höhe ist der Graben zu verfüllen, wenn keine Packlage vorhanden ist. Hierauf wird das Schottermaterial aufgebracht. Vorerst wird mittels Gabel der großstückige Schotter aufgebracht. Die Höhe des aufzubringenden Schotters richtet sich ganz danach, mit welcher Art Walzen das Einwalzen der Decke erfolgt. Die höchste Höhe kann bei Anwendung von Dampfwalzen genommen werden, und man geht sogar bis zu 15 cm und höher. Schotterdecken müssen sofort eingewalzt werden.

Die Pflastersteine werden vorerst nur vorübergehend, aber in regelrechtem Verbande eingesetzt. Nachdem sich die Decke eingefahren hat, wird die erste sachgemäße Pflasterung vorgenommen. Bei dieser Pflasterung ist der erforderliche Sand zu ersetzen und das Pflaster noch ein wenig, im Scheitel etwa 1 bis 1,5 cm, gewölbt zu pflastern. Hat sich nach einer gewissen Zeit das Pflaster wieder gesetzt, so wird die Decke genau nach der Straßenwölbung gepflastert. Nach der zweiten Pflasterung wird ein Setzen kaum oder nur an vereinzelten Stellen auftreten, welche später auszubessern sind. Es empfiehlt sich, auf diese Art zu verfahren, da man ohne eine zweimalige Pflasterung nur in äußerst seltenen Fällen auskommt.

Bei Schotterdecken hilft man sich durch ständiges Nachfüllen der gesunkenen Stellen und läßt diese durch die Fuhrwerke einfahren, vorausgesetzt, daß diese nicht von bedeutendem Umfange sind.

Das Nachsacken der Rohrgräben ist an und für sich sehr lästig, doch läßt sich dies wohl in keinem Falle hintanhalten. Der Vorschlag, die Gräben mit einer Betonplatte abzudecken, ist m. E. verfehlt und beseitigt das Nachsacken auch nicht ganz. Das Verfahren ist so teuer, daß sich eine zweimalige Pflasterung bedeutend billiger stellt. Bei nachgiebigem Boden müssen die Platten so groß sein, damit das Auflager auf dem gewachsenen Boden nicht zu klein ist, sonst geben diese nach, wenn sich der Graben unterhalb der Platten gesetzt hat. Dann ist das Senkungsgebiet noch größer, und die Wiederherstellung der Straßendecke wird noch teurer. Auch ist es nicht ausgeschlossen, daß die Platten bei hohem Raddruck brechen, wenn sich unterhalb derselben der Graben gesenkt hat; dann ist man nicht weiter als früher. Weiter sind die Platten für die Hausanschlüsse, Hydranten usw. sehr lästig. Bei Rohrbrüchen kann dies auch unangenehme Folgen nach sich ziehen.

Von den Stadtbauämtern wird immer über das Setzen der Gräben geklagt. Das würde auch nicht ausbleiben, wenn die Grabenarbeiten von diesen selbst ausgeführt werden.

o) Die Bauleitung.

Es gehört schon eine Summe von Kenntnissen dazu, um den Bauleitenden zu befähigen, den Bau einer größeren Rohrnetzanlage von der Entwurfsbearbeitung bis zur Vollendung auszuführen. Hierzu müssen gute wissenschaftliche und praktische Kenntnisse in gleichem Umfange vorhanden sein.

Dem Bauleitenden obliegt die Überwachung sämtlicher Arbeiten auf der Baustelle, daher muß derselbe sich vor Beginn des Baues einen Bauplan aufstellen, der eine schnelle und billige Ausführung gewährleistet und vor allen Dingen eine Bauunterbrechung vollkommen ausschließt. Weiter muß der Bauführer befähigt sein, alle vorkommenden, unvorhergesehenen Fälle erledigen zu können, also darf es demselben an Verfügungsfähigkeit nicht fehlen. Außerdem muß der Bauleitende imstande sein, über gute und weniger gute Arbeit urteilen zu können. Dies gilt vor allen Dingen für die Rohrverlegungsarbeiten. Der Bauführer muß sich selbst über die Fähigkeit eines jeden Rohrlegers vergewissern und dem Rohrmeister sagen können, daß dieser oder jener Arbeiter zu diesen oder anderen Arbeiten nicht taugt.

Je nach der Größe der Arbeiten hat der Bauleitende ständig oder nur zeitweise auf der Baustelle zu sein. Bei nur zeitweiser Anwesenheit sind mit dem Rohrmeister alle weiteren Arbeiten durchzusprechen, damit ein Aufenthalt in den Arbeiten nicht eintreten kann.

Bei größeren Arbeiten, die meistens an einen Unternehmer vergeben werden, hat sich der Bauleitende genaue Kenntnis
zu verschaffen über den Inhalt der Angebotsliste, der Vertragsbedingungen, falls er diese nicht selbst aufgestellt hat, um
etwaigen unberechtigten Forderungen des Unternehmers begegnen zu können. Weiter hat derselbe alle Rohrgräben selbst
abzustecken oder zu prüfen, wenn ihm hierzu nicht eine
besondere Kraft zur Verfügung steht.

Der Bauführer hat weiter eine Anzahl Bücher zu führen,
und zwar:

   das Skizzenbuch,
   das Anschlußbuch,
   das Meßbuch und
   ein Notizbuch.

In das Skizzenbuch sind sämtliche verlegte Leitungs-
strecken einzutragen. Die Lage der Rohrflucht, der Formstücke, Zubehörteile, Paßstücke und sonstige Einzelheiten
sind durch Aufmaße festzulegen. Besonders verwickelte
Stücke, wie Straßenkreuzungen usw., sind in einem größeren
Maßstabe auf der anderen Blattseite darzustellen. Oft werden
auch Höhenschnitte aufzuzeichnen sein. Sind die Arbeiten
von größerem Umfange, so werden die Skizzenbücher oft
durch einen dem Bauleiter unterstellten Techniker geführt.
Unter diesen Umständen lasse man es nicht an einer ständigen Prüfung fehlen, denn je peinlicher auf dem Bau gearbeitet
wird, um so leichter ist nachher die Büroarbeit. Einem Rohrmeister oder gar einem Rohrleger übertrage man eine solche
Arbeit nach Möglichkeit nicht, da diese zu zeichnerischen
Arbeiten weniger befähigt sind und auch hierzu nicht genügend Zeit haben, wenn sie den anderen Arbeiten gründlich
nachgehen sollen. Alle Aufmaße beziehe man nach Möglichkeit auf feste Punkte, wie Häuser, Bordsteine usw., und
vermeide Bäume, Laternen, Telephonstangen usw. dafür zu
benutzen, da diese durch besondere Umstände wegfallen oder
ihren Standort wechseln können. Unter solchen Umständen
wären dann die Aufmaße umsonst. Die Skizzen werden in
der Weise ausgeführt, wie es Tafel 7, Fig. 2 und 3, zeigt, nur
daß dies von Hand und nicht maßstäblich geschieht.

Das Anschlußbuch ist weiter nichts als ein vorge-
drucktes Muster, in welches die Abmessungen eingeschrieben
werden.

Straße	Haus Nr.	$\bigcirc \downarrow$	$\bigcirc \rightarrow$	Durchmesser des Haupt-rohres	Durchmesser des Haus-anschlusses	Rohr-material	Ausgeführt am
Schiller-Straße	36	4,20	2,45	150	1''	Bleirohr	6. 10. 1904
Moltke- »	104	6,10	9,30	250	1''	Bleirohr	11. 10. 1904
Kaiser- »	85	8,40	4,60	125	$1^1/_4''$	Eisenrohr	13. 10. 1904

Hierin bedeutet der senkrechte Pfeil das Maß von der
Hausfront oder Vorgartenmauer bis Mitte Straßenrohr bzw.
Anbohrschelle. Der Pfeil $\circ\!\!\rightarrow$ bedeutet das Maß von der
linken Hauskante bis Mitte Anbohrschelle bzw. bis dahin,
wo der Anschluß in das Haus einmündet.

Das Meßbuch wird nur in dem Falle geführt, wenn die
Arbeiten ganz oder teilweise von einem Unternehmer ausgeführt werden. Hierin sind alle Maße einzutragen, die der
Unternehmer nach den Bedingungen des geschlossenen Vertrages bezahlt bekommt. Nach stattgefundener Aufmessung
mit dem Unternehmer werden die Bücher der Parteien gewechselt und nochmals durchgelesen. Ist alles für richtig
befunden, so werden die Aufmaße durch Unterschrift anerkannt, wodurch spätere Streitigkeiten bei der Abrechnung
ganz ausgeschlossen sind. Die Aufmaße sind nur in Tintenstift einzutragen. Diese Maße gelten als endgültige Grundlage für die Abrechnung.

In dem Notizbuch sind alle besonderen Begeben-
heiten, Nachbestellungen, mündliche Abmachungen mit dem
Unternehmer usw. einzutragen. Mündliche Besprechungen
von besonderem Inhalt sind jedoch sofort auch noch schriftlich zu bestätigen und dem Vertrage beizufügen.

Taglohnzettel sind nur von dem Bauleiter zu bescheinigen.
Es ist strenge darauf zu achten, daß die Taglohnzettel am
folgenden Tage zur Unterschrift vorgelegt werden, andernfalls
die Unterschrift zu verweigern ist.

p) Sicherheitsmaßregeln.

Je nach dem herrschenden Straßenverkehr sind in den Straßen, in denen Rohrverlegungsarbeiten vorgenommen werden, entsprechende Maßnahmen gegen die Gefährdung des verkehrenden Publikums, der Fuhrwerke usw. zu treffen. Bei größeren Arbeiten werden die Straßen nach Möglichkeit für den Fuhrwerksverkehr gesperrt. Für die Fußgänger sind hin und wieder Übergänge zu schaffen, um ein Gehen von der einen Straßenseite nach der anderen zu ermöglichen. Solche Fußgängerübergänge sind besonders an den Straßenkreuzungen, vor großen Geschäftshäusern, Gasthäusern usw. herzustellen. Die Übergänge sind genügend stark und mit einem Geländer zu versehen. Überhaupt sei man nicht so sparsam in der Herstellung solcher Übergänge, schon um das Publikum zufriedenzustellen und um Unglücksfälle zu vermeiden. Besonders den Geschäftsleuten soll man nach Möglichkeit hiermit entgegenkommen, da sie sonst gleich eine Geschäftsschädigung geltend machen.

Bei kreuzenden Straßen, die für den Fuhrwerksverkehr nicht gesperrt werden können, wird der Verkehr durch Stollenbetrieb oder besser durch eine Überführung aufrechterhalten. Bei Nacht sind die Baustellen und besonders die Übergänge genügend zu beleuchten. Bei größeren Arbeiten empfiehlt es sich, eine Nachtwache anzustellen, da hin und wieder durch Sturm oder Unwetter die Lampen ausgelöscht und zuweilen sogar von rohen Leuten zertrümmert oder gestohlen werden. Weiter sind die Unfallverhütungs- und Polizeivorschriften genau zu beachten.

Der Bauleiter überzeuge sich regelmäßig von der Güte der getroffenen Absperrvorrichtungen, da die Stadt in jedem Falle für etwaige Unfälle haftet, selbst dann, wenn die Arbeiten von einem Unternehmer ausgeführt werden und vertraglich für alle Schäden aufkommen muß. Als Vertreter der Stadt ist der Bauführer verpflichtet, den Unternehmer auf unvorschriftsmäßige Absperrvorrichtungen, mangelhafte Beleuchtung usw. aufmerksam zu machen und hat für die Beseitigung der Mängel Sorge zu tragen.

q) Schieber- und Hydrantenschilder.

Ist ein Rohrnetz oder eine Rohrstrecke fertig verlegt, so sind zum schnellen Auffinden die Schieber und Hydranten durch Schilder kenntlich zu machen.

Die Farbe der Schilder muß schon zeigen, ob es sich um Hydranten oder Schieber handelt. Aus diesem Grunde werden gewöhnlich die Hydrantenschilder rot (Feuer) und die Schieberschilder blau mit weißer Schrift hergestellt. Die Schilder werden aus Gußeisen oder Emaille gefertigt. Den Schildern muß zu entnehmen sein: Die Nummer, der Durchmesser und die Entfernungen des Schiebers oder Hydranten von dem Schild. Als Befestigungsstelle der Schilder dienen Häuser, Mauern, Laternen usw., oder sie werden auch auf hierzu geeigneten Säulen angebracht. Die Ausführung der Säulen sind dem Straßenbild stilgerecht anzupassen. Im allgemeinen ist die Ausführung der Schilder sehr verschieden, und es wird daher auf die Preislisten von Armaturenwerken verwiesen.

Sechster Abschnitt.

Besondere Fälle von Rohrverlegungen.

a) Straßenanschlüsse.

Die Herstellung von Anschlüssen neuverlegter Leitungen an schon bestehende kommen sehr vielfach vor, da es nicht immer möglich ist, für geplante Straßen die Abgänge mit einzuziehen. In den meisten Fällen ist es gleichgültig, ob das Abgangsstück vor oder nach der Verlegung der neuen Leitung eingebaut wird. Hat man sich zu ersterer Art entschlossen, so ist am Abgange ein Schieber einzubauen, um die Leitung nach dem Einbau des Abzweigstückes so-

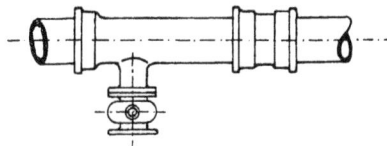

Abb. 163.

fort wieder in Betrieb setzen zu können. Der Einbau eines Abzweigstückes erfolgt unter Zuhilfenahme eines Überschiebers (siehe Abb. 163). Da bei Einziehung eines Abzweigstückes die

Leitung außer Betrieb gesetzt werden muß, so ist es von großer Wichtigkeit, daß die Arbeiten glatt und in möglichst kurzer Zeit ausgeführt werden. Daher ist bei Vornahme solcher Arbeiten für gutes und genügendes Werkzeug zu sorgen. Die bestehende Leitung ist, während sie noch unter Druck steht, vollkommen freizulegen. Selbst unter dem Rohr muß das Erdreich so weit ausgeworfen werden, daß ein freier Raum von wenigstens 50 cm vorhanden ist, bei Rohren über 200 mm bis zu 80 cm. Die Baugrube ist in keiner Weise beengt auszuführen. Neigt der Boden zum Einstürzen, wenn Wasser in die Baugrube zu stehen kommt, so ist die Baugrube genügend

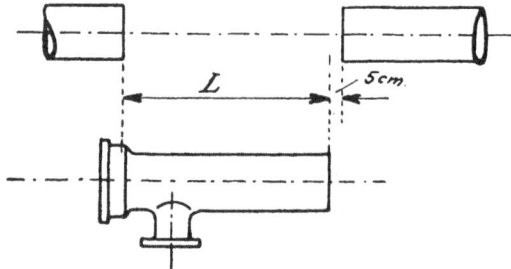

Abb. 164.

auszusteifen. Gleichzeitig ist ein tieferes Loch für den Saugkorb einer Pumpe, bei großen Leitungen und Längen für zwei solcher Saugkörbe aufzuwerfen.

Ist die Leitung genügend frei gelegt, so wird dieselbe abgestellt. Durch den am tiefsten gelegenen Hydranten läßt man den Druck ab und läßt soviel Wasser wie nur eben möglich aus den Hydranten ausfließen. Außerdem ist festzustellen, wohin das Abgangsstück zu liegen kommt bzw. wo die Leitung zu trennen ist. Das eine Rohrende wird für die Muffe sofort passend zugehauen, während dort, wo das U-Stück zu liegen kommt, 5 cm Spielraum gelassen wird (siehe Abb. 164). Das Trennen der Leitung geschieht auf folgende Weise: An den zu trennenden Stellen wird die Rohrleitung zuerst mit dem Flachmeißel etwa 2 bis 3mal ringsherum eingehauen. Dann wird oben auf dem Rohr mit dem Flachmeißel ein Loch von nur 3 bis 4 mm Breite und 20 bis 30 mm Länge eingehauen. In dieser geschaffenen Öffnung wird der mit der Hand oder

einer Zange festgehaltene sog. Keiltreiber Abb. 165 eingesetzt
und mit dem Vorschlaghammer eingetrieben. Bei Rohren bis
zu 150 mm lichter Weite genügt schon ein Fäustel. Rohre bis
zu 250 mm Durchmesser und mitunter von noch größerer lichter
Weite springen mit Ausnahme von sehr seltenen Fällen sofort
ringsherum. Bei größeren Rohren werden, um etwa 90⁰ versetzt, zwei solcher Keiltreiber angesetzt und eingetrieben.
Diese Art Sprengungen erfordern im Verhältnis nicht viel Zeit
und sind bei einiger Übung mit sehr wenigem Mißerfolg verbunden. Hat man auf diese Weise an
beiden Seiten das Rohr gesprengt, so
zertrümmert man das herausgehauene
Stück so weit, daß man es nach oben
ziehen kann. Bei kleinen Rohren ist die
Stelle, wo das Rohr gesprengt werden
soll, mit Holz zu unterbauen, während
größere Rohre Festigkeit genug besitzen,
daß sie den Schlägen und Erschütterun-
gen gewachsen sind.

Das in den Graben eingetretene
Wasser ist zu heben und das etwa durch
undichte Schieber ständig fließende
Wasser mit der Pumpe zu halten. Kleine
und in schlechtem Zustande sich befindende Pumpen können oft die Arbeit
verzögern, daher ist auf gute Pumpen
nicht wenig Wert zu legen. Ist der

Abb. 165.

Graben soweit trocken, daß die Rohrleger darin arbeiten
können, so wird der Überschieber auf das eine Rohrende
aufgeschoben und danach das Abgangsstück eingesetzt. Am
Schwanzende wird das Abgangsstück unterbaut, genau ausgerichtet und probiert, ob sich das U-Stück spielend über-
schieben läßt. Dann wird in dem Spielraum des Rohres
und des Abzweigstückes ein Holzkeil eingetrieben, damit die
Muffe fest anliegt und somit verstrickt und vergossen werden
kann. Ist dies geschehen, so wird der Überschieber passend
übergeschoben und gleichfalls verstrickt und vergossen. Daß
das U-Stück passend zu sitzen kommt, erreicht man dadurch,
daß man die Länge des U-Stückes mißt und nach einer Seite

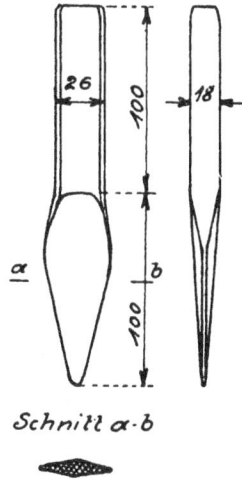

hin, von der Mitte des Spielraumes aus, die Hälfte anreißt.
Sind die Muffen alle vergossen, so können diese verstemmt
werden. Erst nachdem dies geschehen ist, baue man den vor-
gesehenen Schieber ein, oder wenn der Schieber vorher ange-
schraubt wird, ist dieser zu öffnen, damit das durch undichte
Schieber austretende Wasser stets ausfließen kann. Sind die
Muffen sachgemäß verstemmt, so kann der Schieber angeschlossen bzw. zugedreht werden. Hierauf wird wenigstens ein
Hydrant der abgestellten Leitung geöffnet, und die Leitung
kann wieder in Betrieb gesetzt werden. Es ist zuerst nur ein
Schieber langsam zu öffnen. Wenn das aus den geöffneten
Hydranten austretende Wasser vollkommen klar ist und ohne
Luftblasen austritt, so kann der Hydrant geschlossen und alle
übrigen Schieber können dann auch geöffnet werden. Hat sich
bei vollem Druck der Anschluß in allen Teilen für dicht erwiesen, so wird die Baugrube wieder verfüllt.

Durch Anwendung von Hilfsmuffenabgängen (Abb. 166)
und einer Anbohrvorrichtung können Anschlüsse bis zu
300 mm ohne Betriebsunterbrechung ausgeführt werden. Trotz dieses Vorteiles werden derartige Anschlüsse mit Hilfe dieser
Formstücke selten und nur für kleinere Abzweige hergestellt. Bei schmiedeeisernen
Rohren werden diese Abzweigstücke selbst
dann mit Vorteil angewandt, wenn die
Leitung abgesperrt wird. Man braucht dann
nur mit dem Rohrhauer in das Rohr ein
Loch auszuhauen oder auszubrennen, wel-
ches etwa 1 bis 2 cm größer ist als die lichte Weite des Ab-
gangsstutzens. Diese Arbeit geht bedeutend schneller vor sich,
als wenn man das Rohr zweimal durchhauen wollte.

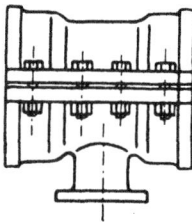

Abb. 166.

b) Kanalkreuzungen.

Zuweilen wird man bei Rohrverlegungsarbeiten gezwungen
sein, durch Abflußkanäle hindurchzugehen, wenn eine Umgehung unmöglich ist. Bei diesen ungewöhnlichen Fällen
verlegt man die Leitung in ein größeres Überrohr, und zwar
zum Schutze gegen Beschädigungen, gegen Einfluß von
schädlichen Dämpfen, weiterhin, damit bei einem Rohrbruch

an dieser Stelle das Wasser nicht ungesehen in den Kanal fließt. Nach Möglichkeit vermeide man Verbindungen innerhalb des Schutzrohres, was wohl immer möglich ist, da solche Durchführungen meistens nicht sehr lang sind.

Als Überrohr benutzt man am besten bejutetes schmiedeeisernes Rohr. Der lichte Durchmesser desselben wird gewöhnlich 100 bis 150 mm größer genommen als der des Leitungsrohres.

c) Eisenbahndammkreuzungen.

Eisenbahndammkreuzungen werden in der verschiedensten Weise ausgeführt. Bei höheren Bahndämmen wird zuweilen ein begehbarer Kanal aus Beton oder Mauerwerk hergestellt. Ein solcher Kanal kann ohne Betriebsstörung der Eisenbahn durch Stollenbetrieb hergestellt werden. Tafel 6, Fig. 1 bis 4 zeigt die Ausführung eines solchen Bauwerkes. Um Unannehmlichkeiten aus dem Wege zu gehen, betraue man mit der Ausführung einer solchen Arbeit nur Fachleute. Ein solcher Rohrkanal ist einerseits am vorteilhaftesten, anderseits jedoch auch am teuersten.

Die üblichste Ausführung ist die Verlegung der Rohre in einem Schutzrohre. Bei einer derartigen Ausführung wird wie folgt verfahren. Der quer zu den Schienen aufzuwerfende Graben ist besonders gut auszusteifen, vorausgesetzt, daß der Graben nicht während einer Zeit hergestellt werden kann, wo kein Eisenbahnverkehr stattfindet. Ist der Graben hergestellt, so wird das Schutzrohr verlegt. Als Überrohre werden zweckmäßig schmiedeeiserne Muffen- oder Flanschenrohre verwandt. Die Rohrverbindungsstellen werden wie üblich gedichtet. Bei der Verlegung des Überrohres ist besonderes Augenmerk darauf zu legen, daß die Leitung weder in Längs- noch in horizontaler Richtung Knicke aufweist. Die Leitung ist daher mit Hilfe von Visierscheiben genau auszurichten. Bei Anwendung von Muffenrohren ist darauf zu achten, daß die Muffen des Schutzrohres nach der Richtung hinlaufen, nach welcher die Verlegung der Leitung erfolgt.

Die Druckleitung kann bis kurz vor das Schutzrohr verlegt werden, doch ist es ratsam, die zwei letzten Rohre noch nicht zu dichten, damit noch eine etwa notwendig werdende Bewegung nach der einen oder anderen Richtung hin möglich

ist. Nun wird ein Rohr am anderen Ende des Überrohres so
weit eingeschoben, daß es noch etwa 80 cm vorsteht. Hierauf
wird ein zweites Rohr in den Graben eingebracht und in das
erste Rohr eingeschoben, verstrickt, vergossen und verstemmt.
Ist dies geschehen, so werden die beiden Rohre so weit eingeschoben wie vorerst das erste Rohr. Dies wird so oft wiederholt, bis die Rohre am anderen Ende in die Muffe der schon
verlegten Leitung eingeschoben und auch diese Muffen verdichtet werden können. Der Graben
für das Schutzrohr kann sofort zu-
geworfen werden, wenn die Leitung
verdichtet ist. Das Einziehen der
Druckleitung kann bei verfülltem
Graben geschehen.

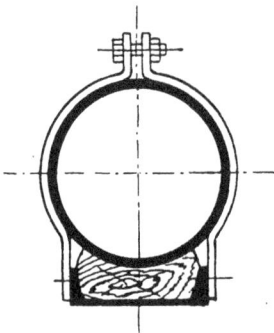

Abb. 167.

Damit die Rohre nicht an den
Muffen und Flanschen aufliegen,
erhalten die Rohre Auflager aus
[-Eisen mit Holzauskleidung, oder
bei großen Rohren aus Blech mit
zwei angenieteten Winkeleisen, wodurch die Rohre auch bedeutend
besser gleiten. In Entfernungen von 1,5 bis 2 m werden solche
Auflager vorgesehen. Abb. 167 (S. 256) zeigt die Ausführung
eines solchen Lagers. Damit die Muffendichtungen durch das
Einschieben der Rohre nicht leiden, werden vorteilhaft an jeder
Muffe Schellen angebracht, wie sie bei Krümmern angewandt
werden (siehe dort). Für lange Unterführungen empfiehlt sich,
Flanschenrohre anzuwenden, schon der Leichtigkeit halber sind
schmiedeeiserne Rohre vorzuziehen.

Das Schutzrohr hat lediglich den Zweck, zu verhüten,
daß der Fahrdamm in irgendeiner Weise bei einem Rohrbruch durch Unterspülung gefährdet werden kann. Daher ist
das Schutzrohr so lang herzustellen, daß die Enden außer
dem Bereich des Dammes liegen. Zweckmäßig werden an
beiden Kopfenden des Schutzrohres Schächte angebaut. Dadurch ist jederzeit eine Prüfung der unterführten Leitung
möglich, und außerdem haben sie den Vorteil, daß bei einem
Rohrbruch das Erdreich nicht aufgewühlt wird. Abb. 168
(S. 257) zeigt die Ausführung eines Kopfschachtes für Schutz-

rohre. Für die Ableitung des eintretenden Tagewassers ist Sorge zu tragen.

Anstatt der schmiedeeisernen Auflager nach Abb. 167 werden zuweilen bei großen Rohrdurchmessern Schellen mit Rollen angewandt. Vorstehende Abb. 169 zeigt die Ausführung einer solchen Schelle.

Die mitunter angewendeten halbierten schmiedeeisernen Rohre bieten keine besonderen Vorteile und sind auch nicht

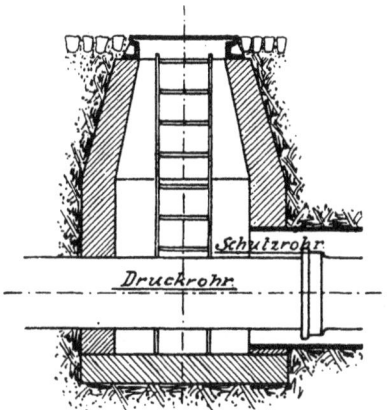

Abb. 168.

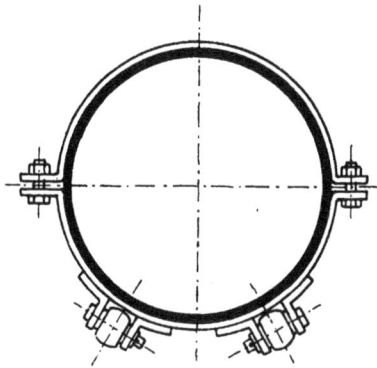

Abb. 169.

zu empfehlen. Es sei noch darauf hingewiesen, daß nach den Vorschriften der Eisenbahnverwaltungen an beiden Seiten des Eisenbahndammes in die Druckleitung Schieber einzubauen sind.

d) Eisenbahnüberführungen.

Auch kommt es vor, daß die Leitungsspur über einen tiefen Eisenbahneinschnitt führt. Ist in diesem Falle keine Brücke vorhanden, die für die Überführung benutzt werden kann, so ist für eine Brücke zur Überführung des Rohres Sorge zu tragen. Solche Rohrüberführungen werden fast ausschließlich aus Eisenfachwerk, in neuerer Zeit auch aus Eisenbeton hergestellt. Die Leitung wird entweder auf Rollen aufgelegt oder beweglich aufgehangen (siehe Abb. 170). In vielen Fällen wird die Rohrbrücke so ausgebildet, daß dieselbe auch für Fußgänger benutzt werden kann. Abb. 170 zeigt einen üblichen Querschnitt einer solchen Brücke.

Die meist verbreitete Verwendung für solche Überführungen findet der Parallelträger, für kleinere Spannweiten auch wohl die Sprengwerksfachwerke. Bei größeren Spannweiten werden Zwischenstützen vorgesehen. Das Eisenfachwerk vergebe man nur an leistungsfähige Eisenbauanstalten, um eine Gewähr für gute Arbeit zu haben.

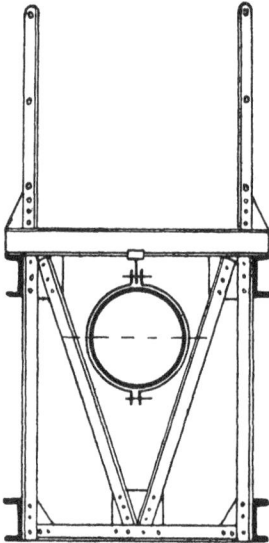

Es sei darauf hingewiesen, daß bei der zuständigen Eisenbahndirektion die Genehmigung für den Bau solcher Brücken nachzusuchen ist. Dem Baugesuch sind genaue Zeichnungen und ausführliche statische Berechnungen in zweifacher Ausfertigung beizufügen.

Die Rohrleitung wird zum Schutze gegen Kälte und Wärme mit Kieselgur oder sonst geeignetem Isoliermaterial umhüllt. Zur Ausdehnungsmöglichkeit sind Ausdehnungsstücke, am besten kupferne Linsenausdehnungsstücke in die Leitung einzubauen.

Große Taleinschnitte werden in der Weise gekreuzt, indem man auf beiden Seiten mit der Rohrleitung den Talabhängen folgt und unter Umständen den untersten Teil des Tales in der vorbeschriebenen Weise überbrückt. An dem tiefsten Punkte ist eine Entleerungs- und eine Fülleitung vorzusehen. Die Füllung erfolgt am tiefsten Punkte der Leitung.

Abb. 170.

e) Bach- und Flußkreuzungen.

In den meisten Fällen wird es möglich sein, Brücken für die Überführung von Rohrleitungen benutzen zu können. Bei steinernen Brücken wird man in einzelnen Fällen in der Lage sein, das Rohr in der Sandbettung über den Bogen verlegen zu können. Ist dies nicht angängig, so ist die Leitung

seitlich vorbeizuführen. In letzterem Falle werden die Rohre
seitlich an der Brücke auf Tragwerke aufgelegt oder ange-
hangen. Bei eisernen Brücken ist es fast immer möglich,
die Rohre auf geeignete Weise unterhalb derselben anzubringen.
An neueren Brücken werden fast immer unter dem Fußsteig-
fachwerk Öffnungen vorgesehen, in welche die Rohrleitung
eingelegt werden kann. Ist keine Brücke vorhanden, so kann
eine Überführung geschaffen werden, wie sie im vorigen
Abschnitte beschrieben wurde.

Eine andere Ausführung ist die Verlegung der Rohrleitung im Flußbett. Solche Leitungen nennt man Dücker
(siehe Tafel 6).

Bei Bächen kann die Verlegung eines Dückers auf folgende Weise geschehen. Je nach Größe des Baches werden
ein oder mehrere möglichst lange, schmiedeeiserne Rohre von
großem Druchmesser auf die Sohle des Baches gelegt (siehe
Tafel 6, Fig. 6). Dann wird an beiden Rohrenden Erdreich
oder es werden besser Sandsäcke aufgeworfen, und zwar an
der Einflußseite des Wassers möglichst hoch, damit das
Wasser angestaut wird, so daß das Wasser die Rohre mit
größerer Geschwindigkeit passiert. Ist diese Arbeit ausgeführt,
so wird das Wasser zwischen den beiden Dämmen ausgepumpt.
Das eintretende Sickerwasser ist durch Pumpen zu halten.
Wenn das Wasser gehoben ist, so kann zwischen den beiden
Dämmen der Graben aufgeworfen werden. Derselbe wird so
tief hergestellt, daß das Rohr an der Sohle des Baches wenigstens 0,50 m und seitlich
die regelrechte Deckung
erhält.

Die Form der Dücker-
leitung wird vorher durch
Querschnittsaufnahme des
Baches bestimmt. Die Ver-
legung der Leitung ge-
schieht in der üblichen
Weise. Bei Anwendung von

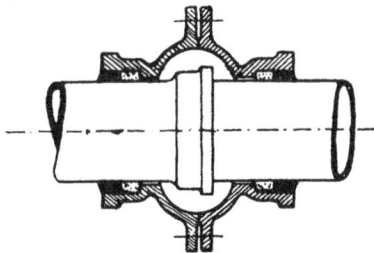

Abb. 171.

Muffenrohren sind die Krümmer durch Schellen zu sichern.
Zuweilen werden die Muffenverbindungen durch Überwurf-
muffen gesichert. Abb. 171 zeigt die Ausführung solcher Über-

17*

wurfmuffen. Diese bestehen aus zwei Hälften und. werden· durch Schrauben zusammengezogen und durch eine Gummidichtung gedichtet. Die Kopfseiten sind wie Muffen ausgebildet und werden wie diese gedichtet. Wenn die Leitung fertig verlegt ist, wird der Graben wieder verfüllt, wobei besonders auf gutes Unterstampfen der Rohre zu achten ist.

Bei größeren Flußdückern werden zuerst an der betreffenden Stelle, wo derselbe verlegt werden soll, das Flußbett und die Böschungen des Flusses unter geringem Böschungswinkel ausgebaggert. Letzteres geschieht aus dem Grunde, daß der Graben durch die Strömung des Wassers nicht wieder zugeschlämmt wird.

Hierauf wird eine aus vier Reihen eingerammter Pfähle bestehende vorläufige Brücke gebaut. Der Abstand der mittleren Pfahlreihe wird so groß gewählt, daß die Dückerleitung dazwischen hindurch versenkt werden kann. Die Pfähle sind unter sich selbst und gegen die Strömung gut zu versteifen. Je nach der Größe des Dückers werden in Entfernungen bis zu 8 m vier kräftige Pfähle eingerammt, welche zu einem Bock ausgebildet werden. Die Brücke ist genügend mit Laufdielen abzudecken. Nach Fertigstellung werden die Rohre einzeln aufgebracht und die Dückerleitung in der zu erhaltenden Form vollkommen fertiggestellt. Ist der Dücker fertig hergestellt, so wird derselbe an langen Gewindespindeln aufgehangen, die an jedem Bock sich befinden. Zu diesem Zwecke erhält das Rohr Schellen mit Ösen, an denen die Spindeln ein- und ausgehakt werden können. Sind die Spindeln angebracht, so wird der ganze Dücker mit diesen gleichmäßig angelüftet, damit die Querhölzer der mittleren Pfahlreihe, auf denen der Dücker aufliegt, herausgenommen werden können. Damit wird Platz geschaffen, daß der Dücker zwischen den beiden Pfahlreihen hindurch versenkt werden kann. Vor dem Senken des Dückers ist nochmals der Graben zu prüfen, etwa entstandene Erhebungen sind zu entfernen. Das Hinablassen des Dückers hat langsam unter gleichmäßigem Drehen der Spindelmuttern zu erfolgen. Ist der Dücker so weit gesenkt, daß er in seiner ganzen Länge gleichmäßig aufliegt, so können die Spindeln aus den Ösen der Schellen ausgehakt und der ausgebaggerte Graben verfüllt werden. Damit hat die Arbeit ihren Abschluß gefunden. Die eingerammten Pfähle können vermittels Winden gezogen werden.

Anstatt der Spindeln können auch Flaschenzüge angewandt werden. In diesem Falle müssen dieselben von gleicher Bauart sein, damit das Senken des Dückers überall gleichmäßig erfolgt. Zweckmäßig werden dann anstatt der Haspelräder Kurbeln aufgesetzt, wodurch man in die Lage gesetzt wird, eine gleichmäßige Senkung des Dückers herbeizuführen.

Die vorläufige Brücke kann auch unter Zuhilfenahme von Pframen hergestellt werden. Es ist dann für eine gute Verankerung Sorge zu tragen.

Für Dückerleitungen verwendet man fast ausschließlich schmiedeeiserne Rohre, und zwar für kleinere Dücker Flanschenrohre und für größere nimmt man genietete Rohre. Bei letzter Ausführung werden die einzelnen Schüsse entweder ineinandergestoßen, oder die Enden sind umgebördelt und werden nach Art der Flanschenverbindung zusammengenietet. Vor der Verlegung wird der Dücker auf seine Dichtigkeit geprüft.

Steht man vor der Aufgabe, einen Dücker zu verlegen, so sind gewisse Vorarbeiten zu erledigen, und zwar: Ermittelung des Flußquerschnittes, Aufzeichnung der Dückerform, Herstellung einer Zeichnung für eine vorübergehend zu errichtende Brücke und die Aufzeichnung der Einzelheiten.

f) Heberleitungen.

Heberleitungen werden in den meisten Fällen so tief gelegt, daß sie ins Grundwasser zu liegen kommen. Soll die Heberleitung an eine Rohrbrunnengruppe angeschlossen werden, so ist es zweckmäßig, wenn die Rohrbrunnen zuerst niedergebracht werden und mit diesen der Grundwasserspiegel so weit abgesenkt wird, daß die Rohre bei vollkommen trockenem Graben verlegt werden können. Zu diesem Zwecke werden eine Anzahl Brunnen an eine gemeinschaftliche Saugleitung angeschlossen. Das Abpumpen der Brunnen geschieht am einfachsten mit einer durch Lokomobile oder Elektromotor

angetriebenen Zentrifugalpumpe. Das Pumpen hat Tag und
Nacht zu geschehen, damit eine Hebung des Grundwasserspiegels nicht mehr eintritt, der das Arbeiten verhindert.
Zwecks Beobachtung des Grundwasserspiegels werden in der
Nähe des Grabens einige Beobachtungsrohre eingerammt.
Die Gräben sind nach einer der vorbeschriebenen Weisen
auszusteifen oder abzuböschen. Heberleitungen werden je
nach der Länge derselben mit einem Gefälle entgegen der
Wasserfließrichtung von 0,2 bis 1,0 m je 1000 m verlegt.
Besondere Sorgfalt ist auf das genaue Verlegen der Leitung
nach dem Gefälle zu legen. Dies kann auf folgende Weise
geschehen. Hierzu werden am Anfang und in Entfernungen
von etwa 50 m über dem Graben Latten angebracht. Diese
werden genau nach dem Gefälle, in welchem die Leitung verlegt werden soll, mit dem Höhenmeßinstrument eingerichtet.
Dann wird eine Visierscheibe von der Länge von Oberkante
der Rohrleitung bis Oberkante der Latte hergerichtet. Werden
die Rohre kleiner oder größer, so ist die Visierscheibe entsprechend zu verlängern oder zu kürzen.

Die Dichtung der Muffen geschieht in üblicher Weise mit
Hanf und Bleiverguß, jedoch sind diese Arbeiten mit ganz
besonderer Sorgfalt auszuführen. Für Heberleitungen ist es
ganz besonders zu empfehlen, die Dichtung zur Hälfte aus
Bleiwolle und zur anderen Hälfte aus Gußblei herzustellen,
wie auf Seite 238[1]) beschrieben wurde. Öfters werden diese
Leitungen auch mit Gummiringen gedichtet, was besonders
bei Versuchsbrunnenanlagen viel geschieht. Nach der Verlegung werden die Heberleitungen am zweckmäßigsten mit
2 bis 3 Atm. Luftdruck geprüft, oder sie werden unter Luftleere gesetzt, wobei wenigstens ein Wirkungsgrad von 0,8[2]) erreicht werden muß.

---

[1]) Siehe auch Abb. 97, Seite 152.
[2]) Entspricht einer Wassersäule von 8,25 m bzw. einer Quecksilbersäule von 61 cm.

Siebenter Abschnitt.

Die Hausanschlüsse.

a) Rohrmaterial.

1. Bleirohr.

Für die Hausanschlußleitungen wurde früher fast ausschließlich gezogenes Bleirohr verwendet. Die Verlegung dieses Rohrmaterials ist sehr einfach und bequem, da dasselbe sich leicht biegen läßt und in Längen bis zu 30 m geliefert werden kann. Die Verbindungen werden durch Löten in der Weise hergestellt, daß das eine Rohrende so weit aufgetrieben wird,

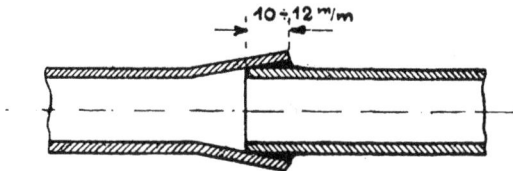

Abb 172.

daß die beiden Rohre etwa 10 bis 12 mm ineinander geschoben werden können, worauf die Naht mit Zinn gelötet wird (siehe Abb. 172). Für die Herstellung der Lötungen benutzt man am vorteilhaftesten das Kolophoniumzinn bei Anwendung einer Benzinlötlampe. Das Auftreiben des Rohres geschieht mit einem Holz- oder Eisentreiber oder auch mit der Auftreibevorrichtung. Nachdem das Rohr aufgetrieben ist, wird der Kelch sowie das Spitzende des Rohres mit einer Holzraspel und dem Schaber metallisch rein gemacht. Erst dann ist die Lötung vorzunehmen.

Die Wandstärken der Bleirohre richten sich ganz nach dem jeweiligen Betriebsdrucke und werden nach der abgekürzten Gleichung

$$\delta = 0,5 \cdot d \cdot \frac{p}{k} \quad \ldots \ldots \ldots \quad (106)$$

berechnet. Hierin bedeutet

d den lichten Durchmesser,

p den Betriebsdruck in Atm. und

k die zulässige Belastung des Materials in kg pro qcm.

Die zulässige Belastung wird zu 25 kg je qcm angenommen. Auf dieser Grundlage beruhen die im Anhang gegebenen Abmessungen der Übersicht 37.

Kückenhähne baue man in Bleileitungen nicht ein, da die durch rasches Schließen auftretenden Wasserstöße die Rohre ausbeulen und zuletzt sogar zum Springen bringen.

Nachdem verschiedentlich Bleivergiftungen festgestellt wurden, hat man sehr viel von der weiteren Verwendung abgesehen, oder man hat die sog. Mantelrohre mit innerem Zinnmantel von 0,5 mm Stärke in Anwendung gebracht. Die Bleivergiftungen sind jedoch in nicht besonders vielen Fällen zu befürchten. Es ist erwiesen, daß Wasser, welches freie Kohlensäure in Verbindung mit Sauerstoff aufweist und organische Säuren enthält, Blei löst und dadurch gesundheitsschädlich wird. Nach Müller ist die Wirkung am stärksten, wenn Kohlensäure und Sauerstoff im Verhältnis 2:1 (dem Volumen nach) vorhanden sind. Der Sauerstoff überführt das Blei zu Bleioxyd, und dieses bildet mit der Kohlensäure zuerst Karbonat, welches sich im Überschusse des Gases zu Bikarbonat löst. Ist der Sauerstoff höher, so bleibt die Bildung des gefährlichen Bikarbonates aus, es entsteht nur Karbonat, das einen unlöslichen Schutzmantel in den Röhren bildet.

In jedem Falle spüle man besonders jede neuverlegte Leitung gehörig aus, bevor diese in Benutzung genommen wird. Auch sollte es nicht unterlassen werden, jeden Morgen das in der Leitung über Nacht gestandene Wasser unbenutzt abfließen zu lassen.

Bei Gegenwart von Luft wird die Oberfläche der inneren Rohrwandung in Bleioxyd umgewandelt. Das Wasser wird dadurch bleihaltig und kann demgemäß gesundheitsschädliche Eigenschaften annehmen.

2. Verzinktes Eisenrohr.

Verzinkte schmiedeeiserne Rohre kamen außerordentlich viel zur Anwendung, nachdem verschiedentlich Vergiftungserscheinungen bei Verwendung von Bleirohr nachgewiesen wurden.

Die Verlegung erfordert keine besonderen Schwierigkeiten. Die Verbindung der einzelnen Rohre erfolgt durch die mit Gasgewinden versehenen Gewindemuffen (Abb. 173). Die Verbindungsstellen sind mit großen Kosten nicht verknüpft. Zur besseren Dichtigkeit wird um die Gewindeenden der Rohre etwas Hanf gewickelt. Der Hanf ist in Richtung der Gewindesteigung zu wickeln, sonst wird dieser beim Fest- drehen der Muffen weggedrückt. Soll das Rohr gebogen werden, so hat dies nur in kaltem Zustande zu geschehen. Rechtwinklige Bogen werden am besten mit den zu beziehen- den Bogenstücken hergestellt.

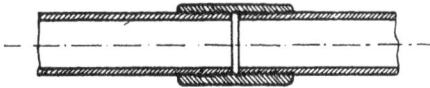

Abb. 173.

Durch dieses Rohrmaterial sind wohl die etwa auftreten- den Bleivergiftungen beseitigt, doch sind die auftretenden Bekrustungen so stark, daß in den letzten Jahren vielfach von deren Weiterverwendung abgesehen wurde. Der Zinküber- zug schützt nur für eine verhältnismäßig kurze Zeit. Hat das Wasser einen Gehalt an freier Kohlensäure, so wird der Zinküberzug noch bedeutend schneller zerstört. Die dann ein- tretenden Bekrustungen nehmen bald einen schädlichen Umfang an. Die Rohre gehen nach Jahren bis zu einer sehr geringen Öffnung zu, so daß in den obersten Stockwerken kein Wasser mehr ausfließt, wenn in den unteren Räumen gleichzeitig gezapft wird.

Bei Verlegung solcher Rohre wähle man daher aus diesen Gründen die lichte Weite des Anschlußrohres nicht unter einem Zoll. Die Leitung vom Straßenrohr bis ins Haus lege man in vollkommen gerader Flucht. Dadurch hat man die Mög- lichkeit geschaffen, nach Schließen der Absperrvorrichtung am Hauptrohr, durch Durchstoßen die Leitung zu reinigen und kräftig spülen zu können. Zu diesem Zwecke wird am Ende der Leitung im Keller ein T-Stück vorgesehen. Der Abgangsstutzen geht zum Wassermesser, wohingegen das eine Ende durch einen Stopfen verschlossen wird.

3. Schmiedeeiserne Rohre.

Im allgemeinen gilt hier dasselbe wie bei den verzinkten schmiedeeisernen Rohren. Die Verlegung geschieht in derselben Weise. Am besten sind die innen heiß asphaltierten und außen bejuteten Rohre. Der innere Asphaltüberzug erfüllt denselben Zweck wie ein Zinküberzug. Die äußeren Angriffe sind noch geringer als bei den verzinkten Rohren. Es ist darauf zu achten, daß die Verbindungsstellen gut bejutet werden.

Daher ist es ebenso ratsam, schwarzes Rohr zu verwenden, als das teuere, verzinkte Eisenrohr. Bei Verwendung von diesen Rohren sorge man dafür, daß eine Reinigung der Rohre möglich ist.

4. Gußeiserne Rohre.

Zu gußeisernen Rohren ist man zuweilen dort übergegangen, wo Bleirohre nicht verwendet werden dürfen und wo man mit schmiedeeisernen Rohren keine guten Erfahrungen gemacht hat.

Hierzu verwendet man nur Muffenrohre, jedoch nicht unter 40 mm lichter Weite. Die Verlegung dieser Rohre ist nicht so billig wie die der schmiedeeisernen Rohre, da diese nur in 3 m Länge geliefert werden. Man hat also verhältnismäßig viel Verbindungsstellen. Um sich das Anwärmen des Bleies zu ersparen, und weil die Arbeiten selten von großem Umfange sind, verdichtet man die Muffen vorteilhaft mit Bleiwolle.

Auch diese Rohre wird man zweckmäßig so verlegen, daß eine Reinigung derselben vorgenommen werden kann.

b) Herstellung des Anschlusses an die Straßenleitung.

Die älteste und wegen ihrer Billigkeit noch angewendete Verbindung mit dem Hauptrohr geschieht unter Verwendung eines Messingstutzens, dem sog. Sauger, wie dies in Abb. 174 und 175 dargestellt ist. Der Sauger wird ohne und mit Ver-

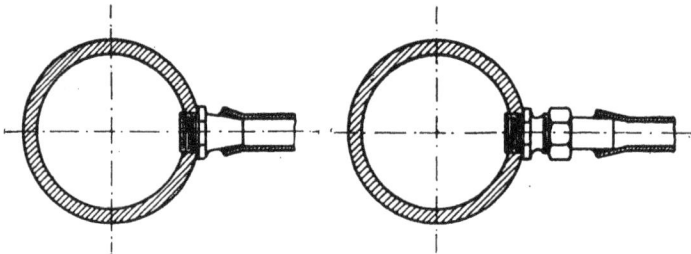

Abb. 174.　　　　　　　Abb. 175.

schraubung ausgeführt. Die erstere Ausführung kommt nur
sehr selten zur Anwendung, besonders nicht bei Verwendung
der Anschlußleitung aus Bleirohr, da die Lötung am Stutzen
schwieriger herzustellen und eine gute Dichtigkeit der Löt-
stelle nicht gewährleistet ist.

Wird als Anschlußleitung schmiedeeisernes Rohr verwendet, so wird der Anschlußstutzen mit Gewinde versehen,
wie dies in Abb. 176 zu er-
sehen ist.

Bei Verwendung von Sau-
gern ist bei Herstellung eines
Hausanschlusses die Straßen-
leitung stets außer Betrieb zu
setzen. Das Anbohren des
Hauptrohres geschieht mittels
eines Bohrbügels und der Bohrknarre, worauf ins Rohr das
Gewinde eingeschnitten wird.
Die Sauger sind zuweilen sehr

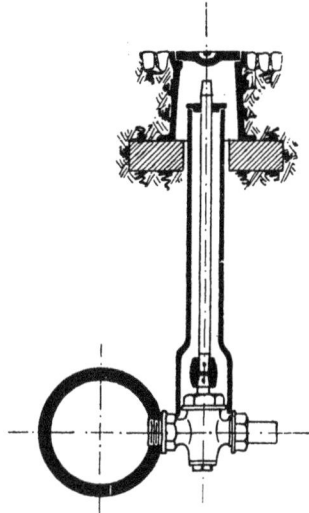

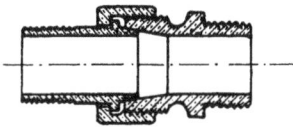

Abb. 176.   Abb. 177.

schlecht oder überhaupt nicht dicht zu bekommen, wenn das
Gewinde durch Vorhandensein einer Gußblase nicht ausge-
schnitten ist. Besonders bei kleinen Rohren erhält man eine
sehr geringe Anzahl von ausgeschnittenen Gewindegängen.
Aus diesem Grunde ist die Verwendung der Sauger bei
schmiedeeisernen Rohren ganz ausgeschlossen.

Anstatt des Saugers wird vielfach ein Messinghahn in
das Rohr eingeschraubt. Hierdurch ist die Möglichkeit gegeben, die Hausanschlußleitungen vom Hauptrohre bei et-
waigem Bruch oder sonstigen Arbeiten abzusperren. In den
meisten Fällen hat man auf dem Hahnkücken eine Spindel angebracht, so daß von der Straßenoberfläche der Hahn abgesperrt werden kann (siehe Abb. 177). Auch hier läßt die

Dichtigkeit zwischen Rohr und Hahn oft zu wünschen übrig.
Als Absperrorgane verwendet man am besten Stopfbüchsen-
hähne, da sich diese nicht so leicht festsetzen. Wie bei Anwendung der Sauger muß auch bei dieser Ausführungsart bei
Herstellung des Hausanschlusses das Straßenrohr abgesperrt
werden. Auch diese Ausführungsweise läßt sich bei schmiedeeisernen Straßenleitungen nicht anwenden.

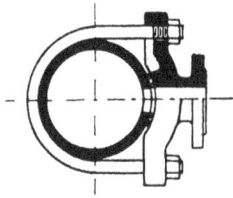 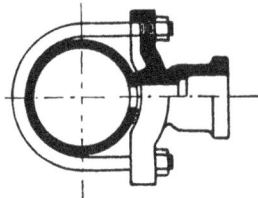

Abb. 178.   Abb 179.

Durch Anwendung der Anbohrschellen werden die vorgenannten Übelstände vollkommen beseitigt, und sie werden
daher heute fast ausschließlich in den verschiedensten Ausführungsarten angewendet. Die Verwendung dieser Schellen

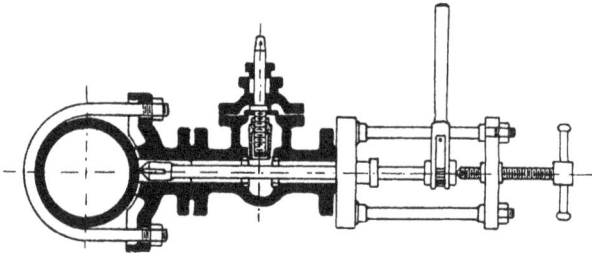

Abb. 180

hat den weiteren Vorteil, daß die Rohre nicht so große An-
bohrungen erhalten; das ist besonders bei kleinen Rohrdurchmessern von Vorteil, da die Rohre nicht so sehr ge-
schwächt werden.

Die Schellen mit Flansch und Muffe (Abb. 178 u. 179)
dienen hauptsächlich für gußeiserne und schmiedeeiserne Anschlußleitungen. Die Anordnung mit Flansch gestattet bei
Anwendung einer geeigneten Anbohrvorrichtung die Anboh-

rung des Straßenrohres unter Druck, wenn hinter dem Flanschen ein Schieber angeordnet wird. Die Abb. 180 zeigt die Anbringung der Anbohrvorrichtung und den Arbeitsvorgang, so daß sich eine weitere Erläuterung erübrigt.

Die mit Gewinde versehenen Anbohrschellen (Abb. 181) werden bei Anwendung von schmiedeeisernen Rohren und Bleirohren verwandt. Wird unmittelbar in die Schelle ein Hahn eingeschraubt, so kann auch hier die Anbohrung des Hauptrohres unter Druck geschehen. Die hierzu notwendigen Vorrichtungen sind einfach und außerordentlich leicht zu bedienen. Die beiden angeführten Anbohrvorrichtungen können

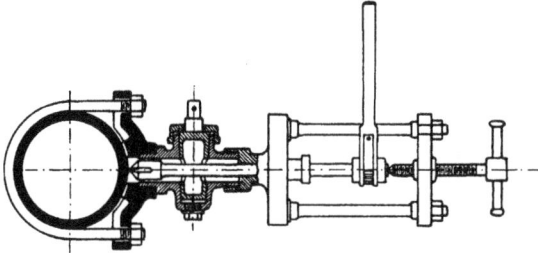

Abb. 181.

von jedem Werk, welches Wasserrohrnetz-Zubehörteile baut, bezogen werden.

In beiden Fällen kann die Absperrvorrichtung mit einer Spindel versehen werden, wie es in Abb. 177 geschehen ist.

Anstatt der schmiedeeisernen Bügel kann man diese Schellen mit gußeisernen Bügeln und schmiedeeisernen Schrauben beziehen. Bei der von Kunath angegebenen Ausführung besteht die Anbohrschelle aus einer Art Hilfsmuffe mit entsprechendem Abgang. Die Schelle wird mit Hanf und Blei gedichtet. Die Schrauben, die die beiden Hälften zusammenhalten, sind vollkommen eingebettet, um das Wegrosten derselben zu verhindern. In der Anschaffung und in bezug auf Einbau ist diese Schelle teurer als die bisher besprochenen, und hat daher auch nicht viel Anhänger gefunden.

Weiter gibt es noch Anbohrschellen mit seitlichem Abgang, die vor allen Dingen den Vorteil haben, daß die Anbohrung des Straßenrohres von oben her erfolgen kann. Dei

Anbohrung kann mit Hilfe einer besonders ausgebildeten Anbohrvorrichtung unter Druck geschehen. Diese Art Schellen
finden in Rohrnetzbetrieben in der mannigfachsten Weise
Verwendung. Je nach Art des Rohrmateriales wird der seit-
liche Abgang ausgebildet, und zwar wird derselbe mit Ge-

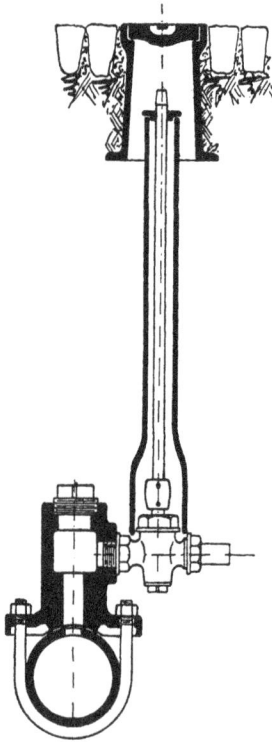 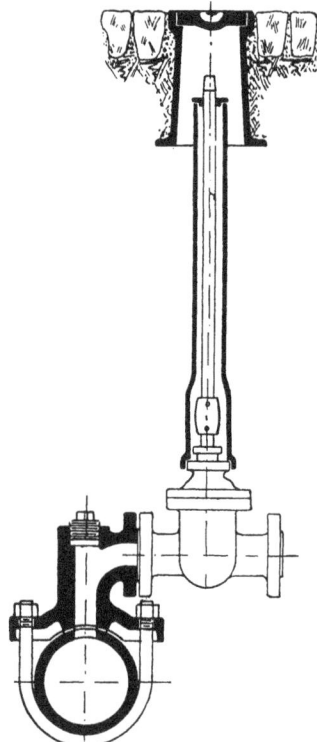

Abb 182.   Abb 183

winde oder Flansch versehen (siehe Abb. 182 u. 183). Die Ausführung der Abb. 182 findet dort Anwendung, wo keine Absperrvorrichtungen vorgesehen werden oder wo, wie es zuweilen
geschieht, diese im Bürgersteig eingebaut werden. Bei Verwendung von schmiedeeisernem Rohr wird dieses unmittelbar
in den Abgang eingeschraubt, wohingegen bei Bleirohr erst ein
Sauger eingeschraubt wird. Auch wird ein Hahn unmittelbar

in die Schelle eingeschraubt, wie dies Abb. 182 zeigt. Die Rohr-schelle mit Flansch wird (Abb. 183) bei Anwendung von guß-eisernem Anschlußrohr verwandt. An dem Flansch oder hinter dem Schieber wird ein E-Stück geschraubt, auf das dann die Muffenrohre folgen.

Eine vielfach angewandte Rohrschelle ist die sog. Ventil-anbohrschelle. Die Schelle wird in zwei Ausführungen ange-fertigt, und zwar mit oder ohne Einbauzubehör. Bei ersterer Ausführung kann (Abb. 184) die Bedienung des Ventiles von Flur aus geschehen vermittelst eines Schlüssels, welcher auf den Vierkant der Spindel ge-steckt wird. Soll bei der zweiten Ausführung eine Absperrung erfolgen, so ist es immer nötig, ein Loch aufzuwerfen, um zu der Schelle gelangen zu können, Dies ist jedoch so umständlich,

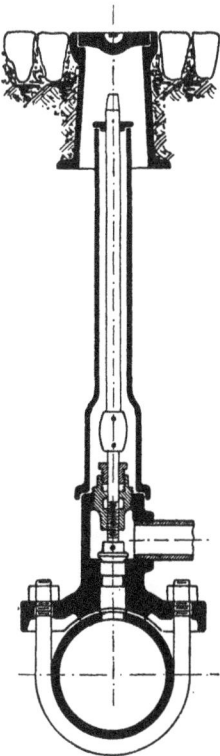

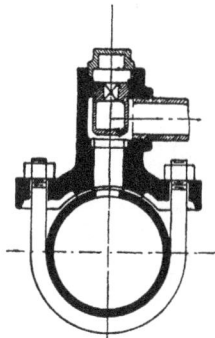

Abb. 184.   Abb. 185.

daß dieserhalb nur zur ersten Ausführung (Abb. 184) geraten werden kann.

Der Ventilkegel, die Ventilspindel und das Ventiloberteil dieser Anbohrschellen bestehen aus Messing oder Rotguß. Da sich der Ventilkegel in Gußeisen auf- und abschraubt, so hat man oft die Erfahrung gemacht, daß, wenn die Schelle jahrelang nicht bedient worden ist, der Kegel außerordentlich festrostet. Dadurch kommt es häufig vor, daß die Spindeln

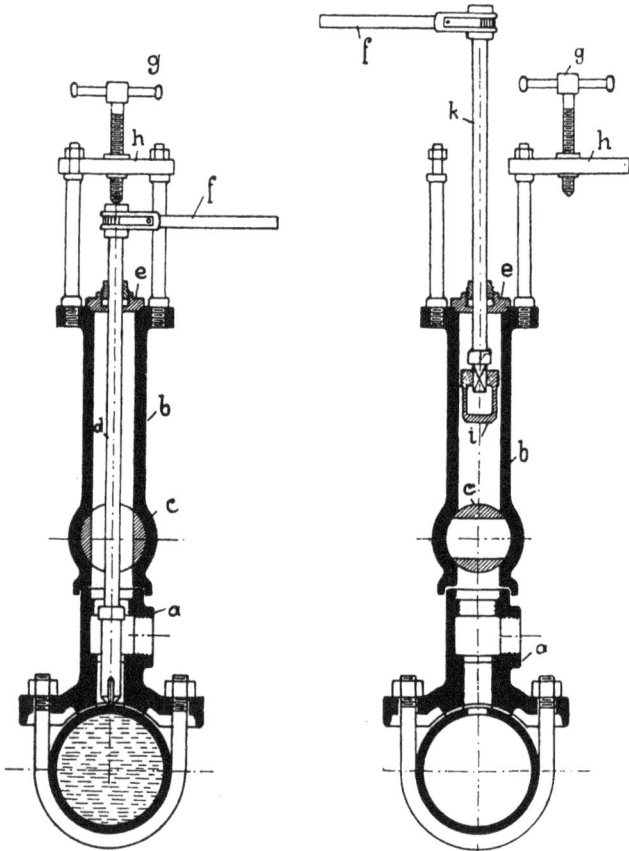

Abb. 186.

Abb. 187.

abgedreht werden. Es ist daher ratsam, sich die Schellen mit einer Messingbüchse versehen zu lassen, in welcher der Ventilkegel sich bewegt.

Die Anbohrung des Hauptrohres geschieht bei diesen Anbohrschellen unter Druck vermittels des unten angeführten Anbohrapparates auf folgende Weise (siehe Abb. 186 u. 187).

Die Anbohrschelle *a* wird in üblicher Weise mit unterlegter Gummischeibe fest auf das Hauptrohr geschraubt, wo der Anschluß erfolgen soll. Hierauf wird die Anbohrvorrichtung *b* auf der Rohrschelle *a* angebracht, was je nach Ausführung der Vorrichtung mittels Gliederkette oder durch zwei Schrauben an dem oberen Flansch der Schelle geschehen kann. Dann wird bei geöffnetem Hahn *c* die Bohrstange *d* mit eingeschraubtem Bohrer in die Vorrichtung *b* eingebracht. Hierauf wird die Stopfbüchse *e* je nach Ausführung angezogen, die Bohrknarre *f* auf die Bohrstange *d* gesetzt und die Spindel *g* bis zum Aufsitzen angezogen. Alsdann erfolgt das Bohren mittels der Bohrknarre *f* unter ständigem Anspannen der Spindel *g*. Damit die Bohrspäne nicht in die Leitung fallen und sich nicht in die Wassermesser setzen können, wird für die Zeit des Anbohrens ein Hahn in die Schelle eingeschraubt, der nicht ganz geschlossen wird. Dringt der Bohrer durch die Rohrwand hindurch, so werden durch das austretende Wasser die Bohrspäne herausgespült, worauf der Hahn ganz geschlossen wird. Wenn die Rohrwandung ganz durchgebohrt ist, so werden die Spindel *g* und die Brücke *h* ganz gelöst, letztere um 180⁰ gedreht, die Bohrknarre *f* abgenommen und die Bohrspindel *d* bis zum Anschlag hochgezogen sowie der Hahn *c* geschlossen, weiter die Stopfbüchse *e* gelöst und die Bohrspindel *d* aus der Vorrichtung herausgezogen. Der Ventilkegel *i* wird auf den Vierkant der Stange *k* aufgesetzt, ebenso auch die Stopfbüchse *e*, falls nicht die Bohrspindel *d* und die Einführungsstange *k* je eine Stopfbüchse haben, was sehr zu empfehlen ist. In diesem Zustande wird die Spindel in die Vorrichtung eingesetzt und die Stopfbüchse *e* angezogen. Hierauf wird der Hahn *c* geöffnet und die Stange *k* so weit nach unten gedrückt, bis der Kegel *i* aufsitzt. Dann wird die Knarre *f* aufgesetzt und nach rechts gedreht, worauf sich der Kegel *i* einschraubt, bis derselbe auf dem Sitz aufsitzt, womit das Wasser abgesperrt ist. Die Anbohrvorrichtung kann somit abgenommen und das Ventiloberteil aufgeschraubt werden.

Die Firma B o p p & R e u t h e r, Mannheim, bringt eine verbesserte Ventilanbohrschelle in den Handel (Abb. 188). Hier ist das Ventiloberteil mit der Spindel genau so ausgebildet wie bei kleinen Dampfventilen. Der Kegel ist an der Spindel beweglich angebracht. Diese Bauart hat den Vorteil, daß sich der Ventilkegel besser auf den Sitz aufsetzt als bei der vorher beschriebenen Ausführung. Weiter gestattet diese Ausführung, daß der Ventilkegel auf dem Ventilsitz aufge-

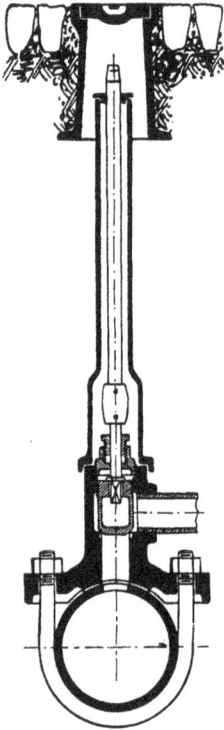

Abb. 188.

schliffen werden kann, was bei der ersteren nicht möglich ist. Von der Firma werden noch weitere Vorteile an-gegeben.

Die Anbohrung bei diesen Schellen geschieht genau wie bei der ersten Aus-führung, nur mit dem Unterschiede, daß hier anstatt des Kegels das ganze Ventiloberteil mit der Spindel einge-schraubt wird. Hierbei ist darauf zu achten, daß die Ventilspindel ganz nach oben geschraubt wird, da sonst der Kegel früher auf dem Sitz aufsitzt, bevor das Ventiloberteil fest einge-schraubt ist.

Bei den Anbohrschellen kann man sehr oft beobachten, daß diese nicht ganz einwandfrei schließen, besonders die ältere Ausführung nicht. Das ist an und für sich leicht erklärlich, da hier die Kegel nicht eingeschliffen werden können. Beim Anbohren der Ventil-anbohrschellen ist ganz besonders darauf zu achten, daß der Ventilsitz nicht ver-letzt wird.

Die Ausführung des Anschlusses nach Abb. 182 ist daher diesen Ventilanbohrschellen vorzu-ziehen. Hier ist beim Anbohren eine Verletzung eines Ventilsitzes ausgeschlossen. Außerdem hat diese Anordnung den Vorteil, daß bekanntlich ein Hahn nach Jahren besser schließt 'als ein Ventil, da der Ventilsitz ebenfalls überkrustet. Die Anbohrung braucht nicht mit solcher Vorsicht vorge-nommen zu werden.

— 275 —

c) Bemerkungen bei Herstellung von Anschlüssen an schmiedeeiserne Rohre.

Früher hat man besonders dort, wo viele Hausanschlüsse herzustellen waren, die Anwendung von schmiedeeisernen Rohren gescheut, da man keine einwandfreie Lösung kannte, um Wasser wie auch die Bodenfeuchtigkeit der Anbohrstelle dauernd fernzuhalten. Verfasser hat hierfür eine in jeder Beziehung einwandfreie Lösung gefunden, die über diesen wunden Punkt hinweghilft. Hierzu benutzt man zwei Gummi-

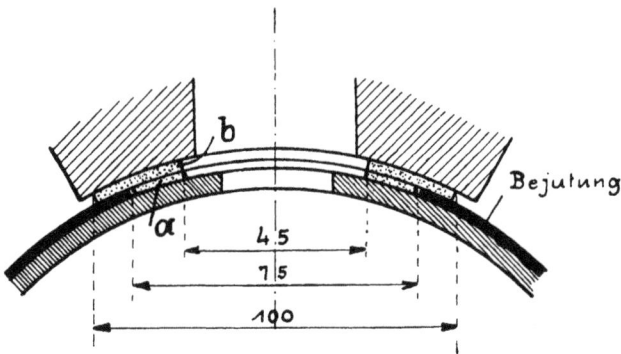

Abb. 189.

dichtungen *a* und *b* von 2,5 bis 3 mm Stärke (Abb. 189) von verschieden großem Durchmesser. Dort, wo die Anbohrschelle zu sitzen kommen soll, wird die Jutierung des Rohres in nur wenig größerem Durchmesser als die kleine Gummidichtung *a* mit einem kleinen Meißel ausgehauen. In diesen ausgehauenen Teil soll die Dichtung *a* gerade hineinpassen. Vor dem Auflegen der Dichtungen legt man beide Gummischeiben genau aufeinander und bestreicht den unteren Teil des überstehenden Randes der großen Gummidichtung mit dick angerührter Mennige, Bleiweiß oder sonst geeignetem Rohstoff. In diesem Zustande werden die Dichtungen auf das Rohr genau passend aufgelegt, und die Schelle aufgebracht und fest angezogen. Die auf obige Weise zwischen der Gummidichtung und dem Rohr aufgebrachte Dichtungsmasse verbindet sich sehr gut mit der Asphaltierung und erhärtet nachher

18*

vollständig. Die beim Anziehen der Anbohrschelle seitlich herausgepreßte Mennige wird belassen. Es wird einleuchten, daß alle auf diese Weise hergestellten Anschlüsse einen sicheren Schutz gegen das Durchrosten der Rohrean dieser Stelle gewähren.

Bei Verwendung von schmiedeeisernen Rohren hat man früher dort, wo sich der Bügel um das Rohr legt, die Juteumhüllung entfernt. Da das Bejuten und Asphaltieren dieser Stellen nur mangelhaft geschehen kann, sind diese Punkte sehr schnell der Rostbildung ausgesetzt. Aus diesem Grunde hat man nachher allgemein den Bügel auf die Jutierung aufsitzen lassen. In diesem Falle sind die Anbohrschellen ganz besonders fest anzuziehen. Es weisen also beide Ausführungsarten gewisse Mängel auf.

Abb. 190.

Diese Übelstände werden durch den patentierten Bügel für Anbohrschellen der Mannesmann-Röhrenwerke, Düsseldorf, vollkommen beseitigt. Dieser Bügel ist zackenförmig ausgebildet (siehe Abb. 190). Die beiden mittleren Zacken sind ganz scharf und sollen sich beim Anziehen der Schelle durch die Jutierung pressen, so daß sie am Rohr eine feste Auflage finden. Die beiden seitlichen Zacken sollen die durchschnittene Jute festhalten. Die Rillen werden außerdem mit einer rostschützenden Mischung von 2 Gew.-Teilen Harz, 1 Gew.-Teil Talg und einigen Tropfen Leinöl ausgeschmiert, so daß an die bloßgelegte Rohrwandung kein Wasser dringen kann. Dadurch, daß der Bügel vor dem Aufbringen etwas angewärmt wird, soll die Arbeit des Anziehens der Schelle bedeutend erleichtert werden. Allerdings ist das eine umständliche Arbeit.

Achter Abschnitt.
Die Betriebsarbeiten.
a) Die Rohrnetzpläne.

Die zeichnerischen Unterlagen für die Wasserrohrnetze sind leider in den früheren Jahren sehr vernachlässigt worden. Der Grund ist darin zu suchen, daß man dem Rohrnetze

viel zu wenig Beachtung geschenkt und dies als ein neben-
sächliches Glied der Wasserversorgung angesehen hat. Dies
mag ferner noch darauf zurückzuführen sein, daß man früher
den Rohrmeistern zu viel freie Hand ließ, dieselben dachten
nicht an eine Aufzeichnung, da sie glaubten, sie könnten das
alles im Kopf behalten. Der eine oder andere Meister mag
sich aus eigenem Antriebe Aufzeichnungen gemacht haben,
aber nachdem er vielleicht die Stellung aufgab, nahm er
diese, sie als sein Eigentum betrachtend, mit. So erklären sich
die oft mangelhaften Unterlagen über das Rohrnetz, welche
viele Ortschaften und Städte aufzuweisen haben.

Im folgenden soll nun gezeigt werden, welche Unterlagen
für einen geregelten Rohrnetzbetrieb unbedingt nötig und
in welcher Weise diese herzustellen sind. Es ist schon gesagt
worden, in welcher Weise der Bauleiter für die Rohrverlegungsarbeiten das Skizzenbuch zu führen hat. Die erste
und mit ganz besonderer Sorgfalt auszuführende Arbeit ist
die Eintragung der im Skizzenbuch befindlichen Handskizzen
in die Stadtpläne im Maßstabe 1:1000. Alle Erweiterungen
sind laufend nachzutragen. Aus den Zeichnungen muß die
Lage und die Ausmessung der Rohrleitung, der Formstücke
und der Ausrüstungsstücke zu entnehmen sein, so daß durch
Aufmessungen die Lage eines jeden Teiles des Rohrnetzes bestimmt werden kann. Nur so ist man imstande, irgendwelchen
Schwierigkeiten bei Vornahme von Verbindungen und Umänderungen aus dem Wege zu gehen. Bei Rohrbrüchen ist
man dann sofort in der Lage, sagen zu können, welche Verhältnisse vorliegen, um sich schon dementsprechend mit den
notwendigen Formstücken versehen zu können. Man kann
sofort entsprechend verfügen und braucht nicht erst zu warten,
bis das Rohr freigelegt ist. Jede abweichende Rohrlänge von
der vorgeschriebenen ist genau einzutragen. Bei Verlegung
von schmiedeeisernen Rohren von ungleichen Längen ist in
genauer Reihenfolge die Länge der einzelnen Rohre aufzu-
schreiben. Nur so ist man in der Lage, jede Muffe genau bestimmen und aufgraben zu können.

Weiter ist einzutragen, wann und mit welcher Rohrdeckung die Rohre verlegt sind, sowie die Namen der Rohrleger, wenn dieselben bei der Verwaltung tätig sind, damit

diese stets bei den sich zeigenden Undichtigkeiten herangezogen
werden können. Für die Pläne eignet sich sehr gut die Bogen-
größe 100 × 75 cm und läßt rundherum noch einen Rand von
2 cm frei. Dann teilt man sich den Stadtplan im Maßstab
1 : 10000 in einzelne Bezirke ein, und zwar in der Größe,
daß jedes Viereck im Maßstab 1:1000 aufgetragen der Größe
der Zeichnung entspricht. Die Tafel 3 zeigt die Planeinteilung
des Beispieles aus dem Abschnitte »Wasserrohrnetzberechnung«,
und aus Tafel 8 ist ersichtlich, in welcher Weise alle Einzelheiten in die Pläne 1:1000 eingetragen werden.

Da es nun nicht möglich ist, alle Punkte in dem Maßstabe
1 : 1000 übersichtlich darzustellen, so werden auf einzelne
Blätter, am besten Pausleinwand in Aktengröße 33 × 21,
solche Teile in größerem Maßstabe besonders herausgezogen.
Diese Blätter werden in einer geeigneten Mappe gesammelt
und nummeriert. Die Nummer, die das betreffende Blatt erhält, dieselbe Nummer erhält auch der Punkt auf der Zeichnung 1 : 1000 (siehe Tafel 3). Dadurch sind beizufügende
Bemerkungen nach dieser Richtung nicht nötig, und es ist so
eine Leichtigkeit, die betreffenden Blätter über diesen oder
jenen Punkt ohne Inhaltsverzeichnis aufzufinden. Tafel 7
Fig. 3 zeigt ein Beispiel von der Art der Ausführung dieser
Skizzen. Pausleinwand eignet sich für diese Zeichnungen am
besten, weil sie sehr haltbar ist und sich hiervon Lichtpausen
herstellen lassen, um diese mit auf die Baustelle nehmen zu
können. Selbstverständlich werden die Skizzen zweckmäßig
farbig ausgeführt, so die Leitungen in blauen Linien, alles
übrige am besten schwarz.

Weiter ist es sehr zweckmäßig, einen Übersichtsplan im
Maßstab 1:5000 oder 1:10000 anzufertigen, welcher die Ver-
sorgungsart des gesamten Stadtgebietes unmittelbar vor Augen
führt. Diese Art Darstellung gibt ein sehr gutes Bild und
zeigt sofort, wo das Rohrnetz zu schwach bemessen ist,
und wie am besten mit Erfolg einzugreifen ist. Ebenso läßt
sich gut übersehen, in welcher Weise die Erweiterungen
vorzunehmen sind. In Tafel 4 ist die Ausführung eines
solchen Planes gezeigt, aber nur in einem zu kleinen Maßstabe. Der Plan ist so einzurichten, daß alle Erweiterungen
laufend nachgetragen werden können.

Eine andere anzufertigende Zeichnung ist der Hydrantenplan. Hiervon ist eine Ausfertigung der Feuerwehr auszuhändigen. Als Maßstab für diesen Plan eignet sich der Stadtplan 1:2500 oder 1:5000. Einen Teil eines solchen Planes
zeigt Tafel 9, Fig. 2. In diesem Plan wird das Haus einge-
zeichnet, vor welchem oder in dessen nächster Nähe der Hydrant liegt. Die Nummer des Hauses wird eingetragen. Die

No.	Lage des Schiebers	Schieber ∅	Bemerk.
23	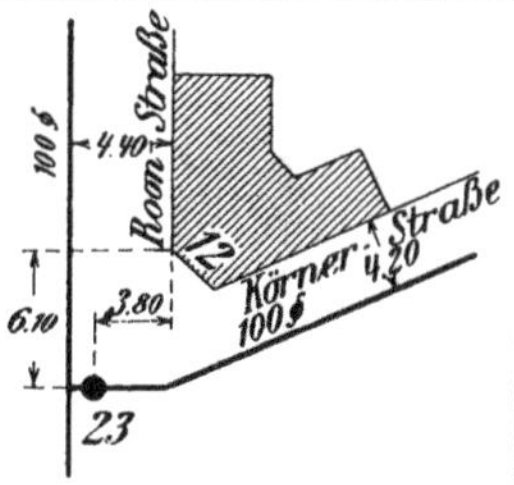	100	Abzweigschieber für die Körner-Straße
24	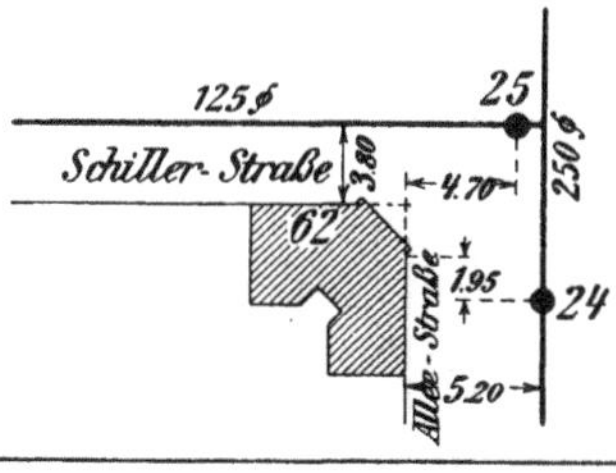	250	Hauptschieber für die Allee-Str:
25		125	Abzweigschieber für die Schiller-Straße

Abb. 191.

zuweilen seitlich eingetragenen Zahlen bedeuten das Maß, um
welches der Hydrant seitlich von der betreffenden Hauskante
entfernt liegt.

Außerdem ist noch ein Schieberplan herzustellen. Dieser
soll die einzelnen absperrbaren Strecken und Bezirke angeben
und soll ferner zeigen, welche Schieber zu schließen sind, um
diesen oder jenen Teil außer Betrieb zu setzen. Jeder Schieber
ist zu nummerieren. Dieser Plan wird am besten im Maßstabe 1 : 5000 oder 1 :10000 hergestellt, damit man diesen
zusammengefaltet stets bei sich tragen kann. Auf Tafel 9
ist ein solcher Plan dargestellt.

In einem Schieberbuch ist die genaue Lage und Nummer der Schieber anzugeben. Dieses Buch hat umstehendes Muster. Für die schnelle Auffindung durch jede Person ist dieses Buch von großer Wichtigkeit. Eine Ausfertigung ist für den Rohrmeister anzufertigen. Das schon angeführte Anschlußbuch ist in Reinschrift herzustellen und alle Neuanlagen sind fortlaufend nachzutragen.

Lehrreich ist ein Buch, in dem alle Rohrbrüche und sonstige Funde am Rohrnetz eingetragen werden. Die Rohrbrüche werden so skizziert, wie der Bruch aussah, z. B. wie nebenstehende

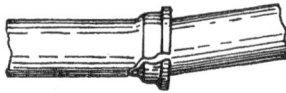

Abb. 192.

Abb. 192. Auf diese Weise kann man sich immer ein Bild machen, auf welche Ursache der Bruch zurückzuführen ist und wie diesen Brüchen unter Umständen zu begegnen ist.

b) Rohrnetzbetrieb.

Ist ein Rohrnetz betriebsfertig hergestellt, so werden zuerst alle Schieber vollkommen geschlossen. Hierauf wird das Wasser, am Hochbehälter beginnend, von Schieber zu Schieber in das Netz eingelassen, wobei sämtliche Hydranten der betreffenden Strecke etwas gelüftet werden, damit die Luft aus der Rohrleitung entweichen kann. Die Hydranten bleiben so lange geöffnet, bis die Leitung von allem Schmutze gereinigt ist, also bis das Wasser vollkommen klar ausfließt. Ist das Wasser vollkommen rein und treten keine Luftblasen mehr aus, so können die Hydranten geschlossen werden. Das Anstellen der Schieber hat mit ganz besonderer Vorsicht zu geschehen, zumal bei großen Leitungen. Die hierbei auftretenden Luftstöße können solchen Umfang annehmen, daß leicht ein Rohr zu Bruch kommen kann. Der Schieber ist erst nur 2 bis 3 Umdrehungen zu lüften. Erst wenn das Wasser ohne Stoß aus dem Hydranten austritt, kann der Schieber langsam weiter geöffnet werden. Hierbei können, wenn das Wasser klar ist, die Hydranten der Reihe nach langsam geschlossen werden.

Bei der Spülung der Straßenleitungen bleiben die Hausanschlußleitungen geschlossen. Die Spülung dieser Leitungen wird erst nach erfolgter Spülung des Netzes vorgenommen. Hierbei wird der unter Umständen schon gesetzte Wassermesser herausgenommen, damit sich kein Schmutz in demselben festsetzen kann. Dann wird die Leitung durchgespült, worauf der Messer wieder gesetzt wird. Ist auf diese Weise alles peinlich durchgeführt und zeigen sich keine Mängel, so kann der volle Betrieb aufgenommen werden.

Wie schon gesagt, ist dem Rohrnetz früher viel zu wenig Beachtung geschenkt worden, daher rühren leider oft die mißlichen Zustände in demselben. Einen fertigen Plan für das Rohrnetz, nach dessen Richtschnur die Erweiterungen vorgenommen werden sollen, trifft man nur selten an. Trotz dieses Planes ist man immer noch in der Lage, Änderungen vorzunehmen, welche sich durch irgendwelche Umstände für notwendig erweisen. Die von Anfang hineingelegte Bauart muß nach Möglichkeit gewahrt bleiben, wenn nicht besondere Gründe dagegen sprechen. Oft wird ohne jegliche Richtschnur das Rohrnetz immer weiter ausgebaut. Aber die Folgen bleiben nicht aus.

Je nach der Beschaffenheit des Wassers ist das Rohrnetz mehr oder weniger oft gründlich zu spülen. Besonders regelmäßig hat dies bei eisenhaltigem und stark krustenbildendem Wasser zu geschehen, um die Wucherungen von Eisen- oder Fadenalgen zu verhüten bzw. hintanzuhalten. Die Bildung von Algen kann sonst so überhandnehmen, daß unter Umständen ganze Rohrquerschnitte vollkommen versperrt werden. Die Spülung hat im allgemeinen in der Weise zu geschehen, wie vorher schon angeführt wurde. Durch die hierbei auftretende hohe Geschwindigkeit des Wassers werden die angesetzten Bekrustungen wieder losgerissen und weggespült. Eine durchgreifende Spülung wird erzielt, indem die Schieber derart geschlossen bzw. geöffnet werden, daß das Wasser zuerst in der dem regelrechten Betriebe entgegengesetzten Richtung fließt. Hierauf wird von der anderen Seite her durchgespült. Hierbei ist jedesmal der dem geschlossenen Schieber am nächsten gelegene Hydrant zu öffnen.

Die Schieber sind ebenfalls einer ständigen Prüfung zu unterziehen. In gewissen Zeitabschnitten, wenigstens jedes Jahr einmal, sind die Schieber der Reihe nach auf ihre Dichtigkeit hin zu prüfen. Die Schieber müssen zuerst einige Male auf- und zugedreht werden, so daß sich die an den Sitzflächen angesetzten Bekrustungen lösen und weggespült werden; vor allen Dingen ist der Schiebersack genügend zu spülen. Dies geschieht, indem alle Schieber der betreffenden Teilstrecke bis auf den, der gespült bzw. auf seine Dichtigkeit geprüft werden soll, geschlossen werden. Dann wird der zu spülende Schieber bis auf einige Gänge geschlossen, etwa wie Abb. 193 zeigt. Hierauf wird wenigstens ein Hydrant der teilweise abgesperrten Strecke geöffnet. Dadurch muß das Wasser durch den nicht vollkommen geöffneten Schieber mit großer Geschwindigkeit in den Schiebersack ein- und austreten, wodurch der Schiebersack gründlich gespült wird. Hat man so durch mehrmaliges geringes Auf- und Zudrehen eine Weile gespült, so wird der Schieber ganz geschlossen und auf seine Dichtigkeit hin geprüft, es darf dann kein Wasser mehr aus dem Hydranten austreten. Die Dichtigkeit läßt sich auch dadurch feststellen, daß man das Ohr an den aufgesetzten Schieberschlüssel legt. Hört man ein Rauschen, so ist der Schieber undicht.

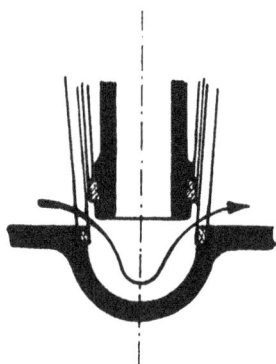

Abb. 193.

In derselben Weise sind die Absperrvorrichtungen der Hausanschlüsse zu prüfen.

Eine weitere wichtige Aufgabe ist die Prüfung des Netzes auf Undichtigkeiten. Die meist verbreitete Untersuchung erstreckt sich auf das Abhorchen der Leitung. Dies muß in den Stunden des geringsten Verbrauches, also während der Nachtzeit geschehen, damit nicht die Entnahme der Häuser störend wirkt. Es wird am besten mittels eines Löffelbohrers ein Loch bis auf das Rohr gebohrt. Dann wird eine Eisenstange auf das Rohr aufgesetzt und daran gehorcht, ob ein Sausen bemerkbar ist, was auf Undichtigkeiten schließen läßt. Das Abhorchen geschieht an mehreren Stellen. Der Undichtigkeit ist man am nächsten, wo sich das Sausen am meisten bemerk-

bar macht. Oft wird man es schon hören, wenn man einen
Schlüssel auf einen Hydranten aufsetzt und diesen abhorcht.

Vielfach wird zu dem Abhorchen der Leitung ein Hydrophon benutzt. Dasselbe besteht aus einem Stahlstab mit
einer oben angebrachten Membrane, die das Geräusch verstärkt wiedergibt (Abb. 194).

Ist es möglich, alle Hausanschlüsse der zu
untersuchenden Strecke abzusperren, so gestaltet
sich die Untersuchung sehr einfach. Nachdem
die Hausanschlüsse alle geschlossen sind, werden sämtliche Schieber der zu untersuchenden
Strecken bis auf einen geschlossen. Hierauf wird
der offene Schieber so weit geschlossen, daß derselbe nur noch 2 bis 3 Gang offen ist. Auf diesen
Schieber wird dann ein Hydrophon aufgesetzt
und gehorcht, ob ein Geräusch von durchströmen-
dem Wasser bemerkbar ist. Ist dies der Fall, so
ist die betreffende Strecke undicht. Die weitere
Untersuchung erstreckt sich auf das Abbohren

Abb. 194.

und Abhorchen der Leitung in Abständen von etwa 4 m, wie
dies vorher beschrieben wurde.

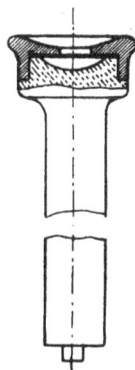

Als ein weiteres Mittel zur Auffindung von Undichtigkeiten hat sich der Einbau von Distriktwassermessern bestens
bewährt. Zu diesem Zweck wird das innerhalb eines Gebietes
benötigte Wasser durch einen Wassermesser geleitet. Die Anzeige des Distriktwassermessers wird von Zeit zu Zeit mit der
Anzeige der Hauswassermesser verglichen. Auf diese Weise
erhält man eine zuverlässige Angabe über die Wasserverluste
innerhalb des in Frage stehenden Gebietes.

Kurz vor Beginn des Winters müssen sämtliche Schieber-
und Hydrantendeckel mit einem hierzu geeigneten Fett
(Graphitfett) eingeschmiert werden, damit bei Eintritt des
Frostes diese nicht festfrieren. Bei Schneewetter sind die
Straßenkappen mit Viehsalz zu bestreuen, so daß sie jeder-
zeit leicht aufzufinden sind.

Es dürfte an dieser Stelle noch angebracht sein, zu er-
wähnen, welche Werkzeuge und Gerätschaften nur für den
Fall eines Rohrbruches in mustergültiger Ordnung stets bereitzuhalten sind, und in welcher Weise hierbei vorzugehen ist.

Je nach der Größe des Betriebes sind entsprechende Vorkehrungen zu treffen, die ein schnelles . Absperren der betreffenden Rohrleitung gewährleisten. Für kleinere und mittlere Rohrnetzanlagen genügt es, wenn für diesen Zweck Fahrräder bereitgehalten werden, an denen in geeigneter Weise ein Schieberschlüssel angebracht ist. Beim Bekanntwerden eines Rohrbruches müssen sofort zwei Mann aufbrechen und nach Inaugenscheinnahme des Rohrbruches die notwendigen Schieber absperren. Größere Betriebe sind schon dazu übergegangen und halten für diese Fälle stets ein Automobil in Bereitschaft. Es ist nicht zu verkennen, daß dieses viele Vorteile bietet, zumal bei sehr ausgedehnten Rohrnetzen. Man ist so imstande, oft unangenehmen Folgen aus dem Wege zu gehen.

Diesen Leuten folgen dann eine Rohrlegerabteilung und eine genügende Anzahl von Arbeitsleuten, welche mit allen erforderlichen Werkzeugen versehen sein müssen. Das hierzu nötige Werkzeug ist in einem hierzu eigens hergerichteten Wagen bereitzuhalten. Auf diesem Wagen müssen untergebracht sein: ein vollständiges Werkzeug für eine Rohrlegerabteilung, Pumpen, Dielen, Spreizen, Bleiofen, Blei, Strick, Dichtungsgummi usw. Sind die Leute von der Arbeitsstelle zurückgekehrt, so ist die erste Arbeit, den Wagen in bester Ordnung wieder herzurichten, jedes fehlende Werkzeug wieder zu ersetzen, die Pumpen zu reinigen, so daß zu jeder Zeit mit dem Wagen wieder aufgebrochen werden kann. Auch hierzu halten sich oft größere Betriebe ein Lastautomobil, auf dem gleichzeitig die Leute mitbefördert werden. Für die Heranschaffung der notwendigen Formstücke ist ein Auto sehr vorteilhaft.

c) Die Wassermesser.
1. Allgemeines.

Diejenige Wassermenge, die dem Stadtrohrnetze entnommen wird, wird durch Wassermesser angezeigt, falls der Verbrauch bzw. die Bezahlung nicht durch andere Verordnungen festgelegt ist. Wie z. B. nach Anzahl der Räume, Höhe der Gebäudesteuer oder nach Schätzung usw. In neuerer Zeit wird immer mehr zu den Wassermessern übergegangen. Die

Anlagekosten derselben hat man früher gescheut und hat aus diesem Grunde solche Gebührenordnungen aufgestellt, welche Messer nicht erforderlich machen. Für die Bestimmung der monatlichen Wasserverluste sind die Wassermesser von großer Bedeutung.

Es gibt drei verschiedene Bauarten von Wassermessern, und zwar: Flügelradmesser, Scheibenmesser und Kolbenmesser.

Die Flügelradmesser sind Geschwindigkeitsmesser und zerfallen wieder in Trocken- und Naßläufer. Bei den Naßläufern steht das ganze Werk und selbst das Zifferblatt unter Wasserdruck. Die Glasscheibe ist so stark bemessen, daß sie diesem Drucke standhält. Bei Trockenläufern geht die Welle für das obere Werk durch eine Stopfbüchse, so daß kein Wasser nach dorthin gelangen kann. Die Stopfbüchse hat jedoch den Nachteil, daß Reibung erzeugt wird und der Messer an Empfindlichkeit etwas einbüßt. Naßläufer können jedoch nur bei ganz reinem Wasser verwendet werden, da das Zifferblatt sonst verschmutzt und ein Ablesen dann unmöglich macht. Dieser Übelstand ist zuweilen selbst bei guten Wasserverhältnissen zu finden, zumal dort, wo die Anschlußleitungen in schmiedeeisernen Rohren verlegt werden. Trotzdem die Trockenläufer die genannten Mängel aufweisen, werden sie am meisten angewendet. Besonders seit den letzten Jahren werden so empfindliche Trockenläufer auf den Markt gebracht, daß jetzt nicht mehr viel zu wünschen übrigbleibt. Die Flügelradmesser zeigen kleine Durchflußmengen zu niedrig, und sehr kleine Mengen werden überhaupt nicht registriert. Aus diesem Grunde sind diese Messer nicht zu groß zu wählen. Die höchste zulässige Abweichung darf $\pm$ 2 v. H. betragen.

Durch die Widerstände im Innern des Messers wird der Wasserdruck, nachdem das Wasser den Messer durchflossen hat, um einen gewissen Teil herabgemindert. Nach den vom Verein Deutscher Gas- und Wasserfachmänner aufgestellten Bestimmungen sollen die Messer bei Belastung der Leistungsfähigkeit des Messers einen Druckverlust von 10 m aufweisen. In Übersicht 38 auf S. 286 folgen die aufgestellten Bestimmungen.

Übersicht 38.

Stündl. Durchflußfähigkeit	2	3	5	7	10	20	30	50	100	200	400
Lichte Weite per Anschlußstutzen	20	20	20	25	30	40	50	70	100	150	200
Gewinde der Verschraubung bzw. Flansch ϕ	1"	1"	1"	5/4"	1½"	2"	160	185	230	290	350
Baulänge mit Schlammkasten	220	220	220	260	260	300	550	650	800	1000	1200

Übersicht 39.

Stündliche Durchflußfähigkeit in cbm		2	3	5	7	10	20	30	50	100	200	400
Geringste Durchflußmenge je Stunde in cbm	bei welcher der Messer noch mit ± 2 v. H. anzeigt	0,060	0,075	0,110	0,150	0,300	0,400	0,700	1,100	2,000	3,000	4,000
	bei welcher der Messer noch läuft	0,025	0,030	0,035	0,045	0,065	0,120	0,200	0,600	0,800	1,200	2,000

Übersicht 40.

Stündliche Durchflußfähigkeit in cbm	2	3	5	7	10	20	30	50	100	200

Die Durchflußmengen, bei welcher die Flügelradmesser noch in den zulässigen Grenzen anzeigen und sich noch bewegen, werden von den Firmen verschieden angegeben. Als Mittelwerte können jedoch die Zahlen der Übersicht 39 auf S. 286 angenommen werden.

Die größte Durchflußmenge, bei der die Wassermesser bei 10 m Druckverlust noch mit $\pm$ 2 v. H. genau anzeigen, ist in der Regel bei den kleineren Messern etwas höher, als sie nach den Vorschriften leisten sollen.

Die Scheibenmesser sind amerikanischen Ursprungs. Dieselben haben größere Meßgenauigkeit als die Flügelradmesser, da sie Inhaltmesser sind. In den letzten Jahren sind diese Messer so verbessert worden, daß an ihrer Brauchbarkeit nicht mehr zu zweifeln ist. Deshalb haben sie sich auch gut eingeführt. Wenn der Preis nicht fast doppelt so groß als der eines Flügelradmessers wäre, so wäre die Verwendung noch eine bedeutend größere. Wassermesser dieser Art werden hergestellt von den Firmen: Akt.-Ges. Danubia, Straßburg-Neudorf; Meinecke, Breslau; Spanner, Frankfurt a. M. und Siemens & Halske, Berlin.

Aus der Übersicht 40 auf S. 286 ist zu ersehen, daß die Scheibenwassermesser den Flügelradmessern an Empfindlichkeit sehr überlegen sind.

Die Kolbenwassermesser werden durch in Zylindern beweglichen Kolben durch den Wasserdruck in Bewegung gesetzt. Die zum Durchfluß gelangende Wassermenge wird durch die Anzahl der Hübe bzw. Umdrehungen bestimmt. Die Hubzahl wird auf ein Zeigerwerk übertragen. Durch den hohen Preis und die großen Abmessungen haben diese Messer in Deutschland keine Anwendung für diese Zwecke gefunden. Als Kesselspeisewassermesser finden dieselben jedoch vielfach Anwendung. Diese Messer können bezogen werden durch die Bernburger Maschinenfabrik, Bernburg (Anhalt).

Da nun mit der Größe der Wassermesser die Durchflußmenge, bei der der Messer noch in den zulässigen Grenzen anzeigt, zunimmt, so hat man die Messer von 50 mm lichter Weite an mit Nebenmessern ausgerüstet. Zu diesem Zwecke erhalten die Messer ein Umschalteventil, welches in den meisten Fällen als Schlammkasten ausgebildet ist. Das Umschalteventil wirkt in der Weise, daß der große Messer dann ausgeschaltet und der kleine Messer eingeschaltet wird, wenn die entnommene Wassermenge so klein ist, daß der große Messer diese mit mehr als 2 v. H. minus anzeigen würde. Umgekehrt ist es der Fall, wenn die entnommene Wassermenge für den kleinen Messer zu groß ist. Die Größe der Nebenmesser wird meistens nach der Übersicht 41 auf S. 289 gewählt.

Der Woltmann-Wassermesser ist ebenfalls ein Geschwindigkeitsmesser. Durch das hindurchfließende Wasser wird das Flügelrad (Woltmannflügel) in Drehung versetzt. Die Empfindlichkeit und Meßgenauigkeit dieser Wassermesser ist höher als die der gewöhnlichen Flügelradmesser. Der beim Durchfluß des Wassers verursachte Druckverlust ist außerordentlich gering. Der Messer wird fast ausschließlich als Trockenläufer gebaut.

Die Firma Siemens & Halske gibt für ihre Woltmannmesser Druckverlustlinien heraus, die in Tafel 10 wiedergegeben sind. Als zweckmäßige Beanspruchung gibt diese Firma bei 10 stündigem Betriebe 275 mm und bei 24 stündigem Betriebe 175 mm Druckverlust an. Zur Bestimmung der günstigsten Messergröße bedient man sich daher dieser Schaulinien.

Die Übersicht 42 auf S. 289 gibt die Leistung der Wassermesser bei 10 m Druckverlust und die kleinste Belastung an, bei der der Messer noch 2 v. H. ± anzeigt.

Da bei diesen Messern der Druckverlust sehr gering ist, so werden die Messer fast immer kleiner gewählt als der Rohrdurchmesser. Sollen die kleinen Wassermengen ebenfalls genau angezeigt werden, so werden die Messer ebenfalls mit einem Nebenmesser versehen.

Der Woltmann-Wassermesser findet vielseitige Verwendung, so bei Gruppenwasserversorgungen, als Wassermesser für große gewerbliche Betriebe, zur Messung der Ergiebigkeit von Brunnenanlagen, zur Messung der geförderten Wassermengen auf Pumpwerken usw.

Hauptmesser	Leistung je Std. in cbm	30	50	100	200	400
	Lichte Weite	50	70	100	150	200
Nebenmesser	Leistung je Std. in cbm	3	5	7	10	10
	Lichte Weite	20	20	25	25	25

Übersicht 42.

Lichte Weite des Messers	50	70	80	100	150	200	300	400	500	750
Leistung des Messers je Std. in cbm — bei 10 m Druckverlust	100	200	300	500	1200	2000	4500	8500	12500	28000
bei welcher der Messer noch mit ± 2 v. H. anzeigt	1,0	2,0	2,2	2,5	6,0	50,0	30,0	45,0	60,0	125,0

Übersicht 43.

Stündliche Durchflußfähigkeit des Messers	2	3	5	7	10	20	30	50	100	200	400
Leistung des Messers in Sekcbm	0,000555	0,000833	0,00139	0,00199	0,00278	0,00555	0,00833	0,01388	0,02778	0,05555	0,01111
Lichte Weite des Messers	20	20	20	25	25	40	50	70	100	150	200

Venturimesser finden in neuerer Zeit in immer erhöhtem Maße Verwendung, weshalb hierauf etwas näher eingegangen werden soll. Die Messung des Wassers beruht auf den hydro-

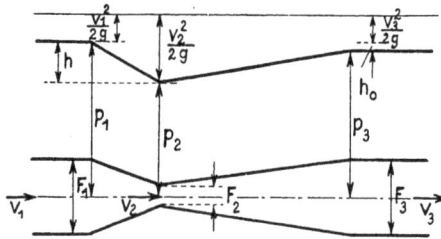

Abb. 195.

dynamischen Druckverhältnissen in einem Venturirohr. Hier gilt die Beziehung (siehe Abb. 195)

$$p_1 + \frac{v_1{}^2}{2\,g} = p_2 + \frac{v_2{}^2}{2\,g}.$$

Hieraus folgt:

$$p_1 - p_2 = \frac{v_2{}^2 - v_1{}^2}{2\,g} \quad \ldots \ldots \ldots \ldots \text{ a}$$

Da nun entsprechend der Abb. 195 $p_1 - p_2 = h$, so ist

$$h = \frac{v_2{}^2 - v_1{}^2}{2\,g}.$$

Nun kann man für $v_1 = n\,v_2$ setzen, wodurch die Gleichung entsteht:

$$h = \frac{1}{2\,g}\,(1 - n^2)\,v_2{}^2 \quad \ldots \ldots \ldots \text{ b}$$

Nach oben ist $n = \dfrac{v_1}{v_2}$. Setzt man gemäß der allgemeinen Gleichung $Q = F\,v$ den Wert von v_1 und v_2 ein, so erhält man:

$$n = \frac{Q\,F_2}{Q\,F_1} = \frac{F_2}{F_1},$$

wenn F_1 den Rohrquerschnitt und F_2 den Düsenquerschnitt bedeutet.

Wird der Wert von n in die Gleichung b eingesetzt, so erhält man:

$$h = \frac{1}{2\,g}\left[1 - \left(\frac{F_2}{F_1}\right)^2\right]v_2{}^2.$$

Diese Gleichung nach v_2 hin umgestellt ergibt:

$$v_2{}^2 = \frac{h\,2\,g}{1 - \left(\dfrac{F_2}{F_1}\right)^2}.$$

Setzt man den Ausdruck $\dfrac{2\,g}{1 - \left(\dfrac{F_2}{F_1}\right)^2} = \varepsilon$, so ist:

$$v^2 = \varepsilon \sqrt{h}.$$

Da $v_2 = \dfrac{Q}{F_2}$ ist, so ist:

$$\frac{Q}{F_2} = \varepsilon \sqrt{h} \quad \text{oder} \quad Q = \varepsilon F_2 \sqrt{h}.$$

Mit dem Durchfluß des Wassers durch die Düse ist ganz selbstverständlich eine Kontraktion verbunden, weshalb die durch die Düse fließende Wassermenge

$$Q = \mu\,\varepsilon\,F_2 \sqrt{h}$$

ist, wenn μ der Kontraktionskoeffizient bedeutet.

Der Verfasser hat sich mit der Venturimessung sehr umfangreich beschäftigt und kann diese als eine der zuverlässigsten bezeichnen, wenn der Messer fachgemäß durchgebildet ist und kann die Anwendung nur empfehlen. Diese Wassermesser werden von verschiedenen Firmen wie Siemens & Halske, Bopp & Reuther, Meinecke usw. in guter Ausführung geliefert.

Der Druckverlust h der Venturidüsen ist sehr gering und beträgt bei guten Konstruktionen etwa 10% von h.

2. Die Prüfung der Wassermesser.

α) Die Prüfungsvorrichtung.

Für die Prüfung der Wassermesser werden sog. Prüfstellen benutzt. Wie aus Tafel 11 zu ersehen ist, besteht eine solche Vorrichtung aus einem schmiedeeisernen Behälter a, welcher mit einem Wasserstandsglas b versehen ist, wodurch der jeweilige Inhalt durch die seitlich angebrachte Einteilung abgelesen werden kann, und der Einspannvorrichtung c für die Wassermesser. Der muldenförmige Tisch dient dazu, daß

19*

das Schlabberwasser aufgefangen wird und durch die Abfluß-leitung *e* wegfließen kann. An dem Ventil *f* wird der Anschluß an die Druckleitung hergestellt. Das durch den Messer fließende Wasser tritt durch die Leitung *g* in den Behälter *a*. Durch den Hahn *i* kann der Behälter entleert werden. Die links gezeichnete Einrichtung genügt für Wassermesser bis zu 40 mm Durchmesser.

Für die Prüfung größerer Wassermesser hat der Ver-fasser die in Tafel 11 rechts abgebildete Vorrichtung ent-worfen, die der vorbeschriebenen Einrichtung, je nach Ört-lichkeit, um 180 oder 90⁰ versetzt an demselben Wasser-behälter angebracht wird. Die ganze Einrichtung ist aus der Zeichnung klar zu ersehen. Das Rohr hinter dem Messer ist an der Decke längsbeweglich aufgehängt, wodurch es mög-lich ist, die Baulängen der einzelnen Messer auszugleichen. Als Paßstücke für den jeweiligen Messer dienen die Übergangs-stücke *k*. Zur Erzielung eines gleichbleibenden Druckes wird zweckmäßig ein Druckverminderungsventil vorgeschaltet.

β) Prüfung der Wassermesser auf Druckabfall.

Zu diesem Zwecke wird unmittelbar vor und hinter dem Wassermesser je ein Druckmesser mit großer Einteilung, am besten Quecksilberdruckmesser, eingebaut, damit auch der Bruchteil von 1 Atm. genau abgelesen werden kann. Die Messer werden bei verschiedenen Belastungen geprüft, wobei die beiden Druckmesserstände gleichzeitig abgelesen und auf-geschrieben werden. Der Druckunterschied der beiden Druck-messer ist der Druckabfall im Messer. Diese Messungen nimmt man gewöhnlich bei viertel, halber, dreiviertel und ganzer Belastung vor. Bei Messern bis zu 50 mm lichte Weite wird man immer imstande sein, bis zur vollen Belastung gehen zu können. Bei größeren Messern geht man so weit, wie es die jeweiligen Verhältnisse gestatten. Zur besseren Übersicht trägt man sich die abgelesenen Werte zeichnerisch auf und er-hält so die Druckverlustlinie. Jede einzelne Prüfung ist mit wenigstens 100 l Durchflußmenge vorzunehmen, bei größeren Messern jedoch mit einer bedeutend größeren Wassermenge. Bei jeder Prüfung ist genau die Zeit festzustellen, innerhalb welcher die fragliche Wassermenge durch den Wassermesser gelaufen ist. Sind beispielsweise 100 l innerhalb 740 Sek. durch den Messer gelaufen, so entspricht dies je Stunde

$$\frac{3600}{750} \cdot 100 = 486 \, l = 0{,}486 \text{ cbm je Std.}$$

Auf diese Weise findet man die Werte der Durchfluß-mengen je Stunde und durch Ablesen der Druckmesser den Druckverlust im Messer bei der jeweiligen Belastung. Mit Hilfe der gefundenen Werte läßt sich leicht die Druckverlust-linie aufzeichnen. Die verschiedenen Durchflußmengen erzielt man durch Zwischenschalten von Lochscheiben (siehe Tafel 11).

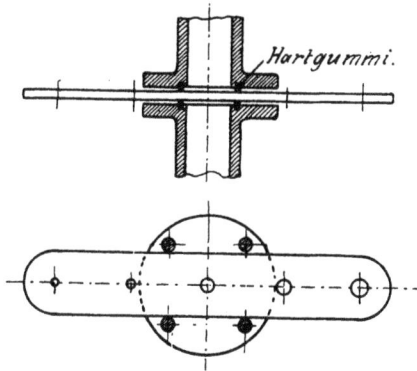

Abb. 196.

Eine sehr zweckmäßige Einrichtung der Lochscheiben zeigt Abb. 196.

Die Bohrung dieser Scheiben richtet sich nach der Durch-flußmenge und dem Leitungsdruck. Die Bohrung kann nach folgender Gleichung bestimmt werden:

$$f = \frac{Q}{\mu \sqrt{2 \cdot g\,h}}$$

oder

$$f = \frac{Q}{2{,}724 \cdot \sqrt{h}} \quad \cdot \quad \cdot \quad \cdot \quad \cdot \quad \cdot \quad \cdot \quad (107)$$

Hierin bedeutet:

Q die Durchflußmenge in Sekcbm,
f den Querschnitt der Bohrung in qm,

μ den Ausflußkoeffizienten,

h die Druckhöhe des Wassers in m und

g die Erdbeschleunigung.

Nach Weißbach kann, scharfe Kanten und runde Bohrung vorausgesetzt, $\mu = 0{,}615$ angenommen werden. Die Leistung der Messer in Sekcbm ausgedrückt, geht aus der Übersicht 43 hervor (S. 289).

Beispiel.

Wie groß ist die Bohrung für die halbe Belastung eines 5 cbm-Wassermessers herzustellen bei 3 Atm. Druck?

Lösung.

Nach Übersicht 43 beträgt die halbe Belastung eines 5 cbm-Wassermessers

$$Q = \frac{0{,}00139}{2} = 0{,}000695 \text{ cbm je Sek.}$$

Nach der angegebenen Gleichung 107 ist der erforderliche Querschnitt der Bohrung

$$f = \frac{0{,}00695}{2{,}724 \cdot \sqrt{30}} = 0{,}0000466 \text{ qm}$$

oder $\qquad f = 44{,}6$ qmm.

Dies entspricht einer Bohrung von 7,7 mm Durchmesser.

Erreicht die Druckverlustlinie bei voller Belastung nicht die waagerechte 10 m-Linie, so gestattet der Messer eine größere Belastung als nach den Bestimmungen. Wird jedoch diese Linie früher erreicht, so erfüllt der Messer die von dem Deutschen Gas- und Wasserfachmänner-Verein aufgestellten Bedingungen nicht.

γ) Bestimmung der Fehlerschaulinie.

Diese Prüfung wird fast in derselben Weise vorgenommen wie vorher beschrieben, nur daß außerdem noch für jede Durchflußmenge die Stände des Messers und Behälters vor und nach einem jeden Versuche vermerkt werden. Der Messer wird zweckmäßig vor Beginn des eigentlichen Versuches auf Null gestellt. Hierauf wird so viel Wasser durch den Messer geschickt, bis der Literanzeiger wenigstens eine Umdrehung gemacht hat. Ist beispielsweise die Drehung einmal erfolgt, sind also nach Angabe des Messers 100 l durch den Messer gelaufen, und zeigt der Behälter aber nur 93,6 l an, so zeigt der Messer mit einem Mehr von

$$\frac{100 - 93,6}{93,6} = 6,8 \text{ v. H.}$$

Haben diese 93,6 l den Messer in 182 Sek. durchlaufen, so entspricht dies einem Werte in Stdcbm von

$$\frac{3600}{182} \cdot 93,6 = 1842 = 1,842 \text{ Stdcbm.}$$

Diese Messungen werden für jeden Messer bei verschiedenen Belastungen durchgeführt, worauf sich dann die Fehlerschaulinie des untersuchten Messers aufzeichnen läßt. Auch hier erfolgt die Stdcbm-Einstellung durch ein Einlegen von Lochscheiben. Diese beiden Prüfungen wird man nicht getrennt ausführen, sondern wird bei jedem Versuche die notwendigen Werte für die Druckverlustlinie, wie auch für die Fehlerlinie vermerken. Es soll nochmals kurz erwähnt werden, in welcher Weise die Versuche vorzunehmen sind und welche Beobachtungen dabei anzustellen sind.

1. Einsetzen des Wassermessers in die Einspannvorrichtung.
2. Einsetzen der betreffenden Lochscheibe.
3. Füllen der Leitung g und Einstellen des Literzeigers des Messers auf Null oder einem beliebigen Teilstrich der Litereinteilung durch Öffnen des Ventiles bzw. Schiebers l, nach Füllung und Einstellung des Messers, Schließen des Hahnes h.
4. Ablesen des Behälterstandes.
5. Beginn des Versuches durch Öffnen des Hahnes h und Beobachtung der Zeitdauer des Versuches sowie der Druckmesserstände vor und hinter dem Messer (Druckabfall).
6. Nach einer oder mehreren Umdrehungen des Literzeigers wird der Versuch abgebrochen, indem der Hahn h schnell geschlossen wird, wobei gleichzeitig die Versuchsdauer festzustellen ist.
7. Ablesen des Behälterstandes nach dem Versuch und Feststellen der Durchflußmenge.
8. Schließen des Ventiles l, worauf ein neuer Versuch vorgenommen werden kann.

Damit hat man alle Werte ermittelt, um sowohl die Druck-
abfallschaulinie wie auch die Fehlerlinie zeichnerisch festlegen
zu können.

Der beste Messer auf Meßgenauigkeit ist der, bei welchem
sich die Fehlerschaulinie am frühesten der Nullinie nähert,
dieser am längsten in unmittelbarer Nähe folgt und am schnellsten anläuft.

d) Wassermesseranlagen.

In vielen Fällen geben Städte an andere Gemeinden
Wasser ab. Die abgegebenen Wassermengen müssen zwecks
Verrechnung durch größere Wassermesser ermittelt werden.
Die hierzu notwendigen Wassermesser werden in den meisten
Fällen in unterirdischen Schächten zwischen die Leitung ein-
gebaut. Solche Vorrichtungen bezeichnet man mit Wasser-
messeranlagen oder Wassermesserkammern.

Als Wassermesser können hierzu Flügelrad-, Scheiben-
oder Woltmannmesser benutzt werden. Bei großen Leistungen
werden bei Anwendung von Flügelrad- oder Scheibenwasser-
messern mehrere zu Gruppen nebeneinander geschaltet. Zu
empfehlen ist in jedem Falle der Woltmannmesser wegen sehr
geringen Reibungsverlustes, genauer Anzeige, kleiner Abmessung usw.

Die Anlage muß so tief sein, daß oberhalb des Schachtes
noch eine Erdschicht von 0,50 m vorhanden ist, um gegen
Frost und Erwärmung geschützt zu sein. Die lichte Höhe
nehme man nicht unter 1,80 m, besser noch 2 m. Um die
Anlage dem Verkehr zu entziehen, baut man diese in den
Bürgersteigen ein. Die Decke stellt man am einfachsten aus
Beton zwischen I-Trägern gestampft her und wählt diese
so stark, daß sie auch Fuhrwerksverkehr jederzeit standhält.
Die Mauern werden aus Ziegelsteinen in Zementmörtel oder
Beton ausgeführt. Kommt Ziegelsteinmauerwerk zur Anwendung, so ist der Mörtel satt zu wässern, damit die Fugen wasserdicht werden. Zum Schutz gegen das Eindringen von Wasser
werden die Innenwände mit Zementmörtel verputzt; wenn
mit Grundwasser zu rechnen ist, so werden die Außenwände
mit einem Rapputz versehen und mit Gudron gestrichen. Je
nach den vorliegenden Verhältnissen ist für eine Entwässerung

und Entlüftung Sorge zu tragen. Der Fußboden wird am besten auf einer Packlage in Beton und bei Grundwasser nur aus Beton mit Eiseneinlagen hergestellt.

Es ist zu empfehlen, in jede Anlage zwei Wassermesser nebeneinander einzubauen, so daß der eine Messer immer zur Bereitschaft vorhanden ist. Wird auf einen zweiten Messer verzichtet, so ist unter allen Umständen eine Umgangsleitung vorzusehen. Die Umgangsleitung wird besser durch ein Hosenrohr und nicht, wie es früher und jetzt noch geschieht, durch ein T-Stück hergestellt, da man so in der Lage ist, falls man sich später für einen zweiten Messer entschließt, diesen einwandfrei einbauen zu können. Vor und hinter dem Messer sind Schieber vorzusehen, so daß jeder Messer von beiden Seiten abgesperrt und ausgebaut werden kann. Bei Flügelrad- und Scheibenmessern sind Schlammtöpfe vorzusehen. Je nach den vorliegenden Verhältnissen sind Nebenmesser miteinzubauen. Der leichten Auswechselung halber wird hinter dem Messer ein Ausdehnungsstück in die Leitung miteingebaut.

Tafel 12 zeigt eine Wassermesseranlage für Flügelradmesser. Folgende Übersicht gibt die Abmessungen der Einzelteile der Firma H. Pipersberg, Lüttringhausen.

Übersicht 44.

Lichte Weite	Baulänge des Messers mit Schlammtopf oder Umschaltventil	Baulänge des Ausdehnungsstückes		Baulänge der Schieber	Abmessungen der Hosenrohre		Baulänge der Rückschlagklappe	Länge des Wassermesserschachtes	
D	a_1	a	b	C	d_1	d	f	L_1	L
50	530	740	400	250	300	300	200	2630	2840
65	640	825	400	265	330	330	230	2860	3045
80	640	845	400	280	360	360	260	2980	3185
100	810	995	400	300	400	400	390	3320	3495
125	910	1050	400	325	450	450	350	3610	3750
150	1140	1150	400	350	500	500	400	4040	4050
200	1290	1450	400	400	600	600	500	4590	4750
225	1450	1650	400	425	650	650	550	5050	5250
250	1450	1750	400	450	700	700	600	5220	5550

In der Übersicht gelten die Maße a_1, wenn ein Umschalt-ventil und ein Schlammtopf eingebaut wird, und die Maße a, wenn nur ein Schlammtopf oder ein Schlammtopf mit ein-gebautem Umschaltventil vorgesehen wird.

Tafel 13 zeigt eine größere Wassermesseranlage mit zwei Woltmannmessern. Die Abmessungen gehen aus der nach-stehenden Übersicht hervor.

Bei dieser Anordnung ist es zu empfehlen, Wassermesser mit eingebautem Strahlenregler zu wählen, da sonst durch die Querschnitts- und Richtungsänderung die Meßgenauigkeit be-einträchtigt wird.

Beachtenswert ist für große Messer die Ausführung von Siemens & Halske, Berlin, mit auswechselbarer Meßtrommel.

ANHANG

enthaltend die

Übersicht 5. (Neue Leitungen.)

Druckverlust je lfd. m in m = ε	60		80		100		125		150		175	
	v	Q	v	Q	v	Q	v	Q	v	Q	v	Q
0,0775	1,69	4,79										
750	1,67	4,71										
725	1,64	4,63										
700	1,61	4,55										
675	1,58	4,47										
0,0650	1,55	4,39	1,81	9,1								
625	1,52	4,31	1,77	8,9								
600	1,49	4,21	1,74	8,8								
575	1,46	4,12	1,70	8,6								
550	1,43	4,03	1,66	8,4								
0,0525	1,39	3,94	1,63	8,2	1,83	14,4						
500	1,36	3,85	1,59	8,0	1,79	14,1						
475	1,33	3,75	1,55	7,8	1,74	13,7						
450	1,29	3,65	1,50	7,6	1,70	13,3						
425	1,25	3,54	1,46	7,4	1,65	13,0						
0,0400	1,22	3,44	1,42	7,2	1,60	12,6	1,82	22,3				
375	1,18	3,33	1,37	6,9	1,55	12,2	1,76	21,6				
350	1,14	3,22	1,33	6,7	1,50	11,8	1,70	20,9				
325	1,10	3,10	1,28	6,4	1,44	11,3	1,64	21,1				
300	1,05	2,98	1,23	6,2	1,39	10,9	1,58	19,3				
0,0275	1,01	2,85	1,18	5,9	1,33	10,4	1,51	18,5	1,67	29,5	1,82	43,6
250	0,96	2,72	1,12	5,7	1,27	9,9	1,44	17,7	1,59	28,1	1,73	41,6
225	0,91	2,58	1,06	5,4	1,20	9,4	1,37	16,8	1,51	26,7	1,64	39,5
200	0,86	2,44	1,00	5,1	1,13	8,9	1,29	15,8	1,42	25,2	1,55	37,2
175	0,81	2,28	0,94	4,7	1,06	8,3	1,20	14,8	1,33	23,5	1,45	34,8
0,0150	0,75	2,11	0,87	4,4	0,98	7,7	1,12	13,7	1,23	21,8	1,34	32,2
130	0,69	1,96	0,81	4,1	0,91	7,2	1,08	12,2	1,15	20,3	1,25	30,0
110	0,64	1,80	0,74	3,8	0,84	6,6	0,95	11,7	1,06	18,7	1,15	27,6
100	0,61	1,72	0,71	3,6	0,80	6,3	0,90	11,2	1,01	17,8	1,10	26,3
090	0,58	1,63	0,67	3,4	0,76	6,0	0,86	10,6	0,96	16,9	1,04	25,0
0,0080	0,54	1,54	0,63	3,2	0,72	5,6	0,81	10,0	0,90	15,9	0,98	23,6
70	0,51	1,44	0,59	3,0	0,67	5,3	0,76	9,3	0,84	14,9	0,92	22,0
60	0,47	1,33	0,55	2,8	0,62	4,9	0,71	8,7	0,78	13,8	0,85	20,4
50	0,43	1,22	0,50	2,5	0,57	4,4	0,64	7,9	0,71	12,6	0,77	18,6
40	0,39	1,09	0,45	2,3	0,51	4,0	0,58	7,1	0,64	11,3	0,69	16,6
0,0035	0,36	1,02	0,42	2,1	0,47	3,7	0,54	6,6	0,60	10,5	0,65	15,6
30	0,33	0,94	0,39	2,0	0,44	3,4	0,50	6,1	0,55	9,7	0,60	14,4
25	0,30	0,86	0,36	1,8	0,40	3,1	0,46	5,6	0,50	8,9	0,55	13,2
20	0,27	0,77	0,32	1,6	0,36	2,8	0,41	5,0	0,45	8,0	0,49	11,8
15	0,24	0,67	0,28	1,4	0,31	2,4	0,35	4,3	0,40	6,9	0,42	10,2
0,0010	0,22	0,62	0,26	1,3	0,29	2,3	0,33	4,0	0,36	6,4	0,39	9,5
11	0,20	0,57	0,24	1,2	0,27	2,1	0,30	3,7	0,33	5,9	0,36	8,7
10	0,19	0,54	0,22	1,1	0,25	2,0	0,29	3,5	0,32	5,6	0,35	8,3
09	0,18	0,52	0,21	1,1	0,24	1,9	9,27	3,4	0,30	5,3	0,33	7,9
08	0,17	0,49	0,20	1,0	0,23	1,8	0,26	3,2	0,28	5,0	0,31	7,4
0,0007	0,16	0,46	0,19	1,0	0,21	1,7	0,24	3,0	0,27	4,7	0,29	7,0
6	0,15	0,42	0,17	0,9	0,20	1,5	0,22	2,7	0,25	4,4	0,27	6,4
5	0,14	0,38	0,16	0,8	0,18	1,4	0,20	2,5	0,23	4,0	0,25	5,9
4	0,12	0,34	0,14	0,7	0,16	1,3	0,18	2,2	0,20	3,6	0,23	5,3
3	0,11	0,30	0,12	0,6	0,14	1,2	0 16	1,9	0,17	3,1	0,19	4,6

Übersicht 5. (Neue Leitungen.)

Druck-verlust je lfd. m in m = ε	200		225		250		275		300		325	
	v	Q	v	Q	v	Q	v	Q	v	Q	v	Q
0,02500	1,87	58,7										
2400	1,83	57,5										
2300	1,79	56,3										
2200	1,75	55,0										
2100	1,72	53,8										
0,02000	1,67	52,5	1,79	72,0								
1900	1,63	51,1	1,74	69,1								
1800	1,59	49,8	1,70	67,4								
1700	1,54	48,4	1,65	65,5								
1600	1,50	47,0	1,60	63,5								
0,01500	1,45	45,5	1,55	61,5	1,64	80,5	1,73	103				
1400	1,40	43,9	1,50	59,4	1,59	77,8	1,68	100				
1300	1,35	42,3	1,44	57,2	1,53	74,9	1,62	96,0				
1200	1,30	40,6	1,38	55,0	1,47	72,0	1,55	92,2				
1100	1,24	38,9	1,33	52,7	1,41	69,0	1,49	88,4				
0,01000	1,18	37,1	1,26	50,2	1,34	65,7	1,42	84,0	1,49	105	1,56	129
0900	1,12	35,3	1,20	47,6	1,27	62,3	1,34	79,7	1,41	100	1,48	123
0800	1,06	33,2	1,13	44,9	1,20	58,7	1,27	75,2	1,33	94,3	1,39	116
0700	0,99	31,1	1,06	42,0	1,12	55,0	1,19	70,3	1,25	88,1	1,30	108
0600	0,92	28,8	0,98	38,9	1,04	50,9	1,10	65,1	1,16	81,6	1,21	100
0,00500	0,84	26,3	0,89	35,5	0,95	46,4	1,00	59,5	1,05	74,5	1,10	91,3
400	0,75	23,5	0,80	31,8	0,85	41,5	0,90	53,1	0,94	66,6	0,99	81,7
350	0,70	22,0	0,75	29,7	0,79	38,8	0,34	49,7	0,88	62,3	0,92	76,5
300	0,65	20,4	0,69	27,5	0,74	36,0	0,78	46,0	0,82	57,7	0,85	70,7
250	0,59	18,6	0,63	25,1	0,67	32,8	0,71	42,0	0,75	52,6	0,78	64,6
0,00200	0,53	16,6	0,57	22,5	0,60	29,4	0,63	37,6	0,67	47,1	0,70	57,8
180	0,50	15,8	0,54	21,3	0,57	27,9	0,60	35,5	0,63	44,7	0,66	54,9
160	0,47	14,9	0,51	20,1	0 54	26,3	0,57	33,6	0,60	42,1	0,62	51,7
140	0,44	13,9	0,47	18,8	0,50	24,6	0,53	31,5	0,56	39,4	0,58	48,3
120	0,41	12,9	0,44	17,4	0,46	22,8	0,49	29,1	0,52	36,5	0,54	44,8
0,00100	0,37	11,8	0,40	15,9	0,42	20,8	0,45	26,6	0,47	33,3	0,49	40,9
090	0,35	11,2	0,38	15,1	0,40	19,7	0,43	25,2	0,45	31,6	0,47	38,9
080	0,33	10,5	0,36	14,2	0,38	18,6	0,40	23,8	0,42	29,8	0,44	36,6
070	0,31	9,8	0,33	13,3	0,36	17,4	0,37	22,2	0,39	27,9	0,41	34,2
060	0,29	9,1	0,31	12,3	0,33	16,1	0,35	20,6	0,37	25,8	0,38	31,6
0,00050	0,26	8,3	0,28	11,2	0,30	14,7	0,32	18,8	0,34	23,6	0,35	28,9
45	0,25	7,9	0,27	10,7	0,28	13,9	0,30	17,8	0,32	22,4	0,33	27,4
40	0,24	7,4	0,25	10,0	0,27	13,1	0,28	16,8	0,30	21,1	0,31	25 9
35	0,22	6,9	0,24	9,4	0,25	12,3	0,27	15,7	0,28	19,7	0,29	24,2
30	0,21	6,4	0,22	8,7	0,23	11,4	0,25	14,6	0,26	18,3	0,27	22,4
0,00028	0,20	6,2	0,21	8,4	0,22	11,0	0,24	14,1	0,25	17,6	0,26	21,6
26	0,19	6,0	0,20	8,1	0,22	10,6	0,23	13,6	0,24	17,0	0,25	20,8
24	0,18	5,8	0,20	7,8	0,21	10,2	0,22	13,0	0,23	16,3	0,24	20,0
22	0,18	5,5	0,19	7,4	0,20	9,7	0,21	12,5	0,22	15,6	0,23	19,2
20	0,17	5,2	0,18	7,1	0,19	9,3	0,20	11,9	0,21	14,9	0,22	18,3
0,00018	0,16	5,0	0,17	6,7	0,18	8,8	0,19	11,3	0,20	14,1	0,21	17,3
16	0,15	4,7	0,16	6,4	0,17	8,3	0,18	10,6	0,19	13,3	0,20	16,3
14	0,14	4,5	0,15	5,9	0,16	7,8	0,17	10,0	0,18	12,5	0,18	15,3
12	0,13	4,1	0,14	5,5	0,15	7,2	0,16	9,2	0,16	11,5	0,17	14,2
10	0,12	3,7	0,13	5,0	0,13	6,6	0,14	8,4	0,15	10,5	0,16	12,9

Übersicht 5. (Neue Leitungen.)

Druck- verlust je lfd. m in m = ε	350		375		400		450		500	
	v	Q	v	Q	v	Q	v	Q	v	Q
0,01000	1,62	156	1,69	187						
0,00950	1,58	152	1,65	182						
900	1,54	148	1,60	177						
850	1,50	144	1,56	172						
800	1,45	140	1,51	167						
0,00750	1,40	135	1,46	162	1,54	191	1,62	258	1,73	338
700	1,36	130	1,42	156	1,48	184	1,57	249	1,67	326
650	1,31	126	1,36	150	1,41	178	1,51	240	1,61	314
600	1,26	121	1,31	145	1,36	171	1,45	231	1,54	302
550	1,20	116	1,25	138	1,30	163	1,39	221	1,48	289
0,00500	1,15	110	1,20	132	1,24	156	1,33	211	1,41	276
450	1,09	105	1,13	125	1,18	148	1,26	200	1,34	262
400	1,03	99	1,07	118	1,11	139	1,19	188	1,26	247
350	0,97	92	1,00	110	1,04	130	1,11	176	1,18	231
300	0,89	85	0,93	102	0,96	121	1,03	163	1,09	214
0,00250	0,81	78	0,85	93	0,88	110	0,94	149	1,00	195
200	0,73	70	0,76	84	0,78	99	0,84	133	0,89	174
180	0,69	66	0,72	79	0,74	94	0,80	126	0,85	166
170	0,67	64	0,70	77	0,72	91	0,77	123	0,82	161
160	0,65	62	0,68	75	0,70	88	0,75	119	0,80	156
0,00150	0,63	60	0,66	72	0,68	85	0,73	115	0,77	151
140	0,61	58	0,63	70	0,66	82	0,70	111	0,75	146
130	0,59	56	0,61	67	0,63	79	0,68	107	0,72	141
120	0,56	54	0,59	65	0,61	76	0,65	103	0,69	135
110	0,54	52	0,56	62	0,58	73	0,62	99	,066	129
0,00100	0,51	49	0,54	59	0,55	70	0,59	94	0,63	123
090	0,49	47	0,51	56	0,53	66	0,56	89	0,60	117
080	0,46	44	0,48	53	0,50	62	0,53	84	0,56	110
070	0,43	41	0,45	49	0,46	58	0,50	79	0,53	103
060	0,40	38	0,42	46	0,43	54	0,46	73	0,49	96
0,00050	0,36	35	0,38	42	0,39	49	0,42	67	0,45	87
45	0,34	33	0,36	40	0,37	47	0,40	63	0,42	83
40	0,32	31	0,34	37	0,35	44	0,38	60	0,40	78
35	0,30	29	0,32	35	0,33	41	0,35	56	0,37	73
30	0,28	27	0,29	32	0,30	38	0,32	52	0,35	68
0,00028	0,27	26	0,28	31	0,29	37	0,31	50	0,33	65
26	0,26	25	0,27	30	0,28	36	0,30	48	0,32	63
24	0,25	24	0,26	29	0,27	34	0,29	46	0,31	60
22	0,24	23	0,25	28	0,26	33	0,28	44	0,30	58
20	0,23	22	0,24	26	0,25	31	0,27	42	0,28	55
0,00018	0,22	21	0,23	25	0,24	30	0,25	40	0,27	52
16	0,21	20	0,22	24	0,22	28	0,24	38	0,25	49
14	0,19	18	0,20	22	0,21	26	0,22	35	0,24	46
12	0,18	17	0,19	20	0,19	24	0,21	33	0,22	43
10	0,16	16	0,17	19	0,18	22	0,19	30	0,20	39
0,00009	0,15	15	0,16	18	0,17	21	0,18	28	0,19	38
8	0,14	14	0,15	17	0,16	20	0,17	27	0,18	35
7	0,14	13	0,14	16	0,15	18	0,16	25	0,17	33
6	0,13	12	0,13	14	0,14	17	0,15	23	0,15	30
5	0,12	11	0,12	13	0,12	16	0,13	21	0,14	28

Übersicht 5. (Neue Leitungen.)

Druck-verlust jelfd.m in m = ε	550 v	550 Q	600 v	600 Q	650 v	650 Q	700 v	700 Q	750 v	750 Q
0,00500	1,49	371	1,57	444	1,64	544				
480	1,46	363	1,54	435	1,61	532				
460	1,43	355	1,50	426	1,57	521				
440	1,40	348	1,47	417	1,54	510				
420	1,36	340	1,44	407	1,50	498				
0,00400	1,33	332	1,40	398	1,47	486	1,53	590	1,60	705
380	1,30	323	1,37	387	1,43	474	1,49	575	1,55	687
360	1,26	314	1,33	377	1,39	461	1,45	560	1,51	669
340	1,23	306	1,29	366	1,35	448	1,41	544	1,47	650
320	1,19	297	1,25	355	1,31	435	1,37	528	1,43	630
0,00300	1,15	287	1,21	344	1,27	421	1,33	511	1,38	610
280	1,11	277	1,17	332	1,23	406	1,28	494	1,33	590
260	1,07	267	1,13	320	1,18	392	1,24	476	1,29	568
240	1,03	257	1,09	308	1,14	376	1,19	457	1,24	546
220	0,99	246	1,04	295	1,09	360	1,14	438	1,18	523
0,00200	0,94	235	0,99	281	1,04	343	1,09	417	1,13	498
190	0,92	229	0,97	275	1,01	335	1,06	406	1,12	486
180	0,89	223	0,94	267	0,98	326	1,03	396	1,07	473
170	0,87	216	0,91	259	0,96	317	1,00	385	1,04	459
160	0,84	210	0,89	251	0,93	307	0,97	373	1,01	446
0,00150	0,82	203	0,86	243	0,90	298	0,94	361	0,98	431
140	0,79	196	0,83	235	0,87	288	0,91	349	0,94	417
130	0,76	189	0,80	227	0,84	277	0,87	336	0,91	402
120	0,73	182	0,77	218	0,80	266	0,84	323	0,87	386
110	0,70	174	0,74	208	0,77	255	0,80	309	0,84	370
0,00100	0,67	166	0,70	199	0,73	243	0,77	295	0,80	352
090	0,63	157	0,67	189	0,70	231	0,73	280	0,76	334
080	0,60	148	0,63	178	0,66	217	0,69	264	0,71	315
070	0,56	139	0,59	166	0,61	203	0,64	247	0,67	295
060	0,52	128	0,54	154	0,57	188	0,59	229	0,62	273
0,00050	0,47	117	0,50	141	0,52	172	0,54	209	0,56	249
45	0,45	111	0,47	133	0,49	163	0,51	198	0,53	236
40	0,42	105	0,44	126	0,46	154	0,49	187	0,50	223
35	0,39	98	0,42	118	0,43	144	0,45	175	0,47	209
30	0,36	91	0,38	109	0,40	133	0,42	162	0,44	193
0,00028	0,35	88	0,37	105	0,39	129	0,41	156	0,42	186
26	0,34	85	0,36	101	0,37	124	0,39	150	0,41	180
24	0,33	81	0,34	97	0,36	119	0,38	145	0,39	173
22	0,31	78	0,33	93	0,34	114	0,36	138	0,37	165
20	0,30	74	0,31	89	0,33	104	0,34	132	0,36	158
0,00018	0,28	70	0,30	84	0,31	103	0,33	125	0,34	149
16	0,27	66	0,28	80	0,29	97	0,31	118	0,32	141
14	0,25	62	0,26	74	0,27	91	0,29	110	0,30	132
12	0,23	57	0,24	69	0,25	84	0,27	102	0,28	122
10	0,21	52	0,22	63	0,23	77	0,24	93	0,25	111
0,00009	0,20	50	0,21	60	0,22	73	0,23	88	0,24	106
8	0,19	47	0,20	56	0,21	69	0,22	83	0,23	100
7	0,18	44	0,19	53	0,19	64	0,20	78	0,21	93
6	0,16	41	0,17	49	0,18	60	0,19	72	0,20	86
5	0,15	37	0,16	44	0,16	54	0,17	66	0,18	79

Übersicht 5. (Neue Leitungen).

Druck-verlust je lfd. m in m = ε	800		900		1000		1100		1200	
	v	Q	v	Q	v	Q	v	Q	v	Q
0,00400	1,66	831								
380	1,61	810								
360	1,57	788								
340	1,53	766								
320	1,48	743								
0,00300	1,43	720	1,53	973	1,64	1286				
280	1,38	695	1,48	940	1,58	1243				
260	1,33	670	1,43	906	1,52	1198				
240	1,28	644	1,37	870	1,46	1151				
220	1,23	616	1,31	834	1,40	1103				
0,00200	1,17	587	1,25	795	1,34	1052	1,41	1343	1,49	1686
190	1,14	572	1,22	775	1,30	1025	1,38	1310	1,45	1643
180	1,11	557	1,19	754	1,27	996	1,34	1274	1,41	1600
170	1,08	541	1,15	733	1,23	968	1,30	1239	1,37	1554
160	1,05	525	1,12	711	1,19	940	1,27	1203	1,33	1509
0,00150	1,01	509	1,08	688	1,16	910	1,23	1163	1,29	1460
140	0,98	491	1,04	665	1,12	879	1,18	1124	1,25	1410
130	0,94	474	1,01	641	1,08	847	1,14	1083	1,20	1359
120	0,91	455	0,97	615	1,04	813	1,10	1040	1,15	1305
110	0,87	436	0,93	589	0,99	789	1,05	997	1,10	1250
0,00100	0,83	415	0,89	562	0,94	743	1,00	951	1,05	1192
095	0,81	405	0,86	548	0,92	724	0,97	926	1,03	1162
090	0,79	394	0,84	533	0,90	705	0,95	902	1,00	1132
085	0,76	383	0,82	518	0,87	685	0,92	876	0,97	1100
080	0,74	372	0,79	502	0,85	664	0,89	850	0,94	1067
0,00075	0,72	360	0,77	487	0,82	643	0,87	823	0,91	1033
70	0,69	347	0,74	470	0,79	621	0,84	795	0,88	988
65	0,67	335	0,71	453	0,76	599	0,81	766	0,85	961
60	0,64	322	0,69	435	0,73	576	0,77	736	0,82	923
55	0,61	308	0,66	417	0,70	551	0,74	705	0,78	884
0 00050	0,59	294	0,63	397	0,67	525	0,71	672	0,75	843
45	0,55	279	0,59	377	0,63	498	0,67	637	0,71	800
40	0,53	263	0,56	356	0,60	470	0,63	601	0,67	754
35	0,49	246	0,52	332	0,56	449	0,59	562	0,62	705
30	0,45	228	0,49	308	0,52	407	0,55	521	0,58	653
0 00028	0,44	220	0,47	297	0,50	393	0,53	503	0,56	631
26	0,42	212	0,45	287	0,48	379	0,50	485	0,54	608
24	0,41	203	0,43	275	0,46	364	0,49	466	0,52	584
22	0,39	195	0,42	264	0,44	348	0,47	446	0,49	559
20	0,37	186	0,40	251	0,42	332	0,45	425	0,47	533
0,00018	0,35	176	0,38	238	0,40	315	0,42	403	0,45	506
16	0,33	166	0,35	225	0,38	297	0,40	380	0,42	477
14	0,31	155	0,33	210	0,35	278	0,37	356	0,39	446
12	0,29	144	0,31	195	0,33	257	0,35	329	0,37	413
10	0,26	131	0,28	178	0,30	235	0,32	301	0,33	377
0,00008	0,23	117	0,25	159	0,27	210	0,28	269	0,30	337
7	0,22	110	0,24	149	0,25	197	0,26	251	0,28	316
6	0,20	102	0,22	138	0,23	182	0,24	233	0,26	292
5	0,18	93	0,20	126	0,21	166	0,22	212	0,24	267
4	0,17	83	0,18	112	0,19	149	0,20	190	0,21	239

Übersicht 6. (Gebrauchte Leitungen.)

Druckverlust je lfd. m in m = ε	60		80		100		125		150		175	
	v	Q	v	Q	v	Q	v	Q	v	Q	v	Q
0,1000	1,37	3,87	1,61	8,1	1,82	14,3						
0,0950	1,34	3,77	1,57	7,9	1,78	13,9						
900	1,30	3,67	1,52	7,6	1,73	13,6						
850	1,26	3,57	1,48	7,4	1,68	13,2						
800	1,23	3,46	1,44	7,2	1,63	12,8						
0,0775	1,21	3,41	1,41	7,1	1,60	12,6	1,84	22,6				
750	1,19	3,35	1,39	7,0	1,58	12,4	1,81	22,1				
725	1,17	3,30	1,37	6,9	1,55	12,2	1,78	21,8				
700	1,15	3,24	1,35	6,8	1,52	12,0	1,75	21,4				
675	1,13	3,18	1,32	6,6	1,50	11,8	1,71	21,0				
0,0650	1,11	3,12	1,30	6,5	1,47	11,5	1,68	20,6	1,87	33,2		
625	1,09	3,06	1,27	6,4	1,44	11,3	1,65	20,2	1,84	32,6		
600	1,06	3,00	1,25	6,3	1,41	11,1	1,62	19,8	1,80	31,9		
575	1,04	2,93	1,22	6,1	1,38	10,8	1,58	19,4	1,77	31,2		
550	1,02	2,87	1,19	6,0	1,35	10,6	1,55	18,9	1,72	30,5		
0,0525	0,99	2,81	1,17	5,8	1,32	10,4	1,51	18,6	1,69	29,8	1,85	44,6
500	0,97	2,74	1,14	5,7	1,29	10,1	1,48	18,1	1,64	29,1	1,80	43,5
475	0,95	2,66	1,11	5,6	1,26	9,9	1,44	17,6	1,60	28,4	1,76	42,4
450	0,92	2,60	1,08	5,4	1,22	9,6	1,40	17,2	1,56	27,6	1,71	41,2
425	0,89	2,52	1,05	5,3	1,19	9,3	1,36	16,2	1,53	26,8	1,66	40,1
0,0400	0,87	2,45	1,02	5,1	1,15	9,1	1,32	16,2	1,47	26,0	1,61	38,9
375	0,84	2,37	0,98	4,9	1,12	8,8	1,28	15,7	1,42	25,2	1,56	37,7
350	0,81	2,29	0,95	4,8	1,08	8,5	1,23	15,2	1,38	24,4	1,51	36,4
325	0,78	2,20	0,92	4,6	1,04	8,2	1,19	14,6	1,33	23,5	1,45	35,0
300	0,75	2,12	0,88	4,4	1,00	7,8	1,14	14,0	1,27	22,6	1,40	33,7
0,0275	0,72	2,03	0,84	4,2	0,96	7,5	1,09	13,4	1,22	21,6	1,34	32,2
250	0,69	1,94	0,80	4,0	0,91	7,2	1,04	12,8	1,16	20,6	1,28	30,7
225	0,65	1,84	0,76	3,8	0,87	6,8	0,99	12,1	1,10	19,5	1,21	29,2
200	0,61	1,73	0,72	3,6	0,82	6,4	0,93	11,5	1,04	18,4	1,14	27,5
175	0,57	1,62	0,67	3,4	0,76	6,0	0,87	10,7	0,97	17,2	1,07	25,7
0,0150	0,53	1,50	0,62	3,1	0,71	5,5	0,81	9,9	0,90	16,0	0,99	23,8
130	0,49	1,39	0,58	2,9	0,66	5,0	0,75	9,2	0,84	14,9	0,92	22,2
110	0,46	1,28	0,53	2,7	0,61	4,8	0,69	8,5	0,77	13,7	0,85	20,4
100	0,43	1,22	0,51	2,6	0,58	4,5	0,66	8,1	0,74	13 0	0,81	19,4
090	0,41	1,16	0,48	2,4	0,55	4,3	0,63	7,7	0,70	12,4	0,77	18,4
0,0080	0,39	1,09	0,45	2,3	0,52	4,0	0,59	7,2	0,66	11,6	0,72	17,4
70	0,36	1,02	0,42	2,1	0,48	3,8	0,55	6,8	0,62	10,9	0,68	16,3
60	0,34	0,95	0,39	2,0	0,45	3,5	0,51	6,3	0,57	10,1	0,62	15,1
50	0,31	0,87	0,36	1,8	0,41	3,2	0,47	5,7	0,52	9,2	0,57	13,7
40	0,27	0,77	0,34	1,6	0,37	2,9	0,42	5,1	0,47	8,2	0,51	12,3
0,0035	0,26	0,72	0,30	1,5	0,34	2,7	0,39	4,8	0,44	7,7	0,48	11,5
30	0,24	0,67	0,28	1,4	0,32	2,5	0,36	4,4	0,40	7,1	0,44	10,7
25	0,22	0,61	0,25	1,3	0,29	2,3	0,33	4,0	0,37	6,5	0,40	9,7
20	0,19	0,55	0,23	1,1	0,26	2,0	0,29	3,6	0,33	5,8	0,36	8,7
15	0,17	0,47	0,20	1,0	0,22	1,8	0,26	3,1	0,28	5,0	0,31	7,5
0,0012	0,15	0,42	0,18	0,9	0,20	1,6	0,23	2,8	0,25	4,5	0,28	6,7
10	0,14	0,38	0,16	0,8	0,18	1,4	0,21	2,5	0,23	4,1	0,25	6,1
08	0,12	0,35	0,14	0,7	0,16	1,3	0,19	2,3	0,21	3,7	0,23	5,5
06	0,11	0,30	0,12	0,6	0,14	1,1	0,16	2,0	0,18	3,2	0,20	4,8
04	0,09	0,24	0,10	0,5	0,12	0,9	0,13	1,6	0,15	2,6	0,16	3,9

Übersicht 6. (Gebrauchte Leitungen.)

Druckverlust je lfd m in m = ε	200		225		250		275		300		325	
	v	Q	v	Q	v	Q	v	Q	v	Q	v	v
0,03750	1,70	53,5	1,80	72,4								
3500	1,64	51,6	1,74	70,0								
3250	1,58	49,8	1,68	67,4								
3000	1,52	47,8	1,62	64,8								
2750	1,45	45,8	1,54	62,0								
0,02500	1,39	43,6	1,47	59,1	1,60	78,3	1,69	101	1,79	126	1,89	157
2250	1,32	41,4	1,40	56,1	1,51	74,4	1,61	95,5	1,70	120	1,79	149
2000	1,24	39,1	1,32	52,1	1,43	70,1	1,51	90,0	1,60	113	1,69	140
1750	1,16	36,5	1,23	49,5	1,34	65,6	1,41	84,2	1,50	106	1,58	131
1500	1,07	33,8	1,14	45,8	1,24	60,6	1,31	78,0	1,39	98,0	1,46	121
0,01400	1,04	32,7	1,10	44,2	1,19	58,6	1,27	75,3	1,34	94,7	1,41	117
1300	1,00	31,5	1,06	42,6	1,15	56,5	1,22	72,5	1,29	91,2	1,36	113
1200	0,96	30,2	1,02	40,9	1,10	54,3	1,17	69,7	1,24	87,6	1,31	109
1100	0,92	29,0	0,98	39,2	1,06	52,0	1,12	66,7	1,19	83,9	1,25	104
1000	0,88	27,6	0,93	37,4	1,01	49,6	1,07	63,6	1,13	80,0	1,19	99,2
0,00900	0,83	26,2	0,88	35,5	0,96	47,0	1,02	60,4	1,07	75,9	1,13	94,1
800	0,78	24,7	0,83	33,5	0,90	44,3	0,96	57,2	1,01	71,5	1,07	88,7
700	0,73	23,1	0,78	31,3	0,85	41,4	0,90	53,2	0,95	66,9	1,00	83,0
600	0,68	21,4	0,72	29,0	0,78	38,4	0,83	49,3	0,88	61,9	0,93	76,8
500	0,62	19,5	0,66	26,4	0,71	35,0	0,76	45,0	0,80	56,6	0,84	70,1
0,00450	0,59	18,5	0,62	25,1	0,68	33,2	0,72	42,7	0,76	53,6	0,80	66,5
400	0,55	17,5	0,59	23,6	0,64	31,3	0,68	40,2	0,71	50,6	0,76	62,7
350	0,52	18,3	0,55	21,2	0,60	29,3	0,63	37,7	0,67	47,3	0,71	58,6
300	0,48	15,1	0,51	20,5	0,55	27,1	0,59	34,8	0,62	43,8	0,65	56,3
250	0,44	13,8	0,47	18,7	0,50	24,8	0,54	31,8	0,57	40,0	0,60	49,6
0,00220	0,41	13,0	0,44	17,5	0,47	23,2	0,50	29,8	0,53	37,5	0,56	46,5
200	0,39	12,3	0,42	16,7	0,45	22,2	0,48	28,5	0,51	35,8	0,53	44,3
180	0,37	11,7	0,40	15,9	0,43	21,0	0,45	27,0	0,48	33,9	0,51	42,1
160	0,35	11,0	0,37	15,0	0,40	19,8	0,43	25,4	0,45	32,0	0,48	39,7
140	0,33	10,3	0,35	14,0	0,38	18,5	0,40	23,8	0,42	29,9	0,45	37,1
0,00130	0,32	9,9	0,34	13,5	0,36	17,9	0,39	22,9	0,41	28,8	0,43	35,7
120	0,30	9,6	0,32	13,0	0,35	17,2	0,37	22,0	0,39	27,7	0,41	34,3
110	0,29	9,2	0,31	12,4	0,33	16,4	0,35	21,1	0,38	26,5	0,40	32,9
100	0,28	8,7	0,29	11,8	0,32	15,7	0,34	20,1	0,36	25,3	0,38	31,4
090	0,27	8,3	0,28	11,2	0,30	14,9	0,32	19,2	0,34	24,0	0,36	29,8
0,00085	0,26	8,1	0,27	10,9	0,29	14,5	0,31	18,6	0,33	23,3	0,35	28,9
80	0,25	7,8	0,26	10,6	0,29	14,0	0,30	18,0	0,32	22,6	0,34	28,1
75	0,24	7,6	0,26	10,2	0,28	13,6	0,29	17,4	0,31	21,9	0,33	27,2
70	0,23	7,3	0,25	9,9	0,27	13,1	0,28	16,8	0,30	21,2	0,32	26,2
65	0,22	7,0	0,24	9,5	0,26	12,6	0,27	16,2	0,29	20,4	0,30	25,3
0,00060	0,21	6,8	0,23	9,2	0,25	12,1	0,26	15,6	0,28	19,6	0,29	24,3
55	0,21	6,5	0,22	8,8	0,24	11,6	0,25	14,9	0,27	18,7	0,28	23,3
50	0,20	6,2	0,21	8,4	0,23	11,1	0,24	14,2	0,25	17,9	0,27	22,2
45	0,19	5,9	0,20	7,9	0,21	10,5	0,23	13,5	0,24	17,0	0,25	21,1
40	0,18	5,5	0,19	7,5	0,20	9,9	0,21	12,7	0,23	16,0	0,24	19,8
0,00035	0,17	5,2	0,17	7,0	0,19	9,3	0,20	11,9	0,22	15,0	0,22	18,5
30	0,15	4,8	0,16	6,5	0,17	8,6	0,19	11,0	0,21	13,9	0,21	17,2
25	0,14	4,4	0,15	5,9	0,16	7,8	0,17	10,1	0,18	12,6	0,19	15,7
20	0,12	3,9	0,13	5,3	0,14	7,0	0,15	9,0	0,16	11,3	0,17	14,0
15	0,11	3,4	0,11	4,4	0,12	6,3	0,13	7,8	0,14	9,8	0,15	12,2

Übersicht 6. (Gebrauchte Leitungen.)

Druck- verlust je lfd. m in m = ε	350		375		400		450		500	
	v	Q	v	v	v	Q	v	Q	v	Q
0,01500	1,53	147	1,60	176	1,68	212				
1400	1,48	142	1,55	170	1,63	204				
1300	1,43	137	1,49	163	1,57	197				
1200	1,37	132	1,44	157	1,51	189				
1100	1,31	126	1,38	150	1,44	181				
0,01000	1,25	120	1,31	143	1,38	173	1,48	236	1,60	314
0950	1,22	117	1,28	140	1,34	169	1,44	230	1,56	307
0900	1,19	114	1,24	136	1,30	164	1,41	224	1,52	298
0850	1,15	111	1,21	132	1,27	159	1,37	218	1,48	290
0800	1,12	108	1,17	128	1,23	155	1,33	211	1,43	281
0,00750	1,08	104	1,13	124	1,19	150	1,28	204	1,39	272
700	1,05	101	1,10	120	1,15	145	1,24	197	1,34	263
650	1,01	97	1,06	116	1,11	139	1,20	190	1,29	254
600	0,97	93	1,02	111	1,07	134	1,15	183	1,24	244
550	0,93	89	0,97	106	1,02	128	1,10	175	1,19	233
0,00500	0,88	85	0,93	101	0,97	122	1,05	167	1,13	222
450	0,84	81	0,88	96	0,92	116	0,99	158	1,08	212
400	0,79	76	0,83	91	0,87	109	0,94	149	1,01	199
350	0,74	71	0,78	85	0,81	102	0,88	140	0,95	186
300	0,68	66	0,72	79	0,75	95	0,81	129	0,88	172
0,00275	0,66	63	0,69	75	0,72	91	0,78	124	0,84	165
250	0,63	60	0,66	72	0,69	86	0,74	118	0,80	157
225	0,59	57	0,62	68	0,65	82	0,70	112	0,76	149
200	0,56	54	0,59	64	0,61	77	0,66	105	0,72	141
175	0,52	50	0,55	60	0,56	72	0,62	99	0,67	132
0,00150	1,48	47	0,51	56	0,53	67	0,57	91	0,62	122
140	0,47	45	0,49	54	0,51	65	0,55	88	0,60	118
130	0,45	43	0,47	52	0,50	62	0,53	85	0,58	113
120	0,43	42	0,45	50	0,48	60	0,51	82	0,56	109
110	0,42	40	0,43	48	0,46	57	0,49	78	0,53	104
0,00100	0,40	38	0,41	45	0,43	55	0,47	75	0,51	99
095	0,39	37	0,40	44	0,42	53	0,46	73	0,49	97
090	0,37	36	0,39	43	0,41	52	0,44	71	0,48	94
085	0,36	35	0,38	42	0,40	50	0,43	69	0,47	92
080	0,35	34	0,37	41	0,39	49	0,42	67	0,45	89
0,00075	0,34	33	0,36	39	0,38	47	0,41	65	0,44	86
70	0,33	32	0,35	38	0,36	46	0,39	62	0,42	83
65	0,32	31	0,33	37	0,35	44	0,38	60	0,41	80
60	0,31	29	0,32	35	0,34	42	0,36	58	0,39	77
55	0,29	28	0,31	34	0,32	41	0,35	55	0,38	74
0,00050	0,28	27	0,29	32	0,31	39	0,33	53	0,36	70
45	0,27	26	0,28	30	0,29	37	0,31	50	0,34	67
40	0,25	24	0,26	29	0,27	35	0,30	47	0,32	63
35	0,23	23	0,25	27	0,26	32	0,28	44	0,30	59
30	0,22	21	0,23	25	0,24	30	0,26	41	0,28	54
0,00025	0,20	19	0,21	23	0,22	27	0,23	37	0,25	50
21	0,18	17	0,19	21	0,20	25	0,21	34	0,23	46
17	0,16	16	0,17	19	0,18	23	0,19	31	0,21	41
13	0,14	14	0,16	16	0,16	20	0,17	27	0,18	36
10	0,12	12	0,13	14	0,14	17	0,15	24	0,16	31

Übersicht 6. (Gebrauchte Leitungen.)

Druck-verlust je lfd. m in m = ε	550		600		650		700		750	
	v	Q	v	Q	v	Q	v	Q	v	Q
0,01000	1,72	419								
950	1,67	408								
900	1,63	398								
850	1,58	386								
800	1,54	375								
0,00750	1,49	363	1,58	446	1,67	553				
700	1,44	351	1,52	431	1,62	535				
650	1,39	338	1,47	415	1,56	515				
600	1,33	325	1,41	399	1,50	495				
550	1,27	311	1,35	382	1,43	474				
0,00500	1,22	296	1,29	364	1,37	452	1,45	556	1,52	671
450	1,15	281	1,22	345	1,29	429	1,37	527	1,44	636
400	1,09	265	1,15	325	1,22	404	1,29	497	1,36	600
350	1,02	248	1,08	305	1,14	378	1,21	465	1,27	561
300	0,94	229	1,00	282	1,06	350	1,12	430	1,18	520
0,00275	0,90	220	0,96	270	1,01	335	1,07	412	1,13	497
250	0,86	210	0,91	276	0,96	319	1,02	393	1,07	474
225	0,81	199	0,86	244	0,91	303	0,97	373	1,02	450
200	0,77	187	0,81	230	0,86	286	0,91	351	0,96	424
175	0,72	175	0,76	215	0,81	267	0,85	329	0,90	397
0,00150	0,67	162	0,71	199	0,75	247	0,79	304	0,83	368
140	0,64	157	0,68	193	0,72	239	0,76	294	0,80	355
130	0,62	151	0,66	185	0,70	230	0,74	283	0,77	342
120	0,59	145	0,63	178	0,67	221	0,71	272	0,74	329
110	0,57	139	0,60	171	0,64	212	0,68	261	0,71	315
0,00100	0,54	132	0,58	163	0,61	202	0,65	248	0,68	300
095	0,53	129	0,56	159	0,59	197	0,63	242	0,66	293
090	0,52	126	0,55	154	0,58	192	0,61	236	0,64	285
085	0,50	122	0,53	150	0,56	186	0,60	229	0,63	277
080	0,49	119	0,52	145	0,55	181	0,58	222	0,61	268
0,00075	0,47	115	0,50	141	0,53	175	0,56	215	0,59	260
70	0,45	111	0,48	136	0,51	169	0,54	208	0,57	251
65	0,44	107	0,46	131	0,49	163	0,52	200	0,55	242
60	0,42	103	0,45	126	0,47	157	0,50	193	0,53	233
55	0,40	98	0,43	121	0,45	150	0,48	184	0,50	222
0,00050	0,38	94	0,41	115	0,43	143	0,46	176	0,48	212
46	0,37	90	0,39	110	0,41	137	0,44	169	0,46	204
42	0,35	86	0,37	105	0,40	131	0,42	161	0,44	194
38	0,33	82	0,35	100	0,38	125	0,40	153	0,42	185
34	0,32	77	0,34	95	0,36	118	0,38	145	0,40	175
0,00030	0,30	73	0,32	89	0,34	111	0,36	136	0,37	164
27	0,28	69	0,30	85	0,32	105	0,34	129	0,35	156
24	0,27	65	0,28	80	0,30	99	0,31	122	0,33	147
21	0,25	61	0,26	75	0,28	93	0,29	114	0,31	138
18	0,23	56	0,24	69	0,26	86	0,27	105	0,29	127
0,00015	0,21	51	0,22	63	0,24	78	0,25	96	0,26	116
13	0,20	48	0,21	59	0,22	73	0,23	90	0,24	108
11	0,18	44	0,19	54	0,20	67	0,21	82	0,23	100
09	0,16	40	0,17	49	0,18	61	0,19	75	0,20	90
07	0,14	35	0,15	43	0,16	53	0,17	66	0,18	79

Übersicht 4. (Gebrauchte Leitungen.)

Druck-verlust je lfd. m in m = ε	800		900		1000		1100		1200	
	v	Q	v	Q	v	Q	v	Q	v	Q
0,00500	1,59	800	1,74	1110						
475	1,55	780	1,70	1082						
450	1,51	759	1,65	1052						
425	1,47	738	1,61	1022						
400	1,42	716	1,56	992						
0,00375	1,38	693	1,51	961	1,64	1292	1,77	1681		
350	1,33	670	1,46	928	1,59	1247	1,71	1624		
325	1,28	646	1,40	894	1,53	1203	1,65	1564		
300	1,23	620	1,35	860	1,47	1154	1,58	1503		
275	1,18	594	1,29	823	1,41	1106	1,52	1439		
0,00250	1,12	566	1,23	785	1,34	1054	1,45	1373	1,56	1760
225	1,07	537	1,17	744	1,27	1000	1,37	1302	1,48	1670
200	1,01	506	1,10	702	1,20	944	1,29	1228	1,39	1574
175	0,94	473	1,03	657	1,12	882	1,21	1147	1,30	1473
150	0,87	438	0,96	608	1,04	817	1,12	1062	1,20	1364
0,00140	0,84	423	0,92	587	1,00	789	1,08	1028	1,16	1318
130	0,81	408	0,89	566	0,97	760	1,04	990	1,12	1269
120	0,78	392	0,85	544	0,93	731	1,00	951	1,08	1220
110	0,75	375	0,82	521	0,89	700	0,95	911	1,03	1167
100	0,71	358	0,78	496	0,85	667	0,91	868	0,98	1113
0,00095	0,69	349	0,76	484	0,83	650	0,89	846	0,96	1085
90	0,67	340	0,74	471	0,81	632	0,87	823	0,95	1056
85	0,66	330	0,72	457	0,78	615	0,84	800	0,91	1027
80	0,64	320	0,70	444	0,76	597	0,82	776	0,88	996
75	0,62	310	0,68	430	0,73	577	0,79	751	0,85	964
0,00070	0,60	300	0,65	416	0,71	558	0,76	726	0,82	932
65	0,57	289	0,63	400	0,68	537	0,74	700	0,79	897
60	0,55	278	0,60	385	0,66	516	0,71	672	0,76	862
55	0,53	266	0,58	368	0,63	496	0,68	643	0,73	826
50	0,50	253	0,55	351	0,60	472	0,65	614	0,70	787
0,00046	0,48	243	0,53	337	0,58	452	0,62	588	0,67	755
42	0,46	232	0,51	322	0,55	432	0,59	562	0,64	721
38	0,44	227	0,48	306	0,52	411	0,56	535	0,61	687
34	0,42	209	0,45	289	0,50	389	0,53	506	0,57	649
30	0,39	196	0,43	272	0,47	365	0,50	475	0,54	609
0,00028	0,38	190	0,41	263	0,45	353	0,48	459	0,52	589
26	0,36	183	0,40	253	0,43	340	0,47	442	0,50	568
24	0,35	176	0,38	243	0,42	327	0,45	425	0,48	546
22	0,33	168	0,37	233	0,40	313	0,43	407	0,46	522
20	0,32	160	0,35	227	0,38	298	0,41	388	0,44	498
0,00018	0,30	152	0,33	211	0,36	283	0,39	368	0,42	472
16	0,28	143	0,31	199	0,34	267	0,37	347	0,39	445
14	0,27	134	0,29	186	0,32	249	0,34	325	0,37	417
12	0,25	124	0,27	172	0,29	231	0,32	301	0,34	386
10	0,23	113	0,25	157	0,27	211	0,29	275	0,31	352
0,00008	0,20	101	0,22	140	0,24	189	0,26	245	0,28	315
6	0,17	88	0,19	122	0,21	163	0,22	213	0,24	273
4	0,14	72	0,16	99	0,17	133	0,18	174	0,20	223
3	0,12	62	0,13	86	0,15	116	0,16	150	0,17	193
2	0,10	51	0,11	70	0,12	94	0,13	123	0,14	157

Fallrohrleitungen.

Übersicht 7.

Übersicht der Werte $\sqrt[3]{Q_k}$ von 0 bis 309 Sekl.

Von 0 bis 100 für alle zehntel Sekl. und von 101 bis 309 nur für ganze Sekl.

Q_k	0	1	2	3	4	5	6	7	8	9
0	0,	0,464	0,585	0,669	0,737	0,794	0,843	0,888	0,928	0,965
1	1,00	1,03	1,06	1,09	1,12	1,14	1,17	1,19	1,22	1,24
2	1,26	1,28	1,30	1,32	1,34	1,36	1,38	1,39	1,41	1,43
3	1,44	1,46	1,47	1,49	1,50	1,52	1,53	1,55	1,56	1,57
4	1,59	1,60	1,61	1,63	1,64	1,65	1,66	1,68	1,69	1,70
5	1,71	1,72	1,73	1,74	1,75	1,77	1,78	1,79	1,80	1,81
6	1,82	1,83	1,84	1,85	1,86	1,87	1,88	1,89	1,89	1,90
7	1,91	1,92	1,93	1,94	1,95	1,96	1,97	1,97	1,98	1,99
8	2,00	2,01	2,02	2,02	2,03	2,04	2,05	2,06	2,06	2,07
9	2,08	2,09	2,10	2,11	2,11	2,12	2,13	2,13	2,14	2 15
10	2,15	2,16	2,17	2,18	2,19	2,19	2,20	2,20	2,21	2,22
11	2,22	2,23	2,24	2,24	2,25	2,26	2,26	2,27	2,28	2,28
12	2,29	2,30	2,30	2,31	2,31	2,32	2,33	2,33	2,34	2,35
13	2,35	2,36	2,36	2,37	2,38	2,38	2,39	2,39	2,40	2,40
14	2,41	2,42	2,42	2,43	2,43	2,44	2,44	2,45	2,46	2,46
15	2,47	2,47	2,48	2,48	2,49	2,49	2,50	2,50	2,51	2,51
16	2,52	2,53	2,53	2,54	2,54	2,55	2,55	2,56	2,56	2,57
17	2,57	2,58	2,58	2,59	2,59	2,60	2,60	2,61	2,61	2,62
18	2,62	2,63	2,63	2,64	2,64	2,64	2,65	2,65	2,66	2,66
19	2,67	2,67	2,68	2,68	2,69	2,69	2,70	2,70	2,71	2,71
20	2,71	2,72	2,72	2,73	2,73	2,74	2,74	2,74	2,75	2,75
21	2,76	2,76	2,77	2,77	2,78	2,78	2,79	2,79	2,79	2,80
22	2,80	2,81	2,81	2,81	2,82	2,82	2,83	2,83	2,84	2,84
23	2,84	2,85	2,85	2,86	2,86	2,86	2,87	2,87	2,88	2,88
24	2,88	2,89	2,89	2,90	2,90	2,90	2,91	2,91	2,92	2,92
25	2,92	2,93	2,93	2,94	2,94	2,94	2,95	2,95	2,95	2,96
26	2,96	2,97	2,97	2,97	2,98	2,98	2,99	2,99	2,99	3,00
27	3,00	3,00	3,01	3,01	3,01	3,02	3,02	3,03	3,03	3,03
28	3,04	3,04	3,04	3,05	3,05	3,05	3,06	3,06	3,07	3,07
29	3,07	3,08	3,08	3,08	3,09	3,09	3,09	3,10	3,10	3,10
30	3,11	3,11	3,11	3,12	3,12	3,12	3,13	3,13	3,13	3,14
31	3,14	3,14	3,15	3,15	3,15	3,16	3,16	3,16	3,17	3,17
32	3,17	3,18	3,18	3,18	3,19	3,19	3,19	3,20	3,20	3,20
33	3,21	3,21	3,21	3,22	3,22	3,22	3,23	3,23	3,23	3,24
34	3,24	3,24	3,25	3,25	3,25	3,26	3,26	3,26	3,26	3,27
35	3,27	3,27	3,28	3,28	3,28	3,29	3,29	3,29	3,20	3,30
36	3,30	3,31	3,31	3,31	3,31	3,32	3,32	3,32	3,33	3,33
37	3,33	3,34	3,34	3,34	3,34	3,35	3,35	3,35	3,36	3,36
38	3,36	3,36	3,37	3,37	3,37	3,37	3,38	3,38	3,39	3,39
39	8,39	3,39	3,40	3,40	3,40	3,41	3,41	3,41	3,41	3,42
40	3,42	3,42	3,43	3,43	3,43	3,43	3,44	3,44	3,44	3,45

Übersicht 7. (Fallrohrleitungen.)

Q_k	0	1	2	3	4	5	6	7	8	9
41	3,45	3,45	3,45	3,46	3,46	3,46	3,47	3,47	3,47	3,47
42	3,48	3,48	3,48	3,48	3,49	3,49	3,49	3,50	3,50	3,50
43	3,50	3,51	3,51	3,51	3,51	3,52	3,52	3,52	3,53	3,53
44	3,53	3,53	3,54	3,54	3,54	3,54	3,55	3,55	3,55	3,55
45	3,55	3,56	3,56	3,56	3,56	3,57	3,57	3,57	3,58	3,58
46	3,58	3,59	3,59	3,59	3,59	3,60	3,60	3,60	3,60	3,61
47	3,61	3,61	3,61	3,61	3,62	3,62	3,62	3,63	3,63	3,63
48	3,63	3,64	3,64	3,64	3,64	3,65	3,65	3,65	3,65	3,66
49	3,66	3,66	3,66	3,67	3,67	3,67	3,67	3,68	3,68	3,68
50	3,68	3,69	3,69	3,69	3,69	3,70	3,70	3,70	3,70	3,70
51	3,71	3,71	3,71	3,72	3,72	3,72	3,72	3,73	3,73	3,73
52	3,73	3,73	3,74	3,74	3,74	3,74	3,75	3,75	3,75	3,75
53	3,76	3,76	3,76	3,76	3,77	3,77	3,77	3,77	3,78	3,78
54	3,78	3,78	3,78	3,79	3,79	3,79	3,79	3,80	3,80	3,80
55	3,80	3,81	3,81	3,81	3,81	3,81	3,82	3,82	3,82	3,82
56	3,83	3,83	3,83	3,83	3,84	3,84	3,84	3,84	3,85	3,85
57	3,85	3,85	3,85	3,86	3,86	3,86	3,86	3,86	3,87	3,87
58	3,87	3,87	3,88	3,88	3,88	3,88	3,88	3,89	3,89	3,89
59	3,89	3,90	3,90	3,90	3,90	3,90	3,91	3,91	3,91	3,91
60	3,91	3,92	3,92	3,92	3,92	3,93	3,93	3,93	3,93	3,93
61	3,94	3,94	3,94	3,94	3,95	3,95	3,95	3,95	3,95	3,96
62	3,96	3,96	3,96	3,96	3,97	3,97	3,97	3,97	3,97	3,98
63	3,98	3,98	3,98	3,99	3,99	3,99	3,99	3,99	4,00	4,00
64	4,00	4,00	4,00	4,01	4,01	4,01	4,01	4,01	4,02	4,02
65	4,02	4,02	4,02	4,03	4,03	4,03	4,03	4,04	4,04	4,04
66	4,04	4,04	4,05	4,05	4,05	4,05	4,05	4,06	4,06	4,06
67	4,06	4,06	4,07	4,07	4,07	4,07	4,07	4,08	4,08	4,08
68	4,08	4,08	4,09	4,09	4,09	4,09	4,09	4,10	4,10	4,10
69	4,10	4,10	4,11	4,11	4,11	4,11	4,11	4,12	4,12	4,12
70	4,12	4,12	4,13	4,13	4,13	4,13	4,13	4,14	4,14	4,14
71	4,14	4,14	4,14	4,15	4,15	4,15	4,15	4,15	4,16	4,16
72	4,16	4,16	4,16	4,17	4,17	4,17	4,17	4,17	4,18	4,18
73	4,18	4,18	4,18	4,18	4,19	4,19	4,19	4,19	4,19	4,20
74	4,20	4,20	4,20	4,20	4,21	4,21	4,21	4,21	4,21	4,22
75	4,22	4,22	4,22	4,22	4,22	4,23	4,23	4,23	4,23	4,23
76	4,24	4,24	4,24	4,24	4,24	4,25	4,25	4,25	4,25	4,25
77	4,25	4,26	4,26	4,26	4,26	4,26	4,27	4,27	4,27	4,27
78	4,27	4,27	4,28	4,28	4,28	4,28	4,28	4,29	4,29	4,29
79	4,29	4,29	4,29	4,30	4,30	4,30	4,30	4,30	4,31	4,31
80	4,31	4,31	43,1	4,31	4,32	4,32	4,32	4,32	4,32	4,33
81	4,33	4,33	4,33	4,33	4,33	4,34	4,34	4,34	4,34	4,34
82	4,34	4,34	4,35	4,35	4,35	4,35	4,35	4,36	4,36	4,36
83	4,36	4,36	4,36	4,37	4,37	4,37	4,37	4,37	4,38	4,38
84	4,38	4,38	4,38	4,38	4,39	4,39	4,39	4,39	4,39	4,40
85	4,40	4,40	4,40	4,40	4,40	4,41	4,41	4,41	4,41	4,41
86	4,41	4,42	4,42	4,42	4,42	4,42	4,42	4,43	4,43	4,43
87	4,43	4,43	4,43	4,44	4,44	4,44	4,44	4,44	4,44	4,45

Übersicht 7. (Fallrohrleitungen.)

0	1	2	3	4	5	6	7	8	9
4,45	4,45	4,45	4,45	4,45	4,46	4,46	4,46	4,46	4,46
4,46	4,47	4,47	4,47	4,47	4,47	4,47	4,48	4,48	4,48
4,48	4,48	4,48	4,49	4,49	4,49	4,49	4,49	4,49	4,50
4,50	4,50	4,50	4,50	4,50	4,51	4,51	4,51	4,51	4,51
4,51	4,52	4,52	4,52	4,52	4,52	4,52	4,53	4,53	4,53
4,53	4,53	4,54	4,54	4,54	4,54	4,54	4,54	4,54	4,55
4,55	4,55	4,55	4,55	4,55	4,56	4,56	4,56	4,56	4,56
4,56	4,56	4,57	4,57	4,57	4,57	4,57	4,57	4,58	4,58
4,58	4,58	4,58	4,58	4,59	4,59	4,59	4,59	4,59	4,59
4,59	4,60	4,60	4,60	4,60	4,60	4,60	4,61	4,61	4,61
4,61	4,61	4,62	4,62	4,62	4,62	4,62	4,62	4,62	4,62
4,63	4,63	4,63	4,63	4,63	4,63	4,64	4,64	4,64	4,64
4,64	4,66	4,67	4,69	4,70	4,72	4,73	4,75	4,76	4,78
4,79	4,81	4,82	4,83	4,85	4,86	4,88	4,89	4,90	4,92
4,93	4,95	4,96	4,97	4,99	5,00	5,01	5,03	5,04	5,05
5,07	5,08	5,09	5,10	5,12	5,13	5,14	5,16	5,17	5,18
5,19	5,20	5,22	5,23	5,24	5,25	5,27	5,28	5,29	5,30
5,31	5,33	5,34	5,34	5,36	5,37	5,38	5,40	5,41	5,42
5,43	5,44	5,45	5,46	5,47	5,48	5,50	5,51	5,52	5,53
5,54	5,55	5,56	5,57	5,58	5,59	5,60	5,61	5,63	5,64
5,65	5,66	5,67	5,68	5,69	5,70	5,71	5,72	5,73	5,74
5,75	5,76	5,77	5,78	5,79	5,80	5,81	5,82	5,83	5,84
5,85	5,86	5,87	5,88	5,89	5,90	5,91	5,92	5,93	5,93
5,94	5,95	5,96	5,97	5,98	5,99	6,00	6,01	6,02	6,03
6,04	6,05	6,06	6,06	6,07	6,08	6,09	6,10	6,11	6,12
6,13	6,14	6,14	6,15	6,16	6,17	6,18	6,19	6,20	6,21
6,21	6,22	6,23	6,24	6,25	6,26	6,27	6,27	6,28	6,29
6,30	6,31	6,32	6,32	6,33	6,34	6,35	6,36	6,37	6,37
6,38	6,39	6,40	6,41	6,42	6,42	6,43	6,44	6,45	6,46
6,46	6,47	6,48	6,49	6,50	6,50	6,51	6,52	6,53	6,53
6,54	6,55	6,56	6,57	6,57	6,58	6,59	6,60	6,60	6,61
6,62	6,63	6,63	6,64	6,65	6,66	6,66	6,67	6,68	6,69
6,69	6,70	6,71	6,72	6,72	6,73	6,74	6,75	6,75	6,76

Fallrohrleitungen.

Übersicht 8.

Übersicht der Werte $Q_e \sqrt[3]{Q_e}$ bzw. $Q_a \sqrt[3]{Q_a}$ von 0 bis 309 Sekl.
Von 0 bis 100 Sekl. für alle zehntel Sekl. und von 101 bis 309 nur für ganze Sekl.

Q	0	1	2	3	4	5	6	7	8	9
0	0	0,0464	0,116	0,201	0,295	0,377	0,506	0,622	0,742	0,869
1	1,00	1,14	1,28	1,42	1,57	1,72	1,87	2,03	2,19	2,35
2	2,52	2,69	2,86	3,04	3,21	3,39	3,57	3,76	3,95	4,14
3	4,33	4,52	4,71	4,91	5,11	5,32	5,52	5,73	5,93	6,14
4	6,35	6,56	6,78	6,99	7,21	7,23	7,65	7,86	8,10	8,32
5	8,55	8,78	9,01	9,24	9,47	9,71	9,94	10,18	10,66	10,66
6	10,90	11,15	11,39	11,64	11,83	12,13	12,38	12,63	12,98	13,14
7	13,39	13,65	13,90	14,16	14,42	14,68	14,94	15,21	15,47	15,71
8	16,00	16,27	16,54	16,81	17,08	17,35	17,62	17,89	18,17	18,40
9	18,72	19,00	19,28	19,56	19,84	20,12	20,40	20,69	20,97	21,30
10	21,54	21,83	22,12	22,41	22,70	22,99	23,29	23,57	23,93	24,11
11	24,5	24,8	25,1	5,4	25,7	26,0	26,3	26,6	26,9	27,2
12	27,5	27,8	28,1	28,4	28,7	29,0	29,3	29,6	29,9	30,3
13	30,6	30,9	31,2	31,5	31,8	32,1	32,5	32,8	33,1	33,4
14	33,7	34,0	34,4	34,7	35,0	35,4	35,7	36,0	36,3	36,7
15	37,0	37,3	37,6	38,0	38,4	38,7	39,0	39,3	39,7	40,0
16	40,3	40,7	41,0	41,3	41,7	42,0	42,3	42,7	43,0	43,4
17	43,7	44,0	44,4	44,8	45,1	45,4	45,8	46,1	46,5	46,8
18	47,2	47,5	47,9	48,2	48,6	48,9	49,3	49,6	50,0	50,4
19	50,7	51,0	51,4	51,7	52,2	52,5	52,8	53,2	53,6	53,9
20	54,3	54,7	55,0	55,4	55,7	56,0	56,4	56,8	57,2	57,6
21	57,9	58,3	58,6	59,0	59,4	59,7	60,1	60,5	60,9	61,2
22	61,6	62,0	62,4	62,8	63,1	63,5	63,9	64,3	64,6	65,0
23	65,4	65,8	66,1	66,5	66,9	67,3	67,7	68,0	68,4	68,8
24	69,2	69,6	70,0	70,3	70,7	71,1	71,5	71,9	72,3	72,7
25	73,1	73,5	73,9	74,3	74,6	75,0	75,4	75,8	76,2	76,5
26	77,0	77,4	77,8	78,2	78,5	79,0	79,4	79,8	80,2	80,6
27	81,0	81,4	81,8	82,2	82,6	83,0	83,5	83,8	84,2	84,6
28	85,0	85,4	85,8	86,2	86,6	87,1	87,5	87,9	88,3	88,7
29	89,1	89,5	89,9	90,3	90,7	91,2	91,6	92,0	92,4	92,8
30	93,2	93,6	94,1	94,5	94,9	95,3	95,7	96,1	96,5	97,0
31	97,4	97,9	98,2	98,6	99,1	99,5	99,9	100,3	100,8	101,2
32	101,6	102,0	102,4	102,9	103,3	103,7	104,2	104,6	105,0	105,4
33	105,8	106,3	106,7	107,1	107,6	108,0	108,4	108,9	109,3	109,7
34	110,1	110,6	111,0	111,4	111,9	112,3	112,7	113,2	113,6	114,1
35	114,5	114,9	115,4	115,8	116,2	116,6	117,1	117,5	118,0	118,4
36	118,9	119,3	119,8	120,2	120,6	121,1	121,5	122,0	122,4	122,8
37	123,3	123,7	124,2	124,6	125,1	125,5	126,0	126,4	126,8	127,2
38	127,7	128,2	128,7	129,1	129,5	130,0	130,5	130,9	131,4	131,8
39	132,3	132,7	133,2	133,6	134,1	134,5	134,9	135,4	135,9	136,3
40	136,8	137,3	137,7	138,2	138,6	139,1	139,6	140,0	140,5	140,9

(Übersicht 8. Fallrohrleitungen.)

0	1	2	3	4	5	6	7	8	9
141,4	141,8	142,3	142,8	143,3	143,7	144,1	144,6	145,1	145,5
146,0	146,5	146,9	147,4	147,9	148,3	148,8	149,3	149,7	150,2
150,6	151,1	151,6	152,1	152,5	153,0	153,5	153,9	154,4	154,9
155,3	155,8	156,3	156,7	157,2	157,7	158,2	158,6	159,1	159,6
160,1	160,6	161,0	161,5	162,0	162,4	162,9	163,4	163,9	164,3
164,8	165,3	165,8	166,3	166,7	167,2	167,7	168,2	168,7	169,1
169,6	170,1	170,8	171,1	171,7	172,2	172,6	173,1	173,5	174,0
174,4	174,9	175,4	175,9	176,4	176,9	177,4	177,8	178,3	178,8
179,3	179,8	180,3	180,8	181,3	181,8	182,2	182,7	183,2	183,7
184,2	184,7	185,2	185,7	186,2	186,7	187,2	187,7	188,1	188,6
189,1	189,6	190,1	190,6	191,1	191,6	192,1	192,6	193,1	193,6
194,1	194,6	195,1	195,6	196,1	196,6	197,1	197,6	198,1	198,6
199,1	199,6	200,1	200,6	201,1	201,6	202,1	202,6	203,1	203,6
204,1	204,6	205,1	205,6	206,1	206,6	207,1	207,6	208,2	208,7
209,2	209,7	210,2	210,7	211,2	211,7	212,2	212,7	213,2	213,7
214,3	214,8	215,3	215,8	216,3	216,8	217,3	217,8	218,3	218,8
219,4	219,9	220,4	220,9	221,4	221,9	222,5	223,0	223,5	224,0
224,5	225,0	225,6	226,1	226,6	227,1	227,6	228,1	228,7	229,2
229,7	230,2	230,7	231,2	231,8	232,3	232,8	233,3	233,8	234,3
234,9	235,4	235,9	236,5	237,0	237,5	238,1	238,7	239,1	239,6
240,1	240,7	241,2	241,7	242,2	242,8	243,3	243,8	244,3	244,9
245,4	245,9	246,4	247,0	247,5	248,0	248,6	249,1	249,6	250,2
250,7	251,2	251,7	252,3	252,8	253,3	253,9	254,5	254,9	255,5
256,0	256,5	257,1	257,6	258,2	258,7	259,2	259,7	260,3	260,8
261,3	261,9	262,4	263,0	263,5	264,1	264,6	265,1	265,7	266,2
266,7	267,3	267,8	268,3	268,9	269,4	270,0	270,5	271,0	271,6
272,1	272,7	273,2	273,8	274,3	274,8	275,4	275,9	276,5	277,0
277,6	278,1	278,6	279,2	279,7	280,3	280,8	281,4	281,9	282,5
283,0	283,6	284,1	284,7	285,2	285,7	286,3	286,8	287,4	288,0
288,5	289,0	289,6	290,1	290,7	291,2	291,8	292,3	292,9	293,4
294,0	294,6	295,1	295,7	296,2	296,8	297,3	297,9	298,4	299,0
299,5	300,1	300,6	301,2	301,8	302,3	302,9	303,4	304,0	304,5
305,1	305,7	306,2	306,8	307,3	307,8	308,4	309,0	309,6	310,1
310,7	311,2	311,8	312,4	312,9	313,5	314,0	314,6	315,2	315,7
316,3	316,8	317,4	318,0	318,5	319,3	319,7	320,2	320,8	321,4
321,9	322,5	323,1	323,6	324,2	324,8	325,3	325,9	326,4	327,0
327,6	328,1	328,7	329,3	329,9	330,4	331,0	331,6	332,1	332,7
333,3	333,8	334,4	335,0	335,6	336,1	336,7	337,3	337,8	338,4
339,0	339,6	340,1	341,3	341,3	349,8	342,4	343,0	343,6	344,1
344,7	345,3	345,9	347,0	347,0	347,6	348,2	348,7	349,3	349,9
350,5	351,0	351,6	352,2	352,8	353,4	353,9	354,5	355,1	355,7
356,2	356,8	357,4	358,0	358,6	359,1	359,7	360,3	360,9	361,5
362,1	362,6	363,2	363,8	364,4	365,0	365,6	366,1	366,7	367,3
367,9	368,5	369,0	369,6	370,2	370,8	371,4	372,0	372,6	373,1
373,7	374,3	374,9	375,5	376,1	376,7	377,3	377,8	378,4	379,0
379,6	380,2	380,8	381,4	382,0	382,5	383,1	383,7	384,3	384,9
385,5	386,1	386,7	387,3	387,8	388,5	389,0	389,6	390,2	390,8

Übersicht 8. (Fallrohrleitungen

Q	0	1	2	3	4	5	6	7	8	9
88	391,4	392,0	392,6	393,2	393,8	394,4	395,0	395,6	396,2	396,8
89	397,4	398,0	398,5	399,1	399,7	400,3	400,9	401,5	402,1	402,7
90	403,3	403,9	404,5	405,1	405,7	406,3	406,9	407,5	408,1	408,8
91	409,3	409,9	410,5	411,1	411,7	412,3	412,9	413,5	414,1	414,7
92	415,3	415,9	416,5	417,1	417,9	418,3	418,9	419,5	420,1	420,8
93	421,3	422,0	422,6	423,2	423,8	424,4	425,0	425,6	426,2	426,8
94	427,4	428,0	428,6	429,2	429,8	430,2	431,0	431,6	432,3	432,9
95	433,5	434,1	434,7	435,3	435,9	436,5	437,1	437,7	438,4	439,0
96	439,6	440,2	440,8	441,4	442,0	442,6	443,2	443,9	444,5	445,1
97	445,7	446,3	446,9	447,5	448,1	448,7	449,4	450,0	450,6	451,3
98	451,8	452,4	453,1	453,7	454,3	454,9	455,5	456,1	456,8	457,4
99	458,0	458,6	459,2	459,8	460,3	461,1	461,7	462,3	462,9	463,5
100	464,2	470,4	476,6	482,8	489,1	495,4	501,7	508,0	514,3	520,7
110	527,1	533,5	539,9	546,3	552,8	559,2	565,7	572,3	578,8	585,3
120	591,9	598,5	606,5	611,7	616,9	625,0	631,7	638,4	645,1	651,8
130	658,6	665,3	672,1	678,9	685,7	692,5	699,4	706,3	713,1	720,0
140	727,0	733,9	740,8	747,8	754,8	761,8	768,8	775,8	782,9	789,9
150	797,0	804,1	811,2	818,3	825,5	832,6	839,8	847,0	854,2	861,4
160	868,6	875,9	883,1	890,4	897,7	905,0	912,3	919,7	927,0	934,4
170	941,7	949,1	956,6	964,0	971,4	976,6	986,3	993,8	1001,3	1008,8
180	1016,3	1023,8	1031,4	1039,0	1040,6	1054,1	1061,7	1068,4	1077,0	1084,6
190	1092,3	1097,3	1110,2	1115,4	1123,0	1130,8	1138,6	1146,3	1115,4	1161,8
200	1169,6	1177,4	1185,2	1193,0	1201,0	1208,7	1216,6	1224,5	1232,4	1240,3
210	1248,2	1256,1	1264,1	1272,0	1280,0	1288,0	1296,0	1304,0	1312,0	1320,0
220	1328,1	1336,1	1344,2	1353,0	1360,4	1368,5	1376,6	1384,8	1393,1	1401,0
230	1409,2	1417,4	1425,6	1433,8	1442,0	1450,2	1458,4	1466,7	1475,1	1483,2
240	1491,4	1499,8	1508,1	1516,4	1524,7	1533,1	1541,4	1549,8	1558,1	1566,5
250	1574,9	1583,3	1591,7	1600,1	1608,6	1617,0	1625,5	1634,0	1642,4	1650,9
260	1659,4	1668,0	1676,5	1685,0	1693,6	1702,2	1710,7	1719,3	1727,9	1736,5
270	1745,0	1753,6	1762,3	1771,0	1779,6	1788,3	1797,0	1805,7	1814,3	1823,0
280	1831,8	1840,6	1849,3	1858,0	1866,8	1875,5	1884,3	1893,1	1901,9	1910,6
290	1919,6	1928,3	1937,2	1946,1	1955,1	1963,8	1972,6	1981,6	1990,5	1999,4
300	2008,3	2017,2	2026,2	2035,1	2044,0	2053,0	2061,9	2071,0	2080,0	2089,0

Beispiele.

$\sqrt[3]{11,6}$ nach Tab. 5 gleich 2,26 (wagr. Spalte $Q^k =$ 11 u. senkr. Spalte 6)

$\sqrt[3]{167}$ » » 5 » 5,51 (» » $Q^k = 160$ » » » 7)

$23,6\sqrt[3]{23,6}$ » » 6 » 67,70 (» » $Q = 23$ » » » 6)

$183\sqrt[3]{183}$ » » 6 » 1039,00 (» » $Q = 180$ » » » 3)

Übersicht 22.

Stadt	Abgabe je Tag u. Kopf in Litern			Stadt	Abgabe je Tag u. Kopf in Litern		
	stärkste	niedrigste	mittlere		stärkste	niedrigste	mittlere
3000 bis 10000 Einwohner				Heilbronn	212	71	137
				Freiberg	170	53	108
Troisdorf	736	102	488	Halberstadt . . .	285	72	138
Einbeck	167	78	89	Erlangen	236	54	137
Traunstein . . .	187	104	142	Soest	233	113	197
Andernach . . .	172	97	132	Kleve	222	53	106
Honnef a. Rh. . .	117	38	92	Kottbus	182	73	116
Bendorf a. Rh. . .	110	55	83	Berg. Glabbach .	221	87	142
Weisenthurm . .	433	21	184	Haspe	281	115	223
Glückstadt . . .	125	92	110	Bamberg	177	84	140
Boppard	98	28	64	Zittau	—	—	192
Borna	44	29	43	Neuß	142	54	103
Perleberg	129	57	78	Kolberg	149	57	90
Stade	86	28	51	Eisenach	—	—	99
Oberlahnstein . .	100	50	54	Stollberg	118	77	103
Rüdesheim . . .	300	62	132	Göttingen	183	105	148
Vegesak	230	62	120	Landshut	205	76	143
Frankenstein . .	50	14	33	Schwerin	114	64	93
Verden a. d. A. .	41	21	33	Eßlingen	177	36	100
Waren-Mecklbg. .	51	12	24	Höchst	220	89	149
Treuen-Vogtl. . .	—	—	41	Bautzen	175	72	132
Netschkau . . .	283	93	109	Baden-Baden . .	392	157	184
Ülzen	72	39	48	Stralsund	203	58	86
Pleß	31	22	25	Homburg v. d. H.	242	130	163
Deidesheim . . .	52	45	51	Wandsbek	179	72	122
				Weimar	104	65	80
10000 bis 50000 Einwohner				Bayreuth	189	95	115
				Wesel	200	46	116
Steele	180	130	142	Brieg	131	59	94
Worms	230	82	139	Göppingen . . .	180	52	104
Kolmar	—	—	—	Bremerhaven . .	142	72	110
Hamm	315	175	249	Ingolstadt	153	76	130
Solingen	171	89	139	Iserlohn	162	64	124
Hanau	151	42	64	Rheine	100	45	89
Bernburg	142	84	113	Annaberg	181	90	153
Gießen	289	150	228				

— 318 —

Übersicht 22.

Stadt	Abgabe je Tag u. Kopf in Litern			Stadt	Abgabe je Tag u. Kopf in Litern		
	stärkste	niedrigste	mittlere		stärkste	niedrigste	mittlere
Tilsit	70	32	53	Griesheim	208	73	144
Reutlingen	—	—	161	Memel	93	35	63
Hildesheim	109	47	84	Neumünster	112	53	90
Meißen	187	47	112	Neustadt, O.-S.	118	44	70
Bruchsal	160	79	128	Aue	114	46	88
Meerane	180	32	124	Forst	173	69	121
Neiße	133	62	94	Gnesen	75	29	51
Insterburg	93	48	69	Lippstadt	180	95	138
Wismar	94	45	71	Siegburg	122	50	60
Neustadt a. d. H.	164	101	116	Wittenberge	92	39	53
Speyer	133	44	78	Aschersleben	81	20	57
Luckenwalde	216	40	144	Oldenburg	71	48	62
Ludwigsburg	—	—	106	Quedlinburg	133	42	89
Köthen	128	50	78	Arnstadt	224	86	165
Weinheim	184	70	130	St. Ingbert	144	33	58
Landsberg a. W.	97	54	72	Hohensalza	67	21	38
Neuwied	150	66	109	Hohenlimburg	90	54	72
Merseburg	144	62	108	Rudolfstadt	102	50	77
Brühl	137	95	96	Riesa	129	45	88
Durlach	179	74	102	Eilenburg	69	45	56
Minden	125	59	89	Schönebeck	80	20	40
Lüdenscheid	114	44	93	Helmstedt	132	38	85
Koburg	—	—	142	Elmshorn	218	54	137
Pirna	177	125	146	Oschatz	101	44	77
Sulzbach-Saar	109	39	55	Jauer	101	34	56
Allenstein	116	67	83	Radebeul	220	57	106
Offenburg	283	114	197	Ölsnitz	99	76	88
Guben	146	56	87	Wurzen	83	33	42
Lüneburg	142	74	111	Bingen	156	38	50
Mühlhausen, Th.	163	60	107	Großenhain	126	42	74
Geestemünde	80	34	62	Burg	103	48	72
Kuxhaven	190	68	130	Glatz	135	88	104
Schw. Gemünd	194	83	137	Döbeln	49	24	35
Bitterfeld	176	100	132	Sagan	104	21	47
Glauchau	—	—	121	Peine	—	—	92
Herford	131	42	89	Sorau	86	37	67
Schweidnitz	102	39	70	Werdau	—	—	57

Übersicht 22.

Stadt	Abgabe je Tag u. Kopf in Litern			Stadt	Abgabe je Tag u. Kopf in Litern		
	stärkste	niedrigste	mittlere		stärkste	niedrigste	mittlere
Mittweida	65	36	45	über 100000 Einwohner			
Oranienburg . . .	84	36	39				
Waldheim	122	58	114	Berlin	176	87	126
Neustrelitz . . .	49	13	25	Hamburg	186	100	152
				Dortmund . . .	384	205	292
50000 bis 100000 Einwohner				Köln	242	125	187
				Frankfurt	227	103	163
Augsburg	340	254	310	Dresden	181	89	139
Freiburg	318	215	261	Bochum	478	268	386
Hagen	257	157	200	Düsseldorf . . .	253	132	196
Würzburg	—	—	187	Bremen	154	79	122
Lübeck	150	86	119	Essen	222	126	178
Mühlheim-Ruhr .	216	109	171	Breslau	107	52	87
Oberhausen . . .	117	54	84	Leipzig	137	58	108
Rostock	168	80	132	Elberfeld	230	130	185
Münster	163	79	130	Barmen	—	—	376
Bonn	164	87	128	Altona	209	87	154
Pforzheim	255	130	201	Nürnberg	204	83	139
Darmstadt . . .	202	81	130	Hannover	153	71	125
Regensburg . . .	190	102	132	Magdeburg . . .	158	61	128
Liegnitz	132	70	97	Basel	306	124	215
Mainz	197	98	144	Duisburg	258	133	202
Bielefeld	190	73	140	Witten-Ruhr . .	300	165	239
M.-Gladbach . .	114	52	87	Königsberg . . .	105	55	89
Heidelberg . . .	—	—	158	Mannheim . . .	209	100	149
Görlitz	137	70	115	Krefeld	204	99	161
Frankfurt a. O. .	134	62	101	Mülheim-Rh. . .	216	109	171
Zwickau	112	30	86	Halle	143	66	109
Remscheid . . .	165	68	128	Stettin	114	54	85
Harburg	131	75	106	Aachen	135	65	111
Dessau	121	64	97	Karlsruhe	255	108	165
Fürth	168	51	99	Kassel	154	89	128
Osnabrück . . .	113	59	93	Chemnitz	107	54	89
Potsdam	157	72	104	Wiesbaden . . .	207	102	155
Gera	—	—	107	Kiel	114	68	96
Brandenburg . .	154	62	103	Braunschweig . .	162	75	122
Flensburg	84	37	54				

Übersicht
Abmessungen für gußeiserne

Lichte Weite des Rohres	Wandstärke	Äußerer Durchmesser des Rohres	Innerer Durchmesser der Muffe	Äußerer Durchmesser der Muffe	Muffentiefe	Dichtungstiefe	Rohrlänge		
D	δ	D_1	D_2	D_3	t	t_1	L	x	y
40	8	56	70	116	74	62	3	23	11
50	8	66	81	127	77	65	3	23	11
60	8,5	77	92	140	80	67	3	24	12
70	8,5	87	102	150	82	69	3,5	24	12
80	9	98	113	163	84	70	3,5	25	12,5
90	9	108	123	173	86	72	3,5	25	12,5
100	9	118	133	183	88	74	4	25	13
125	9,5	144	159	211	91	77	4	26	13,5
150	10	170	185	239	94	79	4	27	14
175	10,5	196	211	267	97	81	4	28	14,5
200	11	222	238	296	100	83	4	29	15
225	11,5	248	264	324	100	83	4	30	16
250	12	274	291	353	103	84	4	31	17
275	12,5	300	317	381	103	84	4	32	17,5
300	13	326	343	409	105	85	4	33	18
325	13,5	352	369	437	105	85	4	34	19
350	14	378	395	465	107	86	4	35	19,5
375	14	403	421	491	107	86	4	35	20
400	14,5	429	448	520	110	88	4	36	20,5
425	14,5	454	473	545	110	88	4	36	20,5
450	15	480	499	573	112	89	4	37	21,0
475	15,5	506	525	601	112	89	4	38	21,5
500	16	532	552	630	115	91	4	39	22,5
550	16,5	583	603	683	117	92	4	40	23
600	17	634	655	737	120	94	4	41	24
650	18	686	707	793	122	95	4	43	25
700	19	738	760	850	125	96	4	45	26,5
750	20	790	812	906	127	97	4	47	28
800	21	842	866	964	130	98	4	49	29,5
900	22,5	945	970	1074	135	101	4	52	31,5
1000	24	1048	1074	1184	140	104	4	55	33,5
1100	26	1152	1178	1296	145	106	4	59	36,5
1200	28	1256	1282	1408	150	108	4	63	39

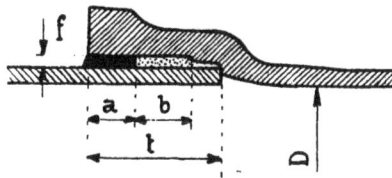

23.
Muffenrohre.

Gewicht des glatten Rohres pro lfd m	Gewicht der Muffe	Gewicht des Rohres von vorst Baulänge	Gewicht des lfd m Rohres inkl der Muffe	Stärke der Dichtungsfuge	Normale Höhe des Bleiringes	Normale Höhe des Hanfstrickes	Gewicht des Bleiringes	Gewicht des Hanfstrickes
				f	a	b		
8,75	2,68	28,93	9,64	7	35	27	0,51	0,05
10,57	3,14	34,85	11,62	7,5	35	30	0,69	0,07
13,26	3,89	43,67	14,56	7,5	40	32	0,73	0,07
15,20	4,35	57,55	16,44	7,5	40	28	0,94	0,09
18,24	5,09	68,93	19,60	7,5	40	30	1,05	0,10
20,29	5,70	76,72	21,92	7,5	40	32	1,15	0,12
22,34	6,20	84,39	24,11	7,5	40	34	1,35	0,14
29,10	7,64	124,04	31,01	7,5	45	32	1,70	0,17
36,44	9,89	155,65	38,91	7,5	45	34	2,14	0,21
44,36	12,00	189,44	47,36	7,5	45	36	2,46	0,25
52,86	14,41	225,85	56,46	8	45	38	2,97	0,30
51,95	16,89	264,69	66,17	8	50	33	3,67	0,37
71,61	19,61	306,05	76,51	8,5	50	34	4,30	0,43
81,85	22,51	349,91	87,48	8,5	50	34	4,69	0,47
92,68	25,78	396,50	99,13	8,5	50	35	5,09	0,51
104,08	28,83	445,15	111,29	8,5	50	35	5,16	0,52
116,07	32,23	496,51	124,13	8,5	50	36	5,53	0,55
124,04	34,27	530,43	132,61	9	50	36	6,64	0,66
136,89	39,15	586,71	146,68	9,5	50	98	7,46	0,75
145,15	41,26	621,85	155,46	9,5	50	38	7,89	0,79
158,07	44,90	680,38	170,10	9,5	50	39	8,33	0,83
173,17	48,97	741,65	185,41	9,5	50	39	8,77	0,88
188,04	54,48	806,64	201,66	10	55	36	10,13	1,01
212,90	62,34	913,94	228,49	10	55	37	11,70	1,17
238,90	71,15	1026,75	256,69	10,5	55	39	13,33	1,33
273,86	83,10	1178,54	294,64	10,5	55	40	14,40	1,44
311,15	98,04	1342,64	335,66	11	55	41	15,50	1,55
350,76	111,29	1514,33	378,58	11	60	37	17,40	1,74
396,69	129,27	1700,03	425,01	12	60	38	20,20	2,02
472,76	160,17	2051,21	512,80	12,5	60	41	24,70	2,47
559,76	165,99	2435,03	608,76	13	65	39	29,20	2,92
666,81	243,76	2911,00	727,75	13	65	41	34,0	3,40
738,15	294,50	3427,10	856,88	13	65	43	39,0	3,90

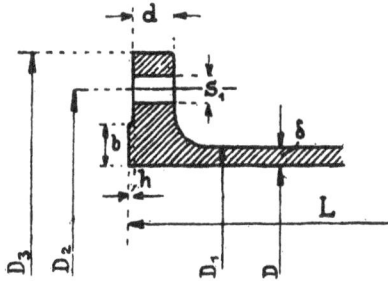

Abmessungen für gußeiserne

Lichte Weite des Rohres	Wandstärke	Äußerer Durchmesser des Rohres	Lochkreis-durchmesser	Flanschen-durchmesser	Stärke des Flanschen	Breite der Dichtungs-leiste	Höhe der Dichtungs-leiste	Durchmesser des Schrauben loches	Rohrlänge
D	δ	D_1	D_2	D_3	d	b	h	s_1	L
40	8	56	110	140	18	25	3	15	3
50	8	66	125	160	18	25	3	18	3
60	8,5	77	135	175	19	25	3	18	3
70	8,5	87	145	185	19	25	3	18	3
80	9	98	160	200	20	25	3	18	3
90	9	108	170	215	20	25	3	18	3
100	9	118	180	230	20	28	3	21	3
125	9,5	144	210	260	21	28	3	21	3
150	10	170	240	290	22	28	3	21	3
175	10,5	196	270	320	22	30	3	21	3
200	11	222	300	350	23	30	3	21	4
225	11,5	248	320	370	23	30	3	21	4
250	12	274	350	400	24	30	3	21	4
275	12,5	300	375	425	25	30	3	21	4
300	13	326	400	450	25	30	3	21	4
325	13,5	352	435	490	26	35	4	25	4
350	14	378	465	520	26	35	4	25	4
375	14	403	495	550	27	35	4	25	4
400	14,5	429	520	575	27	35	4	25	4
425	14,5	454	545	600	28	35	4	25	4
450	15	480	570	630	28	35	4	25	4
475	15,5	506	600	655	29	40	4	25	4
500	16	532	625	680	30	40	4	25	4
550	16,5	583	675	740	33	40	5	28,5	4
600	17	634	725	790	33	40	5	28,5	4
650	18	686	775	840	33	40	5	28,5	4
700	19	738	830	900	33	40	5	28,5	4
750	20	790	880	950	33	40	5	28,5	4

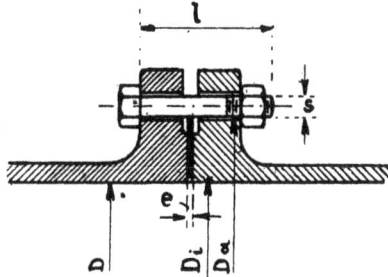

24.

Flanschenrohre.

Gewicht des Rohres von vorst. Länge	Gewicht eines lfd. m Rohres inkl. der Flanschen	Gewicht der Flanschen	Innerer Durchmesser der Dichtung	Äußerer Durchmesser der Dichtung	Stärke der Dichtung	Anzahl der Schrauben	Stärke der Schrauben	Länge der Schrauben
			D	D_a	e		s	l
30,03	10,01	1,89	43	97	2,5	4	$^1/_2$	70
36,53	12,18	2,41	53	109	2,5	4	$^5/_8$	75
45,70	15,23	2,96	63	119	2,5	4	$^5/_8$	75
52,02	17,34	3,21	74	129	2,5	4	$^5/_8$	75
62,40	20,80	3,84	85	144	2,5	4	$^5/_8$	75
69,61	23,20	4,37	95	154	2,5	4	$^5/_8$	75
76,94	25,65	4,69	105	161	3,	4	$^3/_4$	85
99,82	33,27	6,26	130	191	3,	4	$^3/_4$	85
124,70	41,56	7,69	155	221	3,	6	$^3/_4$	85
151,00	50,33	8,96	180	251	3,	6	$^3/_4$	85
232,86	58,22	10,71	205	281	3,	6	$^3/_4$	85
269,84	67,46	11,02	230	301	3,	6	$^3/_4$	85
312,40	78,10	12,98	255	331	3,	8	$^3/_4$	100
356,22	89,06	14,41	280	356	3,	8	$^3/_4$	100
401,36	100,34	15,32	305	381	3,5	8	$^3/_4$	100
455,28	113,82	19,48	330	412	3,5	10	$^7/_8$	105
506,86	126,72	21,29	355	442	3,5	10	$^7/_8$	105
544,74	136,19	24,29	380	472	3,5	10	$^7/_8$	105
598,44	148,61	25,44	405	497	3,5	10	$^7/_8$	105
635,88	158,97	27,64	430	522	3,5	12	$^7/_8$	105
695,26	173,82	29,89	455	547	3,5	12	$^7/_8$	105
757,50	189,38	32,41	480	577	3,5	12	$^7/_8$	105
821,54	205,39	34,69	505	602	4	12	$^7/_8$	105
940,16	235,04	44,28	555	649	4	14	1	120
1050,42	262,61	47,41	605	699	4	16	1	120
1195,70	298,93	50,13	655	749	4	18	1	120
1357,60	339,40	56,50	705	804	4	18	1	120
1522,66	380,67	59,81	755	854	4	20	1	120

Übersicht 25.
Übersicht für Muffenquerschnitte von schmiedeeisernen Rohren.

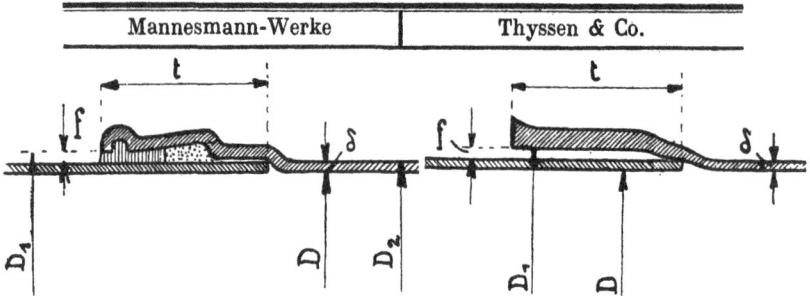

	Mannesmann-Werke						Thyssen & Co.				
Lichte Weite des Rohres	Lichte Weite der Muffe	Wandstärke	Stärke der Dichtungsfuge	Muffentiefe	Gewicht pro lfd. m Rohr	Lichte Weite des Rohres	Lichte Weite der Muffe	Wandstärke	Stärke der Dichtungsfuge	Muffentiefe	Gewicht pro lfd. m Rohr
D	D	δ	f	t	kg	D	D_1	δ	f	t	kg
40	60	3	7	81	3,9						
50	71	3	7,5	85	4,9	50	71	3	7,5	102	4,9
60	81	3	7,5	88	5,5	60	81	3	7,5	104	5,5
70	91,5	$3^1/_4$	7,5	90	6,5	70	91	3	7,5	106	6,5
75	97	$3^1/_2$	7,5	91	7,8	75	$96^1/_2$	$3^1/_4$	7,5	109	7,8
80	102	$3^1/_2$	7,5	111	8,7	$82^1/_2$	104	$3^1/_4$	7,5	112	8,5
90	112,5	$3^3/_4$	7,5	113	10,5	$88^1/_2$	110	$3^1/_4$	7,5	115	9,0
100	123,0	4	7,5	115	11,6	$100^1/_2$	123	$3^3/_4$	7,5	122	11,5
125	148	4	7,5	118	14,0	125	148	4	7,5	126	14,0
150	174	$4^1/_2$	7,5	122	19,0	150	174	$4^1/_2$	7,5	135	19,5
175	200	5	7,5	127	25,0	175	200	5	7,5	137	25,5
200	227	$5^1/_2$	8,0	135	30,0	200	227	$5^1/_2$	8	139	30,0
225	254	$6^1/_2$	8	135	40,0	228	257	$6^1/_2$	8	146	40,0
250	282	7	8	139	47,0	253	284	7	8,5	150	48,0
						277	309	$7^1/_2$	8,5	150	56,5
						303	335	$7^1/_2$	8,5	156	61,0
						327	360	8	8,5	158	70,5
						352	385	8	8,5	162	76,0
						377	412	$8^1/_2$	9	163	86,5
						402	439	9	9,5	166	96,8

Durchmesser des Abzweiges			100			150			200			250			300			350			400			Bau-länge
Nenn-Φ	Äußerer Φ	δ	a	b	c	a	b	c	a	b	c	a	b	c	a	b	c	a	b	c	a	b	c	
100	118	4	200	1800	210																			1500
150	170	4,5	200	1300	235	225	1275	245																1500
200	222	5,5	200	1300	260	225	1275	265	250	1250	270													1500
250	274	7	200	1300	285	225	1275	290	250	1250	295	275	1255	305										1500
300	326	7,75	225	1275	310	250	1250	315	275	1225	320	300	1200	330	325	1175	340							1500
350	378	8	225	1525	340	250	1500	345	275	1475	350	300	1450	360	325	1425	370	350	1400	380				1750
400	429	7	250	1500	370	275	1475	375	300	1450	380	325	1425	385	350	1400	390	375	1375	395	400	1350	400	1750
450	480	7	250	1500	400	275	1475	400	300	1450	405	325	1425	410	350	1400	415	375	1375	420	400	1350	425	1750
500	532	7	275	1475	420	300	1450	425	325	1425	430	350	1400	435	375	1375	440	400	1350	445	425	1325	450	1750
600	634	8	275	1475	470	300	1700	475	325	1675	480	350	1650	485	375	1625	490	400	1600	495	425	1575	550	2000
700	738	8	300	1700	520	325	1675	525	350	1650	530	375	1625	535	400	1600	540	425	1575	545	450	1550	550	2000
800	842	9	325	1675	570	350	1650	575	375	1625	580	400	1600	585	425	1575	590	450	1550	595	475	1525	600	2000
900	945	10	350	1900	620	375	1875	625	400	1850	630	425	1825	635	450	1800	640	475	1775	645	500	1750	650	2250
1000	1048	11	350	1900	680	375	1875	675	400	1850	680	450	1825	685	450	1800	690	475	1775	695	500	1750	700	2250

Durchmesser des Abzweiges			450			500			600			700			800			900			1000			Bau-länge
Nenn-Φ	Äußerer Φ	δ	a	b	c	a	b	c	a	b	c	a	b	c	a	b	c	a	b	c	a	b	c	
450	480	7	425	1325	405																			1750
500	532	7	450	1300	455	475	1275	460																1750
600	634	8	450	1550	505	475	1525	510	525	1475	520													2000
700	738	8	475	1525	555	500	1500	560	550	1450	570	600	1400	580										2000
800	842	9	500	1500	605	525	1475	610	575	1425	620	625	1375	630	675	1325	640							2000
900	945	10	525	1725	655	550	1700	660	600	1650	670	650	1600	680	700	1525	690	750	1500	700				2250
1000	1048	11	525	1725	705	550	1700	710	600	1650	730	650	1600	740	700	1525	750	750	1600	760	800	1450	770	2250

Die Bedeutung der Buchstaben siehe Abb. 98.

Übersicht 81.

Durchmesser des Abzweiges			100			150			200			250			300			350			400			Bau- länge
Nenn- φ	Äußerer φ	δ	a	b	c	a	b	c	a	b	c	a	b	c	a	b	c	a	b	c	a	b	c	
100	118	4	200	1300	150																			1500
150	170	4,5	200	1300	175	225	1275	175																1500
200	222	5,5	200	1300	200	225	1275	200	250	1250	210													1500
250	274	7	200	1300	225	225	1275	225	250	1250	230	275	1225	230										1500
300	326	7,75	225	1275	250	250	1250	250	275	1225	260	300	1200	260	325	1175	260							1500
350	378	8	225	1275	275	275	1500	275	275	1475	280	325	1450	280	325	1425	280	350	1400	280				1750
400	429	7	250	1500	300	275	1475	300	300	1450	310	325	1425	310	350	1400	310	375	1375	310	400	1350	320	1750
450	480	7	250	1500	325	300	1475	325	325	1450	330	325	1425	330	350	1400	330	375	1375	330	400	1350	340	1750
500	532	7	275	1475	350	300	1450	350	325	1425	360	350	1400	360	375	1375	360	400	1350	360	425	1325	370	1750
600	634	8	275	1725	400	325	1700	400	350	1675	410	375	1650	410	375	1350	410	400	1600	410	450	1575	420	2000
700	738	8	300	1700	450	325	1675	450	350	1650	460	375	1625	460	400	1600	460	425	1575	460	450	1550	470	2000
800	842	9	325	1675	500	350	1650	500	375	1625	510	400	1600	510	425	1575	510	440	1550	510	475	1525	520	2000
900	945	10	350	1900	550	375	1875	550	400	1850	560	425	1825	560	450	1800	560	575	1775	560	500	1750	570	2250
1000	1048	11	350	1900	600	375	1875	600	400	1850	610	425	1825	610	450	1800	610	475	1775	610	500	1750	620	2250

Durchmesser der Abzweiges			450			500			600			700			800			900			1000			Bau- länge
Nenn- φ	Äußerer φ	δ	a	b	c	a	b	c	a	b	c	a	b	c	a	b	c	a	b	c	a	b	c	
450	480	7	425	1325	340																			1750
500	532	7	450	1300	370	475	1275	370																1750
600	634	8	450	1550	420	475	1525	420	525	1475	420													2000
700	738	8	475	1525	470	500	1500	470	525	1525	470	600	1400	470										2000
800	842	9	500	1500	520	550	1475	520	600	1450	520	625	1375	520	675	1325	530							2000
900	945	10	525	1725	570	550	1700	570	675	1650	570	650	1600	570	700	1525	580	750	1500	590				2250
1000	1048	11	525	1725	620	525	1725	620	750	1650	620	650	1600	620	700	1525	630	750	1500	640	800	1450	640	2250

Die Bedeutung der Buchstaben siehe Abb. 99.

Übersicht 34.

Nenn-Φ mm	Außen-Φ mm	Wandstärke mm	K 5-15° l/h	K 22½° l	K 22½° h	K 22½° b	K 30° l	K 30° h	K 30° b	K 45° l	K 45° h	K 45° b	K 90° l	K 90° h	K 90° b	L 5-15° l/h	L 22½° l	L 22½° h	L 22½° b	L 30° l	L 30° h	L 30° b	L 45° l	L 45° h	L 45° b	L 90° l	L 90° h	L 90° b	c	e/s
100	118	4	500	130	500	566	170	500	588	200	500	715	300	500	1140	Wie unter K-Stücke													325	45/12
150	170	4,5	500	200	500	602	280	500	635	290	500	811	470	500	1445														340	45/12
200	222	5,5	500	260	500	633	350	500	681	390	500	918	630	650	1918														350	50/13
250	274	7	500	330	500	668	440	500	774	490	500	1025	780	800	2367		160	500	582	220	500	614	250	500	768	390	500	1292	360	50/13
300	326	7,75	500	390	500	699	520	550	819	580	600	1232	950	1000	2909		200	500	602	260	500	635	290	500	811	470	500	1445	375	55/14
350	378	8	500	460	500	785	610	600	916	690	700	1439	1100	1100	3315		230	500	617	300	500	655	340	500	864	550	550	1658	380	55/14
400	429	7	500	520	550	815	700	700	1062	780	800	1635	1260	1300	3840		260	500	633	350	500	681	390	500	918	630	650	1918	400	60/15
450	480	7	500	590	600	901	790	800	1208	880	900	1844	1400	1400	4217		290	500	648	390	500	702	440	500	972	700	700	2109	410	60/15
500	582	7	500	650	700	982	870	900	1350	980	1000	2050	1570	1600	4760		330	500	668	430	500	722	490	500	1025	790	800	2388	425	65/16
600	634	8	800	790	900	1203	1040	1100	1688	1180	1200	2465	1880	1900	5690		360	500	699	520	550	819	590	600	1232	950	950	2909	450	70/17
700	738	8	900	910	900	1364	1220	1200	1831	1380	1400	2875	2200	2200	6690		450	500	730	610	600	916	680	700	1439	1100	1100	3315	475	75/18
800	842	9	1100	1040	1100	1580	1390	1400	2120	1580	1600	3295	2500	2500	7588		520	550	815	700	700	1062	780	800	1635	1250	1300	3805	500	80/20
900	945	10	1200	1170	1200	1797	1570	1600	2414	1780	1800	3710	2800	2900	8488		590	600	901	790	800	1208	880	900	1844	1400	1400	4217	525	85/21
1000	1048	11	1300	1300	1300	1962	1780	1800	2722	1990	2000	4140	3100	3100	9340		650	650	982	870	900	1350	980	1000	2050	1570	1600	4760	550	90/22

K-Stücke. Krümmungsradius = 5 D — Schweißnähte. L-Stücke. Krümmungsradius = 5 D — Schweißnähte. Abstand des Ringes c. Ringstärke e/s.

Die Bedeutung der Buchstaben siehe Abb. 100.

Übersicht 37.

10			15			20			25			30			35			40			44			52		
δ	P	G	δ	P	G	δ	P	G	δ	P	G	δ	P	G	δ	P	G	δ	P	G	δ	P	G	δ	P	G
1,5	7	0,6	2,0	6	1,2	2,5	6	2,0	2,0	4	1,9	2,5	4	2,9	3,0	4	4,1	3,0	3,5	4,6	3,5	4	5,9	4,0	3,5	8,0
2,0	10	0,9	2,5	8	1,6	3,0	7	2,4	2,5	5	2,5	3,0	5	3,6	3,5	5	4,8	3,5	4	5,4	4,5	5	7,9	5,0	4,5	10,2
2,5	12	1,1	3,0	10	1,9	3,5	8	2,9	3,0	6	3,0	3,5	6	4,2	4,0	6	5,6	4,0	5	6,3	5,5	6	9,8	6,0	5,5	12,4
3,0	15	1,5	3,5	12	2,3	4,0	10	3,4	3,5	7	3,6	4,0	6	4,9	4,5	6	6,3	4,5	5,5	7,1	7,0	8	12,7	7,5	7,0	15,9
3,5	17	1,7	4,0	13	2,7	4,5	11	3,9	4,0	8	4,1	4,5	7	5,5	5,0	7	7,2	5,0	6	8,0						
			4,5	15	3,1	5,0	12	4,5	4,5	9	4,7	5,0	8	6,3	5,5	8	8,0	5,5	7	8,9						
			5,0	16	3,6	5,5	13	5,0	5,0	10	5,4	5,5	9	7,0	6,0	8	8,8	6,0	7,5	9,8						
						6,0	15	5,6	5,5	11	6,0	6,0	10	7,7												
									6,0	12	6,6															

		50	70	80
Lichte Weite des Messers . . .	d	50	70	80
Lichte Rohrdurchmesser der Leitung	d—d_1	50—150	70—200	80—200
Baulänge des Messers	a	150	200	250
	d/d_n	$^{50}/_{60}$	$^{70}/_{80}$	$^{80}/_{90}$
	b	150	150	150
	c	320	360	380
	d/d_1	$^{50}/_{70}$	$^{70}/_{90}$	$^{80}/_{100}$
	b	150	150	150
	c	340	380	400
	d/d_1	$^{50}/_{80}$	$^{70}/_{100}$	$^{80}/_{125}$
	b	150	150	185
	c	360	400	450
	d/d_1	$^{50}/_{90}$	$^{70}/_{125}$	$^{80}/_{150}$
	b	165	215	270
Abmessungen der Übergangs-	c	380	450	500
stücke und der Hosenrohre	d/d_1	$^{50}/_{100}$	$^{70}/_{150}$	$^{80}/_{175}$
	b	200	300	350
	c	400	500	550
	d/d_1	$^{50}/_{125}$	$^{70}/_{175}$	$^{80}/_{200}$
	b	280	380	430
	c	450	550	600
	d/d_1	$^{50}/_{150}$	$^{70}/_{200}$	
	b	365	465	
	c	500	600	
	d/d_1			
	b			
	c			
Baulänge des Ausdehnungs- stückes	d	400	400	400
Länge der Schieber	c	250	270	280
Baulänge der Rückschlagklappe	f		$2d_1 + 100$	
	g	200	200	200
	h		$\frac{D}{2} + 500 \div 700$	

45.

100	150	200	300	400	400	750
100—300	150—350	200—400	300—600	400—800	500—1000	750—1200
260	300	325	400	500	500	750
$^{100}/_{125}$	$^{150}/_{125}$	$^{200}/_{225}$	$^{300}/_{325}$	$^{400}/_{450}$	$^{500}/_{550}$	$^{750}/_{800}$
150	150	150	150	500	500	500
450	500	650	850	1100	1300	1800
$^{100}/_{150}$	$^{150}/_{200}$	$^{200}/_{250}$	$^{300}/_{350}$	$^{400}/_{500}$	$^{500}/_{600}$	$^{750}/_{900}$
200	200	200	200	500	500	500
500	600	700	900	1200	1400	2000
$^{100}/_{175}$	$^{150}/_{225}$	$^{200}/_{275}$	$^{300}/_{375}$	$^{400}/_{550}$	$^{500}/_{650}$	$^{750}/_{1000}$
280	280	280	280	550	550	850
550	650	750	950	1300	1500	2200
$^{100}/_{200}$	$^{150}/_{250}$	$^{200}/_{300}$	$^{300}/_{400}$	$^{400}/_{600}$	$^{500}/_{700}$	$^{750}/_{1100}$
365	365	365	365	700	700	1200
600	700	800	1000	1400	1600	2400
$^{100}/_{125}$	$^{150}/_{275}$	$^{200}/_{350}$	$^{300}/_{450}$	$^{400}/_{650}$	$^{500}/_{750}$	$^{750}/_{1200}$
450	450	530	530	850	865	1500
650	750	900	1100	1500	1700	2600
$^{100}/_{250}$	$^{150}/_{300}$	$^{200}/_{400}$	$^{300}/_{500}$	$^{400}/_{700}$	$^{500}/_{800}$	
430	530	700	700	1000	1050	
700	800	1000	1200	1600	1800	
$^{100}/_{275}$	$^{150}/_{350}$	$^{200}/_{450}$	$^{300}/_{550}$	$^{400}/_{750}$	$^{500}/_{900}$	
615	700	865	865	1200	1350	
750	900	1100	1300	1700	2000	
$^{100}/_{300}$			$^{300}/_{600}$	$^{400}/_{800}$	$^{500}/_{1000}$	
700			1050	1350	1700	
800			1400	1800	2200	
400	400	400	400	500	800	
300	350	400	500	600	700	

(d_1 Rohrdurchmesser der Leitung)

200	250	250	250	300	300	200

(D Flanschendurchmesser des Schiebers)

Übersicht 46.

Sekl.	Minl.	Stdcbm	Tages-cbm	Sekl.	Minl.	Stdcbm	Tages-cbm
0,0115	0,6944	0,0416	1,000	0,5787	34,7222	2,0833	50,000
0,0166	1,0000	0,0600	1,440	0,5833	35,0000	2,1000	50,400
0,0231	1,3888	0,0833	2,000	0,6356	38,1944	2,2916	55,000
0,0333	2,0000	0,1200	2,880	0,6666	40,0000	2,4000	57,600
0,0347	2,0833	0,1250	3,000	0,6944	41,6666	2,5000	60,000
0,0462	2,7777	0,1666	4,000	0,7500	45,0000	2,7000	64,800
0,0500	3,0000	0,1800	4,320	0,7523	45,1388	2,7083	65,000
0,0578	3,4722	0,2083	5,000	0,8101	48,6111	2,9166	70,000
0,0660	4,0000	0,2400	5,760	0,8333	50,0000	3,0000	72,000
0,0694	4,1666	0,2500	6,000	0,8680	52,0833	3,1250	75,000
0,0810	4,8611	0,2916	7,000	0,9166	55,0000	3,3000	79,200
0,0833	5,0000	0,3000	7,200	0,9259	55,5555	3,3333	80,000
0,0925	5,5555	0,3333	8,000	0,9837	59,0277	3,5416	85,000
0,1000	6,0000	0,3600	8,640	1,0000	60,0000	3,6000	86,400
0,1041	6,2500	0,3750	9,000	1,0416	62,0277	3,7500	90,000
0,1157	6,9444	0,4166	10,000	1,0833	65,0000	3,9000	93,600
0,1166	7,0000	0,4200	10,080	1,0995	65,9723	3,9583	95,000
0,1333	8,0000	0,4800	11,520	1,1111	66,6666	4,0000	96,000
0,1388	8,3333	0,5000	12,000	1,1574	69,4444	4,1666	100,000
0,1500	9,0000	0,5400	12,960	1,1666	70,0000	4,2000	100,800
0,1620	9,7222	0,5833	14,000	1,2500	75,0000	4,5000	108,000
0,1666	10,0000	0,6000	14,400	1,2731	73,3888	4,5833	110,000
0,1851	11,1111	0,6666	16,000	1,3333	80,0000	4,8000	115,200
0,2000	12,0000	0,7200	17,280	1,3888	83,3333	5,0000	120,000
0,2083	12,5000	0,7500	18,000	1,4166	85,0000	5,1000	122,400
0,2314	13,8888	0,8333	20,000	1,5000	90,0000	5,4000	129,600
0,2333	14,0000	0,8400	20,160	1,5045	90,2777	5,4166	130,000
0,2666	16,0000	0,9600	23,040	1,5733	95,0000	5,7000	136,800
0,2777	16,6600	1,0000	24,000	1,6203	97,2222	5,8333	140,000
0,2839	17,3611	1,0416	25,000	1,6666	100,0000	6,0000	144,000
0,3333	20,0000	1,2000	28,800	1,7360	104,1666	6,2500	150,000
0,3472	20,8333	1,2500	30,000	1,8333	110,0000	6,6000	158,400
0,4051	24,3055	1,4583	35,000	1,8518	111,1111	6,6666	160,000
0,4166	25,0000	1,5000	36,000	1,9444	116,6666	7,0000	168,000
0,4629	27,7777	1,6666	40,000	1,9675	118,0555	7,0833	170,000
0,5000	30,0000	1,8000	43,200	2,0000	120,0000	7,2000	172,000
0,5208	31,2500	1,8750	45,000	2,0833	125,0000	7,5000	180,000
0,5555	33,3333	2,0000	48000	2,1666	130,0000	7,8000	187,200

Minl.	Stdcbm	Tages-cbm	Sekl.	Minl.	Stdcbm	Tagescbm
131,9444	7,9166	190,000	15,2770	916,6666	55,0000	1320,000
133,3333	8,0000	192,000	16,0000	960,0000	57,6000	1382,400
138,8888	8,3333	200,000	16,6660	1000,0000	60,0000	1440,000
140,0000	8,4000	201,600	18,0000	1080,0000	64,8000	1555,200
150,0000	9,0000	216,000	18,0555	1083,3330	65,0000	1560,000
160,0000	9,6000	230,400	19,4433	1166,6660	70,0000	1680,000
166,6660	10,0000	240,000	20,0000	1200,0000	72,0000	1728,000
170,0000	10,2000	244,800	20,8331	1250,0000	75,0000	1800,000
180,0000	10,8000	259,200	22,2220	1333,3330	80,0000	1920,000
190,0000	11,4000	273,600	23,6100	1416,6660	85,0000	2040,000
200,0000	12,0000	288,000	25,0000	1500,0000	90,0000	2160,000
208,3333	12,5000	300,000	26,3880	1583,3330	95,0000	2280,000
233,3333	14,0000	336,000	27,7770	1666,6660	100,0000	2400,000
240,0000	14,4000	345,600	30,0000	1800,0000	108,0000	2592,000
266,6666	16,0000	384,000	30,5550	1833,3330	110,0000	2640,000
287,7777	16,6666	400,000	33,3330	2000,0000	120,0000	2880,000
300,0000	18,0000	432,000	35,0000	2100,0000	126,0000	3024,000
333,3333	20,0000	480,000	36,1110	2166,6660	130,0000	3120,000
347,2222	20,8333	500,000	38,8880	2333,3330	140,0000	3360,000
360,0000	21,6000	518,400	40,0000	2400,0000	144,0000	3456,000
400,0000	24,0000	576,000	41,6660	2500,0000	150,0000	3600,000
416,6666	25,0000	600,000	44,444	2666,666	160,0000	3840,000
420,0000	25,2000	604,800	45,000	2700,000	162,0000	3888,000
480,0000	28,8000	691,200	47,222	2833,333	170,0000	4080,000
500,0000	30,0000	720,000	50,000	3000,000	180,0000	4320,000
540,0000	32,4000	777,600	52,777	3166,666	190,0000	4560,000
555,5555	33,3333	800,000	55,000	3300,000	198,0000	4752,000
583,3333	35,0000	840,000	55,555	3333,333	200,0000	4800,000
600,0000	36,0000	864,000	60,000	3600,000	216,0000	5184,000
625,0000	37,5000	900,000	65,000	3900,000	234,0000	5616,000
666,6666	40,0000	960,000	70,000	4200,000	252,0000	6048,000
694,4444	41,6666	1000,000	75,000	4500,000	270,0000	6480,000
700,0000	42,0000	1008,000	80,000	4800,000	288,0000	6912,000
720,0000	43,2000	1036,800	85,3330	5000,0000	300,0000	7200,000
750,0000	45,0000	1080,000	85,0000	5100,0000	306,0000	7344,000
800,0000	48,0000	1152,000	90,0000	5400,0000	324,0000	7776,000
833,3333	50,0000	1200,000	95,0000	5700,0000	342,0000	8208,000
840,0000	50,4000	1209,600	100,000	6000,0000	360,0000	8640,000
900,0000	54,0000	1227,000	110,000	6600,0000	396,0000	9504,000

Sekl.	Minl.	Stdcbm	Tagescbm	Sekl.	Minl.	Stdcbm	Tagescbm
111,110	6666,6660	400,0000	9600,000	200,000	12000,000	720,0000	17280,000
120,000	7200,0000	432,0000	10368,000	222,222	13333,333	800,0000	19200,000
130,000	7800,0000	468,0000	11232,000	250,000	15000,000	900,0000	21600,000
138,888	8333,3330	500,0000	12000,000	277,777	16666,000	1000,0000	24000,000
140,000	8400,0000	504,0000	12096,000	300,000	18000,000	1080,0000	25920,000
150,000	9000,0000	540,0000	12960,000	400,000	24000,000	1440,0000	34560,000
160,000	9600,0000	576,0000	13824,000	500,000	30000,000	1800,0000	43200,000
166,666	10000,0000	600,0000	14400,000	600,000	36000,000	2160,0000	51840,000
170,000	10200,0000	612,0000	14688,000	700,000	42000,000	2520,0000	60480,000
180,000	10800,0000	648,0000	15552,000	800,000	48000,000	2880,0000	69120,000
190,000	11400,0000	684,0000	16416,000	900,000	54000,000	3240,0000	77760,000
194,444	11666,6660	700,0000	16800,000	1000,000	60000,000	3600,0000	86400,000

Übersicht 47.
Zahlenwerte, berechnet nach Formel $v = \sqrt{2\,g \cdot h}$

v	h	v	h	v	h	v	h	v	h	v	h	v	h	v	h
0,05	0,000	1,15	0,067	2,25	0,258	3,7	0,698	5,9	1,774	8,1	3,334	11,5	6,741	22,5	25,80
0,10	0,000	1,20	0,073	2,30	0,270	3,8	0,736	6,0	1,835	8,2	3,427	12,0	7,339	23,0	26,96
0,15	0,001	1,25	0,080	2,35	0,281	3,9	0,775	6,1	1,897	8,3	3,512	12,5	7,964	23,5	28,15
0,20	0,002	1,30	0,086	2,40	0,294	4,0	0,815	6,2	1,959	8,4	3,597	13,0	8,614	24,0	29,36
0,25	0,003	1,35	0,093	2,45	0,306	4,1	0,857	6,3	2,023	8,5	3,683	13,5	9,289	24,5	30,59
0,30	0,005	1,40	0,100	2,50	0,319	4,2	0,899	6,4	2,088	8,6	3,770	14,0	9,990	25,0	31,86
0,35	0,006	1,45	0,107	2,55	0,332	4,3	0,942	6,5	2,154	8,7	3,858	14,5	10,716	25,5	33,16
0,40	0,008	1,50	0,115	2,60	0,345	4,4	0,987	6,6	2,220	8,8	3,947	15,0	11,468	26,0	34,45
0,45	0,010	1,55	0,122	2,65	0,358	4,5	1,032	6,7	2,288	8,9	4,038	15,5	12,245	26,5	35,81
0,50	0,013	1,60	0,130	2,70	0,372	4,6	1,078	6,8	2,357	9,0	4,129	16,0	13,048	27,0	37,16
0,55	0,015	1,65	0,139	2,75	0,386	4,7	1,126	6,9	2,427	9,1	4,221	16,5	13,876	27,5	38,57
0,60	0,018	1,70	0,147	2,80	0,400	4,8	1,174	7,0	2,498	9,2	4,314	17,0	14,730	28,0	39,96
0,65	0,022	1,75	0,156	2,85	0,414	4,9	1,224	7,1	2,570	9,3	4,409	17,5	15,609	28,5	41,42
0,70	0,025	1,80	0,165	2,90	0,429	5,0	1,274	7,2	2,642	9,4	4,504	18,0	16,514	29,0	42,86
0,75	0,029	1,85	0,174	2,95	0,444	5,1	1,326	7,3	2,716	9,5	4,600	18,5	17,444	29,5	44,38
0,80	0,033	1,90	0,184	3,00	0,459	5,2	1,378	7,4	2,791	9,6	4,698	19,0	18,400	30,0	45,87
0,85	0,037	1,95	0,194	3,10	0,490	5,3	1,435	7,5	2,867	9,7	4,796	19,5	19,381	31,0	48,89
0,90	0,041	2,00	0,204	3,20	0,522	5,4	1,486	7,6	2,944	9,8	4,896	20,0	20,390	32,0	25,19
0,95	0,046	2,05	0,214	3,30	0,555	5,5	1,542	7,7	3,022	9,9	4,996	20,5	21,420	33,0	55,59
1,00	0,051	2,10	0,225	3,40	0,589	5,6	1,599	7,8	3,101	10,0	5,097	21,0	22,480	34,0	58,92
1,05	0,056	2,15	0,236	3,50	0,624	5,7	1,656	7,9	3,181	10,5	5,619	21,5	23,560	35,0	62,44
1,10	0,062	2,20	0,247	3,60	0,601	5,8	1,685	8,5	3,262	11,0	6,167	22,0	24,670	36,0	66,06

Zeichnerische Bestimmung der Druckgefällslinie.

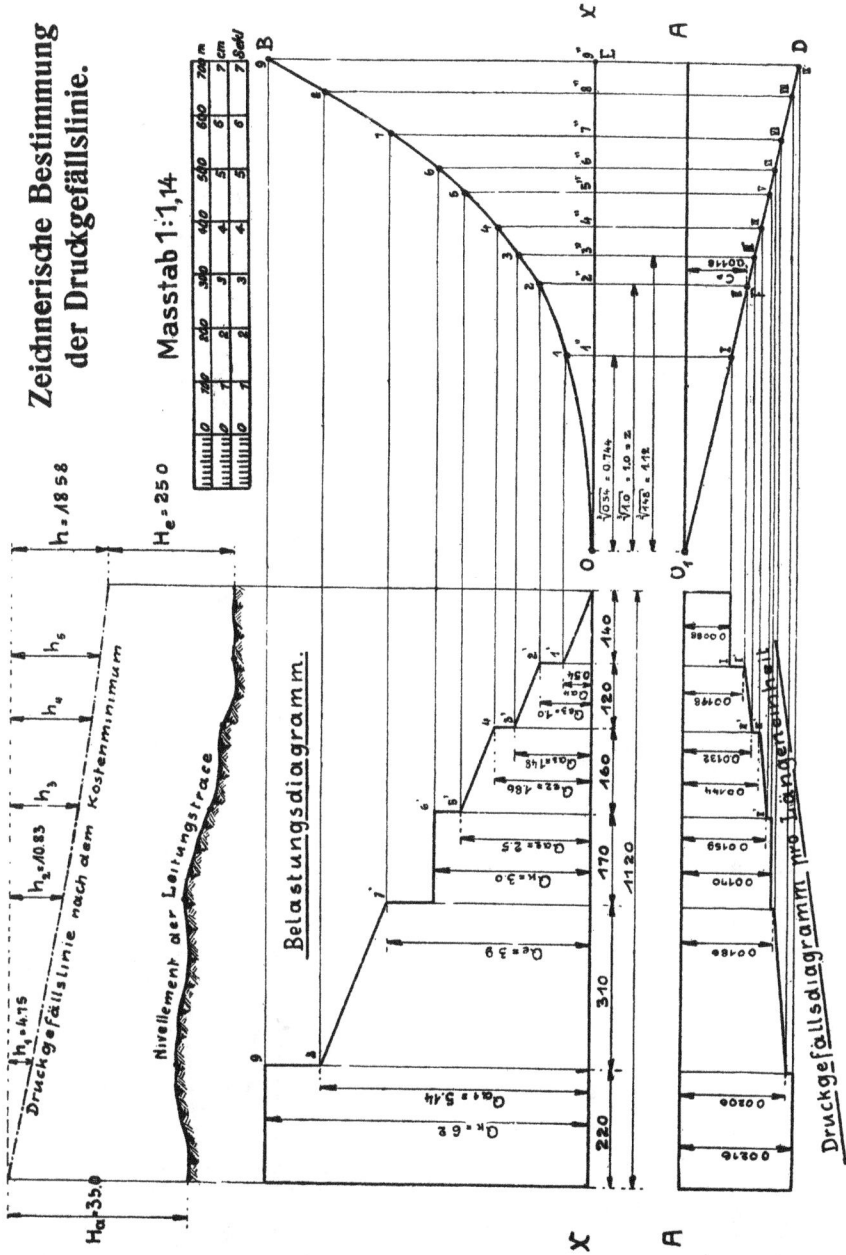

Masstab 1:1,14

Belastungsdiagramm.

Druckgefällsdiagramm pro Längeneinheit.

Nivellement der Leitungstrace

Druckgefällslinie nach dem Kostenminimum

$h = 1858$ $H_e = 250$ $H_a = 350$

$h_1 = 475$ $h_2 = 1083$ h_3 h_4 h_5

$\sqrt[3]{0.54} = 0.744$
$\sqrt[3]{1.0} = 1.0 = z$
$\sqrt[3]{1.48} = 1.12$

$Q_{ k} = 6.2$ $Q_{a1} = 5.44$ $Q_e = 3.9$ $Q_k = 3.0$ $Q_{2e} = 2.5$ $Q_{a2} = 1.86$ $Q_{a3} = 1.48$ $Q_{a5} = 1.0$

220   310   170   160   120   140

1120

Verlag von R. Oldenbourg, München und Berlin.

Brinkhaus, Rohrnetz städt. Wasserwerke, 3. Aufl.

Tafel 2.

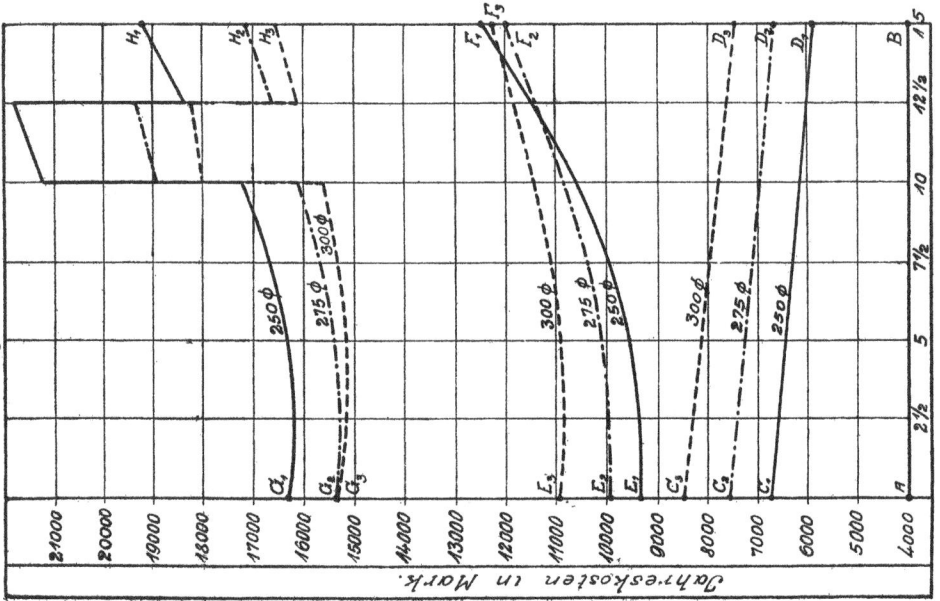

Fig. 1.

Jahreskosten in Mark.

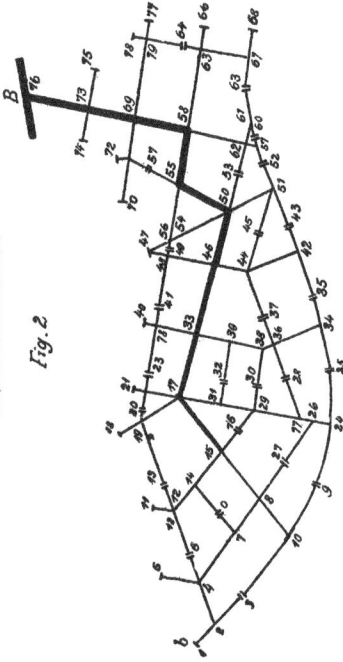

Versorgungszone II.
q = 0.0034 Sekl.

Fig. 2.

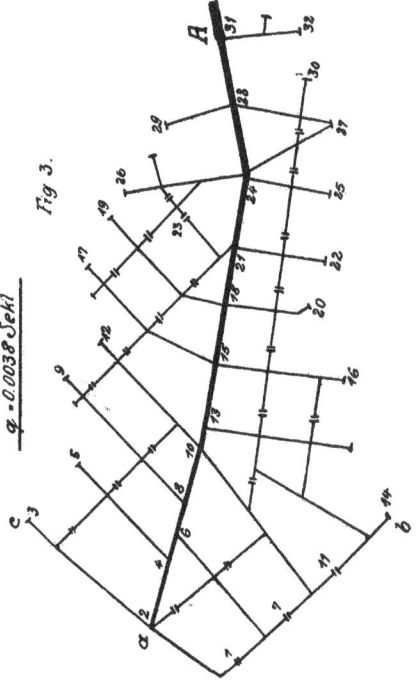

Versorgungszone I.
q = 0.0038 Sekl.

Fig. 3.

Verlag von R. Oldenbourg, München und Berlin.

Lageplan
der Stadt Bernau.

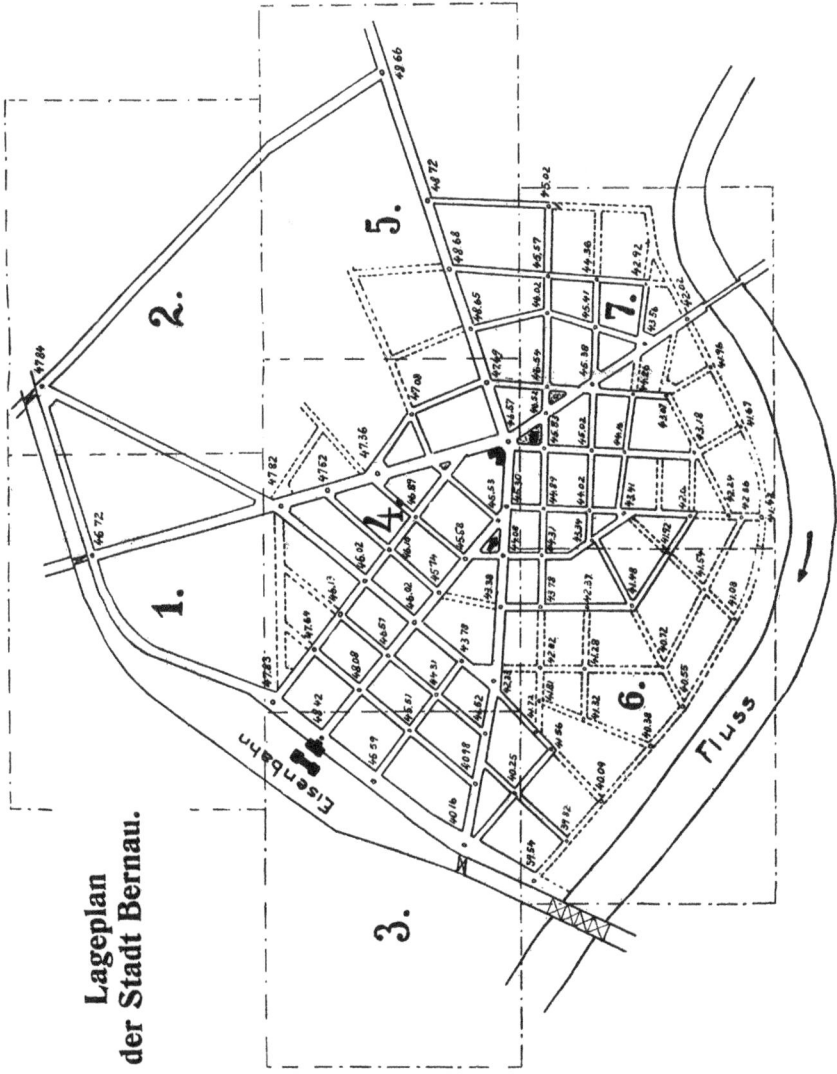

Verlag von R. Oldenbourg, München und Berlin.

Brinkhaus, Rohrnetz städt. Wasserwerke, 3. Aufl.

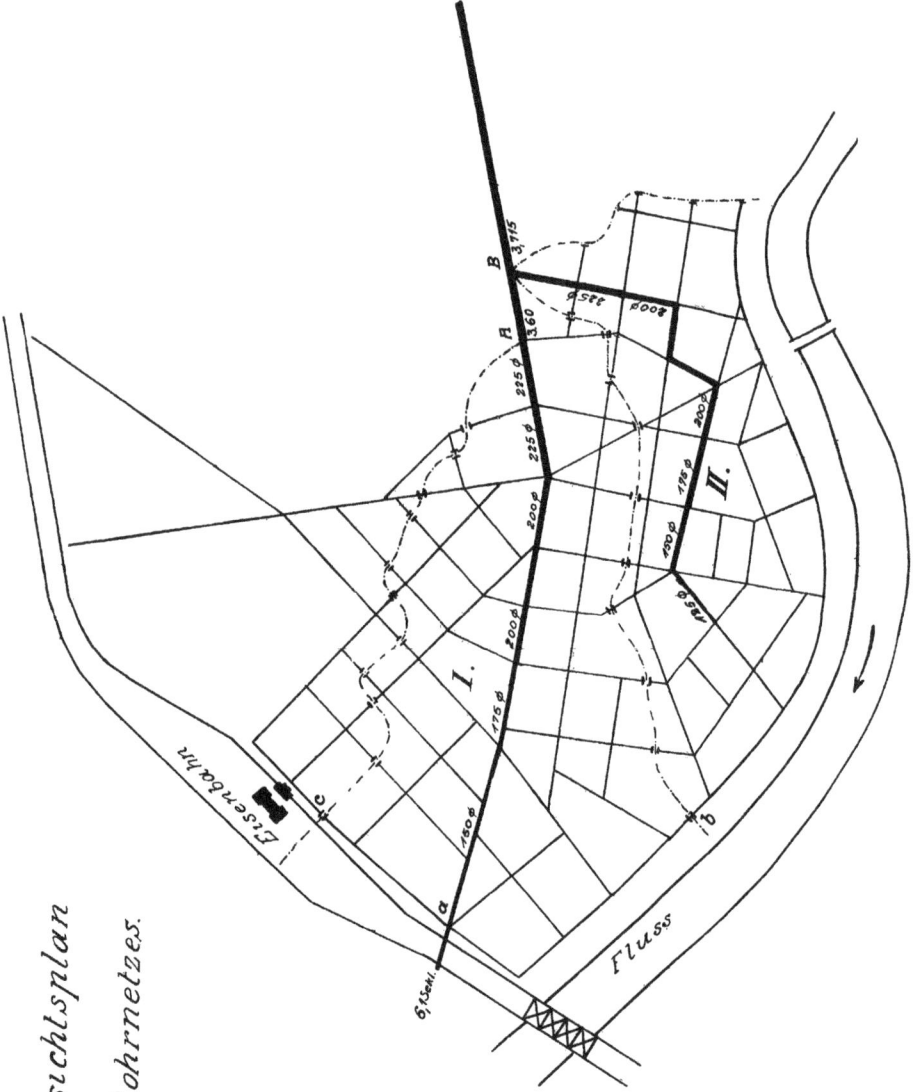

Tafel 4.

Übersichtsplan
des Rohrnetzes.

Belastungsdiagramm der Versorgungszone II

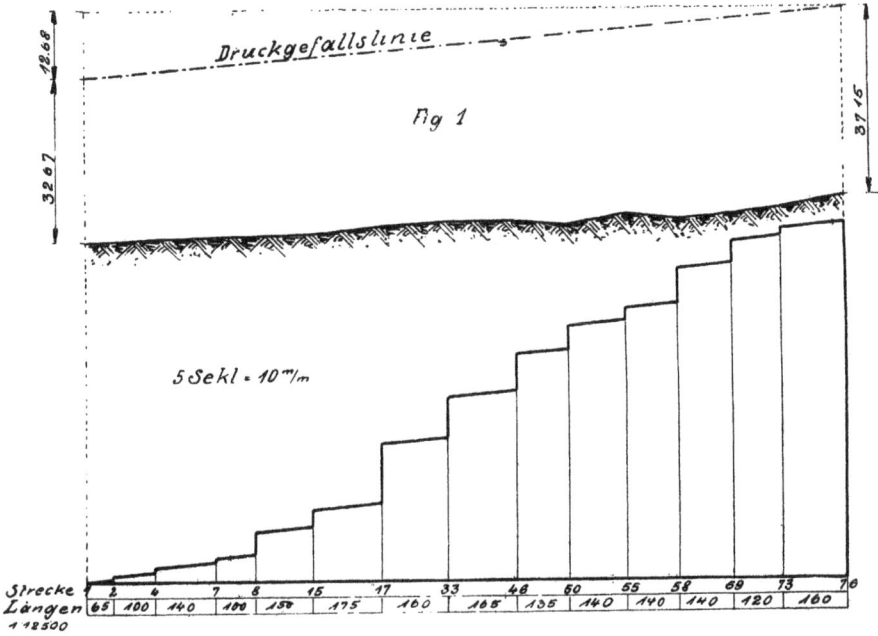

Druckgefallslinie

Fig 1

4268

3267

37 15

5 Sekl = 10 ᵐ/m

Strecke	2	4	7	8	15	17	33	46	50	55	58	69	73	76
Längen	65	100	140	100	150	175	160	165	135	140	140	140	120	160

1 12500

Belastungdiagramm der Versorgungszone I.

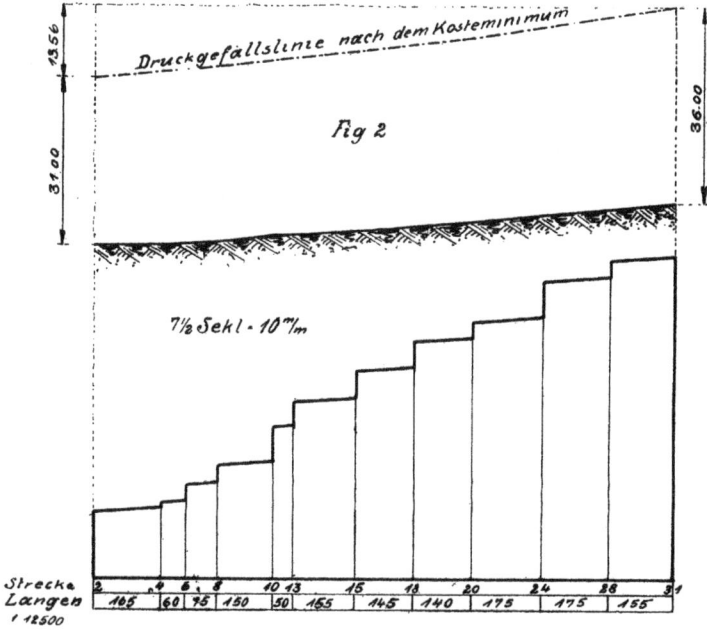

Druckgefallslinie nach dem Kosteminimum

Fig 2

1356

3100

36.00

7½ Sekl = 10 ᵐ/m

Strecke	2	4	6	8	10	13	15	18	20	24	28	31
Langen	105	60	95	150	50	155	145	140	175	175	155	

1 12500

Verlag von R. Oldenbourg, München und Berlin.

Brinkhaus, Rohrnetz städt. Wasserwerke, 3. Aufl.

Eisenbahndamm
Unterführung

Fig 1

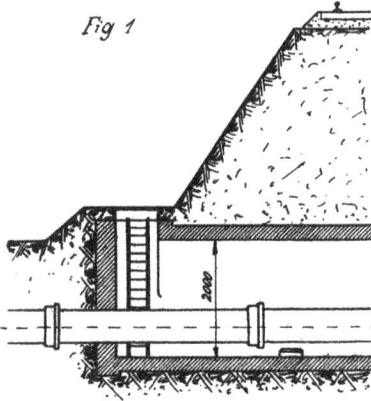

Rohrauflager.
Fig.2.

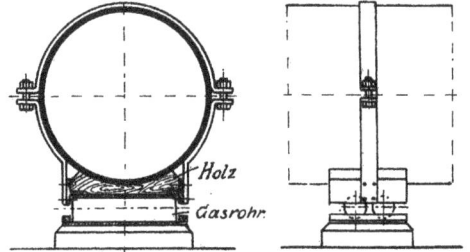

Holz

Gasrohr.

Querprofile

Bei einem Rohr.

Fig 3

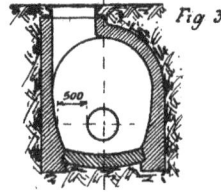

500

Bei zwei Rohren.

Fig 4.

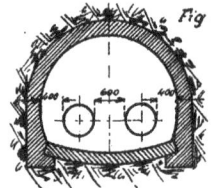

Dückerleitung
Fig. 5

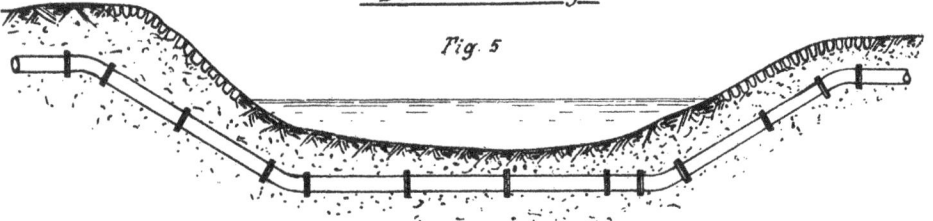

Fig 6.

Verlegung kleiner Dücker

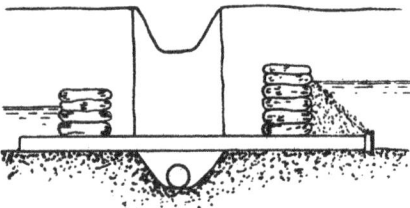

Bismark-Strasse (Jahn-Dresdener-Str.)

Fig 1

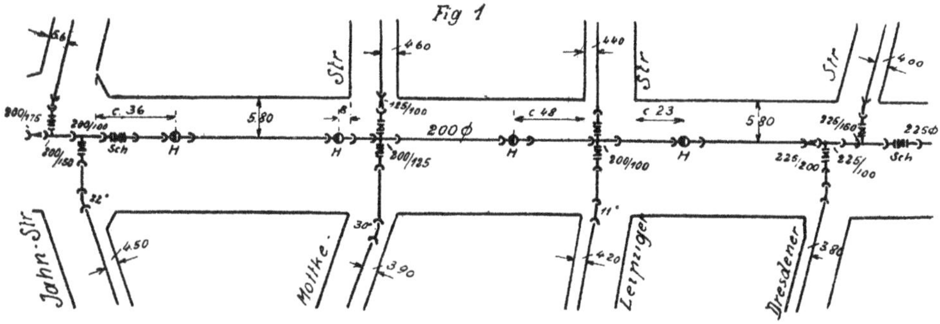

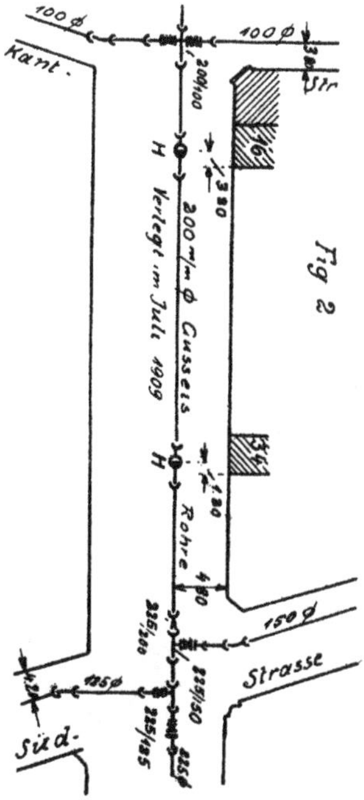

Verlag von R. Oldenbourg, München und Berlin.

Stuckliste

1	F Stück	225	1	R Stuck	225/200	1	A Stuck	200/150
1	E "	225	4	A "	200/70	1	E "	200
1	A "	225/150	1	AA "	200/100	1	F "	200
1	A "	225/100	1	AA "	200/125	2	R	200/175
1	A "	225/150	1	A "	200/100	5	Hydranten	70
1	Schieber	225	1	Schieber	200			

Kreuzung Kaiser-Süd-Str.

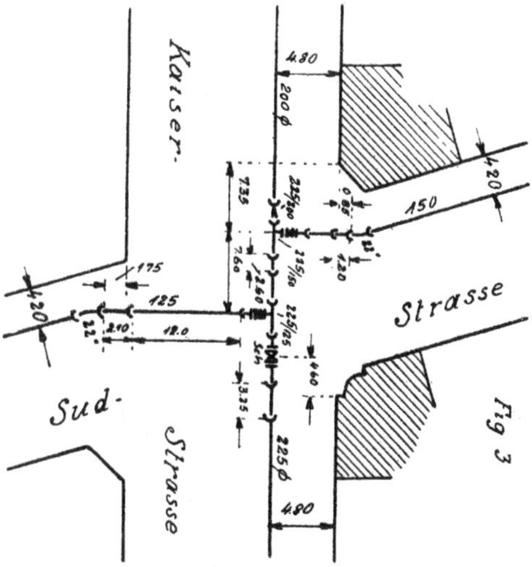

Fig 3

Kaiser-Strasse (Kant-Süd-Str.)

Fig 2

Brinkhaus, Rohrnetz städt. Wasserwerke, 3. Aufl.

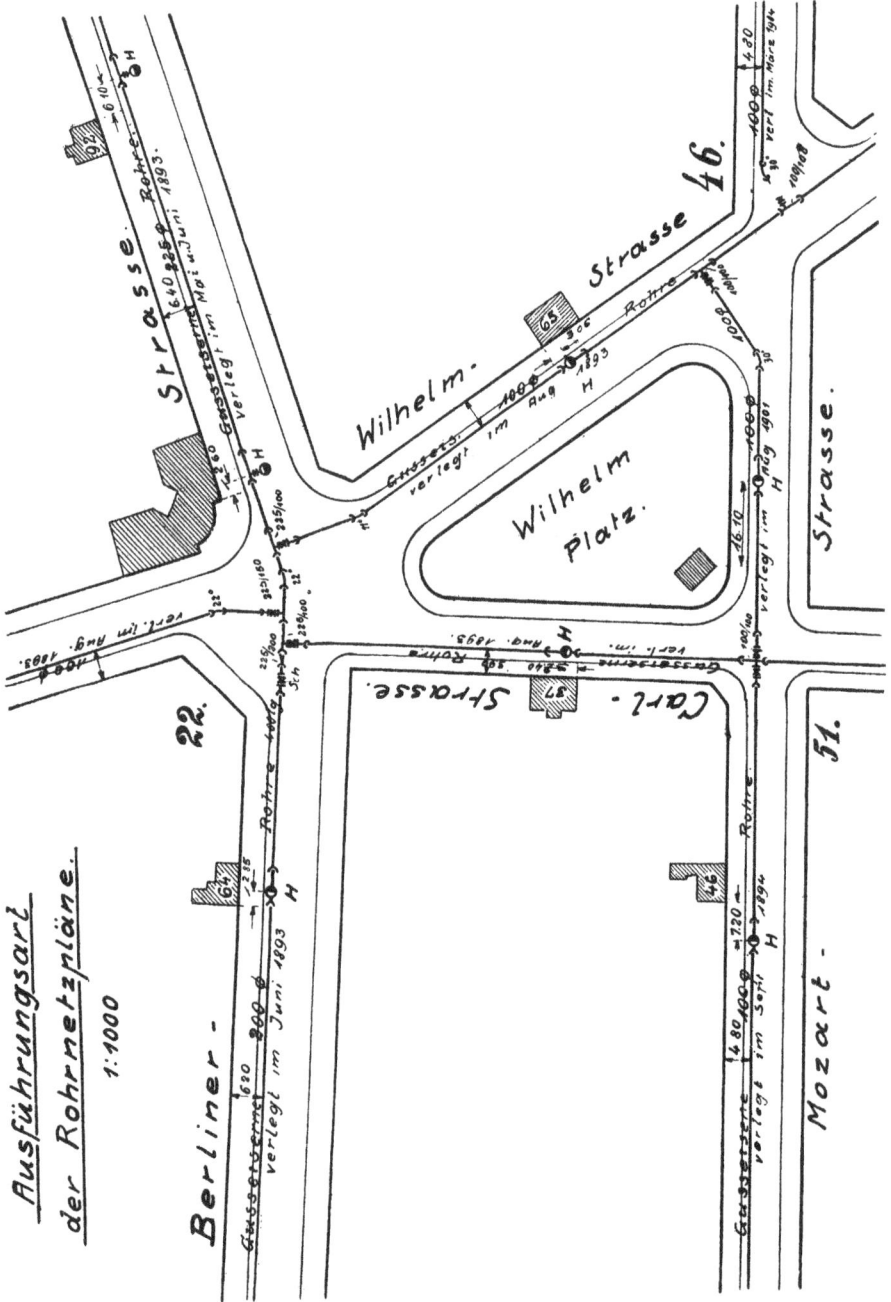

Tafel 8.

Ausführungsart
der Rohrnetzpläne.
1:1000

Verlag von R. Oldenbourg, München und Berlin.

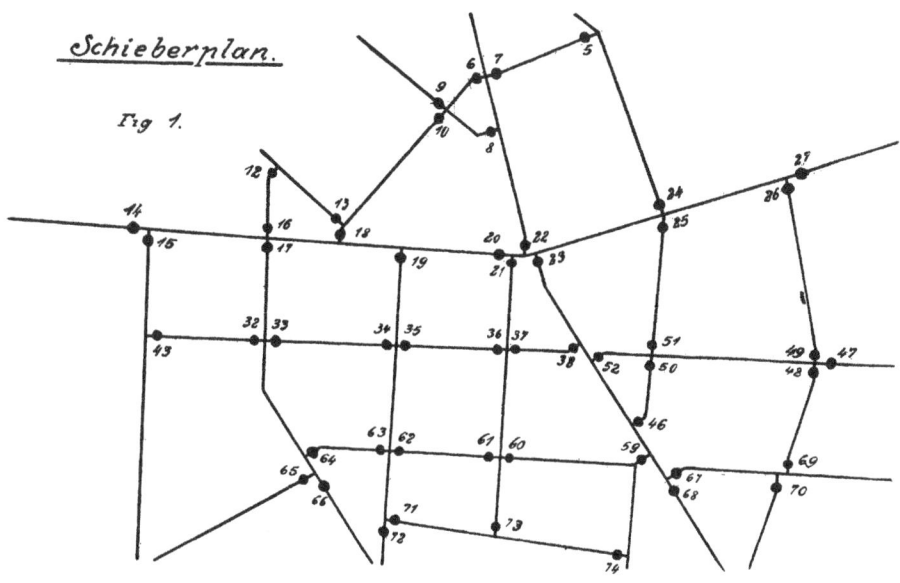

Schieberplan.

Fig 1.

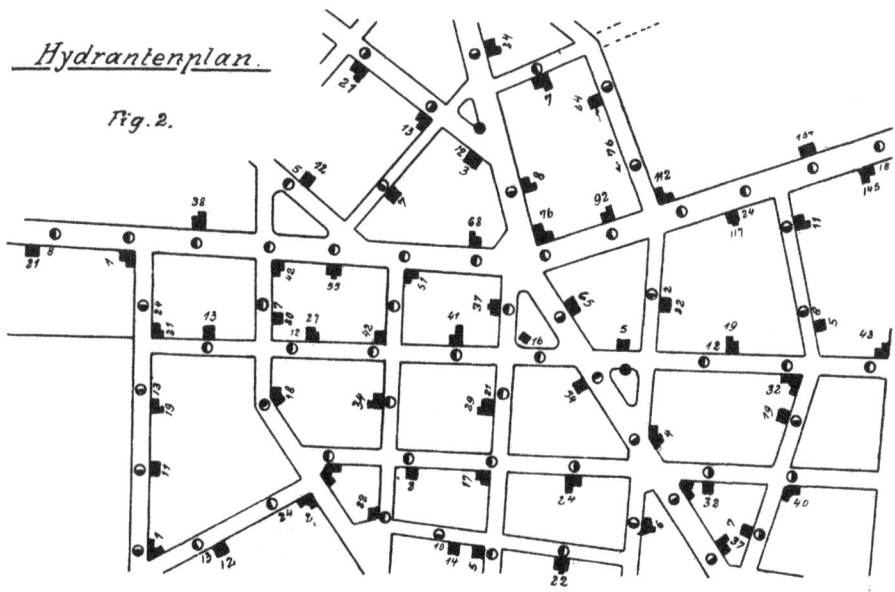

Hydrantenplan.

Fig. 2.

Verlag von R. Oldenbourg, München und Berlin.

Brinkhaus, Rohrnetz städt. Wasserwerke, 3. Aufl.

Druckverlustkurven der Wolfmannmesser
von 50 bis 150 ᵐ/ₘ lichte Weite.

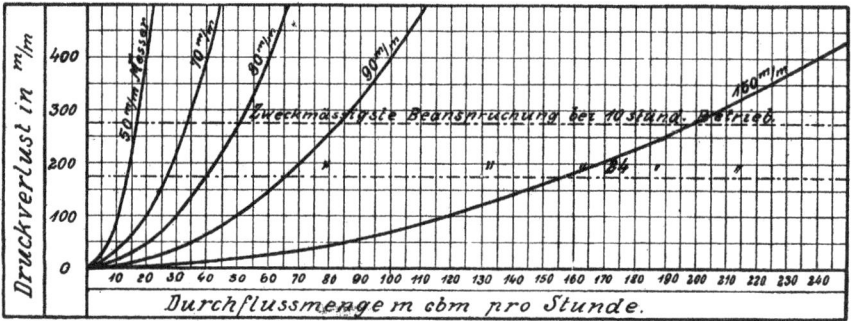

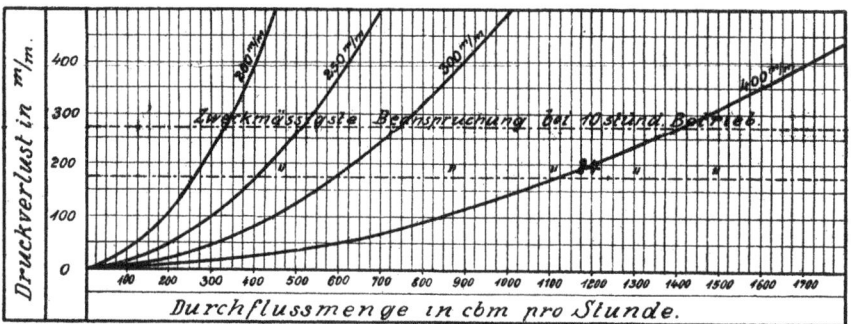

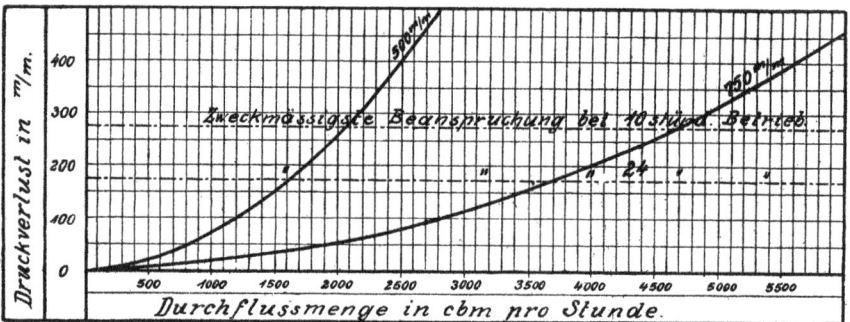

Tafel 10.

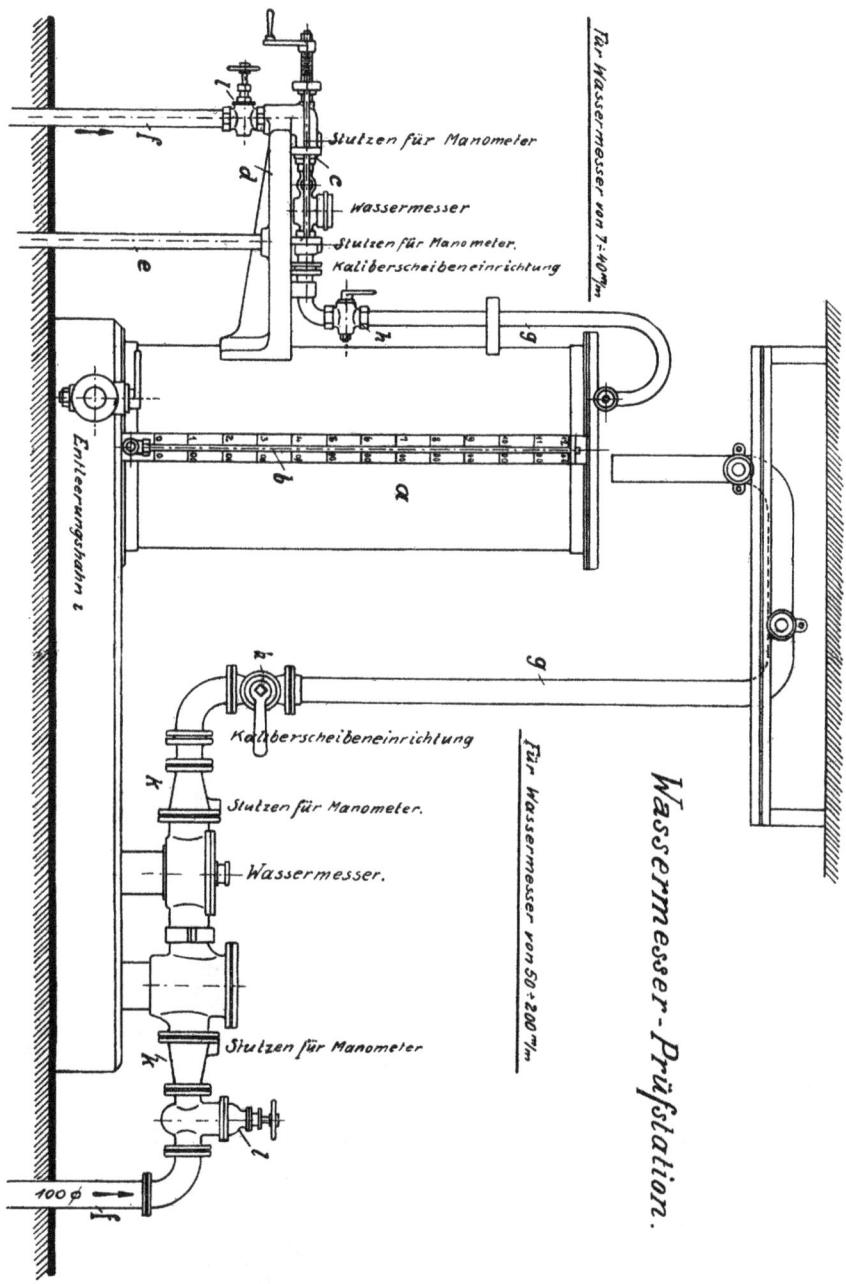

Wassermesser-Prüfstation.

Für Wassermesser von 7÷40 mm

Stutzen für Manometer

Wassermesser

Stutzen für Manometer.
Kaliberscheibeneinrichtung

Entleerungshahn t

Für Wassermesser von 50÷200 mm

Kaliberscheibeneinrichtung

Stutzen für Manometer.

Wassermesser.

Stutzen für Manometer

100 ⌀

Verlag von R. Oldenbourg, München und Berlin.

Brinkhaus, Rohrnetz städt. Wasserwerke, 3. Aufl.

Tafel 12.

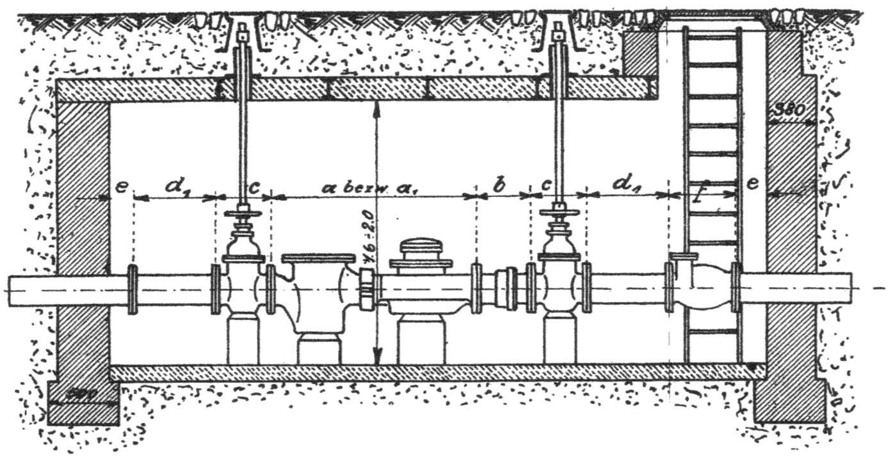

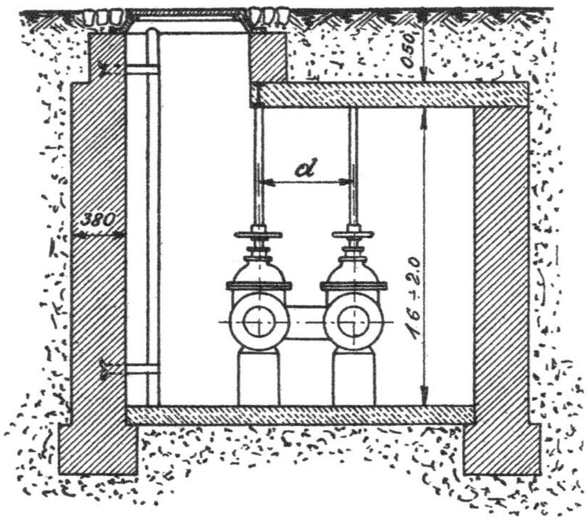

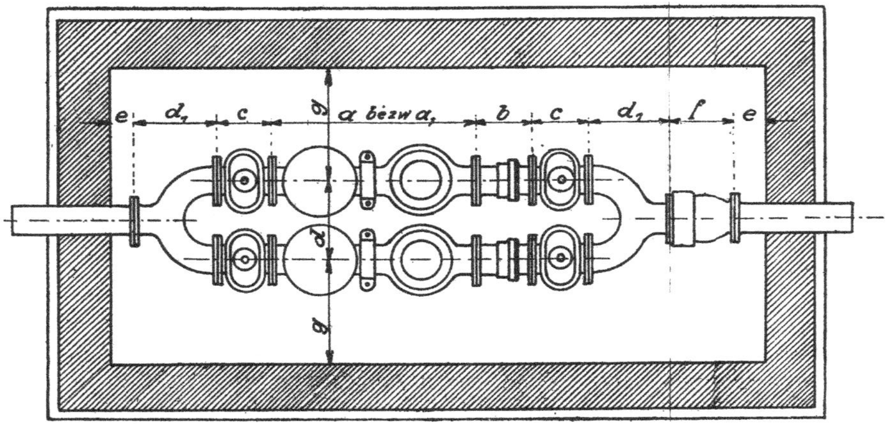

Wassermesseranlage
bei Anwendung von
Flügelradmessern.

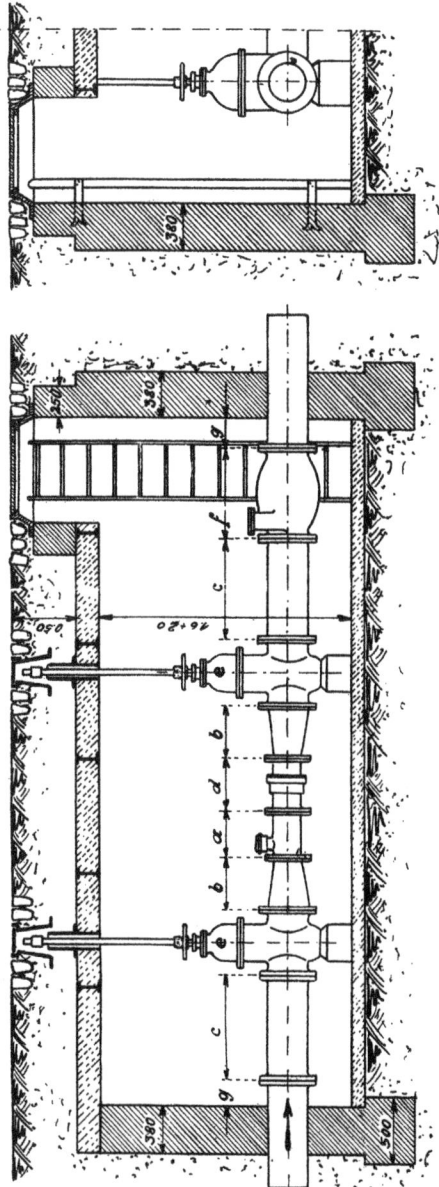

Wassermesseranlage
bei Anwendung von
Woltmannmessern.

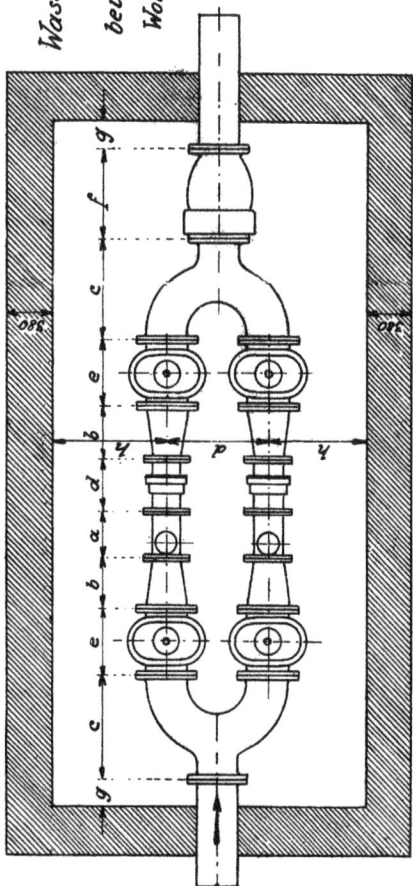

Brinkhaus, Rohrnetz städt. Wasserwerke, 3. Aufl.

Verlag von R. Oldenbourg, München und Berlin.